PHARMACIE

VÉTÉRINAIRE,

CHIMIQUE, THÉORIQUE ET PRATIQUE.

IMPRIMERIE DE GUEFFIER,
Rue Mazarine, n°. 35.

PHARMACIE

VÉTÉRINAIRE,

CHIMIQUE, THÉORIQUE ET PRATIQUE,

A L'USAGE

DES ÉLÈVES, DES ARTISTES ET DES PROPRIÉTAIRES ;

SUIVIE

D'un Tableau indicatif des principales Maladies internes
et externes qui affectent les animaux domestiques, et
des Médicamens les plus généralement employés dans
le traitement de ces maladies.

PAR J. PH. LEBAS,

Membre du ci-devant Collège de Pharmacie de Paris, Pharmacien
vétérinaire, etc.

QUATRIÈME ÉDITION,

CORRIGÉE ET AUGMENTÉE.

A PARIS,

Chez { LEBAS ET LELONG , Pharmaciens, rue St.-Paul.
{ GABON , Libraire, rue de l'Ecole de Médecine, n°. 10.

A MONTPELLIER, chez le même Libraire.

A BRUXELLES, au Dépôt général de Librairie médicale française.

A LYON, chez MILLON CADET, Libraire, quai de Villeroi.

1827.

ERRATA.

Page 52, ligne 21, supprimez *à la dose de trois gros à six gros pour le cheval.*

Page 93, lig. 8, supprimez *au cheval en deux doses et*

Nota. L'ammoniaque liquide ne doit pas être administré intérieurement au cheval.

AVERTISSEMENT

SUR

CETTE QUATRIÈME ÉDITION.

—

En 1823 nous disions, dans la préface, que nous réimprimons à la suite de cet avertissement, en parlant de la troisième édition de la *Pharmacie vétérinaire* : « Elle contient des modifications, des changemens et des augmentations assez considérables : c'est le sort de tous les ouvrages didactiques, et surtout de ceux qui traitent des sciences naturelles et de leur application. » L'édition que nous publions aujourd'hui a de même subi toutes les corrections que le perfectionnement de la science rendait nécessaires : tout ce qui a rapport à la botanique, à la matière médicale et à la chimie , a été revu avec un soin particulier, les formules ont été augmentées ; il n'est peut-être pas un article qui n'ait été retouché dans quelqu'une de ses parties , beaucoup ont été refaits entièrement, et de nouveaux ont été ajoutés, nous nous contenterons de citer les mots *Épizootie, Chlorure, Iode,* etc. Le tableau des maladies, qui termine le livre, a reçu tous les développemens dont il est susceptible ; enfin, rien n'a été négligé pour que cet ouvrage, que les Ecoles royales vétérinaires ont admis au nombre de leurs livres élémentaires, fût digne dans tous les points de la confiance et de l'approbation générale qu'il s'est acquises.

PRÉFACE.

La Médecine vétérinaire n'est point une
science de nouvelle création, elle a été cultivée et pratiquée dans les siècles les plus
reculés de l'antiquité. Les animaux domestiques sont une des principales sources de la
prospérité des États et de l'aisance des familles ;
les avantages que l'homme en retire sont immenses : ils fournissent à ses besoins, ils le
servent dans ses plaisirs, ils l'aident dans ses
travaux, ils partagent ses dangers à la guerre,
ils le nourrissent de leur lait et de leur chair,
ils le couvrent de leurs dépouilles : le pauvre,
le riche, l'agriculteur, le propriétaire, le com-
merçant, sont également intéressés à propager
et à perfectionner les espèces, à veiller à la
conservation des individus.

Il est impossible de présenter un tableau
comparatif des recherches et tentatives qui
ont été faites en différens temps et en différens
lieux pour parvenir à ce double but ; les mo-
numens historiques nous manquent. On en
trouve des traces dans les fables : celle des

Centaures constate un fait, qui évidemment s'applique à l'art de dompter les chevaux : elle s'est renouvelée à l'époque où les Espagnols firent la conquête de l'Amérique. Il paraît que dans les diverses contrées du monde les premiers habitans ne connurent point d'autre profession que celle de gardien des troupeaux ; tous les peuples de la terre ont conservé dans leurs annales ou dans leurs traditions le souvenir de la vie pastorale de leurs ancêtres. Leur industrie ne se bornait pas sans doute à conduire leurs bestiaux au pâturage ; on peut croire qu'alors, comme aujourd'hui , on leur donnait d'autres soins, qui ne sont pas moins nécessaires à leur propagation et à leur existence , et ceux qu'exige l'état maladif n'étaient certainement pas négligés. Mais nous ignorons quels sont les moyens que l'imagination leur avait suggérés ou dont l'expérience leur avait fait connaître l'efficacité ; nous n'avons à cet égard ni certitude ni probabilités. Ce n'est que parmi les peuplades établies dans la Grèce qu'on commence à découvrir quelques traits de lumière ; ces peuplades , devenues , bientôt après, des nations policées , rouvrirent la carrière des sciences et des arts, fermée depuis la décadence de l'Égypte. On peut juger de l'importance qu'ils attachaient à l'étude et à l'exercice de la médecine vétérinaire, par le grand nombre d'ouvrages qu'ils avaient composés sur cette science ; la collection des anciens auteurs vétérinaires en cite plus de deux cents : Aristote a décrit quelques-unes des maladies qui attaquent les animaux domestiques ; et Hippocrate, si toutefois il n'y a pas eu substitution de nom, passait pour avoir été l'un des plus habiles hippiatres de son siècle.

La plupart de ces ouvrages ne sont point parvenus jusqu'à nous, ils ont disparu pendant l'invasion de l'empire romain par les Barbares du Nord. Les fragmens qui nous restent ne peuvent que nous faire regretter cette perte ; l'hippiatrique d'Absyrte est le seul qui ait échappé au naufrage, à-peu-près en entier.

L'art d'élever et de soigner les animaux domestiques ne fut pas moins favorisé et encouragé chez les Latins ; il fut aussi un moyen d'illustration et de fortune pour ceux qui s'en occupèrent avec succès. Caton, Varron, Columelle, Celse, Végèce, ont écrit des traités plus ou moins étendus sur la médecine vétérinaire ; mais en général ils n'ont point avancé la science : ils ont imité ou même traduit les auteurs grecs qui les avaient précédés.

Dans les temps postérieurs, pendant ces siècles de conquêtes, de bouleversemens et de révolutions, qui se renouvelaient presque sans interruption en Europe, la médecine vétérinaire cessa d'être une science ; elle était exclusivement abandonnée aux écuyers et aux bergers. Leur pratique n'admettait aucun principe ;

chacun avait ses remèdes, ses préservatifs se-
crets. Le sortilége était l'agent ou l'*ingrédient*
le plus essentiel de leurs recettes. L'art avait
perdu jusqu'à son nom caractéristique; les
maréchaux-ferrans s'en emparèrent. Ils n'é-
taient ni moins ignorans ni moins superstitieux
que les bergers; ils suivirent les mêmes erre-
mens, ils y joignirent seulement quelques opérations chirurgicales, qu'ils exécutaient au hasard et le plus souvent sans motifs déterminés.
Ils affectaient beaucoup de pédantisme; ils par-
laient grec et latin, et ne comprenaient pas
leur propre jargon. Plusieurs, soutenus par
l'intrigue, avaient acquis une certaine réputa-
tion; mais elle ne leur a pas survécu, et l'on
n'en connaît aucun qui mérite d'être qualifié
de vétérinaire : on ne conçoit pas pourquoi on
a dernièrement exhumé de la poussière des
bibliothèques le *Maréchal - Expert*, de Beau-
grand.

L'écuyer Soleysel est le premier, parmi les
Français, qui soit véritablement digne du titre
de vétérinaire; ses talens le rendirent célèbre
dans toute l'Europe. Il a écrit sur presque toutes
les parties de la science, et ses ouvrages peuvent encore être lus avec fruit; on y trouve des
aperçus plus ou moins intéressans, des vues
sages, des observations exactes, des pensées
profondes, des conseils utiles. Les erreurs dans
lesquelles il a été entraîné en traitant des maladies et de l'action des médicamens, doivent

être attribuées à l'ignorance de l'anatomie ordinaire : il en convient lui-même dans son *Parfait Maréchal;* mais de son temps cette ignorance était générale. Privé de ce guide si nécessaire, il s'est jeté dans le vaste champ des conjectures et des hypothèses; il a fait des raisonnemens, il a imaginé des systèmes. Ses idées vagues, souvent obscures, ont été, depuis sa mort, tournées et retournées de mille manières; c'est une mine où même encore de nos jours quelques vétérinaires ou praticiens vont fouiller pour en extraire des parcelles de matières hétérogènes qu'ils présentent comme des nouveautés.

Mon intention n'est pas de suivre graduellement l'histoire de la médecine vétérinaire; mon ouvrage n'est relatif qu'à une branche trop long-temps négligée de cette science, et je passe immédiatement à l'institution des écoles, époque à laquelle on a reconnu la nécessité de faire de la matière médicale un article spécial de l'enseignement.

Soleysel avait retiré la médecine vétérinaire de l'oubli ou plutôt de l'abjection où elle était tombée; en rappelant son objet et ses attributions, il avait démontré son utilité et son importance. La route était ouverte, les hommes éclairés la suivirent; mais la marche était lente, l'empire des préjugés offrait des obstacles sans nombre, on s'obstinait à confondre la science avec cet art mécanique qui consiste à forger des fers et à les placer sous les pieds des chevaux. Le vulgaire n'admettait point de différence entre le vétérinaire et le maréchal-ferrant ; ces deux professions étaient considérées comme identiques : il était réservé à Bourgelat de surmonter la difficulté.

Avocat distingué par ses talens, Bourgelat quitta le barreau pour se livrer à l'étude des sciences naturelles et d'observation. Il aimait passionnément le cheval ; il cultiva son goût, et devint bientôt le plus habile écuyer et le plus savant hippiatre de la France. Les écrits qu'il publia le firent connaître à l'étranger ; on les traduisit dans presque toutes les langues de l'Europe. Son zèle pour le genre de connaissances qu'il avait acquises lui inspira l'heureuse idée de les propager en formant des élèves. Il établit l'école de Lyon ; le gouvernement institua bientôt après celle d'Alfort. L'instruction prit alors un caractère national ; Bourgelat, nommé directeur, employa tous ses soins et tous ses talens à la perfectionner : il avait fourni les plans d'organisation, et il pourvut à la discipline intérieure et à l'ordre des études par des règlemens sagement combinés qui sont encore en vigueur. Les ouvrages qu'il publia servirent de base à l'enseignement. L'opinion publique suivit l'impulsion donnée par l'autorité supérieure ; les élèves sortis des écoles, faisant avec succès dans la capitale et dans les provinces l'application des connaissances qu'ils en avaient rapportées, se concilièrent l'estime et la considération de leurs concitoyens : les anciennes préventions disparurent, et quoique la plupart exerçassent l'art de la ferrure concurremment avec l'art de guérir, on cessa de les regarder comme de simples maréchaux.

Les ouvrages de Bourgelat portent l'empreinte d'un esprit supérieur à son siècle; ils n'ont point perdu leur intérêt primitif, et ils sont encore une source de lumière pour ceux qui les lisent avec attention et savent en approfondir les principes; ils ont été, depuis la fondation des écoles, les seuls livres élémentaires : mais sous ce rapport, les progrès de la science préparés par lui-même ont dû les rendre insuffisans. Nous n'avons en vue ici que son *Traité de Matière médicale.*

Les études qui l'avaient occupé jusqu'alors étaient absolument étrangères à cette partie de la science qui exige une suite d'observations et d'expériences que le talent et l'esprit de pénétration ne sauraient suppléer; c'est à l'appui des faits reconnus constans et invariables qu'on avance dans cette carrière. L'imagination est un guide trompeur qui égare et entraîne loin de la véritable route; aussi Bourgelat qui, dans sa situation, n'avait pu réunir un assez grand nombre de certitudes, ne présente-t-il le plus souvent ses opinions que sous la forme du doute, comme des aperçus plus ou moins probables. Quant à ses formules, c'est dans les pharmacopées de médecine humaine, comme il l'annonce lui-même, et principalement dans celle de Londres et dans celle de Baumé, qu'il les avait puisées. Enfin, la découverte d'une nouvelle chimie a fait naître une nouvelle langue, dans laquelle les idées et les préceptes des anciens auteurs doivent nécessairement être traduits, si on veut les faire comprendre. Le traité de Bourgelat a été réimprimé plusieurs fois depuis sa mort; mais les éditeurs n'ayant ni la force ni le courage de le refondre pour le faire concorder avec l'état actuel des connaissances physiologiques, chimiques et pharmaceutiques, n'ont réussi qu'à le dénaturer dans son essence par de prétendues corrections qui consacrent les erreurs les plus évidentes, et par des notes soi-disant explicatives, qui, bien loin d'éclaircir le texte, n'ont servi qu'à le rendre inintelligible.

Je crois devoir faire observer que la matière médicale, d'une utilité pratique si évidente, et sans laquelle la médecine ne serait qu'une science purement spéculative, sans application et par conséquent sans objet, n'avait jamais été réellement enseignée dans les écoles vétérinaires avant que M. Dupuy eût été nommé professeur à celle d'Alfort. L'instruction des élèves sur cette branche de l'art de guérir se réduisait à quelques notions plus ou moins vagues, recueillies dans les leçons consacrées à l'explication des maladies; le plus grand nom-

bre n'apprenait à distinguer les médicamens
que dans leur pratique. M. Dupuy (je me plais
à lui rendre ce témoignage) est le premier qui
leur en ait fait connaître et développé les principes avec méthode dans un cours spécial ,
comme l'atteste le programme qui a été publié
à la suite des deux précédentes éditions de notre
Pharmacie.

L'action des médicamens est le résultat
d'une propriété inhérente, mais non pas absolue ; elle varie dans des proportions indéter-
minées selon l'espèce d'organisation du corps
vivant sur lequel on les applique , la qualité des
tissus qui le constituent, et le degré de sensibilité dont il est doué ; et telle est l'influence de
ces rapports, que cette action change quelquefois de nature. Cette vérité est démontrée ;
elle était cependant nulle pour la médecine
vétérinaire qui, ne jugeant de l'effet du médicament dont elle faisait usage, que par
comparaison avec l'effet qu'il produit sur
l'homme, croyait obtenir des changemens identiques, parce qu'elle administrait les mêmes
substances ; l'artiste en fixait les doses à volonté. Ce système n'offrait aucune garantie ;
tout étant arbitraire, chacun se composait un
code médical à sa manière. Le charlatanisme et
l'ignorance mettant à profit cette faculté générale, présentaient et proclamaient comme des
spécifiques les substances les plus inertes, les
compositions les plus bizarres. Le praticien se

laissait séduire et le propriétaire était trompé dans sa confiance. Ainsi, pendant que les diverses parties de la science se perfectionnaient, celle qui a pour objet immédiat le traitement des maladies, n'obtenait que des succès fortuits : en multipliant les tentatives on augmentait la confusion.

Les inconvéniens devenaient de jour en jour plus graves ; les hommes sages, les esprits les plus éclairés, désiraient voir mettre un terme à cette espèce d'anarchie ; d'ailleurs, une science d'un intérêt aussi général, dont l'objet et les attributions sont déterminées, doit avoir des moyens indépendans. Il faut à la médecine vétérinaire un corps de doctrine, un code médical dont les principes, fondés sur la nature de l'art même et bornés dans la sphère qu'il embrasse, puissent servir de base à l'instruction et de guide à la pratique.

Invité à me charger de ce travail par un grand nombre de vétérinaires avec lesquels mon état m'avait mis en relation, je m'occupai pendant plusieurs années d'en recueillir les matériaux. Quelques-uns m'offrirent de vérifier et de constater par des expériences réitérées des effets dont la vérité me paraissait encore douteuse ou peu certaine. Leurs avis et leurs conseils, et particulièrement ceux de MM. Girard, Dupuy et Godine, professeurs à l'École d'Alfort, me furent extrêmement utiles ; ils m'encouragèrent dans mes recherches avec ce zèle qu'ils ont toujours montré pour l'avancement de la science.

Établir le caractère particulier des médicamens vétérinaires simples et composés; déterminer la nature de l'action qu'ils exercent sur les organes des animaux domestiques, non arbitrairement et par abstraction, mais d'après les propriétés chimiques et physiques, l'observation et l'expérience; faire connaître ceux qui, à raison de leur constance, de leur énergie et de leur valeur, doivent être employés de préférence pour remplir les différentes indications; apprendre à distinguer les qualités par l'inspection, le goût et l'odeur; enseigner la manière de les disposer convenablement, soit pour les conserver, soit pour les appliquer; indiquer les diverses préparations dont ils sont susceptibles, les transformations qu'on peut leur faire subir, les méthodes les plus simples et les plus économiques de les unir, de les mélanger et de les combiner, d'en extraire les principes essentiels, d'en former de nouveaux produits; fixer les doses, etc.; régulariser le mode d'application et d'administration; apprécier les diverses impressions immédiates ou éloignées qu'ils font éprouver aux organes, les changemens généraux ou partiels qui en sont le résultat, enfin les effets thérapeutiques qu'on peut en obtenir : tel fut le but principal que je me proposai en composant une *Pharmacie vétérinaire*.

Le succès de la première édition m'inspira

de la confiance ; mon travail avait été jugé utile, les suffrages des hommes de l'art m'encouragèrent ; je crus pouvoir le rendre plus utile encore, je continuai mes observations et mes expériences : mes relations se multiplièrent, elles me fournirent de nouveaux aperçus, des résultats plus certains : ils furent consignés dans une seconde édition que je publiai en 1816. Cette édition étant épuisée, j'en donne une troisième, qui, j'espère, ne sera pas moins favorablement accueillie que les précédentes ; elle contient des modifications, des changemens et des augmentations assez considérables : c'est le sort de tous les ouvrages didactiques, et surtout de ceux qui traitent des sciences naturelles et de leur application. Ces sciences tendent constamment à se perfectionner ; les recherches et l'expérience font découvrir des vérités qui avaient échappé jusqu'alors à l'œil de l'observateur, ou confirment des vérités déjà connues, mais dont l'existence pouvait encore être contestée ; elles conduisent à l'explication de certains phénomènes sur lesquels les opinions étaient partagées ; elles ouvrent carrière à de nouvelles combinaisons ou fournissent de nouveaux moyens ; un livre élémentaire perdrait cette qualité, si l'auteur, en le reproduisant, négligeait de rappeler tout ce qui présente quelque intérêt sous le rapport de l'objet particulier qu'il se propose d'enseigner ; c'est pour lui une obligation.

J'ai ajouté à cette troisième édition un tableau
par ordre alphabétique des principales maladies qui attaquent les animaux domestiques.
Il indique les caractères généraux de chaque
maladie, et à la suite de la désignation, les médicamens qui peuvent être employés pour la
combattre. Ce tableau n'est ni un traité de no-
sographie ni un traité de thérapeutique : il
n'est point destiné à déterminer l'opinion du
praticien sur l'espèce de maladie pour laquelle
il est appelé, ni sur la qualité du médicament
qu'il doit employer; il a uniquement pour objet d'aider la mémoire et de faciliter les recherches. La maladie étant reconnue, l'artiste
choisit, dans la série des médicamens qui sont
tous convenables au genre, et dont plusieurs
pourraient ne pas se présenter à l'instant même
à son souvenir, celui qu'il juge le plus propre
à produire les effets qu'il veut obtenir. S'il croit
avoir besoin de plus amples explications, le
nom même du médicament lui fait connaître
l'article de l'ouvrage qui les contient. Quant
aux autres additions et changemens que le progrès des sciences avait rendus nécessaires, ou
dont la suite de mes expériences et de mes
observations m'a prouvé les avantages, ils sont
fondus dans les différens articles auxquels ils
appartiennent. L'ouvrage conserve la même
forme et les mêmes proportions entre les parties. Je ne me suis point écarté du but que je
m'étais proposé : Faire un livre utile, propre à

servir de base à l'instruction des élèves et de guide aux praticiens.

N. B. On trouve à la fin de l'ouvrage une gravure représentant les principaux instrumens de chirurgie vétérinaire qui se fabriquent chez VINTEL, coutelier des Écoles vétérinaires d'Alfort, de Lyon et d'Utrecht, boulevard St.-Martin, n°. 57, à Paris.

PHARMACIE

VÉTÉRINAIRE,

CHIMIQUE, THÉORIQUE ET PRATIQUE.

A.

ABSINTHE (*Grande Absinthe*). *Artemisia Absinthium officinalis*, Linné, classe 19, de la syngénésie polygamie superflue; Jussieu, famille naturelle des corymbifères.

Caractères génériques. Calice presque globuleux, écailles obtuses, réceptacle velu, fleurs en corymbe. Ce genre renferme beaucoup d'espèces; nous ne parlerons que de l'absinthe commune, ou grande absinthe, qui est la plus généralement employée.

Caractères spécifiques. Tige haute de deux ou trois pieds, droite, ferme, ligneuse, cylindrique cannelée, blanchâtre et velue; feuilles composées, molles, alternes, planes, pinatifides et incisées, vertes en dessus et blanchâtres en dessous, découpées, et comme deux fois ailées; fleurs en épis latéraux, de couleur jaunâtre, elles naissent dans les aisselles des feuilles supérieures en forme de grappes terminales; réceptacle nu, fleurons au nombre de quinze à seize, les intérieurs femelles, ceux du milieu hermaphrodites. Elle croît communément en France dans les terrains pierreux, incultes et montueux; cette espèce est plus

1

particulièrement cultivée dans les jardins, elle est vivace, et perd ses feuilles à l'approche de l'hiver.

Parties employées. Feuilles et sommités fleuries; l'odeur en est forte, la saveur chaude et piquante: elles sont d'une amertume insupportable. L'absinthe contient une huile volatile camphrée, d'une couleur verte et épaisse, qu'on obtient par la distillation dans l'eau : c'est particulièrement à cette huile et à son extractif amer, qu'elle doit ses propriétés médicinales ; elles résident dans les feuilles, les fleurs et l'écorce de la tige. La partie ligneuse n'est ni amère, ni aromatique.

Propriétés médicales. L'absinthe est tonique, cordiale, stomachique, digestive et vulnéraire ; elle produit une excitation générale qui se communique dans toutes les fonctions animales. C'est un stomachique chaud qui ranime l'action de l'organe digestif affaibli ou débilité, et de plus un puissant vermifuge. L'amertume de cette plante se transmet aux chairs et au lait des animaux qui en mangent habituellement ; les chevaux n'y touchent point.

Mode d'administration. On la donne ordinairement au cheval et au bœuf en poudre, à la dose d'une à quatre onces, qu'on réitère pendant plusieurs jours de suite ; on mêle cette poudre avec le son frisé ou dans le miel et les opiats composés ; quelquefois aussi on l'administre en breuvage, infusée dans l'eau ou le vin, à froid ou à chaud, dans un vase couvert. La dose pour le mouton est de deux à quatre gros en poudre dans le son. L'infusion chargée, donnée en lavement, convient dans la pourriture. L'absinthe fait partie de la poudre vermifuge composée, de la poudre cordiale, de la thériaque vétérinaire, des espèces vermifuges et aromatico-vulnéraires ; on l'admet dans plusieurs formules magistrales : on en prépare aussi un extrait ; mais il est rarement employé.

ABSORBANT. On désigne en général par ce nom toute substance médicamenteuse qui jouit de la propriété d'absorber ou de neutraliser chimiquement le gaz acide carbonique, dont la production abondante distend et fatigue l'estomac, et plus souvent encore les acides qu'une digestion laborieuse fait naitre, et qui contrarient ses fonctions.

Les principaux absorbans sont : les carbonates, et mieux les bi-carbonates de soude et de potasse ; viennent ensuite les carbonates de chaux, de magnésie, l'eau de chaux, agent puissant qui demande des précautions dans son emploi intérieur.

Quand on soupçonne l'acide carbonique comme cause du mal, on doit éviter l'emploi des carbonates saturés, avantageux dans d'autres circonstances, et préférer les alcalis ; la magnésie pure peut s'employer avec succès.

A défaut d'autres absorbans, on peut employer avec avantage le savon ou la craie lavée.

ACÉTATE. Produit de la combinaison de l'acide acétique (acide du vinaigre) avec une base salifiable.

Acétate est le nom du genre ; on désigne l'espèce en nommant la base avec laquelle l'acide est uni.

Caractères génériques. Si on verse de l'acide sulfurique sur un sel, et qu'en chauffant il se dégage un acide très-odorant susceptible de se volatiliser, ayant les caractères de l'acide acétique, le sel est un acétate.

L'acide acétique s'unit à presque tous les oxides métalliques pour former des acétates, qui tous sont solubles dans l'eau, la plupart déliquescens, décomposables par le feu et les acides puissans, à l'exception cependant de l'acétate d'ammoniaque.

On prépare les acétates ou directement, c'est-à-dire en faisant agir l'acide sur la base à l'état d'oxide ou de carbonate, et quelquefois par double décomposition en mélangeant un acétate avec un sel susceptible de changer de base avec lui.

On compte un grand nombre d'acétates ; voici ceux que les arts employent le plus généralement :

Acétate de potasse. Il s'obtient en traitant la potasse carbonatée par l'acide acétique. Ce produit peut être sali par les matières organiques contenues dans l'acide acétique impur (vinaigre) communément employé ; on le blanchit en le mélangeant avec du nitrate de potasse ; en chauffant, l'oxigène du nitrate s'unit au carbone des matières organiques.

Sa propriété déliquescente le rend très-propre à priver l'air de vapeur d'eau.

Acétate de soude. Même préparation. On s'en est servi pour obtenir de la soude très-pure.

Acétate d'alumine. Employé avec avantage comme mordant dans les teintures végétales.

Acétate de fer au maximum. Il se forme par le contact de l'air et de l'acide acétique sur le fer ; il paraît d'abord verdâtre : dans cet état il est au minimum ; il devient rougeâtre en passant au maximum.

Acétate de cuivre. Acétate de plomb cristallisé. Acétate de plomb liquide. Acétate d'ammoniaque. Ces quatre derniers sels étant employés dans la pratique vétérinaire, nous allons en parler séparément.

Acétate d'ammoniaque liquide. Sel produit par la combinaison médiate de l'acide acétique distillé avec le carbonate d'ammoniaque. On l'appelait *esprit de Mindererus*. Le flacon dans lequel on le renferme doit être bien bouché.

Maintenant on emploie de préférence l'acide acétique obtenu de la distillation du bois ; il faut avoir soin de saturer avec précaution et de s'assurer souvent de l'état de la liqueur.

Ce sel diffère un peu du produit appelé *esprit de Mindererus*, qui contient un savonule à base d'ammoniaque. On le préparait en saturant du vinaigre distillé avec du carbonate d'ammoniaque, qu'on obtenait en distillant de la corne de cerf, et qui était encore sali par de l'huile empyreumatique.

Pour l'usage vétérinaire on peut substituer l'ammoniaque liquide au sous-carbonate, alors le mélange s'opère sans effervescence ni dégagement d'acide carbonique.

Propriétés et usages. L'acétate d'ammoniaque s'administre à l'intérieur ; il jouit, comme toutes les préparations ammoniacales, de grandes propriétés excitantes, il relève les forces vitales et accélère la circulation ; il est en même temps tonique, diaphorétique, apéritif, et il provoque la transpiration cutanée. J'avais, dans la première édition de cet ouvrage, indiqué ce médicament comme pouvant être très-utile à la médecine vétérinaire ; des expériences faites postérieurement par M. Dupuy, professeur, et par plusieurs autres praticiens, ont confirmé mon opinion ; il a été employé avec succès dans les maladies charbonneuses du mouton, dans quelques cas de morve aiguë, et contre l'épizootie qui a eu lieu sur les vaches en 1816. La dose pour le cheval et le bœuf est depuis deux onces jusqu'à six. Celle du mouton est de deux à quatre gros, qu'on peut réitérer deux et même trois fois par jour.

ACÉTATE DE CUIVRE BRUT (*Vert-de-gris.*) C'est ainsi qu'on nomme dans le commerce un mélange d'acétate de cuivre soluble et de sous-acétate insoluble.

La préparation de l'acétate de cuivre brut se pratique en grand dans les départemens méridionaux de la France, où les vins sont très-abondans et le principe d'acidité plus concentré. On prend des lames de cuivre d'environ six pouces de diamètre, qu'on place dans une cave, entremêlées avec des rafles de raisin qui ont déjà fermenté; on les arrose par intervalle avec de la lie de vin, de la vinasse et du vinaigre : quelque temps après, on les retire et on ratisse avec un couteau de bois l'acétate qui se trouve sur la surface en forme de croûte humide; on l'enferme dans des sacs de peau, et on l'expose au grand air pour le faire sécher.

Dans quelques endroits on se contente d'arroser les lames de cuivre avec du vinaigre, de la vinasse ou de la lie, pendant un temps convenable. Le résultat est le même; seulement on obtient par ce dernier procédé plus d'acétate soluble.

On conçoit que, par la première impression de l'acide sur le cuivre, celui-ci est réduit à l'état d'oxide; mais par l'effet réitéré et continué de l'acide, une partie de cet oxide se trouve dissoute et transformée en acétate, en sorte que l'oxide de cuivre n'est pas un oxide absolu, mais un oxide combiné avec de l'acétate.

Propriétés et usages. L'acétate de cuivre brut entre dans la préparation de l'onguent dessiccatif, et fait la base de l'onguent égyptiac dont la chirurgie vétérinaire fait un grand usage. On l'emploie aussi en nature, mêlé avec diverses substances, pour déterger les vieilles plaies. On ne le donne jamais intérieurement, à cause de ses qualités vénéneuses.

Dissous dans l'acide acétique ou vinaigre, l'acétate de cuivre brut produit l'acétate de cuivre ou cristaux de Vénus. Il suffit de faire évaporer la dissolution, et, après l'avoir filtrée, de la laisser cristalliser.

Les cristaux de Vénus distillés dans une cornue de verre fournissent le vinaigre radical. C'est l'acide acétique (vinaigre ordinaire), porté par cette opération à un plus haut degré de concentration. *Voy.* Acide acétique.

Dans une dissolution d'acétate de cuivre très-étendue, on rend la présence du métal évidente en plongeant une lame de fer décapé qui se recouvre promptement d'une couche de cuivre métallique. Si ce moyen était insuffisant on emploierait le prussiate de potasse ou l'ammoniaque.

Dans le cas d'empoisonnement par ce sel, il faut provoquer les vomissemens et administrer l'eau albumineuse en quantité, c'est-à-dire, des blancs d'œuf dissous dans l'eau.

Acétate de plomb cristallisé. C'est un acétate neutre, produit par la combinaison médiate ou immédiate de l'acide acétique distillé avec le plomb ou l'oxide de plomb. Ce sel, connu généralement sous le nom de *sel* ou *sucre de Saturne*, à cause de sa saveur douceâtre, se prépare en grand dans nos départemens méridionaux. Les procédés pour l'obtenir varient suivant les localités et l'intelligence des manufacturiers.

Si l'on fait rapprocher de l'acétate de plomb en liqueur jusqu'à ce qu'il se forme une pellicule à la surface, on obtient, par le refroidissement, des cristaux de sel de Saturne.

On reconnaît l'acétate de plomb au chalumeau à l'odeur d'acide acétique et au culot de plomb métallique qui se dépose.

Propriétés et usages. L'acétate de plomb cristallisé sert aux mêmes usages que l'acétate de plomb liquide. On l'emploie extérieurement, et on le préfère pour les collyres. Il est rafraîchissant, répercutif, astringent et dessiccatif. On l'administre rarement à l'intérieur ; ses effets sont très-dangereux.

Acétate de plomb liquide. On le nomme communément *extrait de Saturne* ; c'est un sous-acétate de plomb en liqueur, une combinaison d'acide acétique avec un oxide de plomb.

℞ Oxide de plomb demi-vitreux fondu. .   2 part.
   Acide acétique distillé (vinaigre). . .   10

Faites bouillir l'acide dans une bassine ; ajoutez l'oxide réduit en poudre fine, maintenez l'ébullition jusqu'à ce que l'oxide soit dissous , en ayant soin de remuer le mélange sans discontinuer avec une spatule de bois ; lorsque, réduite par l'effet de l'évaporation , la liqueur marque trente degrés à l'aréomètre, retirez-la du feu, laissez refroidir et filtrez. Il reste sur le filtre un sel insoluble, qui est du malate de plomb.

Le vinaigre ordinaire ou distillé ayant un degré de saturation toujours variable, il est mieux de préparer le sous-acétate avec trois parties d'acétate de plomb cristallisé, trois parties d'oxide de plomb fondu, et vingt-huit parties d'eau distillée : le procédé à suivre est le même que celui indiqué ci-dessus.

Propriétés et usages. L'acétate de plomb liquide est très-utile dans la chirurgie vétérinaire, elle en fait un fréquent usage ; on l'applique exclusivement à l'extérieur et toujours combiné à d'autres substances, pour atténuer les inflammations, sécher les plaies récentes et les ulcères. C'est un puissant répercutif, réfrigérant, résolutif et siccatif ; on le fait entrer dans les collyres, les cataplasmes, les onguens, les lotions, etc. Il forme la base de l'eau végéto-minérale de Goulard, médicament très-employé. *V.* ces mots. L'acétate de plomb liquide, pris intérieurement, est, comme toutes les préparations de plomb, un poison.

Dans le cas d'empoisonnement par l'un ou l'autre acétate de plomb, on doit employer les sulfates alcalins.

ACIDE. On nomme acide tout corps simple, liquide ou gazeux, qui présente les caractères suivans : 1°. une saveur aigre, âcre, plus ou moins caustique ; 2°. la faculté d'altérer les couleurs bleues végétales et de les changer en rouge, excepté cependant l'indigo ; 3°. d'être plus ou moins soluble dans l'eau, dissolution qui s'opère tantôt avec absorption, tantôt avec dégagement de calorique ; 4°. de se combiner avec les substances salifiables, alcalines, terreuses et métalliques, et de former des sels par cette combinaison. Ces caractères appartiennent généralement à tous les acides : plusieurs en ont de particulier, que nous ferons connaître dans les articles spéciaux consacrés aux divers acides employés dans la pratique vétérinaire.

Qu'est-ce qu'un acide? Dans l'état actuel de la science cette question est très-difficile à bien résoudre ; aussi nous bornerons-nous à rappeler succinctement sous quel point de vue on considéra ces corps pendant les diverses révolutions que la chimie a éprouvées depuis trente-cinq ans.

Quand la théorie anti-phlogistique prévalut, les acides ne formèrent qu'une seule classe qu'on définit ainsi : corps composés d'un radical et d'oxigène, susceptibles de neutraliser une quantité définie d'une base quelconque, et de former avec elle des composés nouveaux appelés sels.

Le radical de l'acide était ou un corps simple ou une combinaison de deux ou même de trois corps. La base était ou un alcali ou une terre, ou bien un métal préalablement oxidé à un degré convenable.

On observa qu'un radical pouvait se combiner en deux proportions avec l'oxigène, et former deux acides différens ; on les distingua par la terminaison en *eux*, pour celui qui était le moins oxigéné ; en *ique*, pour celui qui contenait une proportion plus forte d'oxigène.

Depuis on découvrit deux nouveaux degrés, l'un inférieur et l'autre intermédiaire ; on ajouta au nom de l'acide la préposition *hypo*, qui signifie *sous* ; ainsi, acide hypo-sulfureux, c'est-à-dire qui contient moins d'oxigène que l'acide sulfureux ; hyposulfurique, qui en contient moins que l'acide sulfurique.

Mais plus tard, lorsque l'on vint à analyser les acides dont les radicaux n'étaient point connus et

qu'on avait rangés par analogie dans la grande famille, on s'aperçut que quand ils étaient bien privés
d'eau, rien n'indiquait la présence de l'oxigène ; que
ce corps, regardé comme l'agent premier de toute
acidité, ne s'y rencontrait plus, et qu'alors l'hydrogène
semblait le remplacer et devenir lui-même principe
acidifiant.

On sépara aussitôt les acides en deux ordres bien dis-
tincts. On rangea dans le premier, sous le nom d'oxacides, tous ceux où l'oxigène joue le rôle de principe acidifiant; et tous ceux où l'hydrogène tient la
place furent renvoyés dans le second, avec le nom
d'hydracides.

Bientôt de nouvelles expériences vinrent encore
troubler cette théorie. On analysa avec soin les sels
formés par les hydracides, et quand ils furent bien
desséchés, on n'y retrouva plus la moindre trace d'hydrogène.

Si l'on examine la composition des hydracides et
celle de leurs bases, on voit que l'hydrogène de
l'acide est justement dans une proportion convenable
avec l'oxigène de la base pour former de l'eau ; et
toutes les fois que cette proportion n'existe pas, il se
dégage pendant la combinaison ou de l'oxigène ou de
l'hydrogène gazeux, suivant que la quantité de l'un ou
de l'autre est dominante.

Ce phénomène a lieu non seulement dans les hydracides où le radical est simple, mais encore dans
ceux où il est composé ; et ce qui est plus étonnant,
l'hydrogène, d'après les expériences de M. Dulong
sur l'oxalate de plomb, semble se comporter de
même dans plusieurs acides regardés jusqu'ici comme
des oxacides.

L'état de la science n'ayant point encore permis aux chimistes de se fixer entre les diverses théories sur la formation et l'existence des acides , nous nous contenterons d'indiquer la classification qui peut rendre l'étude de ces corps plus sûre et moins pénible.

Le docteur Thompson divise les acides en deux séries bien naturelles : dans la première il comprend les acides non combustibles, comme l'acide sulfurique, hydro-chlorique, carbonique, etc. , et dans la seconde les acides combustibles, c'est-à-dire ceux qui ont le carbone au nombre des principes d'un radical composé, et qui , combinés avec une base, peuvent être décomposés par la chaleur et donner des produits combustibles. Quarante environ ont été décrits composant cette seconde classe, mais nous ne parlerons en particulier que de l'acide acétique , le seul en usage dans la pratique vétérinaire.

On peut encore , comme nous l'avons fait dans nos précédentes éditions, classer les acides d'après leur composition.

1°. Acides composés d'oxigène et d'un corps simple ; ils sont au nombre de vingt-cinq : les acides arsénieux, arsénique , borique, carbonique, chlorique, iodique , nitreux , nitrique , phosphoreux , phosphorique, sulfureux, sulfurique , etc.

2°. Acides composés d'oxigène et de deux corps simples , l'hydrogène et le carbone ; on en compte trente-huit : les acides acétique, benzoïque , butirique , camphorique, citrique, formique, lactique, gallique , malique, oléique, oxalique , quinique , sébacique, strychnique, subérique, tartarique, etc.

3°. Acides composés d'oxigène et de trois corps

simples : l'azote, l'hydrogène et le carbone; tels que les acides amniotique et urique.

4°. Acides composés d'hydrogène et d'un corps simple ; il y en a cinq : les acides hydriodique, hydro-chlorique, hydro-sulfurique, hydro-phtorique, hydro-tellurique.

5°. Acides composés d'hydrogène et de deux corps simples ; tel est l'acide hydro-cyanique.

6°. Acides composés de phtore et d'un corps simple, comme les acides phtoro-borique et phtoro-silicique.

7°. L'acide chloro-cyanique, composé de chlore, de carbone et d'azote.

Propriétés et usages. Plusieurs acides, lorsqu'ils sont dans un état de concentration, exercent sur le corps des animaux vivans une action si intense, qu'on les a rangés dans la classe des poisons les plus énergiques ; appliqués sur la surface du corps, ils agissent comme scarotique, en détruisant les tissus de la peau ; aussi on les emploie fréquemment pour établir des cautères, détruire certaines excroissances, tels que les poireaux, cerises, javarts, etc., déterger quelques plaies de mauvais caractère, comme le crapaud du bœuf, le piétrin des moutons, etc. Etendus dans une petite quantité d'eau pour adoucir leur action trop corrosive, ces acides servent à composer des lotions astringentes et détersives contre les eaux aux jambes, et pour arrêter quelques hémorrhagies des vaisseaux capillaires. Les acides particulièrement employés à cet usage sont les acides minéraux, comme plus énergiques par leur acidité et leur astriction, tels que les acides sulfurique, nitrique et muriatique. Pour l'usage intérieur, les acides qui appartiennent à. la classe des végétaux servent plus ordinairement à préparer des boissons acidulées : à cet effet on les étend d'une quantité d'eau proportionnée au degré d'acidité pour en modérer l'action et la rendre supportable ; souvent même on l'associe au miel, pour qu'il lui serve de correctif. Ces sortes de boissons sont rafraîchissantes, humectantes, tempérantes, et dans quelques cas deviennent laxatives. La médecine les emploie pour calmer la soif trop vive, modérer la chaleur du corps et augmenter la sécrétion des urines. Ces sortes de boissons déterminent sur les organes de la déglutition un sentiment de fraîcheur qui semble se communiquer à toute l'économie animale. L'usage trop prolongé des acides altère aussi quelquefois l'organe de la digestion et détermine l'amaigrissement.

Les acides le plus généralement employés dans la médecine vétérinaire sont : les acides acétique, carbonique, sulfurique, nitrique, muriatique et muriatique oxigéné.

ACIDE ACÉTIQUE. Cet acide est un des plus anciennement connus, et à cause de ses nombreux usages il a été l'un des mieux étudiés.

Tout liquide qui contient de l'alcool ou des substances propres à en former, se convertit en partie en acide acétique sous l'influence d'une matière azotée ou ferment, d'une température de vingt-un degrés environ et du contact de l'air dans les premiers instans. Les liqueurs vineuses sont celles qui fournissent le meilleur vinaigre, et sa qualité dépend essentiellement du vin qui l'a produit. On peut consulter sur l'acétification des vins l'excellent ouvrage de M. le comte Chaptal, *Art de faire le Vin.*

L'acide acétique concentré peut prendre le nom de vinaigre radical ; en cet état il a une odeur vive et pénétrante ; on l'obtient des acétates de plomb, de potasse et de soude, décomposés par l'action de l'acide sulfurique à l'aide de la distillation : celui que l'on retire des cristaux de cuivre, ou verdet cristallisé, distillé au feu de réverbère, sans intermède, jouit d'un degré de concentration qui le porte jusqu'à la causticité ; cet acide n'est point employé dans la médecine vétérinaire.

Lorsque l'on brûle le bois dans des vaisseaux clos et que l'on a soin de rafraîchir les tuyaux conducteurs, on recueille un acide acétique mêlé d'un liquide appelé goudron, qu'on peut substituer à celui que fournissent les arbres résineux. On emploie la chaux et le carbonate de chaux pour séparer l'acide acétique de cette matière, et l'on obtient un acétate de chaux que l'on convertit en acétate de soude au moyen du sulfate de soude. Le sulfate de chaux se dépose, on décante l'acétate de soude, on le dessèche, puis on le chauffe assez fortement pour décomposer le goudron. On met ensuite dans une cornue l'acétate de soude purifié, on ajoute une quantité calculée d'acide sulfurique ; on distille avec ménagement, et l'on retire en opérant bien et en rectifiant, s'il est nécessaire, un très-bon acide acétique qu'on peut concentrer en le soumettant à plusieurs congélations successives.

L'acide acétique obtenu du bois peut servir à la fabrication de tous les acétates et à la préparation de toute espèce de vinaigre, sans aucun inconvénient.

On ne peut connaître rigoureusement le degré de force de l'acide acétique qu'en appréciant la quantité de base qu'il peut saturer ; l'aréomètre est infidèle

dans ce cas, la densité de cet acide n'étant point toujours en raison directe de la concentration.

L'acide acétique a une odeur aromatique assez
agréable; sa saveur est aigre, piquante : il est liquide
et volatil; il rougit les couleurs bleues végétales ;
combiné avec les bases alcalines et terreuses, il forme
des sels, dont plusieurs sont déliquescens : il s'unit
avec les oxides métalliques; avec l'oxide de plomb,
il donne l'acétate de plomb liquide et l'acétate de
plomb cristallisé ; avec le cuivre, l'oxide de cuivre brut
et l'acétate de cuivre.

Propriétés et usages. Le vinaigre, plus ou moins
concentré, est d'un usage fréquent dans la médecine
vétérinaire; on l'administre intérieurement comme
tempérant, rafraîchissant, anti-putride, anti-septique
et légèrement tonique; il favorise la digestion, aiguil-
lone l'appétit, augmente la sécrétion des urines. On
le fait entrer dans les breuvages et les lavemens; on
s'en sert pour aciduler les boissons. Combiné avec
le miel, il devient un excellent béchique incisif. On
en prépare le vinaigre distillé et le vinaigre radical,
l'oxymel simple et l'oxymel scillitique. On l'emploie
aussi avec succès pour modérer la trop grande vio-
lence des purgatifs, l'action narcotique de l'opium
et l'action vénéneuse des plantes de la famille des solanées.

A l'extérieur, le vinaigre est répercutif, résolutif
et astringent; on le fait entrer dans les lotions et les
cataplasmes : ses principes volatils et son odeur aromatique le rendent propre à faire des fumigations acides.

Acide arsénieux et Acide arsénique. *V.* Arsénic.

Acide carbonique. Gaz formé par la combinaison

du carbone avec l'oxigène dans les proportions de vingt-huit parties de carbone sur soixante-douze parties d'oxigène, selon Lavoisier, qui fit connaître cet acide par la synthèse. M. Tennant confirma depuis ce résultat par l'analyse, en décomposant cet acide dans ses sels au moyen du phosphore, sous l'influence d'une forte chaleur.

C'est l'acide le plus abondamment répandu dans la nature ; il se dégage à l'état de gaz des corps organiques en fermentation ; on le trouve presque pur dans différentes cavités et grottes souterraines, en dissolution dans l'eau, mêlé avec l'air atmosphérique dans la proportion d'un centième, et combiné avec un grand nombre d'oxides. Il forme la base d'un grand nombre d'eaux minérales acidules, et se dégage abondamment des fermentations vineuses et alcooliques. On l'obtient en décomposant les terres calcaires, marbres, pierres, craies, etc., par l'intermède de certains acides, particulièrement de l'acide sulfurique ; on peut même, à cause de son peu d'affinité avec sa base, l'en séparer par la simple action du calorique.

Voici le mode de préparation que l'on suit en petit : on prend du marbre concassé que l'on met dans un flacon à deux tubulures, on verse dessus, au moyen d'un tube à boule, de l'acide sulfurique par portions. On lave le gaz qui se dégage en lui faisant traverser un second flacon contenant de l'eau alcaline ; on le reçoit ensuite dans des récipiens convenables. Pour fabriquer l'acide carbonique liquide on le soutire et on le comprime au moyen d'une pompe aspirante et foulante ; on peut ainsi condenser cinq volumes de gaz dans un volume d'eau. Dans les fabriques d'eaux minérales, ce procédé subit quelques modifications : on renferme de la craie dans des tuyaux en fer, montés dans un fourneau qu'on chauffe vivement, on favorise le dégagement du gaz, et en même temps on le lave, en faisant passer de l'eau en vapeur à travers la craie ; pour dissoudre l'acide carbonique dans l'eau, on le soutire au moyen d'une pompe aspirante, on le comprime en même temps au moyen d'une pompe foulante, tandis qu'une roue munie d'ailes, placée dans l'intérieur et mue par un tour, favorise la dissolution du gaz. Toutes les parties de l'appareil sont si bien combinées que tout agit simultanément. C'est ainsi que l'on prépare l'acide carbonique liquide ou eau acidule gazeuze, base de beaucoup d'eaux minérales artificielles. Cet acide peut tenir en solution dans l'eau plusieurs carbonates insolubles qui se précipitent par son dégagement. C'est le gaz acide carbonique qui fait pétiller les vins mousseux et qui leur donne leur saveur aigrelette. Cet acide, auquel on avait donné autrefois les noms d'acide fixe, d'acide crayeux, d'acide *aérien*, n'est propre ni à la respiration, ni à la végétation, ni à la combustion ; il asphyxie les animaux, éteint les bougies, rougit les couleurs bleues végétales faibles, précipite l'eau de chaux. Il n'a pas d'action sur l'air atmosphérique non plus que sur le gaz oxigène ; il résiste à la plus forte chaleur, il n'est décomposé à froid par aucun corps combustible. L'hydrogène et le carbone sont les seuls qui puissent le décomposer à une très-haute température. Le phosphore et le potassium le décomposent dans ses carbonates. Ce gaz forme, par sa combinaison avec les bases salifiables, une si grande quantité de carbonate, qu'on peut le considérer comme partie constituante de la presque totalité du globe terrestre.

Propriétés et usages. Le gaz acide carbonique dissous dans l'eau, est rafraîchissant, diurétique et antiputride ; il excite en même temps les organes digestifs. Cet acide pourrait être plus généralement employé.

ACIDE LIGNIQUE OU PYROLIGNEUX. *V.* Acide acétique.

ACIDE MARIN. *V.* Acide muriatique.

ACIDE MURIATIQUE LIQUIDE (*Acide hydrochlorique*). Avant la découverte du chlore, cet acide n'ayant pas été décomposé, et sa base étant par conséquent inconnue, on n'avait pas pu déterminer son nom d'après les principes généraux de la nomenclature chimique ; on lui donna d'abord ceux d'acide marin, d'esprit de sel, qui rappelaient la substance qui le fournit ; d'autres considérations le firent appeler depuis acide muriatique, et postérieurement acide hydro-muriatique. La difficulté n'existe plus aujourd'hui : il est constant que cet acide est le résultat d'une combinaison de parties égales de chlore et d'hydrogène, et dès-lors il doit prendre le nom composé des deux substances qui le constituent, l'hydrogène et le chlore, *hydro-chlorique*.

L'acide hydro-chlorique est un gaz qui n'existe point libre dans la nature, et qu'il faut dégager de ses combinaisons ; on le retire le plus ordinairement du muriate de soude (sel marin), en décomposant cette substance par l'intermède de la terre argileuse ou par l'action de l'acide sulfurique. On emploie l'appareil de Woulf.

2*

La fabrication des soudes artificielles, dans laquelle on décompose l'hydrochlorate de soude ou chlorure de sodium (sel marin) par l'acide sulfurique, pour former du sulfate de soude, répand dans le commerce des masses d'acide hydro-chlorique liquide, comme produit secondaire ; mais cet acide contient beaucoup de substances étrangères et il est souvent nécessaire de le rectifier.

L'eau dissout quatre cent cinquante volumes environ d'acide hydro-chlorique gazeux.

MM. Gay-Lussac et Thénard ont fait connaître cet acide par la synthèse en exposant un volume de chlore et d'hydrogène aux rayons lumineux ; la combinaison est instantanée et produit explosion.

On peut en faire l'analyse avec la pile voltaïque, ou par le potassium, qui absorbe le chlore et laisse l'hydrogène se dégager. Si l'on admet que le sel marin dissous n'est que du chlorure de sodium, voici comme on doit expliquer la formation du gaz acide hydrochlorique. En versant de l'acide sulfurique étendu d'eau dans la dissolution, l'eau se trouve décomposée, son oxigène se porte sur le sodium pour former de l'oxide de sodium, qui s'unit à l'acide sulfurique, et le chlore et l'hydrogène, qui se trouvent en contact à l'état de gaz naissant et en proportion convenable, s'unissent à leur tour pour former le gaz acide hydrochlorique qui se dégage. Si, au contraire, on reconnaît que le chlorure de sodium devient, par sa dissolution dans l'eau, hydrochlorate de soude, l'acide sulfurique ayant plus d'affinité pour la soude que l'acide hydrochlorique, le déplacement et le dégagement de ce gaz a lieu.

L'acide hydrochlorique, dans son état de pureté,

considéré en l'état de gaz, est sans couleur, d'une saveur âcre, d'une odeur vive et suffocante. Il excite la toux, tue les animaux qui le respirent; il rougit la teinture de tournesol, n'est point propre à la combustion, se dissout dans l'eau, dont il augmente le volume; se condense, sans changer d'état, à un froid de cinquante degrés; n'est altérable ni par la chaleur, ni par l'oxigène, et n'a aucune action sur les corps combustibles simples non métalliques. Condensé dans l'eau, il constitue l'acide muriatique liquide. C'est dans cet état qu'on en fait usage; il est ordinairement jaune, lorsqu'il est pur il est incolore, transparent, et laisse échapper des vapeurs blanchâtres. Combiné dans la proportion d'un à deux avec l'acide nitrique, il forme l'acide nitro-hydrochlorique (eau régale des anciens). Le mélange devient rouge, verdâtre; il y a effervescence, formation d'eau, et dégagement de vapeurs, de chlore et d'azote. Mêlé avec l'alcool, il produit l'acide muriatiqué alcoolisé. De son union avec les bases salifiables résultent plusieurs sels dits *muriates*, *hydrochlorates* ou *chlorures*, qui, presque tous, sont déliquescens. Il peut être employé comme l'acide nitrique dans le traitement du piétin des moutons et dans les fumigations. *V*. ce mot.

Ácide muriatique oxigéné (*Chlore*). La découverte de ce corps est due à Scheéle, qui lui donna le nom d'acide marin déphlogistiqué; depuis, M. Berthollet examina ce gaz et le crut composé d'oxigène et d'acide muriatique, ce qui lui fit donner le nom d'acide muriatique oxigéné; mais plus tard, MM. Gay-Lussac et Thénard pensèrent que tous les faits pouvaient s'expliquer en le regardant comme un corps simple; M. Davy adopta cette opinion et lui donna le nom de chlore, qui indique le caractère de sa couleur.

Le chlore est un gaz permanent coloré en jaune verdâtre, propriété qu'il ne partage qu'avec son oxide. Il agit promptement et vivement sur les organes des animaux, particulièrement sur les membranes muqueuses, et plus spécialement encore sur celles du pharynx; son action est très-délétère, il cause une espèce de strangulation, il suffoque, il resserre la poitrine.

Le chlore n'existe point à nu dans la nature, et en le dégageant de ses combinaisons on ne l'obtient qu'en état de gaz. On profite, pour opérer le dégagement, de la propriété dont jouit l'oxide de manganèse, de céder de son oxigène aux différens corps combustibles; il suffit, pour cela, de mettre une partie de peroxide de manganèse, réduite en poudre, et cinq parties d'acide muriatique liquide, dans un matras de verre ou tout autre vaisseau propre à dégager ce gaz.

Ce mode exige peu d'appareil; mais il ne peut servir que pour de simples expériences, lorsqu'il ne s'agit que de reconnaître ou de constater des aperçus, soit pour s'instruire, soit pour vérifier. Si on a besoin de saturer une masse d'eau plus ou moins considérable, pour un usage quelconque, il faut employer d'autres moyens. Voici la manière de pratiquer l'opération plus en grand:

Introduisez dans une cornue de verre tubulée huit parties de muriate de soude (sel marin), et cinq parties de protoxide de manganèse. Disposez l'appareil de Woulf et mettez dans les deux premiers flacons environ cinquante parties d'eau ; ajoutez au mélange six parties d'acide sulfurique concentré, étendu dans deux parties d'eau, que vous verserez graduellement par la tubulure ; après le versement, continuez la distillation à l'aide d'un feu modéré, jusqu'à ce qu'il ne passe plus de gaz. On peut, dans cette opération, saturer environ cent cinquante à trois cents parties d'eau, si on a le soin de renouveler l'eau des flacons à mesure qu'elle se trouve saturée.

Voici la théorie de la formation du dégagement du chlore dans ces deux opérations :

Dans le premier cas, l'hydrogène de l'acide s'unit à l'oxigène de l'oxide. Une petite partie du chlore libre se combine avec le manganèse pour former du chlorure de manganèse, et le reste n'étant engagé dans aucune combinaison reprend son état naturel.

Dans le second cas, l'acide sulfurique dégage l'acide hydrochlorique du sel marin ; cet acide, à l'état de gaz naissant, est aussitôt décomposé par le peroxide de manganèse, et le chlore reste libre.

Le chlore enlève l'hydrogène à presque toutes ses combinaisons ; c'est sur cette propriété que sont basés tous ses usages. Guyton-Morveau l'indiqua pour détruire les miasmes putrides, Berthollet pour blanchir les tissus. (*V*. Fumigation.)

On l'unissait à l'eau qui en dissout un volume et demi environ. Depuis on a découvert que la chaux, la soude, la potasse en dissolution dans l'eau, pouvaient retenir une quantité plus considérable de chlore que l'eau pure, sans détruire sa propriété d'absorber l'hydrogène. On rendit ainsi son usage plus sûr et beaucoup moins incommode. (*V*. Chlorures et chlorures d'oxides.)

Le chlore éteint les bougies, détruit les couleurs
végétales et animales, même celle de l'encre. La chaleur ou la lumière le transforme en acide hydrochlorique et en oxigène, quand il n'est pas parfaitement
sec. Il s'unit aussi à plusieurs métaux pour former des
chlorures dont plusieurs sont employés dans la médecine vétérinaire.

Acide nitrique. Cet acide fut obtenu par Raymond
Lulle, qui calcinait ensemble du nitre et de l'argile;
Lavoisier et Priestilly montrèrent la nature de ses
élémens et firent connaître beaucoup de ses combinaisons.

L'azote est le radical de cet acide qu'on ne trouve
point à nu dans la nature. On le retire principalement du nitrate de potasse que l'on décompose par
l'intermède des terres argileuses ou de l'acide sulfurique.

Voici la théorie de sa préparation dans les deux cas :

Par l'acide sulfurique. Cet acide ayant plus d'affinité
pour la potasse que l'acide nitrique, le déplace, et celui-ci se dégage entraînant avec lui l'eau nécessaire à
sa formation.

Par l'argile. La combinaison de la silice avec la potasse ayant beaucoup plus de fixité que celle de l'acide nitrique avec ce dernier corps, tend toujours à
le former, l'acide est mis en liberté. Le degré de chaleur très-élevé qui est nécessaire pour effectuer cette
décomposition a fait abandonner ce dernier procédé.

L'acide nitrique est liquide, incolore, d'une odeur
forte et désagréable; il laisse échapper des vapeurs
blanches caustiques. Il tient souvent en dissolution
de l'acide nitreux, qui lui donne une couleur jaunâ-

tre, un peu d'acide muriatique, et même de l'acide
sulfurique ; on le purifie en y mêlant quelques gouttes de la dissolution du nitrate d'argent, et en le distillant sur du nitrate de potasse. L'acide nitrique du
commerce, appelé communément *eau forte*, *esprit
de nitre*, n'est que de l'acide nitrique faible. Etendu
dans une plus grande quantité d'eau, il forme l'eau
seconde des peintres.

L'acide nitrique, d'après MM. Gay-Lussac et Davy,
est un composé de deux cent cinquante parties d'oxigène et cent d'azote : c'est un des plus violens poisons ; il tache la peau en jaune et désorganise presque
subitement l'épiderme. Une chaleur de cent cinquante
degrés le vaporise sans l'altérer. La chaleur rouge le
décompose. Il est également susceptible d'être décomposé par les différens corps combustibles simples
non métalliques, excepté l'azote : il n'a d'action ni
sur le gaz oxigène, ni sur l'air ; mais il agit fortement
sur le bois et sur le charbon, plus fortement encore
sur le phosphore, moins vivement sur le soufre. De
tous les métaux, l'or, le platine, l'osmium et l'iridium, sont les seuls qu'il n'attaque point. Il cède
avec une grande facilité son oxigène.

Pour l'usage médicinal et pharmaceutique, il faut
choisir l'acide nitrique pur, marquant trente-cinq à
trente-six degrés au pèse-acide de Beaumé. En cet
état il dissout le mercure à parties égales. La chimie
l'emploie comme réactif ; c'est un des plus utiles et
des plus puissans dont elle fasse usage.

Propriétés et usages. Il sert en pharmacie à une
infinité de préparations. Son union avec les bases salifiables produit un grand nombre de sels, qu'on appelle *nitrates*. La médecine l'applique extérieurement

comme rubéfiant et escarrotique. Quelques praticiens l'administrent avec succès pour guérir le piétin des moutons. Il est moins efficace que l'acide muriatique oxigéné pour désinfecter l'air et neutraliser les virus et miasmes contagieux. Il est employé comme caustique pour établir des cautères, détruire certaines excroissances et callosités, comme poireaux, crapauds, cors, cerises, etc. Étendu dans une grande quantité d'eau, il est diurétique et moins astringent que l'acide sulfurique.

ACIDE NITRIQUE ALCOOLISÉ (*Esprit de nitre dulcifié*). Combinaison immédiate d'une partie d'acide nitrique avec deux parties d'alcool.

$\mathrecal{2}$. Acide nitrique pur à 35 degrés. . .   4 part.
    Alcool à 36 degrés.   8

Versez l'acide peu à peu sur l'alcool, dans un vaisseau de verre ou ballon; agitez le mélange sans interruption : il acquiert en vieillissant une odeur nitreuse, éthérée; il ne faut s'en servir qu'un mois après qu'il a été préparé.

L'alcool nitrique est peu en usage dans la médecine vétérinaire. Je crois cependant devoir l'indiquer comme un médicament utile contre les coliques venteuses, les indigestions, les inflammations et rétentions d'urine; il est carminatif, bon diurétique, calmant et anti-putride. On peut l'administrer au cheval à la dose d'une once à une once et demie, et de deux onces au bœuf, dans les breuvages appropriés à la maladie. On l'emploie aussi pour aciduler les boissons.

ACIDE SULFUREUX. Le soufre se combine avec l'oxigène dans des proportions différentes, et se convertit, suivant le degré d'oxigénation, en acide faible et en acide puissant, ou, pour parler le langage de la chimie, en acide sulfureux et acide sulfurique. L'acide sulfureux est donc le résultat d'un premier degré d'oxigénation du soufre, qui en est le radical. On peut l'obtenir directement par la combustion lente du soufre sous une cloche de verre; mais le procédé le plus simple et le plus économique consiste à décomposer l'acide sulfurique par l'intermède du charbon, du sucre, de la gomme, du mercure, etc., à l'aide du calorique, et dans l'appareil de Woulf.

Le gaz acide sulfurique ayant beaucoup d'affinité avec l'eau, ce fluide s'en sature et forme l'acide sulfureux liquide.

Propriétés et usages. L'acide sulfureux est un gaz permanent incolore et transparent; sa saveur est forte, âcre et caustique : son odeur pénétrante, semblable à celle du soufre qui brûle : il tue les insectes, irrite les membranes muqueuses, provoque la toux, resserre la poitrine et suffoque bientôt les animaux qui le respirent. Administré intérieurement sous forme liquide, il est rafraîchissant, tonique et astringent; on peut le mêler dans les boissons jusqu'à acidité supportable. On l'emploie aussi dans les fumigations comme désinfectant. L'acide sulfureux peut s'unir aux bases; mais jusqu'ici ses composés ne sont en usage ni dans les arts ni dans la médecine vétérinaire.

Acide sulfurique. Les anciens chimistes lui avaient donné le nom d'*acide vitriolique*, d'*huile de vitriol*, parce qu'ils le retiraient par la distillation des vitriols ou sulfates métalliques, et parce que, lorsqu'il est

concentré, il est de consistance oléagineuse : de tous
les acides, c'est celui que la chimie emploie le plus
souvent comme réactif; la consommation qu'on en
fait aujourd'hui dans les arts est immense ; aussi on a
singulièrement perfectionné les procédés par lesquels
on l'obtient. On le compose de toutes pièces dans de
nombreuses manufactures ; le soufre en est le radical,
et l'oxigène le principe acidifiant : le mode de fabrication le plus usité consiste à brûler un mélange, composé de huit parties de soufre et d'une partie de nitrate de potasse; l'opération se pratique dans des
chambres doublées de lames de plomb : la dimension
de ces chambres est plus ou moins grande, le sol en
est légèrement incliné ; le mélange est placé sur une
plaque de fonte à rebords; on y met le feu, et pendant
la consommation on introduit simultanément de l'air
et de l'eau dans la chambre. L'acide sulfureux se dégage en grande abondance, et à mesure se combine
avec l'oxigène fourni par l'acide nitrique et par l'air,
et le convertit en acide sulfurique, qui, s'unissant à
l'eau réduite en vapeur, coule sur le plancher. Par la
décomposition du nitrate de potasse, il se forme une
petite quantité de deutoxide d'azote avec la vapeur de
l'eau ; mais il se trouve de suite transformé, par une
portion de l'oxigène de l'air et de l'eau, en acide nitreux qui à son tour cède son oxigène à l'acide sulfureux pour le changer en acide sulfurique.

On fait brûler dans la chambre de nouveaux mélanges jusqu'à ce que l'on juge convenable de soutirer
l'acide qui couvre le plancher, et qui d'ordinaire porte
45 à 50 degrés à l'aréomètre de Beaumé.

On remplace actuellement, dans plusieurs manufactures, le nitrate de potasse par du gaz nitreux que

l'on obtient en faisant réagir de l'acide nitrique sur du sucre ; on a pour produit secondaire de l'acide oxalique, que précédemment on tirait d'Angleterre.

Plusieurs conditions paraissent indispensables à la formation de l'acide sulfurique.

1°. De l'acide sulfureux ; 2°. des vapeurs nitreuses ; 3°. des vapeurs d'eau ; 4°. de l'air.

Il paraît que le soufre ne peut absorber immédiatement l'oxigène pour former l'acide sulfurique ; que le gaz nitreux lui en transmet la quantité nécessaire, et passe à l'état de deutoxide d'azote, et que ce dernier gaz qui jouit de la propriété d'absorber rapidement l'oxigène de l'air, se transforme, par ce moyen, en acide nitreux, et remplit ainsi successivement le rôle de médiateur. Mais la production de l'acide sulfurique n'a lieu que sous l'influence de la vapeur d'eau, indispensable à son existence.

En cet état, l'acide sulfurique n'est ni assez pur ni assez concentré pour être employé, soit dans les manufactures, soit dans les laboratoires ; il contient de l'acide nitrique, du sulfate de plomb et une surabondance d'eau ; on le dégage de ces corps étrangers, et on le concentre en le faisant chauffer d'abord dans des chaudières de plomb et ensuite dans des chaudières de platine, jusqu'à ce qu'il soit parvenu à soixante-six degrés pour être propre aux différens usages auxquels il est destiné ; et même pour certaines opérations chimiques on le soumet à une dernière rectification.

L'acide sulfurique portant soixante-six degrés est liquide, incolore, transparent, sans odeur, très-acide et corrosif, pesant presque le double de l'eau ordinaire ; en coulant, il forme, comme l'huile, des stries ou longs filets : il attire l'humidité de l'air, rougit la teinture de tournesol, désorganise les matières animales et végétales, et les noircit. Un froid de dix à douze degrés le congèle ; une chaleur de deux cents degrés le volatilise, il se décompose à une chaleur supérieure.

Les corps combustibles simples non métalliques n'ont point d'action sur l'acide sulfurique à la température ordinaire ; à une température élevée, tous, excepté l'azote, le décomposent. Chauffé au degré d'ébullition, il oxide et dissout le mercure, l'argent, le fer et le zinc. Ces métaux lui enlèvent une portion de son oxigène, et le réduisent à l'état d'acide sulfureux ; il n'attaque les autres métaux que lorsqu'ils ont été préalablement oxidés. Il sert à décomposer presque tous les sels et à obtenir les autres acides.

L'acide sulfurique est composé, d'après M. Gay-Lussac, de cent parties en poids de soufre et cent quarante-six d'oxigène, abstraction faite de l'eau, qui y existe dans la proportion environ d'un cinquième ; il se combine avec ce fluide en toute proportion et avec une grande avidité ; il y a production de calorique au-dessus de la chaleur de l'eau bouillante. On peut le ramener à l'état de soufre en le privant de son oxigène, par l'intermède du carbone. De son union avec les bases salifiables résultent un grand nombre de sels neutres et acides, que l'on nomme sulfates.

Propriétés et usages. L'acide sulfurique est extrêmement utile aux arts et à la chimie ; il fait la base de l'acide sulfurique aqueux, de l'acide sulfurique alcoolisé, et sert à la préparation de l'éther sulfurique, de l'alun, de la soude, etc. La médecine l'administre aussi en nature comme médicament ; appliqué à l'ex-

térieur, il est rubéfiant, escarrotique ; il sert à aciduler les gargarismes et à composer des boissons rafraîchissantes ; il est astringent, convient dans les ca
tharr eschroniques, les phlegmasies, les hémorrhagies
passives du conduit alimentaire. *V.* Acide. *Propriétés
et usages.*

ACIDE SULFURIQUE ALCOOLISÉ OU EAU DE RABEL. Combinaison immédiate de l'acide sulfurique avec l'*alcool.*

♃.   Acide sulfurique à 66 degrés. . . .   5 part.
     Alcool à 36 degrés.   12

Mettez l'alcool dans un matras ou ballon de verre ;
versez l'acide sulfurique par petites portions ; agitez
chaque fois le mélange. Il faut opérer dans un vaisseau ouvert, pour éviter la fracture. Au moment où
le mélange s'opère, il y a émission de calorique ; il
s'en dégage des vapeurs aqueuses, et le fluide acquiert
une odeur éthérée. Après qu'il est refroidi on l'enferme dans un flacon bien bouché. L'*alcool* sulfurique, en cet état, est blanc ; on le colore avec l'é-
corce de la racine d'orcanette, ou avec la cochenille,
si on veut lui donner la couleur rouge.

   Propriétés et usages. L'alcool sulfurique, qu'on
pourrait nommer aussi *alcool sulfurique dulcifié,*
administré intérieurement, est astringent, tempérant
et anti-putride. Il convient dans les diarrhées ou évacuations alvines. On le donne aux animaux dans les
breuvages ou les boissons, jusqu'à acidité supportable. Extérieurement il est styptique, détersif ; il
produit de bons effets dans les hémorrhagies passives.
Étendu à la dose de deux onces dans une pinte d'eau,
il guérit promptement les aphtes ou tubercules su-

perficiels qui affectent la membrane muqueuse de la bouche des moutons et des veaux.

ACIDE SULFURIQUE AQUEUX. C'est un simple mélange de deux parties d'eau distillée, avec une partie d'acide sulfurique. On met l'eau dans un matras, on verse peu à peu l'acide en remuant continuellement. Lorsque le mélange est refroidi, on le renferme dans un flacon.

Pendant la mixtion, il y a dégagement de calorique, et le mélange acquiert une température uniforme. L'acide sulfurique aqueux, appelé communément *esprit de vitriol*, est employé intérieurement comme rafraîchissant, tonique, altérant, diurétique, anti-putride et astringent. Il est préférable à l'acide acétique (vinaigre), pour aciduler les boissons ou breuvages; on en met jusqu'à une acidité supportable pour la dégustation.

ACIDE VITRIOLIQUE. *V*. Acide sulfurique.

ACIDIFICATION.

Opération naturelle ou artificielle, par laquelle une substance combustible, simple ou composée, acquiert, en se combinant avec un corps comburant, la propriété de se transformer en acide. Par exemple, lorsque le vin, le cidre ou toute autre liqueur alcoolique passent à la fermentation acide pour former de l'acide acétique, c'est une acidification.

ACORE ODORANT.

Acorus calamus , Acorus verus , sive Calamus aromaticus officinarum, Linné, classe 6 de l'hexandrie monogynie; Juss. , famille des Aroïdes.

Caractères génériques. Fleurs très-serrées le long

d'un épi cylindrique placé sur le côté de la tige ; six étamines et un ovaire oblong, auquel succèdent des capsules à trois angles et à trois loges.

Caractères spécifiques. Les feuilles sont droites, et s'engaînent par le côté, comme celles de l'iris : les fleurs naissent sur un chaton moins élevé que les feuilles ; elles sont composées d'un calice périgone, à six pièces courtes et persistantes, six étamines plus longues que le calice ; l'ovaire change en une capsule obtuse à trois loges monospermes.

On trouve cette plante dans les fossés et sur le bord des eaux, en Belgique, en Alsace, en Bresse et dans le Piémont. Elle est vivace et fleurit à l'entrée de l'été. Ses feuilles, froissées entre les mains, exhalent une odeur agréable. Une variété de cette plante croît dans les Indes orientales ; mais on ne trouve plus aujourd'hui de cette racine dans le commerce.

Partie employée. La racine. Elle est grosse comme le doigt, très-longue, cylindrique, noueuse, genouillée, spongieuse, un peu plus aplatie lorsqu'elle est sèche, offrant beaucoup d'enfoncement à la surface, garnie de petits filamens, de couleur brunâtre au dehors, rosée au-dedans ; son odeur est fade, sa saveur âcre et amère. Elle fournit à l'analyse chimique une huile volatile légère, de la gomme, une matière extractive, de la résine et beaucoup de ligneux.

Propriétés. Excitante, stomachique, cordiale et céphalique.

Mode d'administration. En poudre, à la dose de deux à trois onces, dans le son ou dans le miel, en forme d'opiat et en mastigadour. Elle fait partie de la thériaque, de la poudre cordiale et de plusieurs autres préparations officinales.

ADOUCISSANT. L'acception de ce terme est la même en médecine et en pharmacie que dans le langage ordinaire. C'est le nom collectif qu'on donne aux différens médicamens et alimens dont la propriété principale, la propriété la plus éminente, est d'apaiser les douleurs, de calmer les irritations ; on l'emploie également pour indiquer la qualité, l'action ou l'effet. On dit les *adoucissans ;* et en parlant d'une substance en particulier : elle est adoucissante, son application adoucit, elle adoucit.

Les adoucissans diffèrent peu des béchiques, des émolliens, des pectoraux, des calmans ; leur action et leurs effets sont de même nature. Il serait difficile, et on peut dire impossible, de reconnaître les caractères qui les distinguent : aussi on les considère généralement comme analogues, et on les comprend tous dans une seule classe.

Les substances gommeuses, sucrées, amylacées, grasses, huileuses, jouissent de la propriété adoucissante : la gomme arabique, la graine de lin et sa farine, la racine de guimauve, le sucre, le miel, l'huile d'olives et d'amandes douces, celle de pavots, l'axonge ou graisse, le lait, le blanc de baleine, etc. , sont celles dont on fait le plus communément usage en médecine ; on les administre tantôt seules, tantôt combinées avec d'autres, soit pour donner plus de force à leurs principes, soit pour en rendre l'application plus facile : on en compose des breuvages, des boissons, des opiats, des cataplasmes, des linimens, des onguens, des pommades, etc. L'eau et le miel en sont le véhicule le plus ordinaire.

AFFINITÉ. Si les corps n'étaient sollicités par aueune force , dans quelques circonstances qu'on pût les placer, ils ne changeraient point d'état ; mais il n'en est pas ainsi, ils peuvent, lorsqu'ils sont en présence , éloignés même de toute influence étrangère , échanger mutuellement leurs élémens , former des corps nouveaux , ou plus simples ou plus composés. On a donné le nom d'affinité à cette force qui fait agir ainsi toute la matière ; nous ne pouvons connaître quelle est sa nature , mais il est possible d'étudier ses effets , de les comparer, de les classer, et d'en former un corps de doctrine.

Tous les faits s'expliquent assez bien en regardant l'affinité comme une force qui agit sur les molécules. On entend par molécules ou atomes les parties les plus déliées , les plus ténues des corps que l'imagination puisse concevoir ; les valeurs réelles qu'on peut leur donner ne sont qu'idéales.

Pour simplifier l'étude de l'affinité , on la considère sous deux points de vue différens. On reconnaît deux sortes d'affinité : celle qui s'exerce entre des molécules de même nature est nommée *affinité* ou *attraction d'agrégation ;* on désigne par le nom d'*affinité* ou d'*attraction de composition ,* celle qui rapproche et combine les molécules de nature différente. Deux gouttes d'eau mises en contact se confondent l'une dans l'autre , et constituent un seul et même corps ; mais ce corps n'a point changé de nature, il n'a perdu ni le caractère ni la force des deux corps primitifs dont il est composé ; il conserve les mêmes propriétés et n'en acquiert pas de nouvelles : il y a seulement augmentation de volume : c'est une *attraction d'agré-gation.* Si vous réunissez au contraire du soufre et du mercure, vous aurez un corps nouveau, le cinabre, qui ne sera ni du soufre ni du mercure, qui même ne participera point des propriétés particulières à chacune de ces substances : c'est une *attraction* ou *affinité de composition*.

Ce sont principalement les effets de cette dernière force que le chimiste doit étudier ; il doit considérer tous les corps de la nature non seulement séparés, mais encore dans leur contact, étudier leur action réciproque, les ranger d'après la tendance plus ou moins forte qu'ils ont à s'unir.

On peut dire que les affinités constituent la science chimique. C'est à raison des affinités que s'opèrent toutes compositions et décompositions. Celui qui travaille sans les connaître marche en aveugle ; les résultats qu'il obtient sont l'effet du hasard ; il ne peut ni se rendre compte des moyens, ni en déduire des conséquences certaines. Mais cette partie de la science est trop vaste pour que nous entrions dans le détail des principes qui y ont du rapport. Ceux qui désirent l'approfondir doivent consulter les ouvrages des savans qui l'ont traitée dans toute son étendue.

AGARIC (*Agaricus*). Genre de champignon dont les espèces sont très-variées ; ce sont des excroissances fongueuses et mucilagineuses attachées par le côté sur le tronc et les grosses branches des vieux arbres, où ils prennent naissance et font leur accroissement. Linné a compris les agarics dans sa cryptogamie ; famille des champignons de Jussieu, et des apétales sans fleurs ni fruits, de Tournefort.

L'agaric blanc, fort en usage chez les anciens, se

récolte en France, dans les Alpes, sur le larix ou mélèze; mais on a toujours préféré celui que l'on récolte dans le Levant. Il est en morceaux plus ou moins ronds, de couleur variable, d'un blanc sale, tirant sur le jaune à son intérieur, dur et friable dans sa cassure; la saveur de l'agaric est douce d'abord, puis amère, âcre et nauséabonde. Celui qui est le plus léger et le plus blanc doit être préféré pour l'usage médical; c'est un purgatif drastique : il n'est plus employé aujourd'hui par les praticiens.

L'agaric de chêne (*Boletus igniarius*, *Agaricus quercûs*) est celui qui croît sur le tronc des vieux chênes, des noyers et des peupliers; il est souvent en gros morceaux épais, attachés par le côté, d'une consistance mollasse et fibreuse; sa couleur est tanée et obscure. Ce fongus, avant d'être employé, subit différentes préparations : on le fait d'abord dégorger dans l'eau, après on le fend ou on le coupe par tranches, on le bat fortement et long-temps sur un billot avec un maillet de bois pour l'étendre; cette opération lui donne de la souplesse et le rend doux au toucher.

Propriétés et usages. L'agaric de chêne, ainsi préparé, trempé dans une dissolution de poudre à fusil, forme ce qu'on appelle vulgairement amadou. La chirurgie l'emploie comme styptique, pour arrêter les hémorrhagies : appliqué immédiatement sur l'orifice d'une artère ou d'un vaisseau ouvert, et comprimé par un bandage, il les contracte et les force à se resserrer.

Dans plusieurs cas on trempe l'agaric dans l'alcool de Rabel ou dans une dissolution de sulfate d'alumine, ce qui, en augmentant sa stypticité, donne plus d'énergie à son action.

AIR ATMOSPHÉRIQUE. L'air a été pendant long-temps considéré comme un corps simple, un principe élémentaire. La chimie moderne a démontré qu'il était formé de deux substances principales (le gaz oxigène et le gaz azote) mélangées dans la proportion de vingt-une parties du premier et soixante-dix-neuf parties du second, d'un atome de gaz acide carbonique et d'une quantité d'eau en vapeur qui est variable, indépendamment du calorique et de la lumière.

On avait cru d'abord que des causes locales devaient nécessairement produire quelque variation dans les rapports entre les principes constitutifs ; mais de nombreuses expériences comparatives, faites sur de l'air puisé dans des contrées plus ou moins éloignées les unes des autres, et dans des régions plus ou moins élevées, ont prouvé l'erreur de cette opinion. Il est constaté, d'après ces expériences, citées par MM. Thénard et Sirey, que les proportions sont toujours les mêmes ; que les variations, s'il en existe, ne sont point ou presque point sensibles. L'eau qu'on trouve mêlée avec l'air, n'en fait pas partie intégrante, son union n'est qu'accidentelle. Plusieurs substances avides d'oxigène ont la propriété de décomposer l'air atmosphérique, telles que le phosphore et le gaz hydrogène, etc.

L'air atmosphérique est fluide, transparent, invisible, sans odeur, sans saveur, pesant, compressible, dilatable, élastique, extrêmement mobile, facilement pénétrable et très-subtil : il ne peut cependant traverser certains corps que traversent le calorique, la lumière, l'eau, et même d'autres fluides plus grossiers. On évalue à seize lieues l'épaisseur de la couche d'air qui environne la terre, ce qu'on appelle l'atmosphère. Le briquet pneumatique prouve évidemment que l'air est élastique et compressible.

L'air est, de tous les gaz, le plus abondant et le plus répandu ; son action est immense, il participe à tous les phénomènes de la nature ; ses propriétés et son influence, relativement à l'existence des corps, sont aussi intéressantes que variées. Le sujet est beau, mais vaste ; le plan que nous avons adopté ne nous permet pas de le traiter. Il nous suffira d'ajouter que l'air est indispensable à la respiration, à la végétation et à la combustion. Sans air, les animaux et les végétaux ne peuvent exister en l'état de vie, et les corps combustibles ne brûlent point. Les Anciens donnaient le nom d'*air* à tous les fluides aériformes; aujourd'hui que la nature de ces fluides est mieux connue, on les désigne par le nom de *gaz* : gaz acide carbonique, gaz azote, gaz oxigène, etc.

On appelle air vicié ou gâté celui dans lequel se trouvent mêlés accidentellement des gaz ou émanations putrides, qui, en altérant sa pureté, nuisent à la santé des animaux qui le respirent. On neutralise, on détruit ces corps étrangers par des moyens physiques et chimiques, dont l'emploi est aussi simple qu'utile ; le premier consiste à établir des dispositions locales propres à renouveler l'air à volonté. Pour le second, *V.* Fumigation, chlorures, etc.

ALAMBIC. Vaisseau destiné à distiller les liqueurs et à obtenir les principes volatils de certaines substances, particulièrement des végétaux. Il y a des alambics de verre, d'argent, de platine, de terre cuite, de cuivre étamé, de cuivre et d'étain ; les deux derniers sont généralement employés : on s'en sert dans tous les cas où les principes qu'on doit retirer n'ayant pas d'action sensible sur le métal , sont susceptibles de se volatiliser à un degré égal ou peu au-dessous de celui de l'eau bouillante. Il est composé de quatre pièces : la cucurbite, le chapiteau, le serpentin, le bain-marie. La première est ordinairement en cuivre étamé à son intérieur ; les trois autres sont en étain.

La cucurbite est une chaudière cylindrique dans laquelle on met les matières à distiller, et qui reçoit l'action immédiate du feu ; la partie supérieure, un peu évasée, forme un petit bourrelet appelé le bouillon, surmonté d'un bord circulaire ou collet ; elle s'adapte à l'ouverture du fourneau, et s'y enfonce jusqu'au bourrelet. On introduit de l'eau ou autre liquide sans interrompre la distillation , au moyen d'un tuyau fixé au-dessous du collet. Pendant l'opération on tient cette ouverture fermée avec un bouchon de liège.

La forme du chapiteau est celle d'une calotte ou voûte surbaissée ; il recouvre la cucurbite et s'ajuste très-exactement dans son collet. Un grand tuyau incliné qui sort du chapiteau, faisant avec le corps de l'alambic un angle d'environ soixante degrés, communique avec le serpentin et se lie à son bec supérieur.

Cette troisième pièce (le serpentin) n'est qu'un tuyau d'étain disposé en spirale ; elle est établie à côté de l'alambic, dans une cuve pleine d'eau fraîche ; on place sous son bec inférieur un ballon ou récipient.

C'est dans ce récipient que viennent se réunir les produits de la distillation. Le calorique les élève en vapeurs dans le chapiteau , ils retombent dans la rigole ou sont poussés vers le tuyau de communication, d'où ils passent dans le serpentin ; pendant leur circulation, l'eau qui l'entoure les rafraîchit, les condense et les réduit à l'état fluide.

Cette distillation est celle qu'on nomme *à feu nu ;* mais plusieurs matières doivent être distillées au bain-marie, ce qui donne lieu à faire usage de la quatrième partie. C'est un vaisseau exactement cylindrique, d'un diamètre moindre que celui de la cucurbite ; on y met les matières à distiller. Ce vaisseau ne change rien aux dispositions de l'appareil, il plonge dans l'eau que contient la cucurbite, et porte uniquement sur son collet par un rebord extérieur ; il a lui-même un collet d'égale dimension, pour recevoir le chapiteau. Il n'y a aucune différence dans la manière d'opérer.

Les vapeurs, passant de l'alambic dans le serpentin, échauffent l'eau contenue dans la cuve, en commençant par la partie supérieure ; il faut qu'elle soit renouvelée et entretenue dans l'état de fraîcheur convenable pour les condenser. Ce renouvellement peut se faire de plusieurs manières ; la plus commode consiste à adapter à la partie extérieure de la cuve un tube qui, recevant de l'eau froide d'un réservoir plus élevé, l'introduit dans sa partie inférieure. L'eau chaude remonte et coule au-dehors par un petit conduit disposé à cet effet ; il s'opère ainsi un renouvellement successif et continuel, sans qu'il soit besoin de suspendre la distillation : on appelle ce mécanisme un *trop-plein. V.* Distillation.

ALCALI ou ALKALI. Les alcalis étaient considérés par les chimistes comme des corps simples, et on ne comprenait sous ce nom collectif que trois différentes substances, l'ammoniaque, la soude, la potasse. Mais M. Berthollet est parvenu à les décomposer : il a reconnu que l'ammoniaque était une combinaison d'azote et d'hydrogène. M. Dawy a dégagé, de la potasse et de la soude, deux métaux qu'il a appelés, l'un potassium et l'autre sodium. Ces découvertes ont rendu incomplète et inexacte l'ancienne théorie sur les alcalis ; les caractères généraux qui servaient à les distinguer n'avaient plus de spécialité. Le principe alcalin existait dans plusieurs autres substances, il a fallu le déterminer, et admettre au nombre des alcalis toutes celles qui le contenaient. Aujourd'hui on donne le nom d'alcali aux diverses substances composées, solides, liquides, gazeuses, végétales et minérales, qui ont la propriété de verdir le sirop de violette et de rougir la couleur jaune du curcuma ; qui, ayant une grande tendance à s'unir avec les acides, en détruisent en tout ou en partie les caractères, et forment différens sels.

Les alcalis ont une saveur urineuse, âcre, caustique ; ils sont solubles dans l'eau froide. Ceux de potasse, de soude, servent à préparer la pierre à cautère ; on les emploie, ainsi que l'ammoniaque, comme des caustiques. Ils exercent sur les tissus animaux une action plus ou moins énergique ; ils les désorganisent et les détruisent pour la plupart : combinés avec les huiles, les graisses et les résines, ils forment des savons.

La soude et la potasse qu'on trouve dans le commerce ne sont que des sous-carbonates alcalins ; ils contiennent de l'acide carbonique et des sels dont il faut les dégager pour avoir des alcalis purs. Nous ne parlerons, dans cet ouvrage, que des alcalis dont la médecine vétérinaire fait usage, l'ammoniaque, la soude, la potasse. *V.* ces mots.

Les alcalis végétaux sont de nouveaux principes immédiats qu'on est parvenu à isoler de divers végétaux, et qui jouissent aussi de la propriété de neutraliser les acides et de former avec eux des sels.

On les distingue des autres alcalis en les décomposant par l'intermède de l'oxide de cuivre; on reconnaît qu'ils ont pour élémens l'oxigène, l'hydrogène, le carbone et l'azote.

C'est Stuemer qui le premier parvint à extraire un alcali végétal de l'opium; M. Robiquet reprit et confirma ses travaux. MM. Pelletier et Caventou en découvrirent le plus grand nombre d'utiles.

Voici ceux dont la propriété alcaline peut facilement se constater : la quinine, la cinchonine, la strychnine, la brucine et la morphine.

C'est particulièrement dans les alcalis que paraît résider la propriété des végétaux d'où on les extrait; considération qui les rend très-précieux pour la médecine humaine.

La médecine vétérinaire n'emploie point encore ces alcalis; mais certainement, lorsque cette partie de l'analyse aura acquis plus d'extension et de certitude, elle en pourra faire de très-heureuses applications.

ALCALI CAUSTIQUE. *V.* Potasse caustique ou Pierre à cautère.

ALCALI VOLATIL CONCRET. *V.* Carbonate d'ammoniaque.

ALCALI VOLATIL FLUOR. *V.* Ammoniaque liquide.

ALCOOL (*Esprit de vin*). Liqueur blanche, transparente, plus fluide que l'eau, volatile, très inflammable, d'une odeur douce, suave et aromatique, d'une saveur forte, chaude et assez agréable, très-avide d'humidité, formée, suivant M. de Saussure, par la combinaison de 51,98 de carbone, de 54,32 d'oxigène et de 13,70 d'hydrogène. L'alcool brûle avec flamme, sans répandre ni odeur ni fumée apparente ; sa combustion produit de l'eau et de l'acide carbonique ; il entre en ébullition à 78 degrés ; il coagule l'albumine, conserve les matières animales, dissout les sels déliquescens, les résines, les huiles volatiles, les baumes, le sucre, le camphre, le savon, plusieurs huiles grasses, etc. On le trouve tout formé dans le vin et autres fluides fermentés, tels que le cidre, la bière, le poiré et autres ; il en constitue la partie la plus légère, la plus volatile : on le sépare des autres principes par la distillation.

Dans le commerce, on donne à l'alcool le nom d'*esprit de vin,* parce que c'est principalement de cette liqueur qu'on le retire ; on en mesure la force à l'aide d'un instrument appelé *aréomètre* ou pèse-liqueur : plus l'alcool est spiritueux, plus l'instrument s'enfonce ; les degrés sont indiqués sur la partie du tube qui surnage. L'alcool du commerce doit marquer 33 degrés ; dans les laboratoires on le soumet à de plus fortes rectifications, qui le portent jusqu'à 40 et 45 ; mais c'est dans le premier état qu'il faut le considérer pour en apprécier la valeur et se régler dans les opérations pharmaceutiques ordinaires, et même dans l'usage médical et chirurgical. Nous ferons observer, à ce sujet, qu'il n'est pas indifférent, dans l'un et l'autre cas, d'employer de l'alcool à 30 ou

33 degrés; les produits et les effets sont loin d'être
semblables.

L'alcool aqueux (eau-de-vie) ne diffère point,
quant aux principes, de l'alcool proprement dit,
mais il contient une plus grande quantité d'eau. C'est
le produit d'une première ou deuxième distillation
de vin à feu nu. Il marque sur l'aréomètre 18 à 22
degrés; on le soumet à une deuxième et même à une
troisième distillation pour l'élever à 33, terme moyen
de l'alcool.

Tous les vins ne fournissent pas la même quantité
d'eau-de-vie. Ceux qu'on recueille dans quelques pays
méridionaux de la France en produisent jusqu'à un
tiers de leur volume. On en retire beaucoup moins
des vins du nord; la différence en qualité est aussi
très-grande. En général, on peut dire que les vins les
plus généreux sont ceux qui proviennent des raisins
les plus sucrés, et que les meilleurs vins fournissent
la meilleure eau-de-vie.

Propriétés et usages. La pharmacie emploie l'alcool dans un grand nombre de compositions; il sert
de véhicule pour les teintures, les eaux spiritueuses et aromatiques, les baumes, etc. Il se combine avec plusieurs acides végétaux et minéraux : les
produits de ces combinaisons sont des acides alcoo-
lisés; ils donnent aussi naissance à des éthers qui sont
de nature très-différente, selon l'espèce d'acide.

La chirurgie vétérinaire emploie aussi l'alcool,
soit en nature et affaibli par l'eau, pour laver et cicatriser les plaies récentes, raffermir, déterger et consolider les chairs des anciennes plaies; c'est en général un excellent résolutif, vulnéraire, rubéfiant,
fortifiant, nerval et anti-putride : il guérit promp-

tement les brûlures, si on l'applique avant que la phlyctène ne soit formée ; il tue les insectes et la vermine qui s'attachent aux corps des animaux ; il entre dans les charges, les linimens, les lotions et les fomentations, etc.

Administré intérieurement, combiné avec d'autres substances qui lui servent de correctif, l'alcool est cordial, excitant, ranime les forces et donne plus d'activité à la circulation ; mais son usage immodéré finit par épuiser les tempéramens les plus vigoureux et occasione des maladies sérieuses ; injecté dans les veines, il coagule le sang, produit la mort.

L'alcool était autrefois la seule substance dans laquelle on conservait les pièces d'anatomie ; aujourd'hui quelques praticiens préfèrent le sulfate d'alumine dissous à froid dans l'eau jusqu'à parfaite saturation, ou une dissolution de muriate oxigéné de mercure (sublimé corrosif). Ces moyens sont beaucoup plus économiques.

Alcool aqueux (*Eau-de-vie*). Premier produit de la distillation du vin. *V.* Alcool.

Alcool camphré (*Eau-de-vie camphrée*). Solution de camphre dans l'alcool.

♃ Alcool à vingt-deux degrés. . . . . . 55 part.
 Camphre sublimé. . . . . 1 part. 1/2

Réduisez le camphre en poudre dans un mortier, en y mêlant quelques gouttes d'alcool ; délayez ensuite la masse pulvérisée, introduisez-la dans une bouteille, remuez jusqu'à parfaite dissolution. Le vase dans lequel on conserve l'alcool camphré doit être bien bouché.

L'alcool ne dissout bien le camphre que lorsqu'il est porté au moins à vingt degrés. Si on ajoute de l'eau à la dissolution, elle se trouble, le camphre se sépare, on peut le retirer sans qu'il ait perdu aucune de ses propriétés.

Propriétés et usages. L'alcool camphré, ou eau-de-vie camphrée, est un puissant résolutif, fortifiant et anti-septique; il s'emploie communément à l'extérieur dans les foulures, entorses, contusions, écarts, atteintes, luxations, etc.; il nettoie les plaies, ranime les chairs, prévient la putréfaction et la gangrène. Administré intérieurement, il est excitant, antiputride, et peut remplacer au besoin le camphre; on l'admet aussi dans les gargarismes, les collyres, les cataplasmes, etc. C'est un médicament très-utile et généralement employé.

Alcool de lavande (*Eau-de-vie de lavande*).

℞ Alcool à vingt-trois degrés. . . . . 32 part.
    Huile volatile de lavande. . . . . . 1 part. 1/2

Mêlez. Cet alcool peut être employé au même usage que l'eau-de-vie camphrée pour l'extérieur.

Alcool de Rabel. *V.* Acide sulfurique alcoolisé.

Alcool de savon.

℞. Savon blanc du commerce . . . . 2 part.
    Alcool à 22 degrés. 16

Il faut couper le savon par petits morceaux, le faire dissoudre dans l'eau-de-vie en agitant fortement, ensuite filtrer.

L'alcool de savon fait partie de quelques préparations magistrales externes : il entre dans les linimens fondans et résolutifs; il peut remplacer le savon en substance dans beaucoup de cas.

ALCOOL NITRIQUE. *V*. Acide nitrique alcoolisé.

ALCOOL SULFURIQUE. *V*. Acide sulfurique alcoolisé.

ALCOOL VULNÉRAIRE DISTILLÉ.

℞. Espèces vulnéraires. . . . . 10 part.
———— cordiales. 6
Alcool à 22 degrés. 64

On met les espèces dans le bain-marie d'un alambic; on verse l'alcool par-dessus, on laisse infuser pendant vingt-quatre heures, et on procède ensuite à la distillation pour obtenir toute la liqueur spiritueuse. C'est *l'alcool vulnéraire*, qu'on nomme aussi *eau vulnéraire spiritueuse*; on la conserve dans un flacon bouché.

Cet alcool est excitant, cordial, tonique et résolutif : la dose pour le cheval est de 4 onces dans un breuvage fait avec le vin rouge. Extérieurement, il est résolutif, dessiccatif et fortifiant, propre pour les écorchures et pour consolider les plaies récentes. On l'applique sur les contusions, les luxations et les foulures.

ALOES (*Extrait d'*). Suc extracto-résineux, de consistance solide, que fournissent plusieurs belles plantes à feuilles très-épaisses et succulentes de l'hexandrie monogynie de Linné; famille des asphodèles, de Jussieu; des liliacées, de Tournefort.

Ces plantes, originaires d'Afrique, sont aujourd'hui cultivées en Amérique et dans quelques contrées méridionales de l'Europe; c'est particulièrement de l'aloès *perfoliata* qu'on tire ce suc dont l'extraction s'opère sur les lieux mêmes ; il nous parvient par la voie du commerce. On en distingue plusieurs espèces, de qualité très-différente : les trois principales sont connues sous les noms d'*aloès soccotrin* ou *succotrin*, d'*aloès hépatique*, et d'*aloès caballin* ou *des Barbades*. Cette différence en qualité paraît devoir être uniquement attribuée au procédé employé pour l'obtenir.

L'aloès succotrin desséché au soleil est le plus estimé ; il nous est apporté du cap de Bonne-Espérance, en masse ou en gros morceaux ; il est dur, cassant, friable, brillant dans sa cassure, semi-transparent, très-pur, d'une couleur jaune fauve ; il est facile à réduire en poudre, et paraît alors d'un beau jaune doré, susceptible de brunir en vieillissant, lorsqu'il n'est pas parfaitement sec : son odeur aromatique est assez agréable, sa saveur très-amère ; il est soluble en totalité dans l'eau bouillante et dans l'alcool ; mais l'eau froide ne le dissout qu'imparfaitement : il fournit à l'analyse de l'extractif, de la résine, un acide libre, de l'huile volatile, une matière colorante et de la fécule alimentaire.

L'aloès hépatique est moins pur : on le trouve dans le commerce comme l'aloès succotrin, mais en morceaux plus petits, plus compactes, plus lourds ; il est beaucoup moins friable ; sa couleur est d'un rouge brun foncé, sa cassure terne, opaque ; son odeur forte, peu agréable ; sa saveur amère ; on le réduit difficilement en poudre, et cette poudre, d'un jaune brun sale, est susceptible de se réunir et de se former en masse ; il n'est pas complètement soluble dans l'eau bouillante ni dans l'alcool, il contient de l'albumine végétale et point d'huile volatile.

L'aloës caballin est toujours altéré par le mélange de matières hétérogènes; sa couleur est terreuse, presque noire, sa consistance molle; on ne peut le conserver en poudre, et il est à-peu-près privé d'arome. Il fournit à l'analyse un extractif grossier.

L'aloës succotrin est d'un prix plus élevé que celui des deux autres ; mais aussi ses propriétés médicamenteuses sont bien supérieures. L'aloës hépatique peut être utilement employé dans certaines circonstances maladives; mais l'aloës caballin mérite peu le nom de médicament, ses effets sont trop incertains; les praticiens ne doivent jamais en faire usage, il produit rarement les résultats qu'on se propose d'obtenir.

Propriétés et usages. De tous les purgatifs l'aloës est celui qui convient le mieux au tempérament du cheval et du bœuf; on l'administre au premier de ces animaux à la dose d'une à deux onces, et au second de trois onces à quatre. Pris à des doses moindres, et continué pendant un certain nombre de jours, il produit une sorte d'exaltation, stimule l'action de l'estomac, augmente les forces de ce viscère et facilite la digestion. Ses vertus excitantes, toniques, purgatives et vermifuges, sont bien constatées, il convient dans un très-grand nombre de cas. On le donne combiné avec d'autres substances, en breuvage, en opiat, en bol ou pilule. On trouve dans les divers articles de ces médicamens magistraux des exemples de formules qui font connaître les différentes manières dont cette substance peut être employée; il en est peu dont les effets soient moins variables, et c'est à ces sortes de médicamens que les praticiens doivent surtout s'attacher, leurs combinaisons, fondées sur l'expérience, ne sont plus de simples conjectures, lorsqu'ils sont à peu près certains d'obtenir dans l'économie animale les changemens que l'état maladif de l'individu leur paraît exiger.

On prépare avec l'aloës une teinture dont la chirurgie vétérinaire fait un fréquent usage; il entre aussi dans la composition de l'élixir contre les coliques, etc.

ALONGE. Tube de verre ou de métal, qui a la forme d'un fuseau, et qui, ajusté par ses extrémités à deux vaisseaux différens, établit entre eux une communication, et sert à faire passer de l'un à l'autre les vapeurs et les gaz.

ALUN. *V.* Sulfate acide d'alumine.

AMMONIAQUE LIQUIDE (*Alcali volatil fluor*). Trois parties d'hydrogène, combinées avec une partie d'azote, constituent le gaz ammoniac qui, combiné avec de l'eau, forme l'ammoniaque. C'est le seul produit connu résultant de la combinaison du gaz hydrogène avec le gaz azote ; combinaison qui ne peut s'effectuer que lorsque l'un de ces gaz se trouve déjà uni à une autre substance solide ou liquide.

L'ammoniaque, appelé autrefois alcali volatil, à cause de sa grande volatilité, est incolore et transparent ; il a une odeur forte, vive et suffocante, sans être cependant trop désagréable ; sa saveur est urineuse, âcre et très-caustique ; il verdit les couleurs bleues végétales, sa combinaison avec certains acides et quelques oxides donne naissance à des sels.

Le gaz ammoniaque est contraire à la combustion

et asphyxie promptement les animaux ; il augmente le volume et diminue la pesanteur de l'eau avec laquelle il se combine.

L'eau peut dissoudre une quantité de gaz ammoniac égale à la moitié de son poids, et 430 à 490 fois son volume. En cet état, le mélange donne 27 à 28 degrés à l'aréomètre de Baumé. L'ammoniaque destiné à l'usage médical doit donner de 21 à 22 degrés.

Il est indispensable d'adopter, pour tous les médicamens, dont l'action varie suivant le degré de concentration, un terme fixe et généralement convenu, d'après lequel le médecin vétérinaire se règle, détermine les doses et calcule les effets.

Propriétés et usages. Les arts font usage de l'ammoniaque liquide, et la chimie l'emploie fréquemment comme réactif. Administré intérieurement en nature, l'ammoniaque agit comme poison irritant très-énergique, en corrodant la membrane muqueuse de la bouche et des voies aériennes: mêlé dans un breuvage très-mucilagineux ou adoucissant, à la dose de trois gros à six gros pour le cheval, une once pour le bœuf, et demi-gros pour le mouton, il est le plus puissant excitant des propriétés vitales ; il accélère la circulation, relève les forces, et porte fortement à la peau comme diaphorétique ; aussi convient-il beaucoup dans les affections adynamiques pour déterminer les éruptions incomplètes ou supprimées ; dans les phlegmasies ordinaires ou chroniques, les rhumatismes, la paralysie, l'hydropisie et les indigestions simples, flatueuses ou tympaniques ; dans ces derniers cas il convient souvent de l'associer à l'éther sulfurique. *Voy.* Breuvages.

L'ammoniaque appliqué à l'extérieur en topique ou au moyen de frictions réitérées, est très-pénétrant, irritant, rubéfiant et vésicant. Il cautérise avec succès la morsure des reptiles venimeux, il résout promptement la tumeur produite par la piqûre des insectes, et empêche même qu'elle ne se forme ; son application immédiate au moment d'une brûlure prévient la formation de la phlyctène.

Combiné avec les huiles grasses, l'ammoniaque liquide forme des linimens volatils ammoniacaux très-utiles et souvent employés. *Voy.* Linimens.

On retire l'ammoniaque liquide du muriate d'ammoniaque décomposé par la chaux.

Voici le procédé :

℞ Muriate d'ammoniaque en poudre.   2 part.
Chaux vive effleurie à l'air. . . . . 2 part. 1/2.
Eau distillée, qu'on place dans les
   deux flacons de l'appareil de
   Woulf. . . . . 3 part.

On mêle d'abord le muriate avec la chaux qu'on introduit dans la cornue ; on lutte l'appareil et on procède à l'opération par un feu très-modéré d'abord, mais qu'on augmente par gradation jusqu'à ce qu'il ne passe plus de gaz. Les vaisseaux étant refroidis, on retire l'ammoniaque, qu'il faut conserver dans des flacons bien bouchés. On trouve dans la cornue un résidu, qui est du muriate calcaire avec excès de base.

ANALEPTIQUE. Ce mot n'indique ni une action médicale, ni un effet curatif, mais bien les substances propres à rétablir les forces épuisées : on pourrait le considérer comme synonyme de *nutritif*, avec cette différence que le nutritif comprend toutes les espèces d'alimens dont se nourrissent les animaux, tandis qu'*analeptique* ne s'applique qu'aux alimens les plus substantiels, les plus succulens, que l'on combine avec des astringens, des excitans et des cordiaux, et c'est cette combinaison qui leur donne la qualité *analeptique*. Ainsi, le fourrage fourni par les plantes de la famille des graminées, le trèfle, la jacée, le sainfoin, l'avoine, l'orge, le froment, les féverolles écrasées ou réduites en forme de gruau, la recoupette, le pain, la gélatine, les racines de carotte, etc., sont les alimens les plus substantiels pour les chevaux. Si on ajoute à ces alimens l'usage en petite quantité, soit de la poudre tonique, de la poudre cordiale, de la thériaque, de la canelle, de la gentiane, du quinquina, du vin, etc., ils deviendront ce qu'on appelle des *analeptiques*.

Les analeptiques n'ont point pour objet de guérir une maladie proprement dite, mais d'aider la nature, de relever les forces vitales affaiblies par suite d'une véritable maladie, d'un travail extraordinaire, d'une diète ou d'une privation de longue durée, ou enfin par la mauvaise qualité des alimens ordinaires.

ANALYSE. Cette expression, que toutes les sciences ont adoptée, en modifiant plus ou moins son acception étymologique, signifie dissolution, résolution, réduction d'un corps dans ses parties les plus simples. Faire une analyse, en langage chimique, c'est séparer dans un corps tous les corps qui servent à sa composition, et trouver dans quelle proportion ils s'y trouvent combinés entre eux, c'est résoudre ce problème: un corps étant donné, en reconnaître la nature et le classer dans son ordre d'après ses propriétés.

Cette opération est l'opposée de celle appelée synthèse, qui consiste à réunir ce que l'analyse a divisé, à reconstituer ce qu'elle a détruit: l'une est la contre-épreuve de l'autre. Les indications fournies par l'analyse ne peuvent être considérées comme complètes, que lorsque la synthèse est parvenue à reproduire le corps, avec tous les caractères et propriétés qui lui appartiennent, dans son état naturel. On pourrait dire que l'analyse nous dévoile les procédés de la nature, et que, par la synthèse, nous les imitons. Toutes les opérations chimiques se rapportent à ces deux opérations générales, décomposer et recomposer.

Les résultats de l'analyse sont le plus souvent incomplets, et la reproduction synthétique ne s'opère que très-rarement; mais les notions qu'elle nous fournit sur la nature des principes qui constituent les corps, quoique insuffisantes pour nous apprendre à les former de nouveau, ne sont pas moins du plus haut intérêt; les sciences et les arts en ont utilisé le plus grand nombre et en ont retiré des avantages inappréciables.

Ce fut l'analyse qui guida tous les grands chimistes dans la voie des découvertes. Scheële, Lavoisier, Guyton de Morveau, ne marchaient que d'après les méthodes analytiques, et, sans ce secours, qui pourrait se flatter d'arriver jamais au but?

On peut procéder à l'analyse par différens moyens,

qui tous partent de ce principe que, pour séparer deux corps combinés ensemble, il faut qu'un troisième s'unisse à l'un d'eux en isolant l'autre. Plusieurs agens sont indispensables pour effectuer cette opération. On les désigne sous le nom commun de réactifs. *Voy.* ce mot.

Il n'existe point de traité spécial de chimie analytique. M. Thénard, à la suite de son ouvrage, en a présenté une esquisse qui, quoique incomplète encore, n'en est pas moins très-précieuse. Nous engageons nos lecteurs à la consulter.

ANGÉLIQUE. *Angelica archangelica,* Linn., classe cinq de la pentandrie digynie; Juss., famille des ombellifères.

Caractères génériques. Ombelles grandes, hémisphériques, collerette générale ou involucre, trois à cinq folioles; pétales lancéolées, courbées au sommet; stipes horizontaux; fruit arrondi, ovoïde, anguleux et glabre. Chaque graine est creusée sur la face interne d'une strie convexe et porte au dehors cinq côtes sillonnées profondément. C'est l'angélique de Bohême et celle qui croît dans les pâturages des montagnes des Alpes, des Pyrénées et de l'Auvergne, et qu'on cultive aussi dans les jardins, qui est employée.

Caractères spécifiques. Tige épaisse, grosse, creuse, rameuse, un peu rougeâtre, très-odorante; elle s'élève à la hauteur d'un mètre; feuilles grandes, alternes, anguinantes et deux fois aîlées, folioles ovales, dentées en scie, et la terminale lobée; fleurs verdâtres disposées en larges ombelles terminales, à plusieurs rayons.

Parties employées. La racine. Elle est fusiforme,

charnue , grosse , branchue , spongieuse; brune en
dehors, blanche en dedans, d'une odeur agréable , assez forte et musquée; saveur chaude, douce d'abord
et âcre après.

Propriétés. Toutes les parties de cette plante sont
stimulantes, carminatives, sudorifiques et cordiales.

Mode d'administration. On l'administre rarement
seule ; elle entre dans les poudres sudorifique et cordiale, dans la thériaque et quelques opiats composés.
On peut en faire prendre au cheval depuis une once
jusqu'à trois onces , et même des doses plus fortes.

ANIS. *Pimpinella anisum* , Linn. classe cinq de
la pentandrie digynie; Juss., famille des ombellifères.

Caractères génériques. Involucres , zéro; graines
oblongues, convexes, légèrement striées; ombelles
penchées avant la fleuraison, feuilles pinnatifides.

Caractères spécifiques. Tige d'un pied, rameuse,
feuilles inférieures à trois folioles arrondies, un peu
incisées; celles du milieu de la tige ailées , les supérieures divisées en découpures étroites; fleurs petites,
blanches , terminales; collerettes de trois folioles li-
néaires. Cette plante croît naturellement dans l'Italie,
la Sicile , l'Égypte et les autres régions du Levant. On
la cultive dans la ci-devant Tourraine, mais sa semence
est moins estimée que celles de Malte et d'Alicante.

Parties employées. La semence. Elle est menue ,
d'un vert grisâtre, plane intérieurement, convexe au
dehors, et marquée de trois petites côtes ou nervures
saillantes. Son odeur est agréable , sa saveur douce ,
mêlée d'une légère acrimonie. Elle contient deux

sortes d'huile, dont l'une est verdâtre et cristallise à une faible température. Elle est volatile, on l'obtient par la distillation de la semence dans l'eau. Cette huile réside dans la pellicule externe qui enveloppe une amande, où se trouve contenue de l'huile fixe, qu'on peut extraire par expression avec la volatile.

Propriétés. Excitante, stimulante, par conséquent stomachique, cordiale, carminative, diurétique, antispasmodique; on l'emploie dans les coliques causées par le dégagement des gaz qui distendent le canal intestinal.

Mode d'administration. En poudre, dans le son, mais plus particulièrement dans les opiats et les poudres composées. Dose, deux onces. Elle entre dans la poudre cordiale purgative, dans celle contre l'inappétence et dans la thériaque.

ANODIN. Il serait difficile d'indiquer les caractères positifs qui distinguent les médicamens anodins, des sédatifs et des narcotiques; ces trois classes, celle des calmans et des adoucissans, devraient peut-être n'en former qu'une seule; ils ne diffèrent entre eux ni par la nature de leur action, ni par les effets essentiels que produit leur application sur les organes animaux. Assoupir, adoucir, calmer, apaiser les douleurs, sont des propriétés communes aux uns et aux autres; l'unique différence qu'on puisse établir entre eux, c'est qu'ils jouissent de ces propriétés à des degrés plus ou moins élevés. En suivant la gradation dans laquelle on les place sous ce rapport, on trouve en première ligne les narcotiques : suivent les anodins, les calmans, les adoucissans et même les émolliens; mais les nuances sont si faibles, qu'on les confond le plus souvent, et que les mêmes substances, les mêmes compositions sont indiquées dans deux, trois et quatre classes.

Cependant pour nous conformer à l'usage, nous citerons, comme médicamens anodins, l'opium et ses diverses préparations, les capsules ou têtes de pavot somnifères, leur extrait ou opium indigène. La ciguë, la jusquiame, la belladone, le stramonium, la morelle et plusieurs autres plantes de la famille des solanées, que les praticiens appliquent sous forme de cataplasme, de bains, lotions, etc., sur les tumeurs douloureuses, les flegmons, les douleurs d'articulation, etc., sont aussi des médicamens anodins.

ANTIMOINE (*Antimonium*, *Stibium*). Métal solide, cassant, de couleur blanche bleuâtre, brillant, facile à réduire en poudre, d'une texture lamelleuse, susceptible de recevoir le poli, très-fusible, représentant à sa surface la configuration de la feuille de fougère. Les anciens appelaient l'antimoine, racine de métal, plomb sacré; il était regardé comme la base du grand œuvre, et il fut, dans tous les temps, l'objet de prédilection des alchimistes; frotté avec la main, il communique une odeur sensible.

Il y a des mines d'antimoine en France et dans beaucoup d'autres contrées de l'Europe : on le trouve rarement natif, c'est-à-dire en régule ou métal pur ; il est quelquefois allié avec l'arsenic, communément minéralisé par le soufre ou à l'état d'oxide; on le dégage de ses combinaisons par une calcination lente et graduée; plus ordinairement on mêle ensemble quatre parties de sulfure d'antimoine, trois de tartre et une et demie de nitrate de potasse; on projette le mélange dans un creuset entouré de charbons ardens; on pousse à la fusion qu'on entretient pendant quelque temps, on coule ensuite la matière dans un mortier de fer chauffé et légèrement graissé; on laisse refroidir. Le régule ou métal occupe le fond; on le dépouille, à coups de marteau, des scories qui le recouvrent. Cette opération se fait dans les laboratoires, mais il existe des manufactures où on la pratique en grand.

Les acides attaquent avec plus ou moins d'énergie l'antimoine; le sulfurique fait effervescence, il y a dégagement du gaz acide sulfureux. L'eau et le vin ont de l'action sur ce métal; ils deviennent purgatifs en séjournant dessus; l'antimoine est faiblement altéré par l'air. Il ne contracte point d'union avec les matières terreuses, il se combine avec l'arsenic.

Usages. On prépare avec l'antimoine le chlorure ou beurre d'antimoine, l'antimoniate de potasse, médicament usité dans la médecine vétérinaire : ce dernier est appelé *antimoine diaphorétique*. Les autres préparations antimoniales sont en grand nombre, mais elles se font avec le sulfure d'antimoine. *Voy.* ce mot.

Antimoine cru. *V.* Sulfure d'antimoine.

Antimoine diaphorétique. *V.* Oxide d'antimoine blanc par le nitre.

ANTI-PSORIQUE. Nom des médicamens qu'on emploie à l'extérieur contre la galle; il y a des onguents, des pommades et des lotions anti-psoriques. *Voy.* ces mots.

APPAREIL. Différens vaisseaux, réunis pour concourir à une même opération, constituent ce qu'on appelle, en chimie et en pharmacie, un *appareil;* le nombre et la forme des vaisseaux varient suivant l'espèce d'opération et la nature des produits qu'on doit recueillir. L'alambic est un appareil distillatoire; il y a des appareils pour l'acide nitrique, pour l'acide muriatique oxigéné, pour la décomposition de l'eau, pour la formation de l'éther, etc., etc. L'appareil de Woulf étant employé dans un très-grand nombre d'opérations, nous en donnerons la description.

Cet appareil, aussi simple qu'ingénieux, auquel on a donné le nom de *Woulf,* chimiste anglais qui l'a inventé, procure trois avantages également précieux : l'économie, l'excellence des produits, la sûreté de l'opération et de l'artiste. Il consiste en une cornue de verre, de porcelaine ou de grès, placée dans son fourneau, soit simple, soit à réverbère, soit au bain de sable.

Au bec de la cornue on adapte une alonge; à l'alonge un ballon à deux tubulures, et à la suite trois flacons. On distribue dans ces flacons un volume d'eau proportionné à la quantité et à la nature des gaz ou vapeurs que doit fournir la matière sur laquelle on opère; on ajoute à la tubulure du ballon un tube de verre recourbé, dont l'extrémité opposée plonge dans l'eau du premier flacon; un pareil tube, partant de la partie vide de ce flacon, plonge dans l'eau du second, et celui-ci est uni de même au troisième, qui reste ouvert. Toutes les jointures doivent être exactement lutées.

D'après cette disposition , les gaz ou **vapeurs dégagés** de la cornue sont obligés de traverser l'eau
contenue dans les flacons ; ces vapeurs étant plus ou
moins miscibles dans ce fluide, on a calculé la quantité que chaque substance ou un mélange quelconque
peuvent en fournir, et la quantité d'eau nécessaire
pour les absorber. Comme le volume d'eau distribuée
dans les flacons a été déterminé d'après ce calcul , il
en résulte qu'elles s'y condensent en totalité et qu'il
ne s'échappe du dernier flacon que celles qui ne sont
point coërcibles.

Dans certains cas, les vapeurs se dégagent en si
grande quantité de la cornue, que l'eau ne peut les
absorber assez promptement, et que la capacité des
tubes est insuffisante pour leur donner passage d'un
flacon à l'autre : il y a engorgement ; l'expansion des
vapeurs , la pression qu'elles exercent sur le fluide,
pourraient alors occasioner la fracture des vaisseaux,
ou produire dans le ballon un reflux expansif que
favorise le vide qui s'opère soit par la diminution du
dégagement , soit par le ralentissement du calorique.
On prévient cet accident en faisant usage du tube dit
à *la Welter ;* l'eau qu'il contient n'oppose qu'une
faible résistance ; elle cède à l'impression, s'élève dans
le tube , et l'espace s'agrandit momentanément. Ce
mouvement oscillatoire donne aux vapeurs le temps
de s'écouler ou de se condenser ; mais comme ce tube
est cher et sujet à être cassé, on y supplée par un tube
ordinaire qui plonge dans l'eau du premier flacon , et
dont l'extrémité opposée s'élève à quelques pouces
au dessus du goulot : l'effet en est absolument le
même.

ARGENT (*Argentum*). Le plus précieux des métaux après l'or, non moins connu par son emploi comme signe représentatif des valeurs, que par son utilité dans les arts. Sa couleur est blanche, brillante, éclatante, inaltérable par l'action de la lumière; il est difficilement oxidable, même par les procédés ordinaires de la calcination; sans goût, sans odeur ni saveur, très-ductile et malléable, susceptible de cristallisation; il se minéralise avec le soufre, s'allie avec le plomb, le cuivre, l'or, etc.; s'amalgame avec le mercure, dont il peut être séparé par la simple chaleur. Ses qualités le rendent propre à une infinité d'usages; on en fabrique un grand nombre d'ustensiles et autres objets de luxe et d'agrément.

L'argent le plus pur est celui qu'on appelle *argent de coupelle*, nom du vaisseau qui sert à le purifier. Ce vaisseau est formé avec du phosphate calcaire ou os calciné : l'opération consiste à faire fondre de l'argent avec une petite quantité de plomb; par l'effet d'une forte chaleur, le plomb s'oxide, s'évapore et s'absorbe dans la coupelle, entraînant avec lui les métaux et autres corps étrangers qui se trouvaient mêlés avec l'argent. C'est dans cet état qu'il faut le réduire pour préparer le nitrate d'argent cristallisé (cristaux de lune), et le nitrate d'argent fondu (pierre infernale), seuls médicamens que ce métal fournisse à la chirurgie vétérinaire. *Voy*. Nitrate d'argent fondu.

ARSENIC (*Arsenicum*). Métal pesant, très-fragile et acidifiable, de couleur gris-de-fer, très-volatil, brillant dans sa cassure, lorsqu'elle est récente; d'un tissu communément graineux, quelquefois écailleux.

communiquant à la main qui le frotte une odeur sensible. L'arsenic brûle avec une flamme bleue et répand une fumée blanche, d'une odeur alliacée, âcre, très-dangereuse à respirer: ces vapeurs sont de l'oxide blanc d'arsenic (acide arsénieux). Il existe des mines d'arsenic dans la Bohême, la Saxe et la Hongrie; ce métal s'y rencontre ou natif, ou à l'état d'oxide, ou uni à d'autres métaux, particulièrement au cobalt, ou combiné avec le soufre; on donne le nom de testacé à celui qui est natif; il est disposé en lames rangées par assises. En grillant la mine de cobalt arsénicale, il se sublime, à la partie supérieure des fourneaux, un oxide blanc, ayant l'apparence vitreuse, qui forme des couches épaisses, appliquées les unes sur les autres. C'est l'oxide d'arsenic blanc, acide arsénieux, appelé vulgairement arsenic, arsenic blanc, et qui est généralement employé. L'oxide d'arsenic blanc, complètement saturé d'oxigène, passe à l'état d'acide arsénique; pour opérer cette saturation on se sert de l'acide nitrique ou de l'acide muriatique, qui cèdent facilement une partie de leur oxigène.

Les substances connues dans le commerce sous les noms d'*orpiment, orpin, réalgar* ou *réalgal*, ne sont que des sulfures d'arsenic; leurs couleurs jaune et rouge proviennent uniquement de la plus ou moins grande quantité de soufre qu'elles contiennent. Le premier est formé, d'après M. Laugier, de cent parties de métal et de 64,56 de soufre; le second, de cent parties d'arsenic et de 43,74 de soufre: ils sont employés dans la peinture et dans la confection de quelques vernis.

L'arsenic sert d'alliage à un grand nombre de métaux, qu'il rend plus fusibles; l'oxide blanc est employé dans la fabrication du verre et pour la teinture des toiles peintes. Les sulfures rouge et jaune entrent dans la composition des vernis et de la peinture à l'huile.

Propriétés. Toutes les préparations d'arsenic sont des poisons très-violens, d'autant plus dangereux que leur effet est extrêmement prompt et qu'on ne connaît pas de moyens certains pour l'arrêter.

On reconnaît la présence de l'arsenic ou de ses préparations, dont la plus commune est l'acide arsénieux ou arsenic blanc, en saturant la liqueur par les alcalis, précipitant par le sulfate de fer en vert (vert de Scheèle). Ce précipité, séché et chauffé, laisse dégager des vapeurs arsénicales; on peut encore les reconnaître au moyen de l'hydrogène sulfuré ou d'un sulfure liquide, et en ajoutant un acide on obtient un précipité jaune, qui est le sulfure d'arsenic, orpin ou orpiment.

Le mode le plus général est de mélanger la matière avec du charbon et de calciner dans une petite cornue. On trouve à la partie supérieure un métal qui jouit de tous les caractères de l'arsenic, et qui, mis sur des charbons ardens, y brûle de nouveau en donnant une odeur d'ail très-prononcée.

Dans le cas d'empoisonnement récent, il faut provoquer le vomissement par l'usage de l'eau chaude, dans laquelle on ajoute, à chaque verre, une cuillerée d'huile d'olive. J'ai eu l'occasion d'user moimême de ce moyen sur un jeune homme de vingt ans qui avait avalé volontairement une demi-once d'arsenic dans un verre d'eau. Cet accident n'eut d'autre suite fâcheuse que quelques légères coliques , après quinze à vingt vomissemens successifs.

La chirurgie vétérinaire emploie l'oxide d'arsenic blanc à l'extérieur pour détruire certaines excroissances fongueuses qui surviennent aux vieilles plaies ou ulcères ; on en forme aussi quelquefois des trochisques, qu'elle applique sur la partie où elle veut établir un engorgement par une vive et prompte irritation. L'arsenic est la base de l'eau phagédénique et de la poudre anti-carcinomateuse ; il entre aussi dans quelques onguens.

Arsenic jaune et Arsenic rouge. *V*. Arsenic.

ASSA-FŒTIDA ou ASA-FŒTIDA. Substance gommo-résineuse , concrète, produit immédiat du *ferula assa-fœtida* , plante de la pentandrie digynie de Linné , famille des ombellifères.

Cette plante croît sur les montagnes méridionales de la Perse: les habitans pratiquent au-dessus du collet de la racine des incisions d'où découle un suc laiteux , de nature gommo-résineux, qui se dessèche en peu de jours et qu'on réunit ensuite en masses informes, de consistance ferme , de couleur fauve ou brune claire, parsemées de larmes roussâtres à l'extérieur , intérieurement d'un blanc sale que l'action de l'air et de la lumière fait passer promptement à la nuance du rose, du rouge vif, du violet et du brun.

L'odeur de l'assa-fœtida est forte et puante, assez semblable à celle de l'ail qui a déjà subi un commencement d'altération ; sa saveur est âcre, piquante et amère ; la chaleur le ramollit et fait développer son odeur. Il est souvent falsifié; on y mêle, dans le pays même, une pâte faite avec de la farine de fèves. On trouve aussi dans l'assa-fœtida de la terre, des pierres, et plus communément encore des débris des joncs dans lesquels il est enveloppé. Ces mélanges en altèrent la couleur, qui est d'un brun noir; son apparence devient plus pâteuse et son odeur plus puante. Il faut, en général, préférer celui qui contient une plus grande quantité de larmes, celui qui est sec, d'une couleur roussâtre ou fauve, d'une odeur forte, piquante, mais non fétide. Les Asiatiques emploient cette gomme pour assaisonner leurs mets. Plusieurs chimistes ont analysé cette substance : d'après M. Pelletier, elle est composée de résine, 65 ; gomme 19,44; bassorine 11,66; huile volatile 3,60 ; malate acide de chaux et perte 0,30 ; elle est soluble en totalité dans le vinaigre et encore mieux dans l'alcool faible.

Propriétés et usages. L'assa-fœtida est un médicament énergique qui est très-fréquemment employé dans la médecine vétérinaire : c'est un puissant excitant qui stimule l'estomac ; il est diaphorétique et convient beaucoup dans la maladie du farcin; il est appétissant, incisif, fondant et vermifuge; il calme les coliques spasmodiques, donne du ton aux viscères. La dose pour le cheval est de quatre gros à deux onces, elle est double pour le bœuf.

Mode d'administration. On le donne généralement avec différentes poudres qu'on unit au miel pour former des pilules, bols ou opiats ; mêlé avec le sel marin, le lait, vinaigre, etc., on en prépare des mastigadours contre l'inappétence; il entre dans la thériaque, dans la poudre contre la fourbure et dans beaucoup d'autres préparations. On l'administre aussi dans les lavemens contre les coliques ou pour détruire les vers intestinaux ; appliqué extérieurement en forme de topique ou de cataplasme, c'est un très-bon résolutif fortifiant. *Voy*. Pilules, Poudres composées, Opiats, Lavemens, etc.

ASTRINGENS. On comprend sous le nom d'astringens une classe de médicamens qui ont la propriété de resserrer et d'augmenter la ténacité des organes ; de faire acquérir plus d'énergie et de fermeté aux surfaces cutanées, muqueuses, ou au tissu vivant avec lequel on les met en contact ; de réveiller la tonicité sur les parties relâchées ou affaiblies ; d'arrêter les hémorrhagies passives, les écoulemens muqueux, chroniques, etc. Les astringens, proprement dits, sont des substances acides, salines ou tanantes ; ils diffèrent peu des styptiques ou restrinctifs, on pourrait même dire qu'ils ne forment qu'une seule et même classe, puisque la nature de l'action qu'ils exercent et les effets qu'ils produisent sont analogues ; mais on est convenu d'appeler styptiques les astringens chimiques qui jouissent de la propriété astringente au plus haut degré, et qu'on emploie plus particulièrement à l'extérieur.

Les principales substances astringentes sont : la noix de galle, l'écorce de tan, celle de grenade, le quinquina, la racine de bistorte, l'eau de Rabel, et en général toutes les préparations de fer. La poudre styptique, l'acide sulfurique plus ou moins concentré, les acétates de plomb liquide et de plomb cristallisé, les sulfates d'alumine, de zinc, sont ceux que l'on applique plus particulièrement à l'extérieur ;

alors les astringens sont anti-dysentériques et anti-
hémorrhagiques.

AUNÉE OFFICINALE. *Inula helenium*, Linn.,
classe dix-neuf de la syngénésie polygamie superflue;
Juss., famille des corymbifères, division des radiées.

Caractères génériques. Calice imbriqué d'écailles
foliacées ; demi-fleurons nombreux, toujours jaunes;
anthères munies de deux soies à leur base. C'est
l'aunée officinale, appelée vulgairement *aunée* ou
énule campane (*enula campana*), qui est employée.

Caractères spécifiques. Tige droite, épaisse, haute
de quatre à cinq pieds, cannelée, velue. Les feuilles
radicales sont pétiolées, très-amples, ovales, pointues, un peu dentées, vertes en dessus, ridées, blanchâtres et cotonneuses en dessous; les feuilles cauli-
naires moins grandes et embrassantes. Les fleurs sont
toujours de couleur jaune et fort grandes ; les écailles
du calice sont larges et ovales. Cette plante est vivace;
on la trouve communément en Flandre, aux environs de Paris, sur les montagnes de la Suisse et de
l'Auvergne, etc. Les vaches, les moutons et les cochons refusent de la manger.

Parties employées. La racine. Elle est brune en
dehors lorsqu'elle est fraîche, et grisâtre lorsqu'elle
est sèche, blanche en dedans, charnue, d'une odeur
forte, d'une saveur amère, un peu âcre et aromatique. Elle fournit à l'analyse de l'extractif amer, une
huile volatile concrète analogue au camphre, de l'albumine, une fécule particulière différente de l'amidon,
nommée inuline.

Propriétés et usages. Stimulante, incisive, tonique, stomachique, diurétique et vermifuge. On l'administre dans les maladies atoniques, dans les catarrhes de la vessie et des bronches, dans la pousse humide et les indigestions dues à la faiblesse de l'estomac. On la mêle souvent avec d'autres amers.

Mode d'administration. Voy. Poudre d'aunée.

AXONGE. On donne particulièrement le nom d'axonge à la graisse de porc. *Voy.* Graisse.

AZOTE. Scheéle, en examinant l'air qu'il avait laissé en contact avec du sulfure de potasse dissous, trouva qu'il était diminué de vingt-une parties environ ; que celui qui restait n'alimentait plus la combustion et ne pouvait servir à la respiration. Lavoisier éprouva les mêmes résultats en examinant l'air qui était resté en contact avec du mercure chauffé pendant douze jours. Ce nouveau gaz reçut successivement plusieurs dénominations, et lors de la réforme chimique on adopta généralement celui d'azote.

L'azote est une substance simple dont la combinaison avec le calorique forme le gaz azote, l'un des fluides élastiques qui entrent dans la composition de l'air. On n'en connaît point la nature, et la chimie n'a pu, jusqu'aujourd'hui, le considérer qu'à l'état de gaz.

Le gaz azote est plus léger que l'air atmosphérique et que le gaz oxigène ; il se combine avec ce dernier en différentes proportions, et il en résulte plusieurs produits remarquables. De ce nombre sont l'acide nitrique, l'acide nitreux, le gaz nitreux (deutoxide d'azote), et le protoxide d'azote. Cent cinquante parties d'hydrogène et cinquante parties d'azote constituent le gaz ammoniac.

Dans son état de pureté, le gaz azote est sans couleur, insipide et inodore; il ne rougit pas la teinture de tournesol et ne précipite point l'eau de chaux. Il paraît être un des principaux élémens qui entrent dans la composition des matières animales et d'un grand nombre de substances végétales.

Une surabondance d'azote vicie l'air atmosphérique et le rend nuisible à la vie. On éprouve fréquemment cet accident dans les lieux habités par les animaux, lorsque la quantité d'air qui se renouvelle n'est point proportionnée à celle du gaz azote que fournit la respiration ou la décomposition des substances en putréfaction.

B.

BAIE. Fruit succulent, indéhiscent ou à péricarpe, mou et charnu, renfermant une ou plusieurs semences éparses dans une pulpe, tantôt sans apparence de loges, tantôt divisé en plusieurs cavités. Les petites baies réunies en grappe portent le nom de grains; on dit les grains de groseille, de cassis, de raisin, d'épine-vinette; les baies de laurier, de genièvre, de nerprun, de sureau, etc. Les fruits du citronnier, de l'oranger et du myrtil, sont aussi des baies.

La pharmacie vétérinaire fait usage des baies de genièvre, de laurier et de nerprun, des écorces de citron, d'orange et de grenade. *Voy.* ces mots.

Baies de genièvre. *V.* Genévrier.

Baies de laurier. *V*. Laurier.

Baies de nerprun. *V*. Nerprun.

BAIN. On entend généralement par *bain* le fluide dans lequel on plonge et l'on fait reposer, pendant plus ou moins long-temps, un corps ou une partie malade. On les distingue en bains entiers ou généraux, et en bains partiels ou locaux.

C'est un moyen curatif fréquemment employé par la médecine humaine. On en fait aussi usage pour entretenir la propreté et conserver la santé. On nomme bains simples ou naturels, les bains de rivière, les bains domestiques froids ou chauds, les bains d'eaux thermales et les bains de vapeurs; on appelle bains composés, ceux dans lesquels on fait entrer, par infusion, décoction, dissolution, etc., des substances médicamenteuses, ou des fluides autres que l'eau pure.

La médecine vétérinaire, par la difficulté qu'elle rencontre dans les bains généraux, ne fait usage que de bains de rivière et de vapeur, elle remplace les bains locaux par des fomentations et des lotions. *Voy.* ces mots.

Les bains de vapeur s'administrent à l'aide d'une grande couverture ou enveloppe de laine assez ample pour couvrir tout le corps du cheval et traîner jusqu'à terre; on dirige sous le ventre de l'animal, par une des parties latérales, la vapeur d'eau très-chaude, que l'on entretient plus ou moins long-temps. On peut rendre ces bains émolliens, aromatiques, sulfureux, etc., selon l'indication qu'on se propose de remplir.

En pharmacie et en chimie, le mot Bain indique

un corps qui, placé dans un appareil, modère la trop grande activité du feu nu, et sert d'intermède pour transmettre la chaleur aux substances qu'on veut soumettre à son action. Le bain marie et le bain de sable sont les plus commodes et presque les seuls dont on fasse usage.

BAIN MARIE. Le bain marie consiste à placer dans un vaisseau rempli d'eau un vase de moindre dimension, soutenu de manière qu'il ne se trouve en contact qu'avec le fluide. C'est un moyen assuré de transmettre à la matière contenue dans le vase une chaleur constamment égale à celle de l'eau bouillante, qui reste toujours la même lorsqu'elle est parvenue à une pleine ébullition. On emploie ce mode pour extraire ou distiller quelques principes très-volatils, tels que l'alcool et l'aromate des plantes; il a l'avantage de fournir des produits qui ne sont point altérés par le feu, inconvénient qu'on éprouve assez souvent lorsqu'on opère à feu nu. On se sert aussi du bain marie pour communiquer la chaleur à des degrés inférieurs à celui de l'eau bouillante. Aujourd'hui on remplace souvent et avec avantage le bain marie par celui de vapeurs.

BAIN DE SABLE. Une capsule de terre ou de fer, dans laquelle on met du sable fin ou sablon, et qu'on ajuste sur un fourneau, constitue le bain de sable; il est moins embarrassant et exige moins d'appareil que le bain marie : aussi on en fait souvent usage dans les laboratoires pour les distillations, digestions, sublimations, etc., etc. On enfonce dans le sable le vase qui contient la matière sur laquelle on veut opérer; la chaleur peut être transmise à toutes

sortes de degrés ; elle est égale et soutenue, elle se
communique lentement, et les vaisseaux de verre,
qui casseraient par l'application immédiate du feu,
chauffés graduellement, résistent à son action jusqu'à
la fusion.

BAUMES. Le nom de baume était devenu une
expression générique par laquelle on désignait une
quantité de préparations pharmaceutiques, ainsi qu'un
grand nombre de sucs résineux, liquides ou concrets,
ayant une odeur balsamique ou simplement aromatique, retirés des végétaux, et jouissant chacun de
propriétés particulières. La science, devenue plus
exacte, a déterminé la nature des baumes ; il n'est plus
permis aujourd'hui de les ignorer.

D'après la chimie moderne, on donne le nom de
baumes à des substances végétales, liquides ou concrètes, d'une odeur aromatique, contenant un principe amer ; ils sont ordinairement composés de résine,
d'un acide concret appelé acide benzoïque ; ils sont
solubles dans l'alcool, dans l'éther et dans les huiles
volatiles.

On connaît six espèces de baumes naturels : le
baume du Pérou, le baume de tolu, le benjoin, le
styrax liquide, le styrax solide ou calamite, et le liquidambar qu'on croit appartenir au même arbre que
le styrax liquide. Les baumes de Copahu, de Judée,
de la Mecque, du Canada, etc., sont des sucs résineux
aromatiques, des térébenthines. Les huiles essentielles
proprement dites ou les substances qui en contiennent,
ne fournissent pas des principes analogues aux baumes, elles ne donnent généralement que des résines et
du camphre.

La médecine vétérinaire ne fait usage que du styrax liquide; les autre baumes qu'elle emploie sont tous des composés pharmaceutiques dont nous allons parler séparément.

Baume d'arcoeus. V. Onguent d'Arcœus.

Baume de Saturne.

℞. Acétate de plomb cristallisé. . . . .   8 part.
   Essence de térébenthine.   16
   Camphre.   1

Faites digérer l'essence sur le sel à une douce chaleur, jusqu'à ce que l'huile ait pris une couleur rouge; laissez refroidir et ajoutez le camphre réduit en poudre.

Propriétés et usages. Il s'applique à l'extérieur pour nettoyer les ulcères et cicatriser les anciennes plaies.

Baume nerval. V. Onguent nerval.

Baume tranquille. Ce baume n'est véritablement qu'une huile narcotique composée : on en trouve la recette dans les dispensaires. Voici celle que je prépare dans ma pharmacie pour l'usage vétérinaire.

℞. Feuilles récentes et mondées
      de morelle. . . .   6 part.
      de belladone. . .
      de nicotiane. . .
      de jusquiame. . .   } de ch. 1/2 p.
      de pavot noir. . .
   Huile d'olive.   16
   Huile volatile ou Essence vulnéraire.   » 1/4

Les plantes doivent être employées au moment de leur plus grande vigueur; on les pile dans un mortier pour en former une pâte; on les mêle ensuite dans une bassine avec l'huile d'olive; on fait évaporer les trois-quarts de l'humidité à un feu modéré : l'huile dissout la matière colorante, et se combinant avec la partie narcotique des plantes, prend une belle couleur verte; on la laisse refroidir; on la passe à travers un linge avec expression, on laisse déposer, et on y ajoute l'essence vulnéraire, qu'on mêle très-exactement. Il faut conserver cette huile dans un vase bouché.

Propriétés et usages. Le baume tranquille ainsi préparé mérite l'attention des praticiens. Il est résolutif, fortifiant, nerval, anodin et calmant : on l'emploie dans les foulures, les efforts, les douleurs d'articulation, etc. On y ajoute, pour le rendre plus actif, de l'ammoniaque, de l'alcool vulnéraire ou camphré, et même du camphre. On l'administre aussi dans les lavemens, à la dose de quatre onces pour le cheval. Il est adoucissant, émollient, carminatif et anodin.

BAUME VULNÉRAIRE. Ce baume n'est qu'un simple mélange composé des substances suivantes :

♃. Huile rosat.	16 part.
Térébenthine claire.	2
Huile volatile ou essence vulnéraire.	1/2
Alcool de savon.	8

On mêle toutes ces substances ensemble; on les conserve dans un vase, qu'il faut remuer chaque fois qu'on veut faire usage du baume.

Il est fortifiant et vulnéraire : on l'applique en

forme de topique sur les foulures, les meurtrissures
et le gonflement des tendons.

BÉCHIQUE. Ce terme, conformément à son éty-
mologie, était autrefois appliqué exclusivement aux
remèdes propres à calmer la toux et à faciliter les
expectorations; on lui donne aujourd'hui une acception plus étendue. Il est devenu, dans l'usage général,
synonyme d'adoucissant et de pectoral, et on l'emploie assez communément pour désigner tout médicament qui jouit de la propriété d'adoucir, quelle que
soit d'ailleurs la partie du corps où siége l'affection
qu'on veut détruire. Mais comme dans plusieurs cas
on combine des substances béchiques ou pectorales
avec des substances incisives, on réunit les deux expressions et on leur donne le nom de *béchiques incisifs;* ce qui les distingue des béchiques ordinaires, qui
ne sont que des adoucissans, et qu'on appelle *béchiques adoucissans,* pour prévenir toute confusion.
Ainsi les substances gommeuses, amylacées et mucilagineuses, l'huile d'olives, d'amandes douces, le miel,
le sucre, le lait, rappelés dans l'article *Adoucissant*
(voyez ce mot), sont des béchiques adoucissans, ou
simplement des béchiques. Les mêmes substances,
combinées avec le kermès minéral, la gomme ammoniaque, le soufre sublimé, la poudre d'aunée, de
réglisse, d'iris, de calamus, les oximels simples et
scillitiques, sont des béchiques incisifs.

BELLADONE ou BELLE-DAME. *Atropa Bella-
dona.* Linn., classe 8 de la Pentandrie monogynie;
Juss., famille des solanées.

Caractères génériques. Calice en cloche, persistant, à cinq divisions; corolle en cloche, deux fois

plus longue que le calice, à cinq lobes égaux ; les fila-mens des étamines sont filiformes : baies polyspermes à deux loges ; embryon presque circulaire, situé vers le milieu du périsperme.

Caractères spécifiques. La tige herbacée, haute de trois à quatre pieds, branchue vers le sommet, grosse, épaisse, de couleur rougeâtre ; feuilles alternes, ovales, pointues, grandes et entières, d'un vert foncé ; fleurs solitaires, purpurines, figurées en cloche, découpées en cinq parties et soutenues par un calice d'une seule pièce ; pédoncule court et axillaire ; baies noires en mûrissant, rondes, un peu aplaties, succulentes, et semblables aux grains de raisin. Cette plante est vivace ; on la trouve aux environs de Chantilly, dans les fossés, autour des forêts, et le long des murailles. On la cultive dans quelques jardins.

Parties employées. Les feuilles. Elles entrent dans les préparations de l'onguent de peuplier ou populeum, et du baume tranquille.

Propriétés. Toute la plante est très-narcotique, âcre et vireuse : les baies particulièrement sont mortelles. Elle fournit à l'analyse, d'après M. Vauquelin, une matière albumineuse, une matière animalisée, un prin-cipe soluble dans l'alcool, jouissant de la propriété stupéfiante de la belladone, de l'acide acétique libre, beaucoup de nitrate de potasse, quelques autres sels, du fer et de la silice.

Les effets de cette plante narcotique sont peu sen-sibles sur les grands animaux tels que le bœuf et le cheval. *Voy*. nos observations à l'article Opium.

BENJOIN, *Styrax Benzoïnum*. On croit que l'arbre qui produit ce baume est une espèce d'alibousier, de la décandrie monogynie de Linné, famille des ébénacées : il croît particulièrement dans le royaume de Siam, aux îles de Java et Sumatra, et ne donne du benjoin qu'à l'âge de cinq ou six ans : on l'obtient par des incisions pratiquées à la couronne du tronc.

Le benjoin fournit à l'analyse de l'acide benzoïque et une résine en masse dure, sèche, friable, inflammable, qui répand dans sa combustion une odeur suave et pénétrante : il est soluble dans l'alcool, et en petite partie dans l'eau. Il doit cette propriété à son acide volatil et pénétrant. Il se sublime en cristaux blancs, semblables à des paillettes luisantes.

On distingue dans le commerce deux espèces de benjoin : le plus estimé est en masse sèche, de couleur rougeâtre, parsemé de beaucoup de larmes blanches, on l'appelle *benjoin amygdaloïde*; la deuxième espèce, qu'on appelle *benjoin en sorte*, est aussi en masse; mais il est de couleur rouge-brun, moins friable, plus compacte et d'une odeur moins agréable. Cette différence ne provient que de l'époque où chaque espèce a été récoltée. Il paraît vraisemblable que le *benjoin en sorte* est resté plus long-temps sur l'arbre et a été altéré par le contact de l'air et de la lumière; il fournit à l'analyse de la résine, de l'acide benzoïque, une substance analogue au baume du Pérou, un principe particulier aromatique et du ligneux.

Le benjoin est quelquefois employé intérieurement dans les maladies de poitrine; il est balsamique, expectorant et incisif. On s'en sert aussi pour faire des fumigations; mais ce moyen remplit rarement l'objet qu'on se propose. *Voy.* Fumigation.

BEURRE D'ANTIMOINE. *V.* Muriate d'anti-moine sublimé.

BISTORTE, *Polygonum Bistorta* , Linn. , classe 8, de l'octandrie trigynie; Juss. , famille des polygo-nées.

Caractères génériques. Calice à cinq divisions pro-fondes, colorées , cinq ou huit étamines , deux ou trois styles; stygmates en tête; une graine nue, trian-gulaire.

Caractères spécifiques. Bistorte renouée, tige d'un pied et demi de hauteur environ , droite, simple , glabre et rougeâtre ; feuilles radicales fort grandes , lancéolées , un peu ondulées, courantes dans la partie supérieure de leur pétiole , glabres, vertes en dessus, et d'une couleur glauque en dessous : celles de la tige plus petites et embrassantes. Les fleurs , rougeâtres , terminales , sont disposées en un épi dense , barbu et imbriqué d'écailles luisantes. On trouve cette plante dans les prés, les pâturages montagneux.

Parties employées. La racine. Elle est courte, moins grosse que le pouce, peu épaisse , ridée et rayée par anneaux , un peu aplatie , tordue deux et même trois fois , cassante, de texture ligneuse, garnie de quelques fibres. Sa couleur est brunâtre en dehors et rougeâtre en dedans , inodore, d'une saveur acerbe. Elle fournit à l'analyse du tanin, de l'acide gallique et de l'amidon. Cette plante plaît à tous les bestiaux : les chevaux seuls la refusent.

Propriétés et usages. La racine de bistorte réduite en poudre est administrée comme tonique et astrin-gente, dans la dysenterie, lorsque les chevaux se vident; elle convient également dans la pourriture des moutons; mais il faut seconder l'action de cette substance par l'oxide de fer, par la poudre ou l'extrait de gentiane, par celui de genièvre ou autres substances analogues. Cette poudre s'administre dans du son frisé, dans le miel, à la dose de trois à quatre onces pour le cheval, et de quatre gros pour le mouton. *Voy.* les Poudres composées.

BLANC DE BALEINE, ADIPOCIRE (*Sperma ceti.*) Cette substance, appelée improprement *sperme* ou *nature de baleine*, est une matière qui se rapproche des huiles, contenue en grande quantité entre les membranes du cerveau de plusieurs espèces de cachalot, et particulièrement du *physeter macrocephalus*, considéré généralement comme le mâle de la baleine, mais que plusieurs naturalistes croient être d'une autre espèce. Elle est en forme d'écailles luisantes, blanche, concrète, grasse, onctueuse, douce au toucher, demi-transparente.

Après avoir enlevé la membrane épaisse qui recouvre le cerveau de l'animal, on retire la matière qui en remplit la cavité; elle est remplacée par une autre que fournit un vaisseau de la grosseur de la cuisse d'un homme, qui y communique et se prolonge jusqu'à la queue. Cette matière huileuse est, à l'état de fluide, colorée par une substance muqueuse, extractive, rougeâtre; on la jette dans l'eau, où une partie se coagule comme de la cire; on la purifie en la faisant liquéfier et figer à différentes reprises; enfin, elle acquiert la blancheur qui lui est propre, par l'ébullition dans l'eau, à laquelle on a ajouté de la terre argileuse.

C'est principalement à Bayonne et à Saint-Jean de

Luz qu'on s'occupe de la préparation du blanc de baleine. On doit le choisir très-blanc, demi-transparent ; l'odeur rance et la couleur jaune indiquent son altération : il faut le conserver dans un vase fermé, à l'abri du contact de la lumière, car il est très-susceptible de se détériorer.

Propriétés et usages. Quelques praticiens l'emploient comme pectoral, adoucissant et calmant, dans la toux sèche, dans les maladies catarrhales des poumons et de la poitrine. On le mêle dans les opiats, combiné avec le miel, le kermès et les différentes poudres béchiques et incisives. La dose, pour le cheval, est de une à deux onces.

BOISSON. Le fluide dont un animal s'abreuve de son propre mouvement s'appelle *boisson.* On désigne sous ce nom tout liquide introduit dans les voies digestives pour réparer la perte des fluides et favoriser la dissolution des alimens solides. La soif est le sentiment par lequel la nature annonce le besoin de boisson. L'eau commune est la boisson des animaux domestiques. La boisson dans laquelle on mêle des substances médicamenteuses porte le nom de boisson médicinale : l'eau miellée, l'eau nitrée, l'eau gommeuse, l'eau blanchie avec le son ou la farine d'orge, la décoction de gruau, de guimauve, d'orge et de graine de lin, l'eau acidulée, le lait de beurre, etc., sont des boissons médicinales. Le nombre et la variété des substances qu'on admet dans une boisson ne détruisent point le caractère qui la distingue du breuvage ; elle conserve le nom de boisson tant que l'animal la prend par lui-même et qu'il n'est pas nécessaire d'employer des moyens coërcitifs. On peut par conséquent rendre les boissons rafraîchissantes , toniques, nutritives, diurétiques, selon l'indication qu'on se propose de remplir.

BOL. *V*. Pilule.

BOULE DE MARS. *V*. Tartrate de potasse et de fer.

BOURGEONS DE PEUPLIER (*Gemma populi*). Les bourgeons sont le premier produit de la végétation ; on leur donne aussi le nom de boutons ou de germes : ils naissent au sommet et le long des tiges ; leur forme est ronde ou allongée. C'est le premier rudiment qui doit donner naissance à une fleur, à une feuille ou à un rameau, qui s'y trouve contenu en petit.

Les bourgeons de peuplier sont très-utiles dans la pharmacie vétérinaire ; odorans, balsamiques et émolliens, ils fournissent à la graisse une résine d'un jaune verdâtre ; ils font partie d'un onguent qui, préparé avec soin par un praticien exercé, scrupuleux sur le choix des substances et l'exactitude des opérations, réunit de grandes propriétés. *Voy*. Onguent populeum. Il faut cueillir les bourgeons de peuplier immédiatement avant le développement de la feuille, au moment où ils sont parvenus à l'extrême degré de leur accroissement : ce point est très-essentiel à observer, plus tôt ou plus tard ils sont moins résineux et moins balsamiques ; leur couleur est d'un vert jaunâtre, leur odeur forte est assez agréable ; ils s'attachent facilement aux doigts ; on les fait sécher au grand air et on les renferme dans un lieu sec.

Le peuplier qui fournit les bourgeons dont on fait usage est le *populus nigra*, Linn., classe vingt-deux de la diœcie octandrie ; Juss., famille des amentacées.

BREUVAGE. Médicament liquide qu'on administre intérieurement aux animaux, à l'aide d'une bouteille, d'une corne, d'un entonnoir à brenvage qui s'adapte à la tête du cheval en forme de bridon, ou de tout autre instrument convenable.

Les breuvages sont des médicamens magistraux internes, c'est-à-dire qu'ils se composent au moment même, sur la formule de l'artiste. On peut les distinguer en deux classes générales : *breuvages altérans, breuvages purgatifs.* Les premiers ont pour objet de produire un changement avantageux sur la constitution des organes, sans cependant exciter une évacuation sensible ; par les seconds, l'on se propose, au contraire, de provoquer les évacuations ; mais dans l'un et l'autre cas on a souvent plusieurs indications à remplir, différentes affections à combattre. L'animal est plus ou moins vigoureux, la maladie est simple ou compliquée, le danger pressant ou éloigné, etc. Le breuvage, quoique essentiellement purgatif ou altérant, doit donc nécessairement varier sous les rapports des moyens ; l'artiste en détermine la composition d'après les symptômes qu'il a observés, et, suivant le besoin, le rend amer, anti-spasmodique, aromatico-vulnéraire, astringent, béchique, carminatif, cordial, dépuratif, diaphorétique, digestif, diurétique, fébrifuge, incisif, tempérant, vermifuge, purgatif, etc.

Voici un grand nombre de formules de breuvages de l'une et l'autre espèce; elles seront utiles aux praticiens, non seulement comme exemples de composition, mais encore par l'application qu'ils pourront en faire dans beaucoup de cas, sauf les changemens que rendent nécessaires la nature et la force de l'individu malade ainsi que le caractère de la maladie; changemens qui appartiennent exclusivement à l'artiste chargé du traitement. Plusieurs de ces formules ne se trouvent pas dans les précédentes éditions de cet ouvrage; elles sont, ainsi que les changemens que j'ai cru devoir faire aux anciennes, le résultat de nouvelles observations confirmées par l'expérience.

Breuvage adoucissant.

℞ Racine de guimauve.)
—————de réglisse. .)   de chaque 2 onces.

Miel. . . . . 4 onces.

Faites bouillir les racines, après les avoir coupées, dans un litre d'eau; passez, et ajoutez à la décoction le miel; faites prendre au cheval en une dose, et réitérez.

Breuvage adoucissant avec Blanc de baleine.

℞ Blanc de baleine. . . . . 4 gros.

Huile d'olive fine. . . . . 3 onces.

Miel blanc. 4

Eau, suffisante quantité pour un litre de breuvage.

Après avoir fait fondre le blanc de baleine dans l'huile, on ajoute le miel, ensuite l'eau, par petites portions; le tout étant mêlé exactement, on administre à l'animal. Ce breuvage doit être réitéré deux fois dans le jour.

Si on veut rendre le breuvage incisif et fondant, on y ajoute quatre gros de kermès minéral. Pour le bœuf il faut augmenter de moitié la dose de chaque article.

BREUVAGE ADOUCISSANT CALMANT.

℞ Têtes ou capsules de pavot blanc. . . . 6 têtes.
 Gomme arabique en poudre. . . . . . 1 once.
 Huile d'olive pure. 3
 Miel blanc. 4

Il faut faire la décoction des têtes de pavot dans une suffisante quantité d'eau pour en avoir un litre, la passer et ajouter à la colature, à l'aide d'un mortier, la gomme, l'huile et le miel, administrer en une dose et réitérer.

On peut remplacer les têtes de pavot par deux gros d'extrait d'opium indigène ou quatre gros de teinture anodine.

BREUVAGE AMER.

℞ Espèces amères. . . . . 2 onces.
 Extrait de gentiane. . . . . gros.

Faites bouillir les espèces pendant un demi-quart d'heure dans une suffisante quantité d'eau pour avoir un litre de décoction; passez au tamis de crin et ajoutez dans la colature l'extrait de gentiane.

Administrez au cheval en une dose et réitérez.

Breuvage anti-septique.

℞ Quinquina concassé. . . . . 3 onces.
  Acétate d'ammoniaque. 4
  Camphre. . . . . 1 gros.
  Eau commune. . . . . 2 litres.

On fait la décoction du quinquina dans l'eau ; on passe, et lorsqu'elle est refroidie, on ajoute l'acétate et ensuite le camphre, qu'il faut diviser auparavant dans un jaune d'œuf ou dans un peu de miel. On administre ce breuvage au cheval en deux doses dans la même journée : il convient dans les atonies et les affections putrides et malignes.

Breuvage anti-spasmodique.

℞ Racine de valériane. . . . . .} de chaque 1 once.
  Têtes de pavot blanc. . . . .}
  Camphre purifié. . . . . 1 gros.
  Huile empyreumatique animale. 2
  Nitrate de potasse. 4
  Éther sulfurique. . . . . 1 once.

Faites bouillir les têtes de pavot dans une suffisante quantité d'eau pour avoir un litre de décoction ; ajoutez la valériane, que vous laisserez infuser une demi-heure ; passez, et ajoutez dans la colature le camphre et l'huile empyreumatique, après avoir divisé ces substances dans un mortier avec deux jaunes d'œuf, ensuite le nitrate de potasse et l'éther. Mêlez le tout bien exactement et administrez au cheval en une dose ou en deux, à une heure d'intervalle ; dans ce dernier cas, il faut que la décoction soit d'un litre et demi.

BREUVAGE AROMATIQUE AMER.

℞ Fleurs de camomille romaine. . . . 1 poignée.

Faites infuser dans un litre d'eau bouillante jusqu'à refroidissement, passez avec expression, ajoutez :

Extrait de gentiane. . . . . 1 once.

Administrez en une dose et réitérez.

BREUVAGE ASTRINGENT.

℞ Espèces astringentes. . . . . 3 onces.

Faites bouillir pendant un quart-d'heure dans suffisante quantité d'eau pour avoir un litre de décoction ; passez.

Ajoutez : Vin rouge. . . . . 1 demi-litre.

Faites dissoudre gomme arabique. . 2 onces.

Ajoutez : Alcool de Rabel, ... 6 gros.

Miel. . . . . 2 onces.

Administrez à l'animal, en deux doses, à plusieurs heures d'intervalle l'une de l'autre, et réitérez suivant l'état du malade.

BREUVAGE ASTRINGENT AVEC LA POUDRE.

℞ Poudre astringente. . . . . 1 once 1/2.

Miel. 2

Eau commune. . . . . s. q.

Pour un litre de breuvage. Administrez et réitérez selon l'état du malade.

BREUVAGE BÉCHIQUE ADOUCISSANT.

℞ Espèces béchiques adoucissantes. . . . 2 onces.

Faites une légère décoction dans un litre d'eau, passez ; ajoutez à la colature :

Gomme arabique en poudre. . . . . . 1 once.

Miel blanc. 4

Administrez au cheval, et réitérez deux ou trois fois
par jour, suivant l'état du malade.

BREUVAGE BÉCHIQUE ADOUCISSANT AVEC LA POUDRE.

♃ Poudre béchique adoucissante. . . . . . 2 onces.
   Eau commune. . . . . , . . . 1 litre.
   Miel. . . . . 2 onces.
Mêlez: administrez au cheval, et réitérez.

BREUVAGE BÉCHIQUE CALMANT.

Ajoutez, dans un breuvage adoucissant ou béchique
adoucissant, 4 gros d'extrait de pavot ou 4 gros de
teinture anodine.
   Administrez à l'animal en une dose et réitérez.

BREUVAGE BÉCHIQUE INCISIF.

♃ Espèces béchiques incisives. . . . . . . 2 onces.
   Faites un litre de décoction, passez et ajoutez :
   Oximel simple ou scillitique. . . . . . 3 onces.
   Administrez au cheval et réitérez dans le jour. On
peut remplacer l'oximel par 4 gros de kermès mi-
néral et 3 onces de miel.

BREUVAGE BÉCHIQUE INCISIF AVEC LA POUDRE.

♃ Poudre béchique incisive. . . . . 2 onces.
   Miel. 4
   Eau commune. . . . . 1 litre.
Mêlez et administrez; réitérez deux fois le jour. Il
favorise l'expectoration, débarrasse les bronches du
mucus dans les rhumes et catharres pulmonaires. Il
est très-utile dans la gourme.

BREUVAGE CARMINATIF.

♃ Espèces carminatives. . . . . 3 onces.
   Eau bouillante. . . . . 1 l. 1/2.

Faites infuser dans un vaisseau couvert, jusqu'à refroidissement ; passez avec expression, et ajoutez à la colature :

Éther sulfurique. . . . . 2 onces.

Administrez au cheval en deux doses, et au bœuf en une dose ; réitérez, si l'état du malade paraît l'exiger.

BREUVAGE CORDIAL.

℞ Espèces cordiales. . . . . 4 onces.

Faites infuser jusqu'à refroidissement dans un litre d'eau bouillante ; passez et ajoutez à la colature.

Alcool vulnéraire ou eau cordiale. . . . 2 onces.

Administrez au cheval en une dose. La dose pour le bœuf doit être double. On peut remplacer les espèces par 2 onces de poudre cordiale.

BREUVAGE CORDIAL ABSORBANT.

℞ Electuaire cordial absorbant. . . . . . 2 onces.

Eau commune. . . . . 1 litre.

Mêlez et donnez à l'animal en une ou deux doses ; dans ce dernier cas il faut augmenter la quantité de liquide.

BREUVAGE CORDIAL AU VIN.

℞ Vin rouge bonne qualité. . . . . 1 litre.

Extrait de genièvre. . . . . 1 once.

Cannelle en poudre. . . . . 4 gros.

Mêlez et administrez en une dose.

BREUVAGE CORDIAL EXCITANT.

℞ Poudre excitante. . . . . 3 onces.

Vin rouge. . . . . 1 litre 1/2.

Mêlez exactement ; donnez au cheval en deux fois et au bœuf en une seule.

Breuvage cordial thériacal.

♃ Thériaque vétérinaire. . . } de chaque 1 once.
Extrait de genièvre. . . . }
Alcool à 22 degrés. . . . . 2 onces.
Eau commune. . . . . 1 litre.

Mêlez et administrez en une dose.

La dose doit être double pour le bœuf.

Pour les propriétés de ces cinq derniers breuvages, *Voy.* Cordial.

Breuvage dépuratif fondant.

♃ Bois de gayac râpé. . . . . 2 onces.
——de sassafras. . . . . 1 once.
Semence de lin. . . . . 4 gros.

Faites bouillir dans suffisante quantité d'eau pour obtenir un litre de décoction ; passez et ajoutez à la colature :

Muriate de mercure oxigéné (sublimé corrosif). . . . . 12 grains.
Muriate d'ammoniaque (sel ammoniac). . . . . 2 gros.

Faites dissoudre ces deux substances dans une petite quantité d'alcool, ajoutez peu-à-peu la décoction et mêlez exactement.

Ce breuvage doit être administré au cheval le matin à jeun ; on le réitère plus ou moins longtemps, suivant l'état de la maladie et l'effet du médicament.

Breuvage diaphorétique.

℞ Thériaque vétérinaire. . . . . 3 onces.
Camphre purifié. . . . . 1 gros.
Sous-carbonate d'ammoniaque. . . . 1 once.
Vin rouge généreux. . . . . 1 litre 1/2.

Réduisez le camphre en poudre dans un mortier, avec quelques gouttes d'alcool : ajoutez le carbonate d'ammoniaque réduit aussi en poudre ; mêlez avec la thériaque et délayez le tout dans le vin. Le mélange étant bien exact, administrez au cheval en deux doses, à deux heures d'intervalle ; au bœuf, en une dose.

Breuvage diaphorétique avec l'acétate d'ammoniaque.

℞ Acétate d'ammoniaque. . . . . 2 onces.
Thériaque. . . . . 1 once.
Eau commune. . . . . 1 litre.
Mêlez et administrez en une dose.

Breuvage diaphorétique fondant.

℞ Oxide d'antimoine par le nitre. . . . . 1 once.
Miel. . . . . 2 onces.
Infusion de fleurs de sureau. . . . . . . 1 litre.
Après avoir mêlé l'oxide et le miel dans l'infusion, on administre ce breuvage en une seule dose.

Breuvage digestif.

℞ Vin blanc. . . . . 1 litre.
Miel. . . . . 2 onces.
Ether sulfurique. . . . . 2 onces.
Mêlez, et administrez en une dose. Réitérez une

ou deux fois, suivant l'état du malade ; la dose est double pour le bœuf.

Breuvage digestif ammoniacal.

℞ Ammoniaque liquide. . . . . 1/2 once.
Ether sulfurique. . . . . 2 onces.
Miel. . . . . 4 onces.
Eau. . . . . 2 litres.

Mêlez, pour être administré au cheval en deux doses, et au bœuf en une seule.

Breuvage digestif avec l'élixir calmant.

℞ Elixir calmant contre les coliques et les
indigestions. . . . . 4 onces.
Eau ou vin. . . . . 1 litre.

Mêlez, pour un *breuvage*, administrez au cheval en une dose ; le double pour le bœuf (1).

Breuvage diurétique.

℞ Vin blanc. . . . . }
Eau commune. . . . . } de chaque 2 litres.
Nitrate de potasse. . . . . 3 onces.
Miel. 4

Mêlez, et administrez au cheval ou au bœuf en deux ou trois doses dans la journée.

Breuvage diurétique adoucissant.

℞ Semence de lin. . . . . 1 poig.
Eau. . . . . 2 litres.

Faites bouillir quelques minutes, passez, et ajoutez :

---

(1) Ces trois derniers breuvages sont employés avec beaucoup de succès contre les coliques et les indigestions.

> Nitrate de potasse. . . . . 2 onces.
> Miel. 4
> Extrait de pavot blanc. 1

Donnez au cheval en deux ou trois doses ; la dose entière pour le bœuf, et réitérez.

BREUVAGE DIURÉTIQUE AVEC L'ACIDE NITRIQUE ALCOOLISÉ.

℞ Acide nitrique alcoolisé. . . . . . . 4 onces.
> Vin blanc et eau commune , de chaque 2 lit. 1/2.

Mêlez , et administrez en trois doses dans la journée.

BREUVAGE DIURÉTIQUE FONDANT.

℞ Vin blanc. . . . . 1 litre.
> Eau commune. 2
> Muriate d'ammoniaque. . . . . 2 onces.
> Tartrate de potasse antimonié (émétique). . . . . 20 grains.

Mêlez et administrez en deux doses, dans la journée , au cheval ainsi qu'au bœuf.

BREUVAGE DIURÉTIQUE TEMPÉRANT.

℞ Nitrate de potasse purifié. . . . . . . 2 onces.
> Miel. 6
> Eau commune. . . . . 2 lit. 1/2.

Mêlez et ajoutez acide sulfurique ordinaire, suffisante quantité pour une acidité supportable au goût.

Administrez au cheval en trois doses avec intervalle , et en deux au bœuf.

Nota. Ces cinq derniers breuvages conviennent généralement dans les maladies inflammatoires, comme fièvre ardente, dysurie ou rétention d'urine, néphrite ou inflammation des reins et de la vessie, la

présence des graviers, des glaires, calculs, etc. *Voy.*
Diurétique.

BREUVAGE EXCITANT.

℞ Quinquina en poudre. . . . . 2 onces.
Eau commune. . . . . 1 litre.
Alcool camphré. . . . . 2 onces.
Mêlez et administrez au cheval, en une dose;
réitérez.

BREUVAGE EXCITANT THÉRIACAL.

℞ Quinquina en poudre.. . . . . } de chaque 1 once.
Thériaque vétérinaire. . . . }
Acétate d'ammoniaque. . . . . 1 once.
Vin rouge. . . . . 1 litre.
Mêlez et donnez à l'animal en une dose; réitérez,
s'il y a lieu : pour le bœuf, il faut doubler la dose de
chaque substance.

BREUVAGE FÉBRIFUGE.

℞ Espèces fébrifuges. . . . . 4 onces.
Faites bouillir dans un litre et demi d'eau, jusqu'à
réduction d'un tiers ; passez avec expression ; ajoutez
à cette décoction :
Muriate d'ammoniaque (sel ammoniac). 1 once
pour une dose de *breuvage* qu'il faut réitérer pendant plusieurs jours. On peut remplacer avec avantage les espèces fébrifuges par deux onces de bon
quinquina.

BREUVAGE INCISIF AVEC le KERMÈS.

℞ Miel. . . . . 4 onces.
Hydro-sulfate d'antimoine (kermès). . 1
Mêlez le miel avec le kermès dans un litre d'eau

et administrez au cheval en une ou deux doses ; réitérez.

BREUVAGE INCISIF AVEC OXIMEL.

℞ Oximel simple. . . . . 8 onces.
  Poudre de guimauve. . . . . } de chaque 2 onces.
  ————— d'aunée. . . . . . .}
  Eau commune. . . . . suffisante quantité.

Mêlez pour deux litres de breuvage. Administrez en deux fois au cheval, et en une seule au bœuf.

BREUVAGE INCISIF FONDANT.

℞ Gomme ammoniaque. . . .} de chaque 1 once.
  Sulfate de potasse. . . . .}
  Kermès minéral. . . . . 6 gros.
  Miel. . . . . 4 onces.
  Eau commune. . . . . 1 lit. 1/2.

Mêlez les poudres avec le miel, ajoutez l'eau peu à peu, remuez et administrez au cheval en deux fois dans la journée, et en une seule dose au bœuf.

BREUVAGE NÉPHRÉTIQUE.

℞ Miel. . . . . 4 onces.
  Savon blanc. 1
  Essence de térébenthine. . . . . 1 1/2.
  Décoction d'une once de graine de lin. . 2 litres.

Mêlez et administrez au cheval en deux doses, au bœuf en une seule, réitérez. Même indication que les breuvages diurétiques. *Voy.* ci-dessus.

BREUVAGE NUTRITIF.

℞ Gélatine concassée. . . . . 2 onces.
  Muriate de soude (sel marin). . . . . 1/2 once.

Faites dissoudre ces deux substances dans un litre d'eau chaude ; administrez au cheval et réitérez.

BREUVAGE NUTRITIF AROMATIQUE.

℞ Gélatine concassée. . . . . 1 once 1/2.

Faites-la dissoudre dans une infusion aromatique, et administrez comme ci-dessus.

On peut ajouter aux breuvages nutritifs le vin rouge, les espèces aromatiques, des toniques et des amers, tels que la gentiane, qui ne contient point de tanin.

On peut aussi remplacer la gélatine par du bouillon ou une décoction chargée de substances animales. *Voy.* article Gélatine, pour les *Propriétés et usages.*

BREUVAGE PURGATIF ACIDULÉ.

℞ Tartrate acidule de potasse. . . . . . . 2 onces.
Manne grasse. 4

Faites dissoudre la manne dans un litre d'eau, passez, ajoutez la crême de tartrate, remuez et administrez de suite au cheval, en une dose.

La dose des breuvages purgatifs doit être double pour le bœuf (1).

BREUVAGE PURGATIF AMER.

℞ Espèces amères. . . . . 2 onces.
Feuilles de séné. 1
Sulfate de magnésie (sel d'epsum). . . 4

Faites la décoction des espèces et du séné dans un litre d'eau, à la fin ajoutez le sel, passez et administrez chaud en une dose.

BREUVAGE PURGATIF AVEC ALOÈS.

℞ Aloës succotrin en poudre. . . . . . . 1 once.
Sulfate de magnésie. . . . . } de ch. 2 onc.
Miel. . . . . }

____

(1) Pour assurer l'effet des *breuvages purgatifs*, il faut que l'animal ait été préparé pendant quelques jours par des boissons et des lavemens.

Faites dissoudre le sel dans un litre d'eau tiède, ajoutez à cette dissolution l'aloës et le miel, que vous aurez mêlés ensemble auparavant, et administrez au cheval en une dose.

BREUVAGE PURGATIF AVEC JALAP.

℞ Jalap en poudre. . . . . 3 gros.
Aloës en poudre. . . . . 1 once.
Anis en poudre. . . . . 1/2 once.
Miel. . . . . 2 onces

Mêlez toutes ces substances dans un litre d'eau tiède; faites prendre au cheval, le matin à jeun, après l'avoir préparé.

BREUVAGE PURGATIF AVEC RHUBARBE.

℞ Feuilles de séné. . . . . 6 gros.
Rhubarbe indigène. . . . . 1 once.
Sulfate de magnésie. . . . . 4 onces.

On fait une décoction du séné et de la rhubarbe dans un litre d'eau; on passe, et on fait dissoudre le sel dans la colature. Ce breuvage doit être administré au cheval en une dose.

BREUVAGE PURGATIF AVEC SÉNÉ ET ALOES.

℞ Séné et aloës en poudre, de chaq. . . 1 once.
Miel. . . . . 2 onces.
Eau tiède. . . . . 1 litre.

Mêlez le séné avec l'aloës et le miel; ajoutez l'eau, et administrez à l'animal.

BREUVAGE PURGATIF AVEC SIROP DE NERPRUN.

℞ Aloës succotrin en poudre. . . . . . . 1 once.
Sirop de nerprun. . . . . 4 onces.

Mêlez l'aloës et le sirop ; délayez ensuite ces substances dans un litre d'eau tiède , et faites prendre au cheval, le matin , à jeun.

BREUVAGE PURGATIF ÉMÉTISÉ.

℞ Sulfate de magnésie. . . . . 4 onces.

Tartrate de potasse antimonié (émétiq.) 1/2 gros.

Miel. . . . . 2 onces.

Faites dissoudre dans un litre d'eau tiède, pour être administré au cheval en une dose.

BREUVAGE PURGATIF MINORATIF.

℞ Pour un litre de breuvage ,

Manne grasse. . . . . 〕 de ch. 4 onc.

Sulfate de magnésie. . . . . 〕

Faites dissoudre ces substances dans l'eau ; passez , et administrez au cheval en une dose.

BREUVAGE PURGATIF ORDINAIRE.

℞ Aloës succotrin en poudre. . . . . . , . 1 once.

Sulfate de magnésie. . . . . 2 onces.

Anis en poudre. . . . . 4 gros.

Eau. . . . . 1 litre.

Mêlez et administrez.

Voy. nos observations sur les breuvages purgatifs, après la première formule.

BREUVAGE PURGATIF SUDORIFIQUE.

℞ Espèces sudorifiques. . . . . 4 onc.

Feuilles ou grabeaux de séné. . . . . . 1 onc.

Sulfate de magnésie (sel d'epsum). . . 3 onc.

Faites la décoction : ajoutez, vers la fin , le séné et le sel ; passez et administrez à la dose d'un litre. Ces doses des breuvages purgatifs sont doubles pour le bœuf.

Breuvage sudorifique.

℞ Acétate d'ammoniaque (esprit de min-
   dererus). . . . . 4 onc.
   Infusion d'une once de fleur de sureau. 1 litre.
   Vin blanc. . . . . 1/2 litre.
Mêlez pour donner à l'animal en deux doses, à
une heure d'intervalle ; au bœuf en une seule dose.

Breuvage sudorifique avec sassafras.

℞ Infusion de 4 onces de sassafras haché. 1 litre.
   Vin rouge. . . . . 1/2 litre.
   Acétate d'ammoniaque. . . . . 3 onc.
   Miel. 2
Mêlez et administrez au cheval en deux doses ; réi-
térez au besoin.

Breuvage tempérant.

℞ Orge mondé. . . . . 3 onc.
   Racines de guimauve mondées. 1
Faites bouillir les deux substances jusqu'à ce que
l'orge soit crevé, dans une suffisante quantité d'eau
pour obtenir un litre de décoction :
   Ajoutez : Oximel simple. . . . . 4 onces.
Administrez au cheval en une dose ; réitérez.

Breuvage tempérant acidulé.

℞ Même décoction que ci-dessus. . . . . . 2 litres.
   Miel. . . . . 4 onc.
Acide sulfurique ou acétique, suffisante quantité
pour donner au breuvage un degré d'acidité supportable au goût ; administrez au cheval en deux doses ;
réitérez.

Breuvage tempérant nitré.

℞ Même décoction que ci-dessus. . . . . . 2 litres.
Miel. . . . . 4 onc.
Sel de nitre. . . . . 1 onc.

Mêlez et faites prendre au cheval, en deux doses ; réitérez.

Breuvage vermifuge.

℞ Espèces vermifuges. . . . . 4 onc.

Faites bouillir dans l'eau pour avoir un litre de décoction, passez ; faites dissoudre dans la colature :

Muriate de soude (sel marin). . . . . . 2 onc.

Administrez au cheval en une dose ; réitérez plusieurs jours de suite (1).

Mêlez bien exactement, et administrez au cheval en deux doses, et à plusieurs heures d'intervalle.

Breuvage vermifuge empyreumatique.

℞ Huile empyreumatique animale. . . . . . 1 once.
Jaunes d'œuf. . . . . n°. 2.
Miel. . . . . 1 once.
Eau commune ou décoction vermifuge. 1 litre.

Mêlez l'huile empyreumatique avec les jaunes d'œuf ; ajoutez le miel, délayez le tout dans l'eau ou la décoction, et administrez au cheval en une dose, le matin à jeun ; réitérez pendant plusieurs jours de suite.

Breuvage vermifuge avec la poudre.

℞ Poudre vermifuge composée. . . .⎫
Miel. . . . .⎭ de ch. 2 onces.

---

(1) Une demi-heure avant d'administrer un *breuvage vermifuge*, il faut, si on veut en rendre l'effet plus certain, administrer un breuvage miellé ou sucré. *Voy.* Vermifuge.

Mêlez dans un litre d'eau et faites prendre à l'animal aussitôt après avoir fait le mélange.

Les doses de tous les *breuvages* vermifuges sont doubles pour le bœuf.

BREUVAGE VULNÉRAIRE.

♃ Espèces aromatico-vulnéraires. 2 poig. ou 2 onc.

   Tartrate de fer ou boules de

      mars écrasées. . . . . 4 gros.

   Eau commune bouillante. . . . 2 litres.

Faites infuser dans un vase couvert, jusqu'à refroidissement ; passez avec expression et délayez dans la colature :

Deux onces térébinthe claire, divisées dans quatre jaunes d'œuf ; ajoutez :

   Alcool vulnéraire ou alcool camphré. . 2 onces.

BRYONE, COULEUVRÉE, *Bryonia, vitis alba sylvestris*, plante de la monœcie syngénésie de Linné ; famille des cucurbitacées, de Jussieu.

La Bryone, appelée également *vigne blanche* à cause de sa ressemblance avec cet arbrisseau, pousse des tiges très-menues, rameuses et un peu velues, qui s'élèvent fort haut en très-peu de temps. Ces tiges sarmenteuses sont garnies de vrilles qui s'attachent comme la vigne aux arbres ; les feuilles, plus petites, sont blanchâtres, velues et rudes ; les fleurs blanches ; le fruit, qui est une petite baie, est disposé en grappe comme le raisin.

Partie employée. La racine. Elle est ordinairement fort grosse, et représente par sa forme la cuisse d'un enfant : si on la râpe et qu'on la soumette à la presse, elle fournit en abondance un suc d'une saveur amère, âcre et très-purgatif. Ce suc laisse déposer une fécule

très-blanche qui, après avoir été lavée, est analogue
à l'amidon et ne participe nullement de la propriété
de la plante.

Propriétés. La racine de Bryone administrée intérieurement est diurétique, drastique et vermifuge;
mais ses propriétés n'ayant pas été constatées par l'expérience, elle est fort rarement employée par les praticiens.

Les chèvres mangent cette plante, mais les autres
bestiaux n'y touchent point.

C.

CALAMUS *Aromaticus*, *V*. Acore odorant.

CALCINATION. Cette opération consiste dans
l'application d'une chaleur plus ou moins intense; elle
a pour objet de priver certaines substances des principes aqueux et volatils qui entrent dans leur composition. Autrefois on n'appliquait ce nom qu'à la fabrication de la chaux vive. Elle consiste à soumettre
le carbonate calcaire ou pierre à chaux à l'action d'un
feu vif et longtemps soutenu. Il n'y a pas de combustion positive; le corps conserve sa forme; la matière
devient fixe et plus simple; assez généralement elle acquiert de la causticité; ce dernier caractère n'est cependant ni essentiel ni absolu. De toutes les terres,
la pierre à chaux est la seule que la calcination rende
caustique : il n'en est pas de même des carbonates
alcalins.

Par la calcination on enlève aux os la gélatine, l'eau
et la substance graisseuse; les sels perdent leur eau de

cristallisation ; la magnésie, les terres calcaires et la potasse, leur acide carbonique et leur eau.

Il ne faut point confondre la calcination avec l'incinération et l'oxidation. Les végétaux sont facilement incinérables ; les minéraux s'oxident plutôt qu'ils ne se calcinent.

CALMANS. On désigne sous ce nom les médicamens qui, par la nature de l'action qu'ils exercent sur les organes animaux, paraissent propres à assoupir les douleurs, à calmer les irritations fâcheuses, à ramener à son état naturel l'économie animale troublée par l'usage des remèdes trop âcres, trop irritans, ou par toute autre cause quelconque.

Considérés sous le rapport de leurs effets, les calmans rentrent, ainsi que les anodins, les tempérans, les carminatifs et les anti-spasmodiques, dans la classe générale des adoucissans. L'application qu'on en fait est le seul caractère de distinction qu'on puisse indiquer ; seulement on s'accorde à donner plus particulièrement la qualité de *calmans* aux préparations officinales et magistrales dans lesquelles on fait entrer l'opium.

Les principaux calmans sont les corps mucilagineux, huileux et gélatineux, tels que la racine de guimauve, les capsules de pavot, la farine de graine de lin, la gélatine, les espèces émollientes et carminatives, le bouillon de tête de mouton, etc., qu'on administre en boissons, en breuvages, en lavemens, en cataplasmes, etc., combinés avec l'opium, le camphre, le nitre, la thériaque, la teinture anodine, l'éther sulfurique, l'assa-fœtida, etc.

Les lotions et les bains sont aussi des moyens calmans.

CALORIQUE. Les anciens considéraient la chaleur comme une modification des corps. Plus exacte dans ses observations, plus sévère dans ses principes, la chimie moderne n'a vu dans cette opinion qu'une hypothèse qui, dénuée de toute espèce de preuves, ne pouvait servir ni à former une théorie régulière, ni à expliquer les phénomènes les plus ordinaires.

On a donné aujourd'hui le nom de calorique à la cause inconnue de la chaleur : les physiciens pensent que c'est un fluide invisible, impondérable, éminemment élastique et d'une extrême subtilité; il entre dans la composition des corps, dont il est une des parties intégrantes. Considéré dans cet état, on l'appelle *calorique combiné*. On donne le nom de *calorique libre* à celui qui, dégagé de toute combinaison, ne contracte qu'une union accidentelle et passe successivement, suivant le degré d'affinité, d'un corps dans un autre. C'est en raison de la quantité de calorique combiné, que les corps, dans leur état habituel, ont plus ou moins de consistance, qu'ils sont solides, fluides ou gazeux; les changemens qu'ils éprouvent dans cet état sont l'effet du calorique libre qui les pénètre, et dont la force répulsive tend à éloigner leurs molécules intégrantes et à détruire la force de cohésion qui les unit : ainsi un métal naturellement solide, si on le chauffe, se dilate en tous sens; plus fortement chauffé, il devient fluide; enfin, si on lui communique une chaleur plus considérable, il se réduit en vapeurs. Il reprend son premier état lorsque le calorique libre qui l'avait pénétré s'en sépare et l'abandonne.

La théorie des thermomètres est fondée sur la dilatation des corps. On en construit avec des solides, avec des liquides et avec de l'air; les premiers, connus sous le nom de *pyromètres*, servent à indiquer les hautes températures; ceux faits avec des liquides, (les thermomètres ordinaires), marquent les degrés des températures basses et moyennes; les thermomètres à l'air ne sont employés que pour reconnaître les variations les plus légères.

Il ne faut pas confondre le calorique combiné avec le calorique latent; tous les corps, lorsque leurs molécules s'éloignent (et c'est particulièrement pendant leur fusion que ce phénomène est remarquable), absorbent une quantité plus ou moins considérable de calorique, qui, n'élevant point leur température, est insensible au thermomètre : ce calorique est appelé latent; sa force expansive retient les molécules dans leur état d'écartement et résiste à la force attractive qui tend à les rapprocher. Il existe dans les corps sans action apparente; mais il n'en devient point partie intégrante, il est contenu et non combiné.

Le calorique spécifique est celui qui échauffe les corps, qui constitue leur température. Les corps de nature différente et ceux de même nature, mais sous des états différens, exigent, pour passer d'un degré à un autre, quoique sous un même poids, des quantités de calorique plus ou moins grandes : c'est ce qu'on appelle *capacité des corps pour le calorique*. La découverte est due à Black ; elle a été depuis confirmée par les observations et les expériences des plus célèbres chimistes. Il en résulte que chaque corps contient une quantité de calorique spécifique qui lui est propre : c'est ainsi que lorsque deux corps sont en contact, le plus chaud cède du calorique au plus froid, jusqu'à ce que le degré de température soit le même dans tous les deux. On nomme ce changement équilibre de calorique.

Il résulte de diverses expériences que le soleil lance des rayons de calorique qui sont séparés des rayons lumineux. On peut considérer cet astre comme le foyer où se forme ce fluide, du moins comme la source d'où il émane. On retire des corps le calorique par compression, percussion, frottement et combinaison ; mais ce calorique n'est que le calorique latent qu'ils contiennent, et son dégagement n'en change pas la masse. C'est à l'aide de l'un ou de l'autre de ces moyens que l'homme se procure artificiellement les différens degrés de chaleur dont il a besoin. En brûlant du bois, du soufre, du charbon, etc., on ne fait que combiner l'oxigène, l'un des principes de l'air, avec un corps combustible.

Le calorique est un agent indispensable pour un très-grand nombre d'opérations chimiques et pharmaceutiques, telles que l'évaporation, la volatilisation, la sublimation, etc. On l'applique aux corps, tantôt médiatement, tantôt immédiatement.

CAMOMILLE ROMAINE, *Anthemis nobilis*, Linn., class. 19 de la syngénésie polygamie superflue ; Juss., famille des corymbifères, division des radiées.

Caractères génériques. Calice imbriqué, évasé : écailles un peu membraneuses ; fleurs radiées à fleurons hermaphrodites, demi-fleurons nombreux, lancéolés, femelles fertiles ; réceptacles garnis de paillettes ; semences couronnées d'un rebord presque entier.

Caractères spécifiques. Tiges herbacées grêles, faibles, quelques-unes penchées vers la terre, garnies de feuilles très-découpées, linaires, un peu velues, d'un vert clair; ses fleurs sont solitaires, terminales, doubles dans la variété cultivée, et très-blanches.

La camomille croît en France, dans les pâturages secs, au bord des bois sur les terrains sablonneux. On la cultive aussi beaucoup dans les jardins. Toute la plante a une odeur forte et aromatique, un goût très-amer : elle est vivace.

Parties employées. Tiges fleuries, et plus particulièrement les fleurs mondées.

Propriétés. Aromatique, amère, stomachique, vulnéraire, carminative, fébrifuge et très-résolutive : elle fournit à l'analyse une huile volatile de couleur bleue, du camphre, un principe gommo-résineux et du tanin.

Mode d'administration. En breuvage, lotion, fomentation, lavement et cataplasme. Elles font partie des espèces aromatico-vulnéraires et des espèces carminatives.

On remplace quelquefois la camomille par la matricaire officinale et par la matricaire camomille. Les propriétés sont analogues et l'espèce est plus commune.

CAMPHRE (*Camphora*). Substance concrète, dure, friable, blanche, légère, demi-transparente, grasse au toucher, d'une odeur forte, pénétrante et désagréable; sa saveur est amère, âcre et piquante elle produit dans la bouche une sensation de froid, qui paraît être l'effet de sa grande volatilité. Le camphre est très-inflammable et brûle sans laisser de résidu charbonneux, se volatilise et se sublime à la température ordinaire de l'atmosphère ; il exige cinq à six fois son poids d'eau pour se dissoudre dans ce fluide, avec lequel il se mêle néanmoins, par l'intermède du savon, d'un mucilage et du jaune d'œuf. L'alcool dissout au moins les trois quarts de son poids de camphre, il se dissout également bien dans l'éther, les huiles volatiles et fixes, les acides acétique, nitrique, etc. Combiné avec l'oxigène il forme l'acide camphorique.

Le camphre est un produit immédiat des végétaux, il a beaucoup d'analogie avec les huiles volatiles et les résines : on le rencontre dans un très-grand nombre de plantes de la famille des labiées et dans quelques ombellifères. Celui que nous apporte le commerce et dont la médecine fait usage, est extrait du *laurus camphora*, arbre de l'ennéandrie monogynie de Linné, famille des Lauriers. Cet arbre croît dans les différentes contrées de l'Asie, dans les îles de Bornéo et de Sumatra, mais plus particulièrement au Japon et en Chine ; toutes les parties de l'arbre contiennent du camphre : on en trouve de tout formé entre l'écorce et le bois ; il suffit de séparer cette partie et de la laver dans l'eau pour l'obtenir ; mais ce camphre, qu'on peut appeler naturel, ne suffirait pas à la consommation ; on le retire en plus grande quantité par la distillation de toutes les parties de l'arbre, qu'on hache en petits morceaux et qu'on fait bouillir dans un alambic avec de l'eau. Le camphre se sublime dans le chapiteau, que l'on a eu soin de garnir de cordes tressées avec de la paille de riz pour le retenir ; dans cet état il est granulé, de couleur grise, chargé de quelques corps étrangers ; on l'appelle camphre brut. On le pu-

rifie en Europe. Cette opération a été long-temps un
secret connu seulement des Hollandais ; mais aujour-
d'hui elle se pratique en France : elle consiste à faire
sublimer cette substance à une douce chaleur dans des
grands matras de verre, après l'avoir mêlée avec une
faible quantité de chaux vive en poudre. On le trouve
dans le commerce en forme de pains creux semi-or-
biculaires.

On obtient un camphre artificiel en saturant
de gaz acide hydrochlorique l'essence de térébenthine. Il est plus léger que l'eau, en cristaux gre-
nus, brillans et d'une odeur analogue à celle du
camphre.

Analyse. Le camphre, d'après M. de Chaussure, est
composé de 74,88 de carbone, 10,67 d'hydrogène,
14,61 d'oxigène, et 0,34 d'azote.

Propriétés médicales et usages. La médecine et la
chirurgie vétérinaire font un fréquent usage du camphre ; administré intérieurement à la dose d'un demi-
gros à deux gros, il est considéré comme calmant anti-
putride, légèrement excitant et tonique. A une dose
supérieure il devient échauffant et fortement irritant ;
il peut même dans certains cas déterminer une phlegmasie de l'estomac. On le donne dans les maladies
putrides, inflammatoires, les catarrhes pulmonaires,
dans les atonies et quelques épizooties ; on le combine
généralement avec d'autres substances analogues à la
maladie, telles que le nitre, le quinquina, l'opium et
les poudres composées qu'on incorpore dans le miel
pour leur donner la forme de bols ou d'opiats. On
l'administre aussi sous forme liquide, dans les breuvages, les gargarismes et les lavemens ; il faut auparavant le dissoudre dans une petite quantité d'huile,

de jaune d'œuf, d'alcool ou dans un mucilage convenable. Appliqué à l'extérieur, le camphre est un puissant résolutif, fondant, nerval. Il produit des effets salutaires dans les douleurs de sciatique aiguë en excitant l'organe cutané et en provoquant une transpiration plus ou moins abondante : on le dissout pour cet usage dans les huiles grasses, le baume tranquille, l'alcool, l'éther sulfurique et acétique ; on le mêle dans les linimens simples et composés, dans les topiques, les pommades, onguens et charges : il forme la base de l'alcool camphré, médicament très-usité ; il entre dans la composition de la thériaque, de la pierre divine ou ophthalmique, de la poudre styptique, et dans beaucoup d'autres préparations pharmaceutiques.

Il faut choisir le camphre très-pur, blanc, semitransparent, d'une odeur forte, dépouillé de tout corps étranger ; il faut le conserver dans un vase exactement fermé, à cause de sa volatilité.

CANNELLE, *Cinnamomum*. C'est l'écorce, dépouillée de son épiderme, des tiges ou branches d'un arbre de l'espèce du laurier qu'on cultive communément dans l'île de Ceylan ; on le nomme *cannelier* ; c'est le *laurus cinnamomum* de Linné : il est de la famille des lauriers.

Cet arbuste s'élève à-peu-près à la hauteur d'un saule ordinaire : il pousse de la racine beaucoup de rameaux ou rejetons ; ses feuilles, semblables à celles du laurier franc, sont luisantes en dessus, un peu blanchâtres en dessous ; elles ont trois et quelquefois cinq nervures longitudinales. Les fleurs sont dioïques, disposées en bouquets à l'extrémité des rameaux ;

elles ont une odeur agréable ; le bois est tendre et poreux.

On connaît dans le commerce trois espèces de cannelle ; la fine, qu'on désigne exclusivement sous le nom de *cannelle de Ceylan ;* elle est très-mince, roulée sur elle-même, d'un jaune clair tirant sur le rouge, d'une odeur douce et suave, d'une saveur d'abord sucrée, ensuite piquante et aromatique. Cette espèce de cannelle est tirée du jeune cannelier qui n'a que trois ou quatre ans. On incise les tiges longitudinalement ; on en sépare d'abord l'épiderme, et on enlève ensuite la seconde écorce que l'on expose à l'ardeur du soleil pour la faire sécher. La cannelle, en séchant, se roule sur elle-même.

La deuxième espèce, la cannelle de Chine, est plus épaisse, sa couleur plus foncée, son odeur plus forte et moins agréable, sa saveur plus piquante et plus âcre. Les canneliers qui fournissent cette espèce sont plus âgés, et les tiges d'où on la retire sont plus fortes que celles de la première espèce ; elle est moins estimée.

La troisième espèce est d'un usage moins commun ; l'écorce en est épaisse, grosse et ligneuse ; elle contient une plus grande quantité d'huile essentielle, mais elle est bien moins fine ; son goût et son odeur ne sont pas, à beaucoup près, aussi agréables que ceux des précédentes espèces, elle rappelle un peu l'odeur de la punaise. Analysées par M. Vauquelin, elles lui ont fourni à-peu-près les mêmes principes dans les mêmes proportions ; elles contiennent une huile volatile très-odorante, du tanin, du mucilage, une matière colorante, un peu d'acide et du ligneux.

La cannelle fine, dite de Ceylan, est sans doute préférable pour les usages domestiques et pour la médecine humaine ; mais comme elle est d'un prix plus élevé, et que la finesse du goût et de l'odeur n'influe pas sensiblement sur ses vertus médicamenteuses, je pense que dans la pratique vétérinaire on peut employer utilement celle de Chine ou de la deuxième espèce.

Propriétés. La cannelle est un puissant tonique, stimulant, excitant, stomachique, chaud et carminatif ; elle ranime les forces de l'estomac et facilite la digestion. On l'administre au cheval dans les opiats composés, dans le vin ou dans le son ; on l'associe avec le quinquina, l'oxide de fer et les amers ; la dose est de 4 gros jusqu'à 1 once. Elle fait partie des espèces cordiales ; elle entre dans la thériaque, dans la teinture anodine, dans l'électuaire cordial et absorbant et dans différentes poudres composées.

CANTHARIDES. *Meloe vesicatorius*, de Linné ; Jussieu, famille des épispastiques. Insecte de l'ordre des coléoptères tétramères ; elles naissent d'un vermisseau qui ressemble à la chenille. Le genre auquel appartient la cantharide comprend plusieurs espèces qui diffèrent par divers caractères, et qui surtout ne possèdent pas toutes au même degré le principe vésicant. Les véritables cantharides, celles dont on fait exclusivement usage dans la pharmacie, sont à-peu-près de la grosseur des abeilles, mais un peu plus longues ; leurs anthènes sont noires, filiformes, leurs élytres molles, longues et flexibles ; leur couleur, d'un vert doré et brillant, est nuancée de bleu azuré et bronzé ; leurs tarses sont d'un brun foncé. L'odeur forte et vireuse qui se répand au loin dans la campagne, sert à les faire découvrir; elles vivent en grandes familles, volent le plus souvent en troupes, et paraissent dans l'air comme un essaim; elles se reposent de préférence sur les lilas, les peupliers, les rosiers, les noyers, les troënes et les frênes, dont elles dévorent les feuilles. Pour se les procurer, on étend des toiles sous les arbres où elles se trouvent réunies; on les fait tomber en secouant ces arbres le matin, lorsqu'elles sont encore engourdies par l'effet de la rosée et du froid. Après avoir ramassé les cantharides on est dans l'usage de les tremper dans le vinaigre ou de les exposer à la vapeur de cet acide : outre que ce moyen est dispendieux, il offre dans son emploi des difficultés aux habitans de la campagne, et surtout aux enfans, qui s'occupent principalement de cette récolte. D'ailleurs ce procédé paraît en même temps contraire à la conservation de cet insecte, sujet à être dévoré par les mites, qui finissent par le réduire en poudre. Nous pensons donc qu'il serait préférable de faire mourir les cantharides dans un vase fermé, et de les faire ensuite sécher au grand air. C'est en simplifiant les moyens de récolter les cantharides qu'on déterminera les habitans de la campagne à s'en occuper plus spécialement, et qu'on ne sera plus dans la nécessité d'en faire venir une si grande quantité de l'étranger.

C'est dans le midi de la France qu'on ramasse la plus grande partie des cantharides. Elles se montrent depuis le mois de mai jusqu'au mois de septembre; il nous en arrive beaucoup aussi du nord de l'Europe.

Il faut choisir les cantharides entières, bien nourries, récentes, bien sèches, d'une belle couleur, non piquées par les mites, altération très-commune; d'une odeur forte, mais exemptes de pourriture et de moisissure. On les réduit en poudre : cette opération exige des précautions pour que l'artiste n'en soit pas incommodé.

Propriétés et usages. La poudre de cantharides est un précieux médicament, non moins utile que fréquemment employé ; aucune substance connue ne peut remplacer sa vertu éminemment épispastique : appliquée sur le tissu cellulaire, après en avoir rasé le poil, elle produit de la chaleur, de la douleur, et une rougeur plus ou moins vive, l'épiderme se détache, se soulève et détermine des vésicules remplies d'un fluide séreux dont on entretient l'écoulement pendant plus ou moins de temps, suivant les circonstances maladives : prise à l'intérieur, elle est délétère, même à très-petite dose. La propriété vésicante réside essentiellement dans la partie jaune, combinée avec le principe acide volatil et huileux.

Il paraît constant, d'après des expériences récentes faites sur des animaux vivans, que la poudre de cantharides agit comme un poison irritant très-énergique; l'irritation locale se porte par sympathie sur le système nerveux, et spécialement sur la vessie et les organes génitaux.

La poudre de cantharides forme la base des pommades et onguens épispastiques ou vésicatoires ; on en prépare une teinture alcoolique (eau-de-vie vésicante); elle entre dans les préparations anti-psoriques, dans l'onguent chaud résolutif fondant, dans les charges et quelques topiques.

Analyse. Les cantharides ont été plusieurs fois

8*

soumises à l'analyse; M. Robiquet, qui s'est particulièrement occupé de cet insecte, a reconnu qu'il contenait dans sa substance, 1°. une huile verte, fluide, insoluble dans l'eau, soluble dans l'alcool; 2°. une matière noire, soluble dans l'eau, insoluble dans l'alcool; 3°. une matière jaune visqueuse, soluble dans l'eau et dans l'alcool à la température ordinaire; 4°. une troisième matière blanche sous forme de petites lames cristallines, insoluble dans l'eau pure, mais soluble dans ce liquide lorsqu'il est mêlé à la matière jaune, soluble dans l'alcool bouillant dont elle se sépare sous forme de paillettes à la manière du blanc de baleine, soluble dans les huiles; 5°. une matière grasse insoluble dans l'alcool; 6°. du phosphate de chaux qui forme la base du squelette; 7°. du phosphate de magnésie; 8°. de l'acide acétique; 9°. de l'acide urique en plus grande quantité.

CARBONATE (Sous-Carbonate). L'acide carbonique combiné avec les substances salifiables produit un grand nombre de sels. Plusieurs de ces sels, quoique formés des mêmes principes, ont des propriétés différentes, selon que la base est plus ou moins saturée d'acide. Le nom de carbonate, qu'on donnait indistinctement à tous les sels provenans de la combinaison de l'acide carbonique, n'indiquait point ces différences qu'il importe essentiellement d'apprécier en théorie comme en pratique. Le nom de carbonate est exclusivement réservé aux sels neutres; il fait précéder ce nom de la préposition *sous*, pour désigner les sels de même nature, dont les bases ne sont pas suffisamment saturées d'acide. On appelle *carbonates acidules* ceux qui contiennent excès d'acide.

Ainsi, il y a des sous-carbonates, des carbonates et des carbonates acidules : c'est le même sel en trois états différens.

Quand on traite les carbonates et les sous-carbonates par un acide puissant, ils laissent dégager un gaz jouissant de toutes les propriétés de l'acide carbonique. Chauffés vivement avec du phosphore, ils donnent un résidu charbonneux. Soumis à l'action de la chaleur, ils se comportent d'une manière différente, ce qui sert à les distinguer. Les uns sont décomposés et laissent pour résidu les oxides, les autres sont volatilisés à une basse température sans éprouver de décomposition ; d'autres, de l'état de carbonates saturés passent à l'état de sous-carbonates, d'autres enfin ne subissent aucune altération.

Les carbonates et les sous-carbonates sont très-répandus dans la nature ; le plus commun est le carbonate calcaire ; on peut le considérer comme formant à lui seul la presque totalité de la partie solide de la terre : on le rencontre en masses énormes sous les noms de *pierre calcaire*, de *pierre à chaux*, de *marbre*, de *craie*, etc. ; il constitue l'albâtre, les coquillages, les stalactites, etc. ; il entre dans la composition des terres végétales ; les eaux de source en contiennent en dissolution des quantités plus ou moins considérables qu'elles déposent sous forme de concrétions terreuses ou calcaires. Il existe en outre des carbonates et sous-carbonates de fer, de cuivre, de zinc, de soude, de potasse, de baryte, de strontiane, etc.

Les carbonates qu'on prépare dans les laboratoires, et dont la médecine fait usage, sont : le carbonate d'ammoniaque, le carbonate de magnésie, le carbonate de potasse, le carbonate de soude. Nous allons parler de chacun de ces sels en particulier.

CARBONATE D'AMMONIAQUE. C'est un sous-carbonate, connu autrefois sous le nom d'*alcali volatil concret*. On peut l'obtenir tout formé par la décomposition des substances animales à feu nu ; mais ce sous-carbonate conserve toujours une odeur empyreumatique et une couleur rougeâtre dont on le débarrasse difficilement.

Le sous-carbonate d'ammoniaque, que la médecine emploie, est le résultat de la combinaison de l'acide carbonique avec l'ammoniaque. L'opération peut se faire de plusieurs manières ; voici le procédé le plus généralement employé :

℞ Muriate d'ammoniaque. . . . . .   2 parties.

Carbonate calcaire (craie blanche)   3 parties.

Réduisez ces deux substances en poudre séparément, passez au tamis de crin, faites bien sécher, et mêlez ensemble. Introduisez le mélange dans une cornue de grès, placez cette cornue dans un fourneau au bain de sable, adaptez à son col une grande allonge, et à la suite un ballon ou un vaisseau de terre, pour servir de récipient ; lutez les jointures, et procédez à la sublimation, par un feu très-modéré, que vous augmenterez graduellement : le carbonate vient se sublimer dans l'allonge et dans le récipient, qu'on refroidit avec des linges trempés dans l'eau la plus froide.

Les deux sels sont décomposés par la chaleur, et il y a transposition de l'acide de l'un sur la base de l'autre. L'opération est terminée, lorsqu'il ne se sublime plus rien : on laisse refroidir l'appareil, et on détache des parois des vaisseaux le sel, qu'on renferme dans un flacon exactement bouché. On trouve pour résidu, dans la cornue, du muriate de chaux ou chlorure de calcium, qui est très-déliquescent.

On peut, au lieu de carbonate calcaire, employer le carbonate de potasse ou de soude saturé : le résultat est le même, mais il est moins économique ; c'est pour cela qu'on préfère le carbonate calcaire ou craie.

Le sous-carbonate d'ammoniaque est soluble dans deux parties d'eau ; il cristallise en prismes à plusieurs faces ; il est volatil à toute température ; il conserve une odeur assez forte d'ammoniaque caustique ; il est très-blanc, d'une saveur caustique, piquante et urineuse, décomposable par un très-grand nombre d'acides qui en déplacent l'acide carbonique. La potasse, la chaux et la soude le décomposent également et mettent l'alcali à nu.

Propriétés et usages. On emploie quelquefois le carbonate d'ammoniaque comme réactif. Son action sur l'économie animale est la même que celle de l'ammoniaque liquide, mais il est moins actif. La médecine l'administre intérieurement comme un excitant très-énergique, dépuratif, fondant et diaphorétique ; il exerce sur le système lymphatique une action puissante ; il convient dans les affections ou engorgemens chroniques des viscères qui réclament des moyens énergiques, dans le farcin, la gale et autres maladies cutanées, les engorgemens glanduleux, la gourme difficile, etc. On l'emploie aussi dans certaines maladies épizootiques et dans tous les cas où il est utile de produire une transpiration sans affaiblir le malade. Sa combinaison avec le vinaigre distillé fournit à la médecine l'acétate d'ammoniaque ou esprit de mindé-

rérus, médicament très-utile dans les maladies charbonneuses.

On peut administrer le carbonate d'ammoniaque à
la dose de 4 gros à 1 once pour le cheval, et de 2
onces pour le bœuf. On le mêle avec le miel dans
les opiats composés, les bols et les breuvages. Je l'ai
administré avec succès en mastigadour, combiné avec
d'autres excitans, sur des chevaux qui présentaient
des caractères de morve plus ou moins douteux.

CARBONATE DE CHAUX. *V.* Chaux.

CARBONATE DE FER. *V.* Oxide de Fer brun.

CARBONATE DE MAGNÉSIE. On l'appelle aussi magnésie blanche, magnésie crayeuse, terre magnésienne.
C'est un sous carbonate, produit par la décomposition
du sulfate de magnésie (sel de sedlitz) par le sous-carbonate de potasse ou de soude.

Si, après avoir fait dissoudre dans l'eau du sulfate
de magnésie, on verse dans cette solution, chargée
et filtrée, une solution semblable de sous-carbonate
de potasse, il se forme du sulfate de potasse qui reste
en dissolution dans la liqueur ; le sous-carbonate de
magnésie se précipite en poudre très-légère ; on le
lave à plusieurs reprises, on le filtre, on le divise par
portions et on le fait sécher à l'air. Il faut avoir soin
pour l'obtenir très-beau d'étendre la dissolution de
beaucoup d'eau et d'employer un carbonate très-pur.

Pour obtenir la magnésie pure ou décarbonatée,
on fait chauffer jusqu'au rouge, dans un vase de
terre, le sous-carbonate : l'acide carbonique se dégage
de sa base, et la magnésie reste pure. Elle a acquis,
par cette opération, de la légèreté et de la blancheur ;

en cet état, elle ne fait plus effervescence avec les acides, ne verdit point les couleurs bleues végétales, et n'est soluble que dans une quantité d'eau égale à deux mille fois son poids. On la préfère pour l'usage de la médecine, parce qu'elle est plus absorbante.

La médecine vétérinaire administre rarement ces deux substances : elles sont l'une et l'autre absorbantes ; on en fait usage pour neutraliser les acides qui se rencontrent dans l'estomac.

Carbonate de potasse (*Sous carbonate de potassium*). Substance saline à laquelle on donne aussi les noms d'*alcali fixe végétal*, de *sel de tartre*, de *sel d'absinthe, tartre crayeux, sel fixe de tartre, etc.*, et que dans le commerce on appelle simplement *potasse*. C'est un produit de la combustion absolue des végétaux non maritimes : on brûle les plantes et les bois, on lessive les cendres, on fait évaporer jusqu'à siccité, et on calcine. On appelle plus particulièrement *sel de tartre*, le sel qu'on retire par la calcination du tartre brut et de la lie de vin. La meilleure potasse est celle qui provient de la déflagration du nitre pur par le charbon.

Le sous-carbonate de potasse du commerce contient toujours du sulfate et du muriate de potasse, qui en altèrent la qualité ; on y trouve aussi des charbons, de l'alumine, de la silice, et quelques oxides de fer et de manganèse.

Les tiges de tabac, de soleil, de maïs, l'absinthe, la fumeterre, les marons d'Inde, sont les végétaux qui, par leur combustion, fournissent le plus abondamment de la potasse. Celle que nous procure le commerce se prépare dans les immenses forêts d'Amérique et du nord de l'Europe.

Indépendamment de la potasse caustique ou potasse rouge, on distingue six espèces de carbonate de potasse; elles diffèrent les unes des autres par le degré de pureté; elles portent les noms des lieux d'où on les tire : *potasse blanche d'Amérique, potasse de Russie, potasse de Dantzick, potasse perlasse, potasse de Trèves, potasse des Vosges*, et la *potasse caustique d'Amérique*, dite *potasse rouge*. La première est la plus estimée à cause de sa pureté et de son degré de causticité. La potasse caustique se prépare également en France, on la préfère même à celle d'Amérique, parce qu'elle contient moins d'oxide de fer. Le procédé consiste à faire fondre au rouge, dans de grandes marmites de fonte, le sous-carbonate de potasse ou de soude pour en dégager l'acide carbonique et décomposer les sulfates, les muriates, etc., qu'il contient; la couleur rouge qu'on y observe est factice. C'est du sulfate de cuivre qu'on jette dans la matière fondue et qu'on change en oxide en y brûlant un morceau de bois.

Cette potasse est en masse très-dure, d'une causticité extrême, elle attire fortement l'humidité de l'air, sa couleur est grise ou rougeâtre.

Le sous-carbonate de potasse est un sel âcre plus ou moins caustique, très-soluble dans l'eau, déliquescent, incristallisable, fusible, indécomposable par la plus forte chaleur, mais susceptible de se combiner avec une plus grande quantité d'acide, de s'en saturer même et de former un sel neutre cristallisable, d'une saveur amère, moins âcre que celle de la potasse.

Il est essentiel de ne pas confondre les différentes

espèces de carbonate de potasse avec la potasse proprement dite, ou potasse caustique. L'action de cette dernière sur les substances animales est très-forte ; elle les désorganise en les décomposant ; elle attire puissamment l'humidité de l'air. On la connaît sous le nom de *pierre à cautère.*

Le sous-carbonate de potasse, ou potasse du commerce, est d'un très-grand usage dans les arts. Il sert à la fabrication du salpêtre ou nitre ; il entre dans la composition du verre : combiné avec les huiles communes, il forme les savons verts ou mous ; on l'emploie dans les lessives pour blanchir le linge, etc. Il fait partie de plusieurs préparations pharmaco-chimiques, et notamment du kermès, des sulfures, etc. La médecine l'admet rarement en nature dans ses prescriptions ; on le remplace ordinairement par le carbonate de soude, qui est moins âcre et dans un état de combinaison moins variable.

D'après les analyses faites par M. Vauquelin sur les différentes potasses de commerce, il résulte que 1,000 parties de potasse contiennent, en potasse réelle ou pure, savoir : celle d'Amérique, 857 parties ; de Russie, 772 ; la perlasse 784 ; de Trèves, 720 ; de Dantzick, 603 ; des Vosges, 444.

On est redevable à M. Descroisilles d'un instrument propre à connaître le degré de causticité de chaque potasse : cet instrument, appelé alcalimètre, est fondé sur la quantité de potasse nécessaire pour neutraliser une quantité déterminée d'une liqueur acide.

CARBONATE DE SOUDE (*sous-carbonate de sodium*).
Ce sel, produit par la combinaison de l'alcali marin

avec l'acide carbonique, a porté successivement les noms d'*alcali marin* ou *minéral*, de *soude crayeuse*, *cristaux de soude*, *soude aérée*, *natron*, etc.

C'est Margraff et Duhamel qui distinguèrent la soude de la potasse. La soude se forme naturellement dans quelques lacs de l'Égypte, de la Hongrie et de l'Amérique du sud. A la fin de l'été, après l'évaporation des eaux, on la trouve sur le sable en état d'efflorescence; on l'appelle *natron* : il n'est point pur ; il contient une certaine quantité de sel marin non décomposé, et de sulfate de soude. Ce sel paraît être le résultat de la décomposition du muriate de soude par le carbonate de chaux ou de craie.

La médecine vétérinaire ne fait point usage du carbonate de soude, mais seulement du sous-carbonate, qu'on extrait de la soude du commerce, et préférablement de celle dite d'*Alicante*, comme la plus pure et la plus riche en alcali. *Voy*. Soude. Le procédé est extrêmement simple : il consiste à réduire la soude en poudre, la lessiver à l'eau froide, filtrer, faire évaporer et cristalliser. La décomposition du muriate de soude ou sel marin, qu'on pratique aujourd'hui en grand, fournit au commerce une très-grande quantité de sel de soude, qui réunit le double avantage d'être plus pur et plus caustique.

Le sous-carbonate de soude combiné avec une plus grande quantité d'acide carbonique, passe à l'état neutre, et devient ainsi carbonate. *Voy*. Carbonate. Ce sel s'effleurit à l'air; la chaux et les acides le décomposent. Ces propriétés sont communes au carbonate et au sous-carbonate de potasse. Les arts en font un très-fréquent usage. Rendu caustique par le moyen de la chaux, et mêlé avec les huiles, il constitue le savon dit *de Marseille*, uni au soufre, il forme des sulfures et des hydro-sulfures.

Les arts consommant une grande quantité de soude, on s'est appliqué à faire des soudes artificielles. On les obtient du sulfate de soude en calcinant ce dernier sel avec du carbonate de chaux et du charbon. On laisse exposé à l'air le résidu de la combinaison, on lessive, et on laisse cristalliser.

La médecine vétérinaire emploie le sous-carbonate de soude dans les engorgemens chroniques des viscères de l'estomac et dans les affections lymphatiques : on l'administre au cheval à la dose de 4 gros jusqu'à 1 once, et toujours mêlé avec d'autres substances. Il entre dans la composition de plusieurs médicamens magistraux et officinaux. On doit le préférer au carbonate de potasse, dont le degré de combinaison est toujours variable.

CARBONE. D'après l'état de nos connaissances, le carbone est considéré comme une substance simple, indécomposable : c'est la matière combustible du charbon ; on ne le rencontre jamais pur dans la nature : il existe en grande quantité dans les composés organiques animaux et végétaux, particulièrement dans ces derniers, dont il forme presque exclusivement la base solide.

Le carbone qui provient du bois (le charbon) est généralement noir, poreux, facile à réduire en poudre ; il est, de tous les corps de la nature, le plus fixe, le plus inaltérable. Renfermé dans des vaisseaux clos, il résiste à la plus forte chaleur de nos fourneaux, conserve son intensité et ne diminue point de son poids ; il laisse seulement échapper son hydrogène. Sa combustion dans le gaze oxigène répand beaucoup de chaleur et de lumière, et ne fournit pour résidu que du gaz acide carbonique.

Le diamant, le plus dur de tous les corps, n'est, d'après les connaissances actuelles, qu'un carbone pur cristallisé. En effet, en le faisant brûler avec l'oxigène, on obtient un poids d'acide carbonique proportionné à sa pesanteur.

Le carbone se trouvant tout formé dans les végétaux, on l'obtient en le dégageant, par la distillation, des principes huileux et volatils avec lesquels il est combiné, et par le lavage, des substances terreuses et salines. On lui donne le dernier degré de pureté en l'exposant, dans des vaisseaux, à un coup de feu violent.

Le carbone jouit de la propriété d'absorber plusieurs gaz et d'en retenir une quantité considérable. L'effet de la porosité ne suffit pas pour expliquer cette force, il faut avoir recours à la supposition d'une grande tendance pour la combinaison. On se sert de cette propriété pour désinfecter les eaux impures, ou divers alimens qui ont un commencement de décomposition, et pour décolorer les sirops ou tous autres liquides colorés par des substances végétales.

CARMINATIF. Ce mot, suivant quelques étymologistes, signifie *enchantement*, et la médecine l'aurait adopté pour désigner une classe de médicamens qui, par une action non moins prompte qu'efficace, opèrent comme par enchantement.

Les médicamens carminatifs sont administrés pour dissiper les flatuosités de l'estomac et faire sortir les gaz développés dans le canal digestif. La cause présumée qui produit ces sortes de gaz sert à déterminer sur le choix. Lorsque l'affection venteuse paraît provenir de la débilité du viscère digestif, on préfère les substances amères, toniques et aromatiques, telles que l'absinthe, la menthe, la gentiane, le quinquina, la thériaque, etc. On fait usage des boissons délayantes, acidulées ou mucilagineuses, lorsque la cause du mal est attribuée à une irritation inflammatoire du canal intestinal. On peut citer comme également convenables dans l'un et l'autre cas, la fleur de camomille, la semence d'anis, de fenouil, de coriandre, la racine d'angélique, les espèces carminatives, l'éther sulfurique, l'ammoniaque liquide, le camphre, le nitre, l'essence d'anis, l'opium et les préparations dans lesquelles ces substances sont admises comme ingrédient principal. *Voy.* ESPÈCES CARMINATIVES.

CAROTTE (*Daucus Carota*). Plante de la pentandrie digynie de Linné, et de la famille des ombellifères, de Jussieu.

Cette plante croît très-communément dans le midi de la France ; mais on la cultive plus particulièrement dans nos jardins, à cause de sa racine, comme plante potagère ; c'est un légume des plus agréables et très-salubre.

La tige de la carotte s'élève à la hauteur de deux ou trois pieds ; elle est creuse, rameuse, légèrement cannelée et garnie d'un poil un peu rude au toucher. Ses feuilles sont grandes, amples, découpées, étroites, deux ou trois fois ailées, d'une couleur verte, un peu velues en dessous. Ses sommités sont surmontées par des fleurs en ombelles, composées chacune de cinq pétales blancs et inégaux ; elles fournissent des semences dont deux sont jointes ensemble et canne-lées : elles sont aromatiques et carminatives.

La racine de la carotte est longue d'environ un pied, grosse, fusiforme, pivotante et charnue ; sa couleur est d'un jaune rougeâtre, quelquefois pâle, sa saveur douce ; elle contient beaucoup de matière sucrée avec un principe extractif.

Propriétés et usages. Tous les animaux herbivores mangent la carotte et en sont même très-friands ; la racine principalement fournit un aliment aussi sain que nourrissant ; son usage, soit crue, soit cuite, en-graisse en fort peu de temps le bœuf, le mouton, le cochon et même la volaille. Elle augmente la sé-crétion du lait dans les vaches, les brebis et les chè-vres, et le rend d'une très-bonne qualité. Les chevaux aiment également beaucoup la racine de carotte : elle les engraisse, les fortifie, leur donne de la vigueur, de la gaîté et un beau poil. Elle leur convient sur-tout dans l'état de maladie ou de convalescence, à la suite de longues maladies et de privations : on la coupe par morceaux, et on la mêle avec du son.

Comme médicament, la carotte est employée en forme de topique ; on la râpe, et on applique la pulpe sur les tumeurs ou ulcères douloureux et même de mauvaise nature. Ce topique atténue les accidens de l'inflammation, calme l'irritation, et change même le caractère de la plaie. Dans beaucoup de cas on ajoute à ce topique de la poudre de quinquina, de charbon de bois, du camphre, de l'alcool et autres substances, pour seconder son action. *Voy.* CATA-PLASMES.

CATAPLASME. Ce mot ne désigne point un médicament spécial, ni même une classe de médicamens d'une nature déterminée, mais la forme d'un grand nombre de médicamens magistraux applicables à l'extérieur du corps animal, destinés à remplir des indications souvent très-différentes, et dont la composition est par conséquent très-variée. On emploie des cataplasmes pour fomenter, fortifier, exciter et ranimer une partie faible, pour adoucir et calmer les irritations et les inflammations, pour ramollir quelques duretés, dissoudre certaines excroissances, mûrir quelques tumeurs, etc. Ils peuvent être adoucissans, émolliens, maturatifs, anodins, rubéfians, calmans, anti-septiques, astringens, excitans, toniques, résolutifs, etc., etc. C'est l'artiste qui en prescrit la formule selon l'effet qu'il se propose d'obtenir. Leur consistance est molle, à-peu-près semblable à celle des opiats et des électuaires. Les farines de lin, de seigle, d'orge, de fenu-grec, de moutarde, la mie de pain, la poudre de pavot, les poudres aromatiques, émollientes, astringentes, en sont le plus ordinairement la base; on prend pour excipients ou véhicules, l'eau simple, le vin, le vinaigre, le lait, la décoction des espèces émollientes, des feuilles de mauve, de guimauve, de bouillon blanc, de morelle, de jusquiame, de pavots, l'infusion de fleurs de sureau, etc. : on y met comme accessoires et ingrédiens plus ou moins actifs, l'huile d'olive, de noix, de laurier, de camomille et d'hypericum, le baume tranquille, les alcools simple, vulnéraire et camphré, l'onguent nervin, d'althéa, de basilicum, de populeum, de laurier, etc., l'acétate de plomb liquide, le styrax liquide, la teinture anodine de Sydenham, la térébenthine, le jaune d'œuf, le vieux levain, etc., etc.

Dans plusieurs cas, avant d'appliquer le cataplasme, on le saupoudre avec du muriate de soude (sel marin), du muriate d'ammoniaque, du sulfate d'alumine, du sulfate de fer, de la gomme ammoniaque, de la résine, des cantharides, du quinquina, de l'opium, du safran, etc.

Les cataplasmes qui se préparent à froid portent aussi le nom de topiques.

Plusieurs praticiens négligent l'usage des cataplasmes, qu'ils remplacent par une décoction des espèces émollientes, dont ils imbibent des compresses qu'ils placent ensuite sur la partie malade; souvent ils appliquent les plantes mêmes après qu'elles sont cuites. Ces moyens ne remplissent pas toujours exactement l'indication; la décoction des plantes ne participe pas de la propriété émolliente au même degré que les cataplasmes; d'ailleurs elle se refroidit et se dessèche promptement, ce qui rallentit d'autant plus son effet. Le cataplasme, au contraire, concentre la chaleur et conserve son humidité jusqu'à ce qu'on le renouvelle; son action est plus intense et plus constante; il en résulte économie de temps et de dépense : double motif pour les employer de préférence, toutes les fois que le cas le requiert.

Voici des formules de différentes espèces de cataplasmes: elles pourront être utiles aux artistes, soit qu'elles leur paraissent de nature à être appliquées directement, d'après l'état des individus qu'ils sont appelés à traiter, soit comme exemples pour en disposer d'analogues.

Cataplasme adoucissant calmant.

℞ Mie de pain de froment. . . . . 4 poignées.
   Farine de lin. . . . . 2 poig.
   Décoction de dix têtes de pavot
     blanc. . . . . s. q.

Faites cuire en remuant continuellement jusqu'à la consistance d'une boullie épaisse; alors ajoutez en retirant du feu,

   Safran gâtinais en poudre. . . . . 4 gros.

Mêlez exactement pour un cataplasme, qu'il faut appliquer chaud sur la partie malade.

Cataplasme anodin.

℞ Farine de lin et poudre de
     pavot. . . . . de ch. 3 poig.
   Décoction de jusquiame ou de
     morelle. . . . . s. q.

Ajoutez au cataplasme, après l'avoir disposé sur l'appareil,

   Thériaque, 2 onces, ou teinture anodine. 1 onc.

On applique ce cataplasme sur une partie douloureuse : il diminue par son action stupéfiante la sensibilité en affaiblissant l'action vitale.

Cataplasme anti-septique.

℞ Pulpe de carotte. . . . . 6 parties.
   Quinquina en poudre. . . . . 2 p.
   Eau-de-vie camphrée. . . . . 2 p.

Mêlez et appliquez sur une plaie cancéreuse, putride ou de mauvais caractère.

CATAPLASME CRU.

℞ Carotte râpée. . . . . } de chaq. 1 partie.
Feuilles de morelle noire. . }

Alcool camphré. . . . . 1 partie.

Mêlez, pilez, réduisez en pâte et appliquez à froid sur la partie malade. C'est un bon résolutif calmant.

Même indication que ci-dessus.

CATAPLASME ÉMOLLIENT MATURATIF.

℞ Poudre émolliente composée. . . . 6 poignées.
Eau simple. . . . . s. q.

Faites cuire jusqu'à consistance un peu ferme, ajoutez à la fin :

Onguent basilicum. . . . . 4 onces.

Mêlez exactement et appliquez sur les tumeurs, les abcès, les flegmons, etc.

CATAPLASME ÉMOLLIENT RÉSOLUTIF.

℞ Farine de lin. . . . . } de chaq. 3 poig.
Poudre aromatico-vulnéraire. . . }

Eau végéto-minérale. . . . . . s. q.

Faites cuire jusqu'à consistance ferme, ajoutez à la fin :

Térébenthine claire. . . . . 4 onces.

Mêlez exactement ; saupoudrez le cataplasme, lorsqu'il sera placé sur l'appareil, avec muriate d'ammoniaque ou avec gomme ammoniaque en poudre 32 grammes. Appliquez.

CATAPLASME ÉMOLLIENT SIMPLE.

℞ Poudre émolliente composée. . . 6 poignées.
Eau commune. . . . . s. q.

Faites cuire un instant, en remuant continuel-

lement; laissez refroidir au degré convenable et appliquez. Ce cataplasme peut se préparer également
par le simple mélange de la poudre avec l'eau chaude,.
sans le faire cuire.

Propriétés. V. Emolliens.

CATAPLASME EXCITANT.

℞ Poudre aromatico-vulnéraire. . . . 4 poignées.
Résine en poudre. . . . . 2 onces.
Teinture de cantharides. . . . . . . 4 onces.
Vin rouge. . . . . s. q.
Mêlez et appliquez à froid.

CATAPLASME FORTIFIANT ASTRINGENT.

℞ Poudre astringente. . . . . 4 poignées.
———— aromatico-vulnéraire. . . . 2
Sulfate d'alumine en poudre. . } de chaq. 2 onc.
————de fer en poudre. . . . . }
Vinaigre. . . . . s. q.
Mêlez à froid et appliquez pour corroborer une
partie faible et lui donner du ton.

CATAPLASME FORTIFIANT RÉSOLUTIF.

℞ Poudre aromatico-vulnéraire. . . . 4 poignées.
————de semence de fenu-grec. .} de ch. 1 p.
————de moutarde. . . . .}
Eau végéto-minérale. . . . . s. q.
Mêlez à froid et appliquez comme ci-dessus.

CATAPLASME IRRITANT OU RUBÉFIANT.

℞ Poudre de moutarde. . . . . 6 poignées.
————d'euphorbe. . . . . . . } de ch. 1 once.
———— de cantharides. . . . . }
Vinaigre. . . . . s. q.
Mêlez ces substances à froid et appliquez sur la

partie où l'on veut produire une irritation locale.

CATAPLASME OU SINAPISME SIMPLE.

℞ Farine de moutarde et vinaigre
     très-fort. . . . . s. q.

Pour former un cataplasme qu'on applique de suite sur la partie.

CATAPLASME MATURATIF.

℞ Oseille cuite dans l'eau et exprimée. . 4 part.
    Oignons de lis, cuits sous la cendre. . 1 p.
    Vieux levain de froment. . . . . 1 p.
    Onguent basilicum. . . . . 1/2 p.
    Farine de lin, suffisante quantité pour former le
      cataplasme.

Appliquez sur les tumeurs et abcès pour favoriser une prompte suppuration.

CATAPLASME RÉSOLUTIF.

℞ Farine de lin. . . . . 4 poignées.
    Poudre de ciguë. . . . . 2 poig.
    Muriate d'ammoniaque. . . . . . . 4 onces.
    Vinaigre. . . . . s. q.

Mêlez; c'est un bon fondant pour les glandes, les mamelles engorgées, les tumeurs et abcès.

CATAPLASME OU TOPIQUE AVEC LE STYRAX LIQUIDE.
Voy. ce dernier mot.

CATAPLASME TONIQUE.

℞ Poudre aromatique. . . . . 1 poignée.
    ———de tan. . . . . ⎫
    ———de bistorte. . . . . . . ⎬ de chaq. 2 poig.
    ———de roses rouges. . . . . ⎭
    Acétate de plomb liquide. . . . . . . 4 onces.
    Eau commune. . . . . s. q.

Mêlez; faites cuire un instant, laissez refroidir et appliquez. Les cataplasmes toniques agissent comme astringens. *Voy.* ce mot.

CAUSTIQUE. Brûler, je brûle. C'est l'*effet* que produisent, par leur action chimique, sur les corps animaux, les médicamens auxquels on donne ce nom : cet effet local est analogue à celui du feu; ils détruisent la texture et le tissu de la peau, désorganisent les chairs; il se forme sur la partie une espèce de croûte qu'on appelle *escarre*, d'où est venu *escarrotique*, expression dont on se sert également pour désigner les substances caustiques. La chirurgie ancienne employait communément le feu. Il est réellement le premier de tous les caustiques : les Orientaux n'en connaissent pas d'autre; ils cautérisent les plaies avec un fer chaud. La pratique vétérinaire en fait également usage dans un très-grand nombre de cas; c'est ce qu'on nomme *cautère caustique* ou *actuel*. Les cautérisations potentielles ou escarrotiques sont celles qui s'opèrent par l'action des substances âcres, corrosives et brûlantes, telles que la potasse (pierre à cautère), la soude caustique, et le nitrate d'argent fondu (pierre infernale), les acides sulfurique, nitrique, muriatique, le sublimé corrosif, etc. L'alun calciné, le sulfate de cuivre, le nitrate de mercure, la poudre anticarcinomateuse, etc., sont des cathérétiques moins violens, on s'en sert plus particulièrement pour consumer les chairs molles, baveuses, les bourgeons charnus et les excroissances qui surviennent dans les plaies; ils renouvellent la surface en lui donnant un autre mode de vitalité, qui détermine une prompte guérison. Les caustiques sont également employés pour ouvrir certaines tumeurs indolentes, les abcés par congestion ; on cautérise aussi les plaies occasionées par la morsure d'un animal enragé ; c'est par ce moyen qu'on arrête la communication du virus et ses progrès.

On peut considérer l'effet de la causticité, en raison de la grande affinité que ces substances ont pour l'eau et pour l'ammoniaque, qu'ils enlèvent aux matières animales. Certains caustiques, l'acide arsénieux, par exemple, pouvant devenir poison par leur absorption, sont d'un emploi très-dangereux.

CÉRUSE. *V*. Oxide de plomb blanc.

CHARBON. *V*. Carbone.

CHARGE. Médicament de consistance moyenne entre le cataplasme et l'embrocation ou liniment, destiné à être appliqué extérieurement sur une partie malade. La charge qu'on appelle *résolutive et fortifiante*, est d'un usage très-fréquent dans la chirurgie vétérinaire : elle se compose de différentes manières. En général, ce médicament doit avoir pour base la poix grasse, la térébenthine, le goudron, ou l'huile de laurier ; on y ajoute l'huile volatile de lavande, de térébenthine, de romarin, de thym et de pétrole, l'alcool, l'alcool camphré, la teinture de cantharides, le savon vert, et souvent l'ammoniaque, suivant le degré d'action qu'on veut lui donner. Quelques personnes y font aussi entrer le miel ; mais cette substance n'ayant aucune vertu analogue à l'objet qu'on se propose, ne fait qu'atténuer l'action du médicament ; elle le rend d'ailleurs informe, parce que n'étant pas de même nature, sa combinaison est tou-

jours imparfaite. Les linimens sont aussi des espèces
de charges. *Voy.* pour ces formules, art. Linimens.

La charge résolutive, fortifiante, s'emploie communément contre les écarts, foulures, entorses, meurtrissures, faiblesses de nerfs, d'articulations et de reins. Elle
s'administre en friction, quelquefois sous forme de
topique sur des étoupes : ces deux modes sont également bons; mais le premier est préférable, et c'est
aussi celui qui est le plus usité : il faut avoir soin de
bien frotter toute la partie malade.

CHAUX (*Oxide de calcium*). La chaux vive, ou
terre calcaire pure, est une substance solide, d'un blanc
grisâtre, caustique, infusible, cristallisable, qui présente tous les caractères des alcalis; on l'obtient de la
décomposition par le feu d'une pierre généralement
répandue dans la nature à l'état de sel, connue sous
le nom de pierre calcaire, substance saline qui constitue la craie, les marbres et la pierre à chaux.

L'oxide de calcium verdit fortement la teinture de
violettes et rougit la couleur de curcuma. Il a beaucoup de tendance à se combiner avec l'eau et avec
l'acide carbonique; exposé à l'air, il perd sa consistance et sa causticité et reprend son état habituel de
carbonate : il faut, pour le conserver, le tenir dans
des vaisseaux clos.

Tout le monde connaît le mode employé pour
former la chaux vive du carbonate calcaire. Il suffit
d'exposer cette dernière substance à une haute température : l'acide carbonique et l'eau passent à l'état
gazeux, se dégagent, et l'oxide reste tout formé :
l'appareil et le procédé sont les mêmes que pour le
plâtre. Il est prouvé qu'en général, plus la matière

qui fournit la chaux est dense, plus la qualité de cet oxide est supérieure. Dans les laboratoires on le retire du marbre blanc ou des écailles d'huitre qu'on fait calciner; l'opération doit être soutenue jusqu'à ce que la chaux cesse de faire effervescence avec les acides : c'est à cette épreuve qu'on reconnaît sa pureté, elle jouit alors de toutes ses propriétés.

Usages. Les arts font une très-grande consommation de la chaux vive; elle sert pour purifier la potasse et la soude du commerce. En privant ces deux substances de leur acide carbonique, elle les rend propres à entrer dans la composition des savons et à préparer la potasse caustique (pierre à cautère). On la mêle avec le sable, pour former les différens mortiers et mastics. La chimie en fait fréquemment usage comme réactif; elle l'emploie pour décomposer le muriate d'ammoniaque et obtenir l'ammoniaque liquide. On en prépare aussi l'eau de chaux en faisant éteindre une partie d'oxide de calcium dans quatre cent cinquante parties d'eau. Cette solution fournit avec le chlore, le chlorure de chaux (*Voy.* ce mot). Combinée avec l'huile d'olive, l'eau de chaux sert à composer un liniment savoneux et alcalin qui est fort utile. L'oxide de calcium est la base des pommades dépilatoires.

CHIMIE. La chimie est une science qui a pour objet de connaître la nature, les principes et les propriétés des corps, de déterminer leur action réciproque, et plus particulièrement l'action intime des molécules qui les composent; pour faciliter l'étude de la chimie, Fourcroy a établi les divisions suivantes : chimie philosophique, météorologique, minérale,

végétale, animale, pharmacologique, manufactu-
rière et économique.

La physique considére les corps sous le rapport de
leur étendue : elle mesure les dimensions, calcule leur
pesanteur, leur mouvement, etc. L'histoire naturelle
les examine dans leur intégrité, décrit leur forme et
leur couleur, indique leurs propriétés apparentes et
sensibles, etc. La chimie pénètre dans l'intérieur
même, sépare les parties constituantes, détruit le lien
qui les tenait réunies, étudie le principe de cette force
d'agrégation qui en faisait des masses plus ou moins
considérables, détermine son intensité, et imitant les
procédés de la nature, recompose ce qu'elle a décomposé, en forme de nouvelles combinaisons. Ces trois
sciences se rapprochent sur plusieurs points ; elles
se prêtent un mutuel secours ; mais elles diffèrent
essentiellement par leur objet, leur marche et leurs
résultats.

Les moyens qu'emploie la chimie pour parvenir à
son but se réduisent à deux, savoir, l'analyse et la
synthèse. L'analyse extrait, sépare, divise les substances simples qui entrent dans un composé ; la synthèse réunit ces substances pour les rétablir dans leur
état naturel. Ce que fournit l'analyse s'appelle *produit*.
On nomme *résultats* les combinaisons opérées par la
synthèse.

La pharmacie trouve dans la chimie des applications
aussi utiles que fréquentes pour la préparation des
médicamens ; la médecine et la chirurgie en retirent
des notions non moins précieuses sur la manière dont
les substances agissent, sur les changemens et les altérations qu'elles produisent dans l'économie animale,
sur les moyens de modifier leur action, en les com-

binant les unes avec les autres, etc. Ces sciences ne doivent point cependant être confondues : elles ont chacune leur direction particulière. La chimie, considérée dans toute son étendue, comprend une infinité d'objets étrangers à la médecine, à la chirurgie et à la pharmacie; les hommes voués par état à l'une ou à l'autre de ces sciences doivent, dans leurs études chimiques, s'arrêter là où les résultats cessent d'avoir un rapport direct avec l'art de guérir.

CHLORE. *V.* Acide muriatique oxigéné.

Chlore liquide. *V.* Acide muriatique.

CHLORURE. Un chlorure est la combinaison du chlore avec un corps simple.

On remarqua que l'acide hydrochlorique, en se combinant avec une base ou oxide métallique, l'oxide de sodium par exemple, ne formait qu'un chlorure, plus de l'eau; le chlore s'unit au métal, et l'oxigène de l'oxide s'unit à l'hydrogène de l'acide ; et les corps obtenus par la combinaison de l'acide hydrochlorique et de l'oxide de sodium, et du chlore et du sodium, étant bien desséchés tous les deux, sont absolument pareils et ne sont qu'un même chlorure de sodium, connu sous les noms d'hydrochlorate de soude, muriate de soude, sel marin. Ces produits sont de véritables corps neutres, rentrant dans la classe des sels ; nous en parlerons à l'article muriate. (*Voy.* ce mot.)

L'eau dissout son volume au moins de chlore ; mais lorsqu'elle tient en dissolution une petite quantité de carbonate de potasse, elle peut en dissoudre beaucoup plus en acquérant les propriétés de ce corps proportionnellement à la quantité qu'elle en retient. Depuis long-temps on avait découvert cette propriété, et l'on fabriquait pour l'usage des manufactures et des arts ce produit connu sous le nom d'eau de javelle.

La soude et la chaux jouissent également de la propriété de retenir plusieurs volumes de chlore.

Il faut bien se garder de confondre ces chlorures avec ceux dont nous avons parlé d'abord. Les premiers sont des corps neutres ; les autres, au contraire, conservent les propriétés de leurs composans , et particulièrement celles du chlore. Le chlorure de sodium ne ressemble nullement au chlorure de soude.

Nous allons entrer dans quelques détails sur ces trois chlorures que la médecine vétérinaire emploie ou peut employer avec l'espoir du plus grand succès, et nous donnerons ensuite la manière de les préparer.

Propriétés et usages. Les grands avantages que l'on peut retirer des chlorures , soit comme moyen désinfectant, soit comme médicament contre les plaies de mauvais caractère , ont déjà été constatés et se confirment tous les jours ; et dans la certitude que des expériences réitérées conduiront à de nouveaux succès, nous engageons les praticiens à multiplier leurs essais avec persévérance.

Les chlorures s'emploient contre les tumeurs gangréneuses, le charbon, les ulcères sordides , les tubercules et les affections cancéreuses qui viennent sur la membrane muqueuse des fosses nasales ; nous conseillons même de tenter leurs effets contre la morve.

Il faut lotionner fréquemment les parties affectées du corps, avec une solution concentrée de chlorure (1 once à 1 once 1/2 de chlorure de chaux dans un

litre d'eau) ; injecter à plusieurs reprises, et en petite quantité, la solution d'abord très-étendue, et
ensuite graduellement concentrée dans les narines du
cheval, enfin l'administrer même intérieurement en
ayant soin d'allonger le chlorure liquide d'une quantité d'eau suffisante pour que la médication n'amène
pas des résultats désastreux.

Si l'emploi de ces divers moyens attentivement
surveillé et dirigé avec intelligence, ne produit pas
une guérison complète ; dans le cas de maladies jusqu'ici regardées comme incurables, résultat qu'il ne
faut pas assurément désespérer d'obtenir, il doit au
moins arrêter les progrès du mal.

Les services que peuvent rendre les chlorures
comme moyen désinfectant, ou comme préservatif
dans les épizooties, sont incalculables.

Quand il s'agit de désinfecter une écurie, une éta-
ble, une bergerie, etc., il faut employer le chlorure
de chaux, par exemple, à la dose de 8 onces dans
un seau d'eau de 12 litres environ. On lave avec cette
eau, à l'aide d'une forte brosse de chiendent et d'un
balai, les murs, le sol et le plafond, ainsi que les
mangeoires, rateliers, etc. Ce chlorure liquide pénètre, dissout et saponifie les substances grasses produites par les émanations animales, et neutralise en
même temps les miasmes putrides qu'elles contiennent. Après cette première opération il faut laver à
grande eau toutes ces parties pour entraîner ces divers corps étrangers.

Si l'on n'emploie le chlorure que comme préservatif, il suffit d'en mettre 1 once ou 2 par seau d'eau.
L'expérience a prouvé qu'en arrosant avec cette solution, tous les huit ou quinze jours, les lieux des-

tinés à réunir une plus ou moins grande quantité d'animaux, on prévient un très-grand nombre de maladies. Nous conseillons aussi pour le pansement journalier des chevaux, l'usage de cette même eau, très-affaiblie.

Comme les chlorures de soude, de potasse et de chaux paraissent produire des effets identiques, et peuvent se remplacer l'un par l'autre, nous pensons que le chlorure de chaux sec doit être préféré pour la médecine vétérinaire. D'abord il coûte bien moins que les chlorures liquides, il est plus facile à transporter, il se conserve fort long-temps sans s'altérer; on peut préparer soi-même sur-le-champ la quantité de chlorure liquide qu'on juge convenable, et lui donner le degré de force nécessaire selon l'usage auquel on le destine.

Nous avons parlé, à l'article Épizootie, d'une nouvelle combinaison du chlore (le charbon chloré) qui présente de grands avantages pour les fumigations, et qui nous semble même, dans quelques circonstances, préférable au chlore gazeux de Guyton de Morveau. (*Voy.* Épizootie.)

Voici le mode de préparation des différens chlorures.

Chlorure de Chaux.

Mazintosk, de Glascow, en 1798, donna le procédé pour préparer cette substance; depuis ce temps il est connu en Angleterre, et usité pour le blanchiment et la désinfection sous les noms de *poudre de blanchiment, poudre de tennant.* Il y a déjà plusieurs années qu'on s'est occupé en France de la fabrication de ce produit.

On prend de la chaux caustique qu'on arrose avec une très-petite quantité d'eau pour la déliter complètement; lorsqu'elle est par ce moyen réduite en poudre légèrement humide, on l'étend par couche d'un pouce d'épaisseur environ dans un appareil convenable. On peut se servir également pour cet appareil, et suivant la quantité de chlorure qu'on désire obtenir, d'une chambre, d'une caisse en bois ou d'un tonneau dans lesquels on établit avec des planches divers compartimens disposés par étages, de manière à présenter beaucoup de surface sans gêner la circulation du chlore.

On dirige le gaz dans l'appareil par un tube de verre ou de plomb ajusté à la partie inférieure ; ce gaz est dégagé par les mêmes procédés qui sont indiqués à l'article Fumigation guytonnienne. Un tube courbé qui plonge dans un flacon d'eau doit être placé à la partie supérieure, d'abord pour laisser échapper l'air atmosphérique contenu dans le récipient, et ensuite l'excès du gaz qui se dégage lorsque la chaux est saturée , ce qui indique que l'opération est terminée. Après avoir retiré le chlorure de l'appareil, on le conserve dans des vases exactement fermés : il doit marquer 98 degrés au chloromètre de M. Gay-Lussac; c'est à ce titre qu'on le trouve chez les pharmaciens.

Chlorure de Potasse.

Depuis long-temps ce composé est connu et fabriqué en France. On l'emploie généralement au blanchiment.

On fait dissoudre dans dix parties d'eau une partie de carbonate de potasse, et l'on sature de chlore gazeux suivant le procédé précédemment indiqué.

Chlorure de Soude.

La découverte de ce corps est due à M. Labarraque, qui a fait connaître ses propriétés et en a ré-pandu l'emploi.

Le mode de préparation est le même que celui indiqué pour le chlorure de potasse. Il faut avoir soin de choisir pour l'un et pour l'autre un carbonate bien pur, d'étendre convenablement la solution, et de conduire avec ménagement le dégagement du chlore et sa dissolution.

Voici encore un moyen très-avantageux par son extrême simplicité, pour obtenir un chlorure de soude toujours identique et propre à être employé aux divers usages :

℞ Sous-carbonate de soude cristallisé. . 2 onc. 1/2.
　Chlorure de chaux à 98 degrés. . . 1 onc. 1/2.
　Eau ordinaire. . . . . 1 litre.

On fait dissoudre le carbonate dans l'eau, on ajoute le chlorure par petites portions et on agite la liqueur à plusieurs reprises. On laisse précipiter les parties non solubles, on décante ou l'on filtre pour séparer le précipité qu'on lave avec de nouvelle eau. Cette dernière solution, beaucoup plus faible, peut être employée à une nouvelle opération en place d'eau ordinaire.

CINABRE. *V*. Sulfure de mercure rouge.

CIGUE (*Grande Ciguë*). *Conium maculatum*, Linné, classe 5 de la pentandrie digynie; Juss., famille des ombellifères.

Caractères génériques. Calice entier, pétales iné-

gaux; graines courtes, convexes, cannelées, parsemées
de tubercules; fleurs blanches, involucres, trois à cinq
folioles. On confond quelquefois cette plante par son
port avec le cerfeuil sauvage, qui est dépourvu d'involucre et dont les fruits sont lisses et allongés. Un
caractère encore plus saillant, c'est que les tiges de la
ciguë sont marquées de taches brunes ou purpurines,
plus élevées, plus étroites, et d'un vert plus foncé.

Caractères spécifiques. Tige herbacée, haute de
4 ou 5 pieds, lisse, luisante, épaisse, cylindrique,
droite, creuse, branchue, rameuse, marquée de taches
noirâtres; feuilles amples, trois fois ailées, à folioles
pointues, pinnatifides, dentées, d'un vert foncé;
fleurs blanches, en ombelles, très-ouvertes et terminales. Cette plante est bisannuelle; elle se trouve dans
les bois, sur les bords des haies et dans les terrains
humides : son odeur est forte, vireuse et fétide, tandis que le cerfeuil a une odeur agréable.

Parties employées : les feuilles.

Propriétés. Vireuse, diurétique, résolutive et fondante. On s'en sert extérieurement en forme de topique. On mêle la poudre dans les cataplasmes qu'on
applique sur les tumeurs cancéreuses; ses effets sont
semblables à ceux de la belladone et des autres plantes
narcotiques.

Observations. Les expériences n'ont pas encore
confirmé les propriétés anti-farcineuses, anti-dartreu-
ses, anti-psoriques, etc., qu'on attribue à cette plante;
il faut l'administrer à des doses très-fortes si on veut
obtenir quelque effet. Ce qu'il y a de certain, c'est
que les chevaux et les bœufs ne touchent point à cette
plante, qu'elle est mortelle pour eux aussi bien que
pour l'homme; les moutons et les chèvres en mangent

impunément, et elle fournit même une nourriture
agréable à ces derniers animaux.

CIRE (*Cera*). On a cru pendant longtemps que la
cire était le pollen des fleurs que les abeilles recueil-
lent pour construire leurs alvéoles; des observations
modernes ont fait connaître que cette opinion n'était
qu'une erreur transmise d'âge en âge. Il a été constaté
par expérience que des abeilles renfermées et nourries
avec du sirop de sucre rafiné fournissaient de la cire
de très-bonne qualité et en quantité égale à celle que
fournissent les essaims qui volent dans les champs.
Ainsi on ne doit plus considérer cette substance que
comme un produit particulier dont la nature nous est
inconnue.

La cire est un corps concret, dur, inflammable,
qui se distingue des huiles et des graisses, avec lesquelles elle a une certaine analogie, par des caractères
qui lui sont propres et qui n'appartiennent ni à l'une
ni à l'autre de ces substances. Chauffée fortement dans
des vaisseaux fermés, la cire donne pour produit du
carbone, de l'oxigène, de l'hydrogène, de l'eau, de
l'acide acétique empyreumatique et une huile âcre; elle
ne communique aucun principe à l'eau bouillante, elle
est soluble en partie dans l'alcool et l'éther bouillans,
dans les huiles fixes et volatiles chaudes; les acides
concentrés l'altèrent; mêlée avec les alcalis, elle forme
un savon; sa lumière, lorsqu'on la brûle, est douce et
fixe. Elle ne donne par sa combustion que très-peu
de charbon; elle exige, pour être liquéfiée, une température plus élevée que les graisses.

La cire jaune entre dans la composition de beaucoup d'onguens et d'emplâtres, c'est elle qui leur

donne en partie la consistance ; elle est balsamique et adoucissante ; il faut la choisir dure, bien nette et bien sèche ; on la colore quelquefois avec du curcuma ou du rocou. On la blanchit par l'action combinée de l'air et de l'eau, ou par un procédé plus facile et plus expéditif, en la lavant dans l'eau chargée de gaz acide muriatique oxigéné (chlore liquide).

CLARIFICATION. Opération par laquelle on enlève à un liquide les matières non solubles qui altèrent sa transparence et diminuent sa fluidité. On peut clarifier une liqueur en la laissant en repos dans le vase qui la contient : les substances solides se précipitent au fond ; on les sépare en versant par inclinaison ; mais ce procédé exige beaucoup de temps et ne produit que difficilement une dépuration complète ; ordinairement on fait usage de quelques intermèdes, tels que la gélatine ou colle de poisson, les blancs d'œuf (albumine), le charbon, l'alun, l'alcool, les acides, etc., On opère à froid ou à chaud. La coagulation par le feu est aussi un moyen de clarification. Ce mode n'est usité que pour les sucs des plantes dont on veut retirer la partie colorante verte. On clarifie les graisses et les huiles avec de l'amidon.

COLCOTHAR. *Voy.* Oxide de fer rouge.

COLLYRE. On donne le nom de *collyres* à tous les médicamens externes employés pour guérir les maladies des yeux, et destinés à être appliqués sur l'œil ou sur la conjonctive. On en admet plusieurs espèces. On les distingue en collyres secs, en collyres liquides et en collyres gras ; les premiers ne sont communément que des substances simples, réduites en poudre, qu'on souffle dans les yeux au moyen d'un chalumeau, d'un tuyau de plume ou d'un tube de verre. Le sucre cristallisé, la tuthie ou oxide gris de zinc, les sulfates de zinc, de cuivre, d'alumine, le muriate d'ammoniaque, l'iris, etc., soit séparément, soit mêlés ensemble et réduits en poudre très-fine, forment le plus souvent les collyres secs.

Les collyres gras sont l'onguent rosat, le cérat ou l'axonge mêlé avec la poudre de tuthie, l'oxide rouge de mercure, le sel de saturne, etc.

Les collyres liquides sont d'un usage plus fréquent; on les prépare avec les mêmes substances que les collyres secs, mêlées dans l'eau simple, l'eau distillée de rose, l'infusion de sureau, de mélilot, etc. On y fait entrer aussi le safran oriental, l'ammoniaque cuivreux, l'acétate de plomb liquide et cristallisé, l'alcool simple et l'alcool vulnéraire. La dissolution de la pierre divine ou ophthalmique forme également des collyres. C'est à l'artiste à déterminer leur composition suivant la nature et le degré de la maladie. Voici différens exemples de collyres composés.

COLLYRE ASTRINGENT.

℞ Eau distillée de rose. . . . . 1 litre.
    Sulfate de zinc. . . . . \
          d'alumine. . . . . \ de chaq.
          de cuivre. . . . . / 1/2 gros.
    Acétate de plomb cristallisé. . . . . /
    Faites dissoudre ces sels dans l'eau, et ajoutez :
    Alcool camphré. . . . . 2 gros.
Ce collyre s'emploie dans les ophthalmies chroniques et à la suite des ophthalmies aiguës; il fortifie

et resserre les vaisseaux capillaires de la conjonctive. On en applique des compresses sur l'œil malade ; il doit être employé froid.

COLLYRE AVEC LA PIERRE DIVINE.

♃ Pierre divine ou ophthalmique. . . . 4 gros.
Eau commune. . . . . 1 livre.

Faites dissoudre la pierre divine dans l'eau, et appliquez des compresses sur l'œil malade. Ce collyre convient dans la rougeur, l'inflammation et l'engorgement des paupières, lorsqu'elles sécrètent une humeur muqueuse : on en introduit aussi des gouttes dans l'œil pour déterger les taies de la cornée.

COLLYRE DE LANFRANC.

♃ Vin blanc. . . . . 1 liv. 12 onc.
Eau distillé de rose. . . . . . . 9 onc.
Sulfure jaune d'arsenic. . . . . 4 gros.
Oxide vert de cuivre. . . . . . . 2 gros.
Myrrhe. . . . . } de chaque 1 gros.
Aloës. . . . . }

Après avoir réduit ces quatre dernières substances en poudre fine, faites-en le mélange avec le vin et l'eau de rose dans un mortier de verre ; enfermez le tout dans un flacon bouché, pour l'usage.

Il faut agiter ce collyre chaque fois que l'on veut s'en servir. Il est employé pour corroder les ulcères et aphtes qui surviennent particulièrement dans la bouche, pour nettoyer les plaies fongueuses, et dans des injections très-détersives. Lorsqu'on veut s'en servir pour les yeux, on ne doit l'employer que très-clair par gouttes et avec beaucoup de ménagement.

Collyre détersif.

℞ Sulfate de zinc. . . . . 1 gros.
Iris de Florence en poudre. . . . . . . 4 gros.
Eau de rose distillée. . . . . 1 liv.

Mêlez ces trois substances ensemble, et appliquez des compresses sur l'œil malade. Ce collyre est employé avec succès contre les ophthalmies chroniques (par l'atonie); on en introduit aussi quelques gouttes dans l'œil.

Collyre détersif avec aloès.

℞ Teinture d'aloès. . . . . 1 once.
Eau de rose. . . . . 8 onces.
Mêlez pour l'usage.

Ce collyre déterge les croûtes farineuses et les petits ulcères des paupières.

Collyre émollient.

Ce collyre se compose avec une infusion de fleurs de mauve, de semence de lin, de coing, de psylium ou d'une légère décoction de racine de guimauve. Il faut l'employer tiède; il convient dans les ophthalmies aiguës et douloureuses par suite d'une blessure ou d'une contusion. On peut ajouter à ces émolliens les narcotiques, tels que les têtes de pavot, etc.

On en applique des compresses sur l'œil malade, que l'on renouvelle souvent.

Collyre émollient résolutif.

℞ Infusion de fleurs de mauve et de sureau. 1 liv.
Muriate d'ammoniaque . . . . 2 gros.
Mêlez et appliquez des compresses sur l'œil.

Collyre excitant.

℞ Infusion de fleurs de sureau. . . . . . 8 onces.
   Vin blanc. . . . . 4 onces.
   Alcool camphré. . . . . 4 gros.

Mêlez et appliquez des compresses sur l'œil dans le cas de faiblesse de cet organe, soit par suite de longues ophthalmies ou dans l'amaurose commençante.

Collyre fortifiant.

℞ Sulfate de zinc. . . . . 1/2 once.
   Iris de Florence en poudre. } de chaq. 2 gros.
   Tuthie préparée . . . . . . }
   Alcool vulnéraire. . . . . 4 gros.
   Eau commune. . . . . 2 liv.

Mêlez les trois premières substances ensemble, et ensuite avec l'eau; ajoutez l'alcool, remuez la bouteille dans laquelle vous gardez le mélange toutes les fois que vous voulez en faire usage.

Ce collyre est fortifiant et légèrement astringent : il convient dans le cas de faiblesse, de relâchement des paupières et d'inflammation chronique.

Collyre narcotique.

℞ Décoction de têtes de pavot blanc et
     de laitue. . . . . 8 onces.
   Faites infuser safran en feuilles. . . . . 1/2 gros.

Passez et appliquez des compresses sur les yeux dans le cas d'ophthalmie douloureuse.

Collyre ou Eau céleste.

℞ Sulfate de cuivre. . . . . 24 grains.
   Eau distillée de roses. . . . . 1 liv.

Faites dissoudre le sulfate dans l'eau , ajoutez quelques gouttes d'ammoniaque pour le précipiter, versez de l'ammoniaque en plus grande quantité sur ce même précipité , pour obtenir la dissolution : il faut que cette dissolution devienne claire et d'une couleur bleue.

Ce collyre est siccatif, il déterge les taies récentes ; on en introduit quelques gouttes dans l'œil , ou on le bassine plusieurs fois par jour.

COLLYRE OU POMMADE ANTI-OPHTHALMIQUE DE DESSAULT.

℞ Oxide de mercure rouge. . . ⎫
      de plomb rouge. . . . ⎬ de chaque
      de zinc gris. . . . . . ⎬ 1 gros.
Sulfate d'alumine. . . . . . ⎭
Muriate de mercure corrosif. . . . . 12 grains.
Sulfure de mercure rouge. . . . . . 1/2 gros.
Axonge ou graisse de porc fraîche. . 5 onces.

Broyez les six premières substances ensemble sur le porphyre , après les avoir réduites en poudre impalpable , ajoutez l'axonge ; continuez à porphyriser jusqu'à ce que vous ayez un mélange très-homogène.

On emploie cette pommade avec succès contre les ophthalmies rebelles ou chroniques , et contre la fluxion périodique. On introduit sous la paupière inférieure de l'œil gros comme une lentille de cette pommade , on laisse fermer l'œil et on le frotte légèrement avec le doigt; il faut réitérer ce pansement soir et matin jusqu'à parfaite guérison.

COLLYRE OU POMMADE ANTI-OPHTHALMIQUE DE RÉGENT.

℞ Beurre frais ou cérat blanc de galien. . 1 once.
Oxide gris de zinc (tuthie). . . . . . 1/2 gros.
Oxide de mercure rouge. . . . . . . 20 grains.
Camphre. . . . . 6 grains.

Même mode de préparation et d'administration que pour le précédent.

Ce collyre déterge les petits ulcères des paupières et les taies qui viennent sur la cornée de l'œil.

Collyre résolutif vulnéraire.

℞ Infusion légère de sureau. . . . . 1 livre.
Alcool vulnéraire. . . . . 6 gros.
Muriate d'ammoniaque. . . . . 1 gros.
Acétate de plomb cristallisé. . . . . . . 1/2 gros.

Mêlez toutes ces substances ensemble, et appliquez des compresses sur l'œil malade.

Collyre sec ou irritant.

℞ Sucre candi. . . . . }
Iris de Florence. . . . . . . } de chaq. 4 gros.
Oxide gris de zinc (tuthie). . }
Muriate d'ammoniaque. . . . . 2 gros.

Mêlez exactement ces quatre substances réduites en poudre très-fine, et soufflez-en une pincée dans l'œil, au moyen d'un tuyau de plume, d'un chalumeau ou d'un tube de verre : réitérez pendant plusieurs jours de suite.

Les mêmes substances combinées avec le cérat ou l'onguent rosat forment un collyre mou, qu'on applique sur le bord des paupières. Ce mode est même préférable, lorsque l'animal est difficile au pansement. On emploie ce collyre pour détruire les taches qui se forment sur la cornée.

COLOPHANE. *V.* Poix.

COLOQUINTE. (*Cucumis coloquntis*). C'est le

fruit d'une plante de l'espèce des concombres, qui appartient à la monœcie digynie de Linné; famille des cucurbitacées, de Jussieu.

Cette plante, dont il y a un grand nombre de variétés presque toutes cultivées, pousse des tiges grêles, velues, grimpantes, qui s'élèvent en s'accrochant aux arbres au moyen de vrilles situées aux aisselles des feuilles. Ses feuilles, portées sur de longs pétioles, sont larges, découpées profondément, velues, blanchâtres et rudes au toucher. Ses fleurs sont d'un jaune pâle, pédonculées, solitaires ou monoïques; il leur succède un fruit de la grosseur d'une orange, dont l'écorce est dure, unie et luisante, d'un jaune verdâtre. La coloquinte renferme une sorte de pulpe blanchâtre, parsemée de beaucoup de graines planes et allongées. C'est cette partie interne du fruit qui est employée. La plus estimée nous est apportée d'Alep. Il faut la choisir bien blanche, légère, spongieuse, d'une saveur excessivement amère et âcre; elle contient de la résine, un principe amer et nauséabond, du mucilage et de l'albumine.

Propriétés. La coloquinte est un purgatif drastique des plus violents; une faible dose suffit quelquefois pour occasioner une abondante purgation accompagnée de coliques. Elle est diurétique, anthelmintique; le camphre est son antidote. Il convient généralement de mêler la coloquinte avec un correctif. Elle est peu employée par les praticiens.

COMBINAISON. Opération naturelle ou artificielle qui, par la réunion de plusieurs substances dissemblables, produit un corps de nouvelle espèce, dont les qualités et les propriétés ne sont point les mêmes

que celles des substances qui ont servi à le former,
s'exerce, entre les molécules des substances comp
santes mises en contact, une action intime et ré
proque qui en dénature les principes et donne na
sance à un composé identique, d'un ordre partic
lier, plus ou moins différent, par ses caractères pl
siques et chimiques, des autres corps existans: ce
action est le résultat de la force d'affinité ou d'attr
tion de composition.

On distingue les combinaisons en binaires, t
naires, etc., suivant le nombre de substances co
binées. Ainsi l'eau, composée d'oxigène et d'hyd
gène, est une combinaison binaire ; les acides vé
taux, formés d'hydrogène, de carbone et d'oxigè
sont des combinaisons ternaires, etc.

COMBUSTION. Action de brûler ; combinaiso
l'oxigène avec un corps combustible.

Dans cette opération, l'air atmosphérique se déc
pose ; l'un des deux principes constitutifs (le gaz o
gène) se sépare, se précipite sur le corps comb
tible, qui, en se décomposant, absorbe l'oxigè
dégage le calorique dans lequel cette substance
trouvait en dissolution.

L'oxigène abandonne le calorique, parce qu'
moins d'affinité avec lui qu'avec le corps combusti
mais cette prépondérance d'affinité n'existe point
degré de température ordinaire, il faut que l'appro
d'un corps chaud détermine son action et lui impr
le premier mouvement.

Dans la combustion, il y a toujours dégagem
de calorique : c'est ce qui la distingue essentiellem
de l'oxigénation, qui n'est en effet qu'une combusti

mais une combustion lente et sans émission sensible de calorique. La différence entre les produits est encore plus caractéristique : ceux de l'oxigénation sont des acides ou des oxides ; l'incinération est le résultat de la combustion.

Dans la plupart des combustions, l'oxigène se fixe et se solidifie ; le calorique qui le tenait à l'état de gaz, devenu libre, produit la chaleur : elle est d'autant plus vive, que la combustion est plus rapide, parce que, plus il y a d'oxigène absorbé, plus la masse du calorique dégagé est considérable. Le corps brûlé acquiert une augmentation de poids égale au poids de l'oxigène absorbé.

Sthaal avait adopté, sur la *combustion*, une théorie absolument opposée à celle qu'on vient d'exposer. Suivant lui, c'est du corps en ignition que se dégage le principe inconnu, qu'il appelle *phlogistique ;* ce dégagement constitue la combustion. Le corps perd la faculté de brûler, lorsque le phlogistique qu'il contenait se trouve épuisé, et le corps incombustible qui absorbe du phlogistique devient combustible.

Dans ce système il faut supposer que le corps, en brûlant, diminue de poids, tandis que le fait contraire est positivement constaté ; il brûlerait sans air aussi bien que dans l'air, et il est démontré que l'air est l'agent indispensable de la combustion.

La théorie moderne a été découverte par Lavoisier ; il l'a établie sur une multitude d'expériences aussi exactes qu'ingénieuses. Les découvertes ultérieures n'ont fait que la confirmer.

Les corps combustibles se divisent en simples et en composés; l'azote, l'hydrogène, le carbone, le soufre, le phosphore, le bore, le chlore, l'iode, le fluor et les métaux , sont les seuls combustibles simples ou indécomposés. Les combustibles composés sont ceux formés par la réunion de plusieurs combustibles simples , tels que les végétaux , les animaux , etc.

CONCASSER. Briser une substance quelconque, la réduire en morceaux de différentes grosseurs. On concasse les racines, les semences , les écorces, certains fruits, les gommes , et généralement toutes substances dures qui se laissent difficilement pénétrer par l'eau , le vin, l'alcool , etc.

CONCENTRATION. Elle a pour objet de rapprocher les molécules intégrantes d'un corps, en lui enlevant les parties aqueuses qui tiennent ces molécules écartées ; elle s'opère par la congélation, mais plus ordinairement et plus facilement en faisant dissiper l'eau à l'aide du calorique. *Voy.* Évaporation.

CONGÉLATION. Opération naturelle ou artificielle, par laquelle un corps fluide est converti en un corps solide ; c'est l'effet de la privation du calorique. Plusieurs corps passant de l'état fluide à l'état solide par la congélation , acquièrent des caractères et des propriétés particulières.

CORDIAL. Bon pour le cœur, qui va au cœur, qui fortifie. Cet ancien mot n'explique que très-implicitement l'idée qu'on y attache ; il rapporte au cœur une action et des effets qui , dans un très-grand nombre de cas , lui sont absolument étrangers. Les toniques les plus forts, les excitans et les stimulans , administrés à l'intérieur , sont réputés des cordiaux ; ils corroborent , donnent du ton , en fortifiant l'action organique des divers systèmes de l'économie animale. Ces substances se renferment assez généralement dans la classe des amers, des aromatiques et des préparations ferrugineuses. Nous citerons pour exemple, et comme les plus employés, la poudre cordiale, la poudre tonique composée, différens breuvages, la thériaque, l'électuaire cordial et absorbant, l'extrait de genièvre, les alcools simples et aromatiques, le vin rouge généreux, enfin le camphre, la cannelle, le quinquina, les racines de gentiane, d'aunée, etc. La forme d'administration la plus usitée est en poudre, en breuvage, en bol et en opiat, dont on varie la composition suivant l'état du sujet et la cause de la maladie. Nous en avons donné un grand nombre d'exemples dans nos formules ; le titre en indique les modifications.

CORIANDRE CULTIVÉE. *Coriandrum sativum,* Linn. , classe 5 de la pentandrie digynie; Juss. , famille des ombellifères.

Caractères génériques. Calice à cinq dents ; fleurs du centre très-petites, celles de la circonférence plus grandes ; graines sphériques réunies ; fleurs blanches, rarement purpurines ; involucre nul ou à une feuille.

Caractères spécifiques. La tige du *coriandrum sativum* est glabre, rameuse, haute de six décimètres ; les feuilles inférieures deux fois ailées, lobées ; celles de la tige découpées en lanières très-étroites ; les fleurs blanches, en ombelles et cinq rayons ; les fruits, sphériques, chargés de stries légères. Cette plante est annuelle, commune aux environs de Paris, près d'Orléans, en **Suisse**, en Piémont. On la cultive dans plusieurs départemens.

Son nom vient du mot grec qui signifie *punaise*; ainsi nommée, parce que ces semences ont, avant leur maturité, l'odeur de cet insecte.

Parties employées : la semence. Elle contient une très-petite quantité d'huile volatile. Ses propriétés sont les mêmes que celles des huiles volatiles fournies par les autres plantes labiées et ombellifères.

Propriétés. La coriandre est fort peu employée ; elle est légèrement excitante, tonique, stomachique, carminative et sédative. On l'administre dans les coliques venteuses ; elle fait partie de la poudre cordiale.

Mode d'administration. Infusion aqueuse, breuvage, lavement. Dose, deux à quatre poignées.

CORNUE. Vaisseau distillatoire. C'est une espèce de bouteille dont le col long et recourbé diminue insensiblement jusqu'à son extrémité, qu'on nomme *bec.* La capacité ou corps de la cornue est sphérique ou oblongue ; cette dernière forme est préférable pour le plus grand nombre de distillations ; on l'appelle *ventre ;* la partie supérieure du ventre porte le nom de *voûte.* C'est au bec de la cornue qu'on adapte le récipient ou la suite de l'appareil qui y conduit. Le col doit faire, avec le ventre, un angle de soixante degrés ; c'est l'inclinaison la plus favorable à la distillation.

Les cornues tubulées sont celles dont la voûte est percée par une ouverture circulaire que ferme très-exactement un bouchon ordinairement de verre ; on fait usage de ces cornues lorsque par la nature de l'opération on a besoin d'y introduire de nouvelles matières après que l'appareil est monté; le cas est assez fréquent. Les cornues sont de verre, de porcelaine, de fer, de grès, de plomb et de platine; la distillation se fait à feu nu, au feu de réverbère ou au bain de sable. *Voy*. Alambic, Fourneau à réverbère, Bain de sable.

On distille à la cornue les matières qui ne se volatilisent qu'à une chaleur supérieure à celle de l'eau bouillante, et celles qui exigent un feu moindre, mais gradué ou soutenu pendant plus ou moins longtemps au même degré.

CORROSIF. *V*. Caustique.

CRÊME DE TARTRE. *V*. Tartrate acidule de Potasse.

CREUSET. Vaisseau de terre ou de métal dans lequel on renferme les matières fixes pour les fondre ou les calciner. La forme des creusets est le plus ordinairement celle du cône renversé; on en construit aussi de cylindriques. Leurs qualités essentielles sont de pouvoir supporter la plus grande chaleur du feu, et d'être inattaquables par l'action chimique des substances qu'ils doivent contenir. Ceux de platine réunissent à un plus haut degré cette double propriété. Parmi les creusets de terre qui se fabriquent dans différens pays, on préfère ceux qui nous viennent de la Hesse.

CRISTALLISATION. Les molécules d'un corps solide dissous dans un fluide ou par le moyen du calorique, tendent à se rapprocher aussitôt que la substance interposée qui les sépare oppose, en se dissipant, une moindre résistance à leur attraction réciproque : dans leur nouvelle réunion, elles affectent une forme régulière et constante. On appelle cette opération *cristallisation*, et l'on donne le nom de *cristaux* aux corps solides qui en résultent. La cristallisation exige différentes conditions essentielles : 1°. la dissolution du solide; 2°. la soustraction lente et progressive de la substance interposée; 3°. l'espace nécessaire pour que les molécules ne soient pas arrêtées ni dérangées dans leur mouvement; 4°. le repos de la matière. C'est suivant que ces conditions sont plus ou moins exactement remplies, que la cristallisation est plus ou moins régulière. La cristallisation des corps dissous à l'aide du calorique s'opère par le refroidissement lent et gradué; on emploie l'évaporation à une chaleur douce, et mieux encore l'évaporation spontanée à l'air libre, pour ceux qui ont été dissous dans un fluide. C'est particulièrement à l'égard des sels que se pratique la cristallisation; l'eau est le fluide ordinaire dont on se sert pour les dissoudre.

CROCUS. *V.* Oxide d'antimoine demi-vitreux.

CUCURBITE. *V.* Alambic.

CUIVRE (*Cuprum*). Métal très-oxidable, de couleur rouge, brillant dans sa cassure et sur son poli, dur, élastique, sonore, malléable, ductile ; d'une odeur désagréable, qui se développe lorsqu'on le frotte ou qu'on le chauffe ; d'une saveur moins styptique que celle du fer, mais nauséabonde et comme vireuse : on le trouve dans la nature à l'état natif, combiné avec l'oxigène ou le soufre , et à l'état de sel.

On connaît combien le cuivre est utile dans les arts ; il s'allie avec beaucoup d'autres métaux : le bronze, le laiton, l'airain, le similor, etc., sont autant de produits qui résultent de ses diverses combinaisons.

Les principales mines de cuivre qu'on exploite en Europe sont dans les pays du Nord, en Suède, en Danemarck, en Allemagne.

Les acides ont presque tous de l'action sur le cuivre, ils le dissolvent ; il s'oxide par l'action combinée de l'air et de l'eau, et se recouvre d'une poussière verte : les huiles et les graisses l'attaquent facilement. L'ammoniaque dissout son oxide.

Usages. Le cuivre fournit à la pharmacie plusieurs médicamens utiles, tels que l'oxide de cuivre brut, dit vert-de-gris, l'acétate de cuivre, le sulfate de cuivre (vitriol bleu), etc. Ils entrent dans la préparation de la pierre divine ou ophthalmique, de l'eau styptique (eau d'Alibourg) ; l'oxide de cuivre brut forme la base de l'onguent égyptiac. Tous ces médicamens sont employés dans la pratique vétérinaire à l'extérieur. Intérieurement toutes les préparations de cuivre sont des poisons.

Il suffit souvent, pour reconnaître la présence du cuivre ou de l'une de ses préparations, de plonger dans la matière une lame de fer décapé, qui se recouvre promptement d'une couche cuivreuse. Si ce moyen est infidèle, on calcine vivement avec de l'huile et du charbon, et l'on obtient du cuivre métallique ; on peut aussi employer les réactifs qui décèlent sa présence dans les solutions : l'ammoniaque, le prussiate de potasse.

Dans le cas d'empoisonnement, on devra d'abord

avoir recours aux moyens qui facilitent la sortie du poison ; un vomitif dans le principe, donné à propos, peut être avantageux, ou bien il faut administrer une quantité assez grande de blancs d'œufs dissous dans l'eau, et faire suivre un traitement antiphlogistique.

CUMIN OFFICINAL, *Cuminum cyminum*, Linn., classe 5 de la pentandrie digynie ; Juss., famille des ombellifères.

Caractères génériques. Involucre, deux folioles longues et fines ; graines petites, striées, glabres, couronnées par les dents du calice.

Caractères spécifiques. Tige de deux à trois décimètres, glabre, striée ; feuilles alternes découpées très-menu, comme celles du fenouil ; folioles, presque capillaires ; fleurs petites, blanches ou purpurines ; ombelles de quatre à cinq rayons. Cette plante est annuelle. On la cultive particulièrement à Malte et dans toutes les parties du Levant.

Partie employée : la semence. Elle est oblongue, cannelée, de couleur jaune-fauve.

Propriétés. Saveur âcre, très-aromatique, un peu amère. Elle contient de l'huile volatile. Elle est excitante, carminative, résolutive et appétissante. Les praticiens n'emploient point cette semence seule ; elle entre dans quelques préparations pharmaceutiques ; on la mêle avec l'avoine pour exciter l'appétit des chevaux : les pigeons en sont très-friands.

D.

DÉCANTATION. L'objet de la décantation est, comme celui de la filtration, de séparer d'un fluide les parties concrètes qu'il contient. Lorsque la liqueur s'est éclaircie par le seul effet du repos, que les fèces ou la poudre se sont réunies au fond du vase, on la verse doucement, par inclinaison, dans un autre vase. C'est une opération fréquemment employée en pharmacie ; on s'en sert, ou pour recueillir la matière éclaircie, ou pour retenir la matière précipitée : dans l'un et l'autre cas, la manière de procéder est la même.

DÉCOCTION. La décoction a pour objet d'extraire et de faire passer dans un menstrue fluide certains principes contenus dans les corps organiques animaux ou végétaux. Cette extraction s'opère par l'action même du menstrue maintenu à l'état d'ébullition pendant plus ou moins long-temps : l'eau est le menstrue ordinaire ; on emploie aussi le vin. La décoction se fait à l'air libre, c'est-à-dire dans des vaisseaux découverts : on obtient plus de principes extractifs que par l'infusion, mais on ne peut retenir les aromes : on ne doit point l'exercer sur les substances qui en sont pourvues, à moins qu'on ne soit pas dans l'intention de le conserver.

Il y a des règles générales à suivre dans la décoction ; toutes ne sont pas applicables à l'art vétérinaire : il suffira de rappeler que certains corps, tels que les bois et les racines, doivent, avant d'être soumis à la décoction, avoir été coupés, hachés ou râpés. On concasse les écorces et les semences ; on fait bouillir

plus long-temps les substances sèches, dures, celles
dont l'enveloppe se détache difficilement : dans les
décoctions composées on fait subir à celles-ci une
première ébullition. On doit observer que la décoction produit, à l'égard de plusieurs substances, un
développement et un rapprochement de principes qui
leur donnent une saveur qu'elles n'ont pas, ou qui
n'est presque pas sensible dans leur état naturel.

Exemple d'une décoction composée.

℞ Racine de bardane. . . . . ⎫
——— de squine. . . . . ⎬ de chaq.
Bois de Gayac. . . . . ⎬ 2 onces.
——— de Sassafras. . . . . ⎭
Carbonate d'ammoniaque. . . . . . . 4 gros.
Eau de rivière. . . . . 1 lit. 1/2.

Coupez la squine et la bardane par petits morceaux, râpez le bois de gayac, hachez le sassafras ;
faites bouillir dans la quantité d'eau indiquée les trois
premières substances, jusqu'à la réduction du tiers ;
ajoutez le sassafras , retirez du feu, couvrez le vaisseau ; laissez infuser et refroidir ; passez à travers une
toile ou un tamis de crin , mettez le carbonate dans
un mortier de verre ou de marbre, faites-le dissoudre
avec le produit de la décoction , et vous aurez un
breuvage sudorifique et dépuratif.

Autre exemple.

℞ Racine de guimauve coupée. . . . . 8 onces.
Espèces émollientes. . . . . 4 poignées.
Fleurs de sureau. . . . . 2 poignées.
Alcool camphré. . . . . 2 décilitres.
Muriate de soude (sel marin). . . . 2 onces.
Eau commune. . . . . . . , ... 6 litres.

On fait bouillir les racines de guimauve pendant un
demi-quart d'heure, on ajoute les espèces émollientes,
on continue l'ébullition pendant un même espace de
temps, on retire du feu, on ajoute les fleurs de sureau, on laisse infuser jusqu'à refroidissement; on
passe, on mêle le muriate, ensuite l'alcool, et on a
quatre litres d'une décoction émolliente et résolutive.

DÉPURATIF. De dépurer, rendre pur, on a fait
dépuratif, qui dépure, qui rend pur. Les anciens
ont donné cette qualification à une classe de médicamens qui, par leur action, purifient le sang et les
humeurs en atténuant et en provoquant l'évacuation
des corps hétérogènes qui les altèrent, gênent ou retardent leur circulation dans les vaisseaux et les viscères. Plusieurs évacuans produisent cet effet et doivent être considérés comme dépuratifs. Ainsi les
purgatifs, les diurétiques, les sudorifiques, sont de
véritables dépuratifs; et quoiqu'on attribue plus particulièrement la propriété dépurative à quelques substances amères ou métalliques, telles que la gentiane,
l'aunée, l'aloès, le sulfure d'antimoine, le crocus, le
sublimé corrosif, le mercure doux, etc., il est permis
de croire que la distinction est à-peu-près insignifiante,
inutile et sans objet.

DÉPURATION. Purifier, rendre pur. La clarification et la filtration sont des moyens de dépuration;
mais ce mot s'applique plus particulièrement aux sucs
obtenus des végétaux par expression, qu'on laisse
reposer pour opérer la séparation des fèces.

DÉSINFECTION. Opération par laquelle on purifie ou on désinfecte l'air ou tout autre corps chargé

de miasmes putrides. Les moyens les plus généralement employés pour atteindre ce but, sont l'eau ordinaire ou réduite en vapeur, le feu, le chlore gazeux, les chlorures, le charbon chloré, les vapeurs de vinaigre, d'acide sulfureux, d'ammoniaque, etc. *Voy.* Fumigation, Epizootie, Chlorure, etc.

DÉSOXIGÉNATION. Opération inverse de l'oxigénation. On l'appelle aussi *désoxidation, revivification, réduction.* Elle consiste à enlever l'oxigène des corps avec lesquels il était uni : désoxigéner un corps, c'est lui rendre la propriété combustible qu'il avait perdue en s'oxidant; pour obtenir cet effet, il suffit le plus souvent de mettre en contact avec les corps brûlés une autre substance qui, ayant une plus grande affinité pour l'oxigène, la prive de ce principe. C'est ainsi que par le moyen du calorique on revivifie dans des vaisseaux fermés les oxides de mercure. On désoxigène les acides par l'intermède du charbon et autres substances végétales ; l'action de la lumière peut dans certains cas produire ce phénomène.

DESSICCATIF. Les médicamens auxquels on donne ce nom ne s'appliquent qu'à l'extérieur, sur les plaies et les ulcères, qu'ils ont la propriété de dessécher , et dont ils facilitent la cicatrisation en empêchant la sécrétion du pus qui se forme à leur surface. Quoiqu'on les divise en dessiccatifs adoucissans et dessiccatifs cicatrisans, il paraît que l'espèce d'action qu'ils exercent les uns et les autres est la même, et qu'ils ne diffèrent entre eux que par le degré de leur vertu dessiccative. On considère comme dessiccatifs adoucissans l'eau végéto-minérale, la pommade de saturne, l'onguent dessiccatif, la teinture d'alcès, etc. ; et comme dessicatifs cicatrisans, l'eau de chaux, l'eau styptique, le sulfate de zinc, le sulfate d'alumine, l'eau de boule, l'eau de Rabel, la poix résine, etc.

DESSICCATION. La dessiccation a pour objet d'enlever à un corps quelconque une partie ou la totalité de l'humidité qu'il contient. Elle s'exerce particulièrement sur les végétaux, quelquefois sur les animaux et sur quelques produits pharmaceutiques. Il ne faut point confondre cette opération avec la calcination.

L'existence active des végétaux est momentanée ; plusieurs ne croissent que dans certains climats ; la dessiccation, en les conservant sans altérer leurs propriétés essentielles, procure le moyen de les transporter d'un lieu à un autre, et d'en faire usage pendant les quatre saisons de l'année.

Nous ne rappellerons point dans toute leur étendue les préceptes relatifs à la dessiccation ; nous nous bornerons à quelques principes généraux, suffisans pour diriger les artistes dans le choix, la préparation et la conservation des substances employées dans la pratique ordinaire.

L'état des sujets, et l'époque où ils ont été récoltés, sont les deux principales considérations qui doivent déterminer le choix des végétaux qu'on se propose de conserver. Il faut rejeter la plante mal formée, qui, par l'effet d'un accident quelconque, n'a pas reçu de la nature une parfaite élaboration ; prendre les plus fortes, les mieux nourries ; elles réunissent à un plus haut degré l'odeur, la saveur et la couleur propres à l'espèce. Les végétaux qui proviennent des lieux où ils croissent naturellement, méritent la préférence sur ceux qu'on cultive dans les autres pays où ils ont été transplantés.

On cueille les plantes entières , lorsque les fleurs commencent à s'épanouir : c'est le moment de leur plus grande vigueur , celui où elles ont acquis tout l'accroissement dont elles sont susceptibles. Cette règle , quoique générale , admet cependant quelques exceptions: la mauve, par exemple , la guimauve, la mercuriale, la pariétaire , sont plus émollientes au moment de la pousse des tiges qu'à l'époque de leur maturité.

La première préparation consiste à monder très-exactement les végétaux, à en séparer les corps étrangers, à rejeter tout ce qui ne fait pas essentiellement partie de leur substance. On les place sur des claies, ou on les suspend ; il ne faut pas leur donner une trop grande épaisseur; on les expose ensuite à la chaleur de l'atmosphère ou d'une étuve : celte chaleur est plus ou moins forte, suivant que l'espèce abandonne plus ou moins facilement son eau de végétation ; il varie à un très-grand nombre de degrés : dans plusieurs cas elle doit être graduée. On retourne fréquemment les plantes , pour faciliter la circulation de l'air et présenter à son action successivement toutes les surfaces; on les secoue pour faire tomber la poussière et les vers qui peuvent s'y être attachés. En général, la dessiccation la plus prompte, conduite avec les précautions convenables est la meilleure. Il y a une différence très-sensible entre les mêmes plantes bien ou mal séchées , et cette différence influe sur leurs pro-

priétés. On juge de leur bonté par l'état de fraîcheur,
le brillant, la vivacité des couleurs et la pureté des
odeurs.

Certains végétaux, quoique desséchés avec soin, sont
cependant susceptibles d'être altérés par la vicissitude
de l'atmosphère : ils se ramollissent à une température
humide ; ils durcissent et deviennent cassans, même
friables, dans les temps secs. Il est nécessaire de les
mettre à l'abri de ces variations : il faut également
les garantir du contact de la lumière, qui détruit promptement leurs couleurs ; on les renferme à cet effet,
soit dans des tonneaux, soit dans des boîtes garnies
de papier.

En observant les précautions indiquées, on peut
conserver sans altération, pendant une année, les
plantes de la nature de la mélisse, de la saponaire, etc. ;
et pendant deux ans, les aromatiques, telles que le
thym, la sauge, la marjolaine et autres. On reconnaît
que les plantes ne sont plus bonnes à garder, lorsqu'elles perdent leur couleur : c'est l'indication la plus
certaine et la plus générale.

Les propriétés utiles des végétaux ne sont pas toujours communes à toutes les parties de la plante. Dans
plusieurs elles se trouvent plus ou moins exclusivement inhérentes à l'une ou l'autre de ces parties, qu'on
distingue au nombre de cinq, savoir : les racines, la
tige, les feuilles, les fleurs et les fruits. La dessiccation ne s'exerce alors que sur la partie qu'on veut conserver ; et quoique les principes établis puissent être
considérés comme généraux, il est nécessaire d'ajouter
quelques observations, spécialement applicables à
chacune, traitée séparément.

Les racines doivent être arrachées de la terre vers

la fin de l'automne ou au commencement de l'hiver, lorsque les tiges se dépouillent de leurs feuilles ; celles récoltées au moment de la végétation renaissante contiennent une grande quantité de fluide aqueux non élaboré : leur substance est molle, grasse, pulpeuse ; elles attirent fortement l'humidité, perdent considérablement de leur volume, et deviennent ridées.

On lave les racines pour enlever la terre qui y adhère ; on les monde de leurs filamens, on les frotte, on les brosse, quelques-unes même ont besoin d'être ratissées. On divise en longueur celles dont l'intérieur est ligneux ; on coupe les grosses par tranches ; on les met sur des claies ou on les enfile à une ficelle, et on les expose à une chaleur convenable. Une température de 10 à 15 degrés suffit pour les racines ligneuses, telles que celles de patience, de bistorte, etc. Elle doit être de 20 à 25 pour les racines succulentes, de la nature de l'aunée, de l'angélique : on l'élève graduellement jusqu'à 30 degrés, pour les racines mucilagineuses de guimauve, de bardane, etc. On dépouille ces racines de leur épiderme, et l'on préfère, pour leur dessiccation, la chaleur d'une étuve à celle du soleil, parce que le contact de la lumière en ternit la blancheur.

La dessiccation des tiges solides et des écorces est beaucoup plus simple : il en est qu'il ne faut qu'exposer à l'air libre ; d'autres exigent une température de 15 à 20 degrés. On donne le nom de *bois* aux tiges solides séparées de leurs racines.

Le procédé pour la dessiccation des fleurs est le même que pour celle des plantes entières ; le degré de chaleur nécessaire varie en raison de la quantité d'eau de végétation qu'elles contiennent. On les recueille, en général, avant qu'elles soient épanouies: celles qui sont trop avancées ont moins d'odeur. Les roses rouges doivent être prises en boutons; les pavots rouges, après leur épanouissement; on rejette les fleurs décolorées et celles qui sont tombées d'elles-mêmes; on les monde de leur calice : il en est un grand nombre qu'on ne sépare point des sommités de la plante; c'est ce qu'on appelle des *sommités fleuries;* telles sont les fleurs de menthe, de marjolaine, d'hysope, de petite centaurée, etc.

Parmi les fleurs, quelques-unes, telles que les fleurs de bouillon-blanc, de pêcher, de centaurée, de mélilot, de camomille, etc, peuvent être exposées indifféremment à la chaleur du soleil ou à celle d'une étuve; elles contiennent une très-petite quantité d'eau de végétation : il ne faut qu'une température de 12 à 15 degrés pour les faire sécher. On préfère pour les roses rouges la chaleur de l'étuve, qu'on élève progressivement jusqu'à 30 degrés : ces fleurs, exposées au soleil, perdent sensiblement de leur odeur et de leur couleur ; leur dessiccation à l'ombre, sans gradation, produit le même inconvénient.

La partie colorante des fleurs de violette, de pavots rouges, de mauve, etc., est facilement altérable, et leur principe aromatique adhère fortement à l'eau de végétation ; on les étale sur des tamis, et on les met dans une étuve à la température de 20 à 25 degrés.

La dessiccation des feuilles s'opère d'une manière exactement semblable à celle indiquée pour les plantes entières. On observera seulement qu'on ne peut faire sécher les feuilles de laitue, de poirée, et quelques autres; c'est par la distillation que l'on retire et que l'on conserve leurs propriétés médicinales. Dans la pratique vétérinaire, on ne fait point usage des fruits secs , et ceux employés dans la pharmacie sont presque tous exotiques.

DÉTERSIFS. Ce mot exprime l'action de nettoyer. On appelle ainsi certains médicamens qu'on applique sur les plaies et ulcères pour les mondifier, pour les déterger, pour atténuer et dissoudre les humeurs visqueuses qui, s'attachant aux parois, opposent un obstacle à l'action des médicamens curatifs, augmentent par leur séjour la masse des impuretés et retardent la cicatrisation. L'usage de cette espèce de médicamens est en quelque sorte un traitement préparatoire; ils disposent la partie affectée pour rendre plus prompte et plus efficace l'action des autres médicamens. Ils diffèrent peu des dessiccatifs, et plusieurs substances peuvent, sans contradiction, être comprises dans l'une et l'autre classe.

Les principaux détersifs sont l'alun calciné, l'onguent égyptiac, le sulfate de cuivre, l'oxide brut de cuivre (vert-de-gris), la poudre anti-carcinomateuse, etc.

DEUTO-CHLORURE DE **MERCURE.** *V.* Muriate de Mercure oxigéné.

DIAPHORÉTIQUE. Ce mot peut être considéré comme synonyme de sudorifique. On observe cependant entre les deux expressions cette différence : les diaphorétiques excitent une transpiration insensible plus abondante que la transpiration naturelle, mais moindre que la sueur. On peut sans inconvénient négliger, du moins dans la partie vétérinaire, cette

distinction plus scientifique que pratique, et considérer comme ne formant qu'une seule et même classe
les médicamens diaphorétiques et les médicamens
sudorifiques. *Voy.* Sudorifique.

DIGESTIF. La chirurgie donne le nom de digestifs à divers onguens et linimens qui, appliqués sur
les plaies, hâtent ou préparent la suppuration. Ce
sont, en général, des émolliens, l'onguent basilicum,
celui de styrax, la térébenthine, les jaunes d'œufs, etc.
Voyez Onguent digestif.

DISSOLUTION. Action qu'exercent réciproquement entre elles les parties intégrantes de deux corps
de nature différente, d'où résultent la séparation de
ces parties et la formation d'un nouveau composé
dont les propriétés particulières ne participent point
de celles qui appartiennent aux corps primitifs qui
l'ont produit. *Voyez* Solution.

DISTILLATION. Opération de chimie par laquelle, à l'aide du calorique, on obtient séparément
les principes fixes et volatils contenus dans un même
corps.

Le mode de distillation peut varier, soit en raison
des matières, soit par la forme des appareils, soit par
l'espèce de combustible, soit enfin par le degré de
chaleur égal ou supérieur à celui de l'eau bouillante ;
mais l'opération, considérée sous le rapport de l'action intime qui divise et sépare les principes, n'en est
pas moins constamment la même. C'est à tort qu'on a
voulu établir des différences : la *distillation* est une
dans sa marche comme dans ses principes.

Exemple de distillation simple. On met dans la

cucurbite d'un alambic de cuivre étamé une quantité d'eau quelconque ; on place cette cucurbite sur son fourneau ; on la couvre de son chapiteau, on ajuste le serpentin dans une cuve remplie d'eau froide ; on lute les jointures ; on pousse le feu jusqu'au degré d'ébullition ; on l'entretient dans cet état, et la distillation s'opère. Il ne faut que renouveler par intervalles l'eau de la partie supérieure du serpentin, pour la maintenir toujours à-peu-près à la même température..

Les premiers produits de la distillation ne sont jamais parfaitement purs : on doit les rejeter. L'eau distillée est la seule qu'on puisse employer dans les expériences ou analyses chimiques, et dans la plus grande partie des préparations pharmaceutiques ; elle ne conserve aucune odeur, et se trouve purgée de toute substance hétérogène. On retire en eau distillée les quatre cinquièmes de ce fluide mis en distillation.

Exemple de distillation composée. Nous prendrons pour exemple l'eau distillée de lavande. Mettez dans un alambic de cuivre étamé des sommités fleuries de lavande récemment cueillies ; versez dessus une quantité d'eau suffisante pour les baigner entièrement ; lutez les jointures qui séparent le chapiteau de la cucurbite et du bec du serpentin ; remplissez d'eau froide la cuve dans laquelle il est plongé ; adaptez à son bec inférieur un récipient pour recevoir les produits. Ces dispositions terminées, commencez la distillation par un feu très-modéré, que vous augmenterez graduellement jusqu'à l'ébullition. Vous l'entretiendrez à ce degré pendant toute la durée de l'opération.

Les premiers produits sont ordinairement blancs et laiteux : au moment de l'ébullition, l'huile volatile passe avec l'eau, une partie surnage dans le récipient. Quelquefois l'eau devient claire et transparente; mais ce résultat n'est point constant, il dépend de la nature du végétal distillé, du degré de calorique, et de la quantité proportionnelle d'eau employée. Lorsqu'il ne passe plus d'huile volatile, et que l'on a retiré environ la moitié du fluide, l'opération est terminée; il ne reste plus qu'à séparer l'huile d'avec l'eau, qu'on conserve dans des flacons différens.

La décoction qui se trouve dans la cucurbite de l'alambic tient en dissolution les principes fixes ou extractifs de la plante; si on la passe pour en séparer les parties ligneuses, qu'on la fasse évaporer jusqu'à consistance de miel, on obtient ce qu'on appelle un extrait. *Voyez* ce mot.

Le procédé est le même pour la distillation des autres végétaux aromatiques ou herbacés; les eaux qui en proviennent participent en général de l'odeur des substances distillées.

La médecine vétérinaire fait peu usage des eaux distillées.

DISTILLATION SPIRITUEUSE ou **ALCOOLIQUE.** *Voyez* Alcool.

DIURÉTIQUE. Le cheval est d'un tempérament ardent, d'une constitution forte; on parvient difficilement à le faire évacuer par l'anus. On lui administre les substances les plus âcres, les plus actives; mais ces remèdes sont si variables, si incertains, qu'on ne peut en calculer les effets, et par conséquent déterminer avec quelque assurance les doses que le sujet et l'état maladif paraissent exiger; ils échauffent, ils tourmentent, ils fatiguent l'animal, et assez souvent on ne réussit pas à le purger; il faut d'ailleurs le préparer à l'avance par des lavemens et des boissons, qui prolongent d'autant le traitement; ce qui est cause qu'on les néglige assez généralement.

Les diurétiques n'entraînent aucun de ces inconvéniens: on les donne sans préliminaires; ils agissent sans produire la moindre irritation, l'évacuation s'opère sans efforts, sans secousses, sans trouble, insensiblement, par les voies urinaires; le régime habituel n'est pas même dérangé. Il n'existe pas de médicament vétérinaire plus utile et plus recommandable. Leurs propriétés fondantes et dépuratives sont précieuses, surtout dans les maladies de nature chronique, telles que le farcin, les eaux aux jambes, les engorgemens glanduleux, les dartres, la gale invétérée, les épanchemens laiteux, la gourme rentrée ou terminée, les plaies humorales, et autres maladies du même genre qui, ayant pour cause un vice interne, exigent un traitement méthodique et des évacuations successives.

Les pilules anti-farcineuses, l'onguent dessiccatif, l'eau styptique, l'onguent chaud résolutif fondant, l'onguent anti-psorique, différens cataplasmes et les opérations chirurgicales, sont les moyens secondaires qu'on emploie concurremment avec les diurétiques.

Dans le traitement de ces maladies, on les administre plus ou moins long-temps, suivant le degré et l'intensité du mal; il n'y a aucun danger d'en prolonger l'usage. Les diurétiques, les fondans, les purgatifs et les minoratifs, considérés sous le rapport de leurs effets, sont des médicamens analogues, ils constituent une classe générale à laquelle on donne le nom d'évacuant : ils diffèrent entre eux par le mode d'action, et surtout par la manière dont s'opèrent les évacuations qui en sont le résultat. Les purgatifs font évacuer par l'anus, les diurétiques par les voies urinaires : l'action des premiers est plus intense, plus énergique, souvent pénible et quelquefois violente ; celle des diurétiques est douce, lente et peu sensible ; la nature de la maladie et la constitution du sujet sont les deux principales circonstances qui déterminent l'emploi de l'un ou de l'autre moyen. Nous croyons devoir faire observer que parmi les substances essentiellement purgatives et diurétiques, plusieurs, réunies avec méthode dans des proportions convenables, sont réciproquement susceptibles de concourir à produire l'effet principal qu'on se propose d'obtenir. Ces associations, comme nous l'avons déjà dit, sont fort souvent indispensables pour rendre plus certaine l'action des médicamens ; on en trouve des exemples dans les différentes formules que nous avons données. *Voy.* Breuvages, Bols, Opiats, Pilules, Poudres composées.

Les principaux médicamens qui peuvent être employés comme diurétiques, fondans, purgatifs, etc., sont : le muriate d'ammoniaque, de soude et de chaux ; le nitrate de potasse, les sous-carbonates alcalins de potasse et de soude, les différens tartrates, sulfates, carbonates et oxides de fer, le sulfure d'antimoine, le tartrate antimonié, l'oxide d'antimoine par le nitre, l'oxide d'antimoine demi-vitreux, le kermès minéral, etc. ; on combine avec ces produits les poudres de réglisse, d'aunée, de scille, de gratiole, de digitale, d'aloès, de résine, etc., et enfin le savon blanc, le miel, le vinaigre, les oximels simples et scillitiques, l'alcool muriatique, nitrique, etc. : ces diverses substances réunissent les propriétés diurétiques, fondantes et purgatives, et servent à composer des boissons, des breuvages, des poudres, des opiats et des bols, etc. ; le mode d'administration, les doses et l'application appartiennent aux vétérinaires praticiens.

E.

EAU. Considérée dans son état le plus ordinaire, et purgée de toute substance hétérogène, l'eau est un fluide pesant, incompressible, transparent, élastique, sans odeur, sans saveur, cristallisable, susceptible de raréfaction; composée, d'après l'illustre Lavoisier, d'un volume d'oxigène et de deux volumes d'hydrogène, en poids. Depuis peu de temps, MM. Berzelius et Dulong, d'après de nouvelles expériences plus exactes, ont modifié les proportions respectives du poids de ces deux gaz, et les ont portées à 88,90 d'oxigène, et 11,10 d'hydrogène.

L'eau couvre plus de la moitié du globe terrestre, constitue les mers, les fleuves, les rivières, les lacs, etc. Elle fait partie intégrante de presque tous les corps; elle est la boisson commune, et l'on peut dire universelle, des animaux; l'un des principes nutritifs des végétaux, l'agent indispensable à leur formation, le milieu dans lequel vivent une infinité d'êtres organisés. On l'appelle le grand dissolvant de la nature: tous les changemens, toutes les modifications qui s'opèrent à la surface et dans l'intérieur du globe, sont l'effet de son action tantôt lente, tantôt vive, tantôt graduée, et l'on est fondé à regarder sa composition et sa décomposition comme la cause principale du plus grand nombre des phénomènes atmosphériques.

Les anciens croyaient que l'eau était une substance simple, un élément : son analyse synthétique a détruit cette erreur. On la décompose par différens procédés et on la recompose par la combinaison de ses principes. C'est à l'immortel Lavoisier que nous devons cette heureuse découverte : elle a été pour la chimie une source de lumière. Ce qui se passe dans la décomposition et la recomposition de l'eau fournit l'explication d'un grand nombre de phénomènes chimiques et physiques, auparavant incompréhensibles.

L'eau terrestre n'est jamais parfaitement pure ; l'eau de pluie même contient toujours des substances salines en dissolution. Pour les usages ordinaires, on regarde comme bonne celle qui dissout le savon sans précipité, et qui, à l'aide du calorique, cuit facilement les légumes ; mais pour certaines opérations de chimie, ces qualités sont insuffisantes. La pureté de l'eau est d'une rigueur extrême ; elle influe singulièrement sur les propriétés des médicamens et sur l'exactitude des mélanges : on n'emploie que de l'eau distillée.

Le résidu de la distillation de l'eau est un mélange de plusieurs sels, sulfates, nitrates, carbonates, et quelquefois des matières animales.

L'eau n'est point considérée comme un médicament, mais comme l'agent médical dont on fait le plus fréquemment usage ; elle est employée comme dissolvant et comme véhicule : c'est l'intermède le plus ordinaire, elle en réunit les propriétés au plus haut degré.

L'eau passe de l'état liquide à l'état solide, par la privation d'une partie de son calorique : on la nomme *glace*. C'est une véritable cristallisation, elle augmente de volume, et sa pesanteur spécifique diminue dans la proportion de 8 à 9. C'est l'effet de l'air interposé qui se dilate pendant le dégagement du calorique. La glace forme, aux deux pôles de la terre, des masses énormes, ou plutôt des montagnes qui paraissent subsister et même s'accroître depuis des siècles.

La médecine emploie la glace comme médicament externe et interne ; la pharmacie en fait usage pour condenser les liquides trop volatils et conserver certaines préparations qui, pendant l'été, peuvent être altérées par la fermentation ; on s'en sert aussi pour rafraîchir les boissons.

L'eau fluide est le terme moyen entre la glace et l'eau en vapeurs ; soixante degrés de calorique de plus ou de moins lui font prendre l'un ou l'autre de ces deux états. L'eau réduite en vapeurs par l'augmentation du calorique devient plus légère et acquiert une très-grande force expansive : elle peut faire mouvoir des masses énormes. C'est sur l'action de cette force qu'est fondé le mécanisme des machines à vapeur. L'eau, vaporisée spontanément, est dissoute par l'air, ou, suivant le degré de température de l'atmosphère, se condense dans les régions supérieures et constitue les nuages. La vapeur d'eau pénètre facilement les corps, dissout les sels, brûle ou oxide les métaux. Elle a aussi la propriété d'augmenter, en se décomposant, l'intensité de la flamme des huiles, graisses, charbons embrasés, etc. Ces combustibles, ayant pour l'oxigène une plus forte attraction que n'en a l'hydrogène, lui enlèvent ce principe, qui rend leur combustion plus rapide.

M. Thénard a formé une combinaison d'hydrogène et d'oxigène autre que l'eau contenant une proportion beaucoup plus considérable de ce dernier principe; comme elle n'est pas employée en médecine nous n'entrerons dans aucun détail à ce sujet.

On nomme *eaux minérales* celles dans lesquelles sont dissoutes des substances salines, gazeuses, des oxides, des sulfures, etc. On en trouve de naturelles; l'art peut en former de semblables. La médecine humaine les emploie comme médicamens; mais la médecine vétérinaire n'en retire encore aucun avantage. Dans plusieurs cas, cependant, peut-être seraient-elles de quelque utilité. Les eaux saturées de gaz acide carbonique, celles qui contiennent des sous-carbonates alcalins, celles qui tiennent en dissolution des sels ferrugineux excitans ou purgatifs, pourraient, nous le croyons, rendre en certaines circonstances d'importans services. Nous engageons les vétérinaires qui se trouvent dans le voisinage des sources minérales, à faire des essais et à donner connaissance des résultats qu'ils auront obtenus.

Propriétés et usages. L'eau ayant la propriété de se charger de différens gaz, de dissoudre un très-grand nombre de substances organiques et inorganiques, et de prendre différens degrés de température, devient insalubre et occasione souvent des maladies. Les animaux domestiques sont généralement susceptibles d'en être affectés: pour prévenir ces accidens, il faut, autant que possible, donner pour boisson aux bestiaux, et particulièrement au cheval, dont la constitution est délicate, de l'eau claire, fraîche, vive et légère, aérée, inodore, sans saveur particulière, et dont la température soit en rapport avec celle de l'atmosphère; préférer celle qui se renouvelle souvent par un concours non interrompu, qui dissout le savon sans grumeaux, bout facilement sur le feu sans se troubler ni former de dépôt, et cuit parfaitement les viandes et les légumes.

L'eau des puits jouit rarement de ces qualités; elle est ordinairement froide, lourde, pesante, parce qu'elle n'est point aérée et qu'elle tient souvent en dissolution du sulfate et du carbonate de chaux. Les eaux des puits de Paris sont généralement imprégnées de cette première substance saline, elles en contiennent jusqu'à 3 et 4 grammes par litre, ce qui donne au total environ 2 onces et demie à 3 onces pour un seau ou 12 litres d'eau, quantité ordinaire pour abreuver un cheval. L'eau des mares qui n'ont qu'une médiocre profondeur, et qui ne se renouvelle que difficilement, ainsi que celle des ruisseaux ou petites rivières qui n'ont pas un cours régulier et constant, est quelquefois chaude, trouble et décomposée; dans cet état elle acquiert souvent une saveur et une odeur plus ou moins fortes, elle tient en suspension de la boue, et en dissolution des matières végétales et animales altérées et putréfiées.

Dans ces divers états d'insalubrité, l'eau affaiblit l'estomac des animaux, provoque quelquefois la soif au lieu de l'apaiser; elle est lourde, dérange les fonctions digestives, produit de fréquentes coliques, des

indigestions , des affections de poitrine , l'inappétence , le marasme , le dégoût , suspend la gourme ,
etc., etc.

On corrige ou on modifie autant que possible la
mauvaise qualité de l'eau : celle des puits, par exemple,
en l'exposant plusieurs heures à l'air et même au soleil
pour la mettre à la température de l'atmosphère ; on
la bat et on l'agite plus ou moins long-temps pour y
introduire de l'air et la rendre plus légère. On laisse
déposer et on filtre à travers un mélange de charbon
réduit en poudre et de sable lavé celle des ruisseaux,
des mares et petites rivières qui présentent quelque
caractère d'insalubrité. On peut toujours ajouter avec
avantage quelques poignées de son ou de farine dans
l'eau que l'on donne aux animaux.

Le vétérinaire doit apporter une très-grande attention au choix des eaux potables. On peut assurer que
beaucoup d'épidémies se sont manifestées par l'insalubrité des eaux données habituellement.

Eau d'Alibourg. *V.* Eau styptique.

Eau de chaux. *V.* Chaux.

Eau de Rabel. *V.* Acide sulfurique alcoolisé.

Eau de roses.

♃ Fleurs de roses pâles , dites à cent feuilles , récemment cueillies, 6 kil.

Mettez ces fleurs dans un alambic de cuivre étamé ;
versez par dessus une quantité d'eau suffisante pour
qu'elles baignent entièrement ; montez l'alambic
comme nous avons dit à l'article Distillation composée. Procédez à la distillation pour obtenir quatre

litres d'eau , que vous conserverez dans des bouteilles pleines, légèrement bouchées, et dans un lieu frais à l'abri du contact de la lumière.

L'eau de roses n'est employée que pour les maladies des yeux. Elle est tonique, fortifiante, résolutive, répercussive et légèrement astringente; elle calme l'inflammation, détruit les rougeurs et les engorgemens des paupières. On en bassine les yeux; on applique des compresses; elle entre aussi dans les collyres composés. *Voy.* Collyres.

EAU-DE-VIE. *V*. Alcool.

EAU-DE-VIE CAMPHRÉE. *V*. Alcool camphré.

EAU-DE-VIE DE LAVANDE. *V*. Alcool de lavande.

EAU-DE-VIE VÉSICANTE. *V*. Teinture de cantharides.

EAU DISTILLÉE SIMPLE. *V*. Distillation.

EAU DIURÉTIQUE CAMPHRÉE.

℞ Nitrate de potasse. . . . .   6 parties.
Camphre sublimé. . . . .   1/2 p.
Eau commune. . . . .   32 p.

On divise le camphre dans un mortier de marbre ou de verre avec quelques gouttes d'alcool; on ajoute ensuite le nitrate de potasse et l'eau par petites portions; on agite le mélange et on le filtre à travers un papier gris.

Cette liqueur est un bon diurétique anti-phlogistique; elle convient dans les maladies aiguës, putrides et inflammatoires. La dose pour le cheval est de 2 à 3 onces. On l'admet dans les breuvages.

EAU FORTE. *V*. Acide nitrique.

EAU PHAGÉDÉNIQUE.

℞ Eau de chaux. . . . .   5 hect.

   Sublimé corrosif. . . . .   1 gros.

Faites dissoudre le sel dans un mortier de verre; il se forme un précipité de couleur orangée; c'est un deutoxide de mercure tenu en suspension dans l'hydrochlorate de chaux dissous dans l'eau.

Cette eau ne s'administre point intérieurement; elle est employée à l'extérieur comme consomptif, pour déterger et cicatriser les vieux ulcères cancéreux, détruire les excroissances fongueuses et autres qui surviennent aux anciennes plaies et à celles qui présentent un mauvais caractère. Il faut avoir soin d'agiter la liqueur avant de s'en servir.

EAU STYPTIQUE OU RESTRINCTIVE.

℞ Poudre styptique. . . . .   1 once 1/2
        (*voy.* l'article.)

   Alcool à 22 degrés. . . . .   9 onces.

   Eau commune. . . . .   2 liv.

Après avoir mêlé l'eau avec l'alcool, on fait dissoudre la poudre dans un mortier, et on filtre la dissolution, qu'on conserve pour l'usage.

L'eau styptique est d'un usage assez fréquent dans la chirurgie vétérinaire. Elle est vulnéraire, restrinctive, fortifiante, siccative et détersive. Elle convient pour nettoyer et déterger les anciennes plaies. On l'emploie contre les eaux aux jambes; elle guérit les plaies simples, les écorchures, les crevasses, les melandres et autres plaies de cette nature. On applique des compresses sur la partie malade, ou on la bassine. Pour les eaux aux jambes, il ne faut pas négliger pendant le traitement l'usage des diurétiques.

Eau végéto-minérale , de goulard.

℞ Acétate de plomb liquide. . . . . .   2 part.
  Alcool à 22 degrés.   4
  Eau commune ou eau de rivière. . .   32.

Mêlez ces trois substances ensemble dans un vaisseau convenable : il y a décomposition , la liqueur se trouble et blanchit ; elle dépose une poudre blanche , qui est de l'hydrate de plomb insoluble ; plus de l'hydrate calcaire , fourni par l'eau ordinaire. Si l'on se sert de l'eau distillée , le précipité est beaucoup moins sensible ; il est fourni par l'oxide de plomb , qui ne peut plus être dissous par l'acide acétique étendu d'eau.

L'eau végéto-minérale est un médicament externe très en usage : elle est tempérante, siccative, résolutive , répercussive , et légèrement styptique. On l'administre seule , ou on la fait entrer dans les cataplasmes , les infusions , les décoctions , lotions et injections , etc. On l'emploie aussi comme collyre ; mais dans ce cas il faut l'allonger de quatre parties d'eau pure ou d'infusion appropriée ; c'est-à-dire qu'à une dose de 4 onces d'eau végéto-minérale on ajoute 16 onces d'eau ou d'infusion.

Ce médicament est très-utile et peu dispendieux.

Eau vulnéraire spiritueuse. *V.* Alcool vulnéraire.

Eau de Wan-Svieten. *V.* Solution de muriate de mercure oxigéné.

Eau minérale. *V.* Eau.

ÉBULLITION. C'est une de ces opérations qui se pratiquent journellement pour les besoins habituels

de la vie : on fait bouillir la viande, les légumes, etc.
On peut la définir un mouvement plus ou moins ac-
céléré d'un fluide quelconque, produit par l'action
du calorique. Tous les fluides n'ont pas besoin d'un
égal degré de chaleur pour entrer en ébullition : l'eau
bout à 80 degrés du thermomètre de Réaumur, les
liqueurs alcooliques à 60 degrés, etc. La pesanteur
spécifique de l'air environnant influe sensiblement sur
l'ébullition; la liqueur est plus ou moins promptement
en ébullition, suivant que l'air est plus rare ou plus
dense.

L'ébullition sert à combiner d'une manière plus
intime les principes des substances, et en facilite
l'extraction : en vaporisant les fluides, elle donne lieu
à des produits qu'on ne pourrait obtenir par d'autres
moyens.

ÉCORCE DE GRENADE (*Malicorium*). C'est l'é-
corce du fruit de grenadier; Linné, classe 12 de l'icosandrie monogynie : Jussieu, famille des mirthes.

Caractères génériques. Feuilles lancéolées, tige ar-
borée.

Ce grand arbrisseau croît en pleine terre dans nos
départemens méridionaux. On en distingue deux espèces principales : celui dont le fruit est doux, qu'on
élève dans les lieux cultivés; et le sauvage, dont le
fruit est aigre, et qui pousse un grand nombre de
tiges. Le premier forme un arbre de douze à vingt
pieds de hauteur; son tronc et ses branches sont d'un
gris rougeâtre; ses feuilles vertes et luisantes ont la
forme de celles de l'olivier; les fleurs sont sans pédon-
cules, le calice est dur et coriace, les étamines d'une
belle couleur rouge; le fruit est une pomme sphérique,

grosse comme une orange ; l'écorce en est grise, un peu rougeâtre, jaune intérieurement. Il contient un grand nombre de semences succulentes, rouges, divisées en cinq loges supérieures et quatre inférieures.

Les fleurs du grenadier dit Balauste, et plus encore l'écorce du fruit qu'on fait sécher, sont très-astringentes et contiennent de l'extractif tanin. L'écorce fait partie des espèces et poudres astringentes. *Voyez* ces mots.

Écorce d'orange. *Cortex-Citrus Aurantium.* C'est l'écorce du fruit d'un arbre qui croît en pleine terre dans les pays chauds, à Malte, en Italie, en Portugal et dans plusieurs cantons de la ci-devant Provence. Cet arbre est vivace, assez grand et très-branchu. Il est de la polyadelphie icosandrie de Linné, famille des orangers. Les citrons, les cédrats, les bergamottes, etc., sont des variétés de l'oranger.

La médecine vétérinaire emploie l'écorce de ces fruits : elle contient beaucoup d'huile volatile, qu'on retire par la distillation : elle est aromatique, stomachique, tonique, fortifiante et cordiale. Elle fait partie des espèces et de la poudre cordiale, de la thériaque et de quelques autres préparations.

Il faut choisir les écorces d'orange et de citron les plus nouvelles, bien séchées, ayant conservé leur couleur et leur odeur naturelle très-agréable.

EFFERVESCENCE. Mouvement excité dans un liquide par le dégagement du calorique ou le déplacement d'une substance qui s'échappe en l'état de fluide aériforme. C'est l'effet que les métaux produisent généralement lorsqu'on les fait dissoudre dans les acides, et c'est particulièrement à cette opération que s'applique le mot d'effervescence; le même effet se manifeste dans un grand nombre d'autres combinaisons.

ÉLECTUAIRE. Préparation officinale, de consistance molle, à peu près semblable à celle du miel, dans laquelle on réunit les vertus de différentes substances simples, telles que les pulpes, les extraits, les poudres, le miel, etc., soit pour modifier ou augmenter leur action, soit pour conserver leurs propriétés, soit enfin pour en faciliter l'application. On comprend sous les dénominations d'*électuaires*, les opiats, les bols ou pilules; mais ces médicamens ne sont point exclusivement officinaux, et les bols sont d'une consistance plus solide.

On prépare, dans les pharmacies, un très-grand nombre d'électuaires; je donne ci-après les formules de ceux qui peuvent être employés utilement dans la médecine vétérinaire.

ÉLECTUAIRE CONTRE LA TOUX et POUR FACILITER LA GOURME.

℞ Poudre béchique incisive. . . .   10 parties.
Kermès minéral. . . . .   2 p.
Miel. . . . .   20 p.
Vin rouge. . . . .   s. q.

Il faut faire liquéfier le miel dans une bassine à une douce chaleur, ensuite ajouter la poudre et le kermès par petites portions, toujours en remuant avec un pilon de bois, jusqu'à ce qu'elle soit en totalité combinée avec le miel; alors on ajoute dans le mélange une suffisante quantité de vin pour donner à l'électuaire la consistance convenable.

L'électuaire contre la toux est très-employé; un

grand nombre de praticiens et de propriétaires en font usage ; il remplace la poudre béchique incisive. C'est un très-bon adoucissant, calmant, béchique incisif et fondant ; il fortifie ; il calme la toux humorale et facilite la gourme des jeunes chevaux. Il s'administre à la dose de deux à quatre onces, divisé dans le son ou en forme de bol.

ELECTUAIRE CORDIAL EXCITANT ET CALMANT. *V.* Thériaque.

ELECTUAIRE CORDIAL ET ABSORBANT.

Terre sigilée. . . . .
Pierre d'écrevisse préparée.
Cannelle. . . . . } de chaq. 3 part.
Écorces d'orange. . . . . .
Feuilles de dictame. . . .
Santal citrin. . . . . } de chaq. 1/2 part.
Safran oriental. . . . . . .
Myrrhe. . . . .
Miel blanc. . . . . 32 parties.

Après avoir réduit toutes les substances sèches en poudre, on fait liquéfier le miel à une douce chaleur, on le passe et on y incorpore la poudre pour former l'électuaire.

C'est un puissant stomachique, un bon cordial. Il neutralise les acides de l'estomac, et convient dans les dévoiemens. On le donne au cheval à la dose de deux onces, en forme d'opiat ou délayé dans le vin.

Électuaire fortifiant et astringent.

Racine de bistorte. . . . .
———— de gentiane. . . . .
———— de consoude. . . .
Écorces de grenade. . . .
———— de cannelle. . . . .
Roses rouges. . . . . . .
} de chaq. 1 part.

Gomme arabique. . . . . .
Bol d'Arménie préparé. . . } de chaq. 3 part.

Racine de galanga. . . . . 2 parties.
Extrait d'opium indigène. 6
Miel dépuré. 48
Vin rouge, bonne qualité. . . . . . s. q.

Ces substances doivent être choisies avec soin ; il faut qu'elles soient bien sèches et non altérées : on les pèse, on les pulvérise ensemble, on passe la poudre au tamis de soie ; on la mêle ensuite avec le miel, antérieurement liquéfié, sur un feu très-doux ; on ajoute la quantité de vin nécessaire pour former un mélange de consistance molle ; on opère ce mélange le plus exactement possible. Cet électuaire, en vieillissant, acquiert plus de solidité : les poudres absorbent de plus en plus l'humidité ; il est anti-dysentérique et convient dans les dévoiemens et dysenteries ; on l'administre au cheval, en breuvage, dans le son ou en substance. La dose est 3 à 4 onces.

ELIXIR CALMANT contre les coliques et indigestions.

♃ Aloës succotrin. . . . . .
Racine de gentiane. . . . .
Rhubarbe indigène. . . . .
Écorces d'orange. . . . . .
} de chaq. 2 part.

Safran gâtinois. . . . . 1/2 part.
Thériaque. 3
Extrait de pavot ou opium indigène. . 2
Ether sulfurique. 6
Alcool à 22 degrés. 64

Cet élixir, que je prépare depuis long-temps dan
ma pharmacie, est employé avec succès par beaucoup
de praticiens, contre les coliques et indigestions, e
pour faciliter le délivre des vaches.

Il est amer, anti-fébrile et anti-vermineux. Les praticiens et les propriétaires de chevaux ou de bœu
doivent toujours avoir à leur disposition un appro-
visionnement de cet élixir pour les cas de maladi
violentes accidentelles. On l'administre dans un lit
de breuvage (eau ou vin), à la dose de 4 à 6 onces.

ÉMÉTIQUE. *V.* Tartrate de Potasse antimonié.

ÉMOLLIENT. L'effet des médicamens appel
émolliens est de même nature que celui que prod
sent les résolutifs et les anodins; ils rentrent comm
ces derniers, dans la classe des calmans et des adouc
sans, dont ils ne diffèrent que par des modification
On les applique à l'extérieur pour relâcher le ti
cellulaire et tous les organes sous-jacens, affaiblir
tonicité, modérer l'exaltation des propriétés vital
ralentir le mouvement, calmer les éruptions et i
flammations érysipélateuses; ramollir les tume
douloureuses et flegmoneuses et atténuer la trop fo
contractilité des muscles, des tendons et des li
mens. On les administre à l'intérieur, sous forme
boissons et de lavemens, pour remplir les mêmes
dications ou des indications analogues. Leur acti
douce, on pourrait dire insinuante, n'expose à auc

inconvénient ; ils humectent, ils relâchent, ils disposent, ils préparent, ils facilitent l'action des résolutifs et des fondans, qu'ils doivent en général précéder dans les traitemens méthodiques, lorsque l'état de la maladie ne présente pas un danger pressant.

La classe des émolliens se compose de substances gommeuses, mucilagineuses, farineuses, amylacées et huileuses : celles qui contiennent du tanin, de l'extractif, de l'huile volatile, des principes âcres, stypliques ou stimulans, ne jouissent point de la propriété émolliente ; ces caractères les distinguent invariablement. Ceux dont on fait le plus généralement usage sont les racines et feuilles de mauve et de guimauve, les feuilles de bouillon blanc, de pariétaire et de violier, la graine et la farine de lin, celles d'orge et de fève, la mie de pain, la poudre émolliente, etc., auxquelles on ajoute des graisses, de l'huile et des onguens. On les emploie en décoction ou en poudre, sous forme de cataplasmes : l'eau tiède, le miel et la décoction émolliente en sont les véhicules ordinaires ; jamais le vin ni aucune liqueur alcoolique.

EMPLATRES. Médicamens externes qui ne diffèrent des onguens que par leur consistance ; destinés à rester plus long-temps attachés sur la partie malade, on leur donne plus de solidité. On les divise en trois classes, savoir : ceux qui doivent leur consistance aux poudres, résines ou à la cire ; ceux dans lesquels ces mêmes substances se trouvent combinées ou unies avec la partie colorante de certains végétaux ; enfin les emplâtres à base métallique, c'est-à-dire composés avec les oxides de plomb. C'est à ces derniers seuls qu'appartient véritablement le nom d'emplâtres ; les

autres ne sont , en effet, que des onguens d'une consistance plus ferme.

On a cru pendant long-temps que les emplâtres à
base métallique étaient dans un état savonneux particulier. Il est reconnu aujourd'hui que la saponisation
des oxides métalliques par les huiles et les graisses était
une erreur ; ces composés n'ont aucun caractère des
savons et paraissent même en être très-éloignés. Les
oxides de plomb jouissent exclusivement de la propriété de donner aux emplâtres le degré de consistance
qui les caractérise. La nature de l'huile produit également une différence constante : les huiles mucilagineuses de lin, de colsa, de navette, de pavot, etc. ,
ne forment que des emplâtres mous, l'huile d'olive
est la seule qui convienne pour ces sortes de préparations.

Quoique la chirurgie vétérinaire fasse rarement
usage des emplâtres , je crois devoir donner , pour
l'utilité des élèves , quelques exemples de ces compositions.

EMPLATRE AGGLUTINATIF OU COLANT.

♃ Emplâtre simple. ♂ . . . . 8 part.
   Poix blanche, de consistance molle. . . 2 p.
   Résine élémi. . . . . 1 p.

Faites liquéfier à une douce chaleur, passez à travers une toile claire, laissez refroidir, et divisez en
magdaléons.

L'emplâtre agglutinatif est employé pour réunir les
lèvres des plaies sans sutures ; il faut qu'il soit d'une
consistance molle.

EMPLATRE DE DIACHYLON GOMMÉ.

♃ Emplâtre simple. . . . . 1 kilog.

Cire jaune. . . . .
Poix résine. . . . . } de chaq. 1 onc. 1/2.
Térébenthine. . . . .

Faites liquéfier en remuant à une douce chaleur, et lorsque le mélange est à demi refroidi ajoutez les substances ci-après, réduites en poudre fine :

Gomme-résine ammoniaque, bdellium, galbanum et sagapenum. . . . . de ch. 16 gram.

Cet emplâtre est fondant, maturatif et résolutif.

EMPLATRE SIMPLE OU DIAPALME.

♃ Oxide de plomb fondu réduit
    en poudre fine. . . . . . .
Axonge de porc. . . . . . } de chaq. 2 liv.
Huile d'olive pure. . . . .
Cire blanche. . . . . 9 onces.

On met l'axonge et l'huile dans une bassine dont la capacité soit égale à six fois le volume de ces deux substances réunies. Le fond du vase doit avoir la forme de la moitié d'une coquille d'œuf, c'est-à-dire allongé en rond.

On fait liquéfier l'axonge avec l'huile ; on ajoute après la litharge réduite en poudre très-fine, et environ trois demi-setiers d'eau ; on agite sans relâche le mélange avec une spatule de bois : on remplace l'eau qui s'évapore par une même quantité de ce fluide bouillant, qu'on verse successivement et par petites portions. Ces précautions de détail sont nécessaires à observer pour ne pas rallentir l'opération et prévenir la raréfaction des graisses, que la présence d'un corps froid déterminerait immanquablement.

L'emplâtre est parvenu au degré de cuisson convenable, 1°. lorsqu'il a acquis une couleur blanche ; 2°. lorsqu'on ne distingue plus aucune partie de la litharge ; 3°. lorsque les gouttes qu'on en verse dans l'eau froide se précipitent immédiatement ; 4°. enfin lorsqu'on le malaxe facilement sans qu'il s'attache aux doigts. L'emplâtre étant réduit à cet état, on ajoute la cire ; on laisse chauffer encore pendant un court intervalle pour dissiper le plus possible l'humidité ; on le retire ensuite, et lorsqu'il est refroidi, on le malaxe dans l'eau froide pour le réduire en magdaléons.

L'emplâtre diapalme doit être très-blanc et d'une consistance ferme. Il durcit beaucoup en vieillissant.

ENCENS. *V.* Oliban.

ÉPISPASTIQUE. Les substances ou médicamens *épispastiques* sont ceux qui, appliqués sur la peau, y déterminent de la chaleur, de la douleur, de la rougeur et enfin une irritation plus ou moins vive suivie du détachement de l'épiderme soulevé par un amas de sérosité exhalée. L'épiderme se détache et se soulève en forme de vessie ; on la perce, on l'enlève ; il découle un fluide de couleur roussâtre, et les tégumens restent à découvert de manière à pouvoir établir une suppuration locale, qu'on entretient aussi long-temps que la nature de l'affection qu'on se propose de combattre paraît l'exiger. Ce moyen est le plus efficace pour dévier les humeurs qui, se portant en trop grande affluence sur un organe, l'obstruent, le fatiguent ou le gênent dans l'exercice de ses fonctions. On appelle aussi ces médicamens *vésicatoires*, sans doute à cause des vessies qui résultent de leur application. Ils sont fréquemment employés dans la pratique vétérinaire. On fait bien moins usage de la moutarde, du raifort et de l'ail, que des cantharides, qui, jouissant éminemment de la propriété épispastique, produisent des effets plus prompts et plus certains. *Voy.* Onguent épispastique ou Vésicatoire.

EPIZOOTIE. Après les ravages de la peste, les épizooties sont un des fléaux les plus terribles qui désolent la terre, elles paralysent l'industrie et ruinent les états. La France entière fut plus d'une fois frappée de cette calamité, et sans avoir besoin de rappeler des faits anciens il n'est personne qui n'ait été témoin de quelqu'un de ces désastres.

Ce qui rendait ce mal plus affreux encore, c'est que l'homme instruit n'avait à lui opposer aucun moyen efficace, et que la routine et le plus pitoyable empirisme exploitaient cette branche de l'art vétérinaire, et que souvent, loin d'arrêter ses progrès, ils ne servaient qu'à le favoriser. Maintenant que l'hygiène et la chimie ont fait des pas rapides et s'appuyent sur des résultats assurés, un vétérinaire peut, jusqu'à un certain point, prévenir les épizooties, et lorsque malgré sa prévoyance la maladie se déclare, il est en son pouvoir d'en paralyser les effets.

En prenant le mot épizootie dans son acception la plus générale, il signifie une mortalité d'animaux, non ordinaire. Il est nécessaire d'en distinguer deux espèces : les épizooties non contagieuses et les épizooties contagieuses.

La réunion d'une trop grande quantité d'animaux dans le même local, sa mauvaise situation dans un lieu bas et humide, son exposition au nord, le défaut de propreté, de lumière et d'une libre circulation de l'air, enfin la mauvaise qualité des alimens, leur insuffisance, l'insalubrité des eaux, quelquefois la fatigue et une trop grande chaleur sont les causes les plus ordinaires des épizooties de la première espèce.

L'attention du vétérinaire doit donc, dans ce cas, se porter sur les moyens de remédier aux inconvéniens de la localité; sur le choix des fourrages et des boissons; il doit indiquer le repos, empêcher l'usage habituel des eaux stagnantes, chargées de gaz délétères et de substances organiques en putréfaction; leur préférer une eau limpide et courante, contenant peu de sels étrangers. Si l'on ne peut se procurer une eau aussi salubre qu'on le désire, il faut la purifier en la faisant passer à travers un mélange de charbon ou de sable fin jusqu'à ce qu'elle sorte limpide et sans aucune saveur désagréable. Après cette purification il est à propos de la fouetter vivement pour la rendre plus aérée et plus légère : ces précautions si simples sont de la plus grande importance, et leur emploi préviendra beaucoup de maladies. On peut seconder l'effet par une médication tonique et fortifiante appropriée au caractère de l'épizootie.

Les épizooties de la seconde espèce, comme toutes les contagions, se propagent par des émanàtions pestilentielles, appelées communément miasmes putrides. La chimie a parfaitement démontré par une longue expérience que ces miasmes sont des gaz hydrogènes, et qu'en leur présentant un corps qui ait beaucoup d'affinité pour l'hydrogène, ils sont décomposés et détruits. Guyton de Morveau, le premier, indiqua cette propriété du chlore, qui en effet agit avec une rapidité prodigieuse à cause de la facilité que deux corps, à l'état de gaz, dissous dans l'atmosphère, trouvent à s'unir ensemble. Cependant l'action trop énergique du chlore sur les organes des animaux en rend quelquefois l'emploi très-difficile. Un chimiste (1), connaissant la grande force absorbante que le charbon exerce sur les gaz, a eu l'heureuse idée d'associer le chlore à ce corps et d'accumuler ainsi, dans un petit espace, les propriétés désinfectantes de ce gaz : ce nouvel agent ne répand aucune odeur, sa fabrication peut s'effectuer partout et n'offre aucune difficulté.

Voici le mode de préparation du charbon chloré.

♃ Acide hydro chlorique. . . . . .   6 parties.

Peroxide de manganèse. . . . . .   1 p.

Favorisez le dégagement du chlore à l'aide d'une légère chaleur; recevez ce gaz dans un vase conique contenant six parties de charbon de chêne compact et calciné.

La saturation sera complète lorsque des vapeurs jaunes apparaîtront à une ouverture que vous aurez ménagée à la partie supérieure du vase; si la proportion du mélange indiqué ne suffisait pas pour produire cet effet, ajoutez-en une nouvelle quantité; lorsque les vapeurs jaunes se montrent, on remplace par de nouveau charbon, celui qui est alors saturé de chlore.

Aussitôt qu'une maladie contagieuse se déclare il faut d'abord isoler les animaux.

Si quelques-uns ont succombé, on doit les en-

----

(1) Ce chimiste, dont le mémoire vient d'être soumis à l'Académie des Sciences, pensant qu'une prompte publicité pourrait être utile, a bien voulu nous communiquer les résultats de son travail.

fouir dans une fosse profonde, en ayant la précaution de les entourer d'une certaine quantité de charbon chloré ou de chaux vive avant de les couvrir de terre.

Il faut ensuite laver les écuries avec une eau contenant huit onces ou même une livre de chlorure de chaux par douze litres; et si les localités le permettent, placer en divers endroits des charbons chlorés et les renouveler tous les jours.

Quand la maladie se déclare en affectant un endroit particulier, on doit lotionner fréquemment avec une solution de chlorure plus ou moins concentrée.

Dans tous les cas où l'épizootie aura été rendue contagieuse par des miasmes, on réussira complètement en usant convenablement des moyens que nous venons d'indiquer, et si l'on ne parvient pas à sauver quelques sujets déjà affectés, du moins on paralysera spontanément les effets de la contagion.

Nous nous bornons à tracer ces généralités qui suffiront pour guider les praticiens. L'auteur dont nous avons cité le mémoire s'occupe d'un traité spécial sur les pestes et les épizooties, considérées sous les rapports chimiques et hygiéniques, auquel il donnera la plus prompte publicité.

ESCARROTIQUE. *V.* Caustique.

ESPÈCES. Réunion de plusieurs substances végétales mêlées ensemble sans intermèdes, après avoir subi séparément les préparations convenables. L'objet de ces mélanges n'est point de former des corps nouveaux; on n'associe que des substances qui, jouissant des mêmes propriétés et fournissant à l'analyse des principes analogues, ne peuvent agir les unes sur les autres. La nature du médicament ne change point, non plus que le mode d'action ; mais les principes se trouvent entre eux dans des proportions différentes, et il en résulte une action plus intense, plus énergique ; on obtient des effets que l'usage des substances simples ne saurait produire, ou qu'elles ne produiraient qu'après un laps de temps plus ou moins considérable. L'avantage est précieux, l'observation importante : on l'a dit ailleurs, le temps est tout dans la pratique vétérinaire. Quelques artistes ont trop de propension à prescrire comme médicamens des corps ou substances dont l'action sur l'économie animale est nulle, ou du moins incertaine et éloignée.

Indépendamment des effets médicinaux, les *espèces* présentent encore l'avantage de simplifier la matière médicale ; elles réunissent en un seul médicament diverses substances que l'artiste vétérinaire est souvent dans l'impossibilité de se procurer, et auxquelles, dans ses formules magistrales, il ne peut suppléer qu'imparfaitement et à plus de frais.

On fait avec les espèces des infusions et des décoctions qu'on administre en breuvages, lotions, injections, bains, lavemens, embrocations, etc., et qu'on peut employer aussi comme véhicules.

Dans les formules des différentes espèces qu'on trouve ci-après, on a admis les substances les moins chères, celles qu'on se procure avec plus de facilité dans tous les lieux. On indique à la suite de chacune les corps médicamenteux qu'on peut, suivant les circonstances, ajouter dans les infusions et décoctions.

2⟁ Racines de gentiane. . . . .
——— de chicorée. . . . .
——— de patience. . . . .
——— de rhubarbe indig. . .

de chaq. 3 part.

Somm. fleuries de centaurée.
——— de chamœdris. . . .
——— de camomille. . . .
——— d'absinthe. . . . .

de chaq. 1 part.

On coupe menù et on concasse les racines ; ou hache les plantes ou sommités, et on mêle le tout exactement. La dose est de cent vingt-huit grammes (4 onces) pour un litre de décoction. On peut, suivant l'urgence des cas et l'indication, ajouter à ce breuvage des fébrifuges, des sudorifiques, des cordiaux, des dépuratifs, des fondans, des purgatifs, etc. *Voy*. Breuvages.

2⟁ Feuilles et sommités fleuries d'absinthe. . .
——— d'hyssope. . . . . . .
——— de marrube blanc. . .
——— de marjolaine. . . . .
——— de mélisse. . . . . . .
——— de menthe. . . . . . .
——— de millefeuilles. . . . .
——— d'origan. . . . .
——— de camomille. . . . . .
——— de romarin. . . . . . .
——— de petite sauge. . . . .
——— de thym. . . . .
——— d'hypericum. . . . . .
——— de lavande. . . . . . .
——— de tanaisie. . . . . . .

de chaque parties égales.

On cueille, on choisit, on prépare et on fait sécher ces plantes avec les soins et précautions indiqués à l'article Dessiccation, et on forme les *espèces aromatico-vulnéraires* en les mélangeant par parties égales en poids, après les avoir coupées légèrement. Il faut, pour les conserver sans altération, les tenir renfermées dans des boîtes de bois doublées de papier, à l'abri de l'humidité et du contact de la lumière.

L'infusion de ces espèces doit se faire à l'eau bouillante, dans un vaisseau couvert. La dose pour un breuvage est d'une forte poignée, ou quarante-huit grammes (une once et demie) par litre de fluide. On admet dans ces breuvages le miel, le vin, les alcools, la boule de mars, le camphre, la térébenthine, etc. Ces deux dernières substances doivent avoir été auparavant divisées dans des jaunes d'œuf ou du miel. *Voy.* Breuvages.

L'infusion des espèces aromatico-vulnéraires s'emploie aussi à l'extérieur; la dose est double, et l'on peut ajouter le vin, les alcools simples et composés, l'acétate de plomb liquide ou cristallisé, le muriate de soude, le muriate d'ammoniaque, la boule de mars, le camphre, etc.

Espèces astringentes.

℞ Racines de bistorte. . . . ⎫
——— de consoude. . . . ⎬ de chaq. 3 part.
——— de rapontic. . . . ⎪
Écorces de grenade. . . . . ⎭
Fleurs de rose rouge. . . . ⎫
———de sumac. . . . . . ⎬ de chaq. 1 part.
Têtes de pavots blancs. . . ⎭

Incisez et concassez toutes ces substances, que vous mêlerez ensuite exactement.

Les espèces astringentes s'emploient en décoction, pour breuvage, à la dose de soixante-quatre à quatre vingt-seize grammes (deux à trois onces) par litre de fluide. On peut ajouter l'électuaire fortifiant et astringent, la thériaque, le nitrate de potasse, la gomme arabique, l'alcool sulfurique (eau de Rabel), etc.

Pour l'usage extérieur, la dose des espèces astringentes est double ; on peut y joindre de l'acétate de plomb liquide, de l'acétate de plomb cristallisé, du sulfate d'alumine, du sulfate de fer, de cuivre, de zinc, l'alcool simple, l'alcool vulnéraire, l'acide sulfurique alcoolisé et autres médicamens auxquels la décoction sert de véhicule.

Espèces béchiques adoucissantes.

♃ Fleurs sèches mondées de guimauve.	
———— de mauve.	de chaq. 1 part.
———— de pavots rouges. . .	
———— de tussilage.	
Têtes de pavots blancs. . .	
Racines de guimauv. blanch.	de chaq. 2 part.
———— de réglisse.	

Hachez les racines bien menu, écrasez les têtes de pavots, et mêlez le tout exactement.

Ces espèces s'emploient en légère décoction, à la dose d'une forte poignée pour un litre de liquide ; elles servent pour breuvage, et on peut y faire entrer le miel, l'oximel simple, l'oximel scillitique, la teinture anodine, la gomme arabique, l'huile d'olive et le blanc de baleine. Ces deux dernières substances doivent être divisées auparavant dans des jaunes d'œufs ou dans le miel, etc. *Voy.* Breuvages.

ESPÈCES BÉCHIQUES INCISIVES.

℞ Racines sèches de guimauve blanche. . . . .
——————— de réglisse. . . . .
——————— d'aunée. . . . .
——————— d'iris de Florence. . . . . .
Têtes de pavots. . . . . } *de chaq., 2 part.*
Oignons de scille. . . . .
Sommités fleuries d'hyssope. . . . .
——————— de serpolet. . . . .
Feuilles de sauge. . . . . } *de chaque, 1 partie.*
Fleurs de tussillage. . . . .
—— de pavots rouges. . . . .
—— de mauve. . . . .

Coupez, écrasez et mêlez exactement. La dose de ces espèces est d'une forte poignée (2 onces) par litre de breuvage. On peut y ajouter le miel, les oximels, le kermès minéral, le sulfate de potasse, la gomme arabique, la gomme ammoniaque, l'huile d'olive combinée avec les jaunes d'œufs ou le miel, etc.

ESPÈCES CARMINATIVES.

℞ Fleurs de camomille. . . . } *de chaq. 1 part.*
Espèces vulnéraires. . . . }
Semences d'angélique. . . }
——————— d'anis. . . . . . }
——————— de coriandre. . . } *de chaq. 2 part.*
——————— de cumin. . . . . }
——————— de fenouil. . . . }
Têtes de pavots blancs. . . }

On choisit ces substances bien sèches et les plus

récentes possible, on les mêle ensemble et on les fait infuser dans l'eau bouillante. La dose pour un litre de breuvage est de 48 grammes (1 once et demie). Cette infusion admet le miel, l'éther sulfurique, l'alcool vulnéraire, l'acide nitrique alcoolisé, l'huile volatile ou essence d'anis, la teinture anodine, etc. L'infusion des espèces carminatives s'administre aussi en lavemens; alors la dose est double, et on peut y ajouter le baume tranquille, l'huile d'olive, l'onguent populeum, etc. *Voyez* Breuvages, Lavemens.

ESPÈCES CORDIALES.

℞ Baies de laurier.
  —— de genièvre. . . . .
Écorces de cannelle. . . . .
  —— de citron. . . . .
  —— d'orange. . . . .
Racines d'aunée. . . . .
  —— d'angélique. . . . .
  —— d'acorus vrai (roseau aromatique). . .
  —— de gentiane. . . . .
  —— de galanga mineur. . . . .
  —— d'Iris de Florence. . . . .
  —— de rhubarbe indigène. . . . .
  —— de réglisse. . . . .
Semences d'anis. . . . .
  —— de coriandre. . . . .
  —— de fenouil. . . . .

de chaque, 3 parties.

Sommités fleuries et feuilles de basilic. . . .
  —— d'absinthe majeure. . . . .
  —— de menthe. . . . .
  —— de romarin. . . . .
  —— de sauge mineure. . . . . .

de chaq., 1 part.

On incise les racines bien menu, on les concasse grossièrement avec les écorces et les baies, on monde les plantes de leurs grosses tiges ligneuses, on les hache légèrement, et l'on fait du tout un mélange le plus exact possible. La dose des espèces cordiales est de 128 grammes (4 onces) pour un litre de breuvage; on les fait infuser pendant deux ou trois heures dans l'eau bouillante, après les avoir bien concassées. On peut y ajouter, suivant l'indication, la thériaque, le vin, l'alcool simple, l'eau cordiale ou eau vulnéraire, la teinture de mirrhe, d'aloës, de safran, l'éther sulfurique, le miel, les oximels, etc. On les administre plus communément en poudre. *Voyez* Poudre cordiale.

ESPÈCES ÉMOLLIENTES.

♃ Feuilles sèches de guimauve.
——— de mauve. . . . . . } de chaq. 2 part.
——— de bouillon blanc. .
——— de pariétaire. . . . .
——— de mercuriale. . . . } de chaq. 1 part.
——— de morelle. . . . . .

Mêlez exactement toutes ces substances.

On fait avec les espèces émollientes de fortes décoctions à la dose de deux à trois poignées par litre de fluide. Elles s'emploient en lotions, fomentations, bains, injections et lavemens. On ajoute souvent à ces derniers du miel, de l'huile de lin ou d'olive, de l'onguent populeum, des jaunes d'œufs, de la teinture anodine ou de l'extrait d'opium indigène. Ces mêmes substances réduites en poudre et mêlées avec la farine de lin forment la poudre émolliente composée pour cataplasmes.

Espèces fébrifuges.

℞ Racines de gentiane. . . . . 4 parties.
———— de bistorte. 2
———— d'aunée. 2
Feuilles d'absinthe. 1

Incisez et melez. La dose est de 128 grammes (4 onces) pour un litre de décoction. On les administre au cheval en breuvage ou en poudre, dans le son ou dans le miel, en bol ou en opiat.

Les espèces fébrifuges peuvent dans certains cas remplacer le quinquina lorsque le prix de ce dernier est trop élevé.

Espèces sudorifiques.

℞ Bois de gayac râpé. . . . . \
———— de sassafras haché. . . . . |
Racines coupées d'angélique. . . . . } parties égales.
———————— d'aunée. . . . . |
————————— de bardane. . . . . . . /
Fleurs de sureau. . . . . /

Mêlez ces substances par parties égales en poids. La dose, pour un litre de breuvage, est de 128 grammes (4 onces). On peut ajouter à la décoction, suivant l'indication, le miel, le sulfure d'antimoine en poudre fine, le kermès minéral, l'oxide d'antimoine par le nitre, l'ammoniaque liquide, le carbonate d'ammoniaque, le camphre dissous dans l'alcool, le vin rouge, l'acétate d'ammoniaque, la thériaque, l'alcool simple, l'alcool aromatique et d'autres substances purgatives.

Espèces vermifuges ou anthelmintiques.

℞ Racines de fougère mâle. . . \
———— de rhubarbe indigène. . } de chaq. 2 part.
———— de gentiane. . . . . . . /

Sommités fleuries d'absinthe majeure. . . . }
——————— de sarriète. . . . . }
——————— de tanaisie. . . . . } de ch. 1 partie.
Feuilles de sabine. . . . . }
Coralline de Corse. . . . . }

Il faut concasser les racines, hacher les plantes bien menu, et mélanger toutes ces substances. La dose, pour un litre de décoction, est de 128 grammes (4 onces). On l'administre en breuvage et en lavement; suivant l'indication on peut ajouter du muriate de soude, de l'extrait de gentiane, du miel, de l'assafœtida, de l'aloës et de l'huile empyreumatique mêlée auparavant avec des jaunes d'œufs. *Voy*. Breuvages, Lavemens.

ESPRIT. Le mot *esprit*, nom qu'on donnait autrefois à différens produits liquides qu'on obtenait par la distillation, n'est plus usité dans la pharmacie; on lui a substitué celui d'alcool, qui s'applique généralement à toutes les liqueurs spiritueuses. *Voy*. Alcool.

ESPRIT DE MINDÉRÉRUS. *V*. Acétate d'Ammoniaque liquide.

ESPRIT DE NITRE DULCIFIÉ. *V*. Acide nitrique alcoolisé.

ESPRIT DE VIN. *V*. Alcool.

ESPRIT DE VITRIOL *V*. Acide sulfurique aqueux.

ESPRIT VOLATIL DE SEL AMMONIAC. *V*. Ammoniaque liquide.

ESSENCE. *V*. Huile.

14*

ÉTHER. Les acides exercent sur l'alcool une action plus ou moins forte, d'après leur degré d'affinité
et de concentration. Plusieurs le décomposent à l'aide
du calorique; d'autres l'altèrent sensiblement : dans
l'un et l'autre cas, il y a combinaison des deux substances, et les produits sont ce qu'on appelle des *éthers*
ou des liqueurs éthérées. On compte aujourd'hui un
assez grand nombre de produits de ce genre qu'on
peut diviser en trois classes bien distinctes.

Dans la première les éthers ne contiennent plus les
principes de l'alcool ni des acides : éther sulfurique,
phosphorique, arsénique.

Les seconds contiennent les principes des acides,
plus de l'hydrogène carboné : éther hydrochlorique,
hydriodique.

Les troisièmes contiennent les élémens de l'alcool
combinés avec un acide : éther nitreux.

Les éthers sont généralement incolores, très-fluides,
très-légers, très-volatils, très-inflammables, ayant
chacun une odeur et une saveur qui lui sont particulières. L'éther et l'alcool se mêlent en toutes proportions ; il faut quatre parties d'eau distillée pour en
dissoudre une d'éther. L'éther sulfurique étant le seul
dont la médecine vétérinaire fasse usage, nous allons
décrire en détail la manière de le préparer.

ÉTHER SULFURIQUE. C'est le produit de la décomposition de l'alcool par l'acide sulfurique.

♃ Alcool de vin, rectifié à 36 degrés. .   9 kil.
    Acide sulfurique, conc. à 68 degres. . 10

Placez dans un grand bain de sable une cornue de
verre tubulée, qui s'enfonce jusqu'à son col, et dont
la capacité excède d'environ un quart le volume des

deux fluides réunis; adaptez au bec de cette cornue une allonge aussi de verre, et à la suite un serpentin de même matière, ou, à défaut, d'étain; au bec inférieur du serpentin ajoutez un grand flacon ou récipient, enfin un second flacon contenant une petite quantité d'alcool. Etablissez entre les deux flacons une communication à l'aide d'un tube recourbé, dont l'extrémité plonge dans l'alcool que contient le dernier flacon; lutez exactement les jointures avec un enduit composé de deux parties de farine de lin, d'une partie de farine de froment, et suffisante quantité de colle d'amidon.

L'appareil ainsi disposé, ou introduit dans la cornue, au moyen d'un entonnoir de verre, premièrement l'alcool; on allume le feu dans le fourneau et on ajoute ensuite graduellement l'acide. Le mélange s'opère de lui-même; il y a émission de calorique à chaque projection d'acide; il se dégage des vapeurs blanches d'une odeur agréable. L'acide étant versé en totalité, on porte rapidement le mélange à l'ébullition; on le maintient dans cet état jusqu'à ce qu'on ait obtenu, en éther, un peu plus du tiers de l'alcool employé, c'est-à-dire environ 3 kilogrammes, alors on ajoute 8 kilogrammes de nouvel alcool.

Pour introduire cette seconde dose d'alcool, on se sert d'un entonnoir de verre, dont la tige, assez longue pour plonger jusqu'aux deux tiers de la liqueur, passe à travers un bouchon de liége, qu'on ajuste hermétiquement avec du lut à la tubulure de la cornue. L'ouverture inférieure de l'entonnoir doit être resserrée de manière à ne laisser échapper que la quantité d'alcool suffisante pour remplacer graduellement celui qui se consomme par la formation de l'éther.

L'alcool introduit de cette manière se combine rapidement avec le mélange, excite du mouvement, produit de la chaleur, favorise et augmente singulièrement le produit de l'éthérisation ; il se trouve lui-même immédiatement converti en éther qui s'écoule dans le récipient.

L'alcool étant entièrement versé, il faut, aussitôt que de légères vapeurs se manifestent dans l'intérieur de la cornue, changer le récipient et supprimer le feu ; les deux fluides ne sont plus dans les proportions convenables (une partie au moins d'alcool sur deux d'acide) ; si on prolongeait l'opération, les produits deviendraient tout différens ; on obtiendrait, au lieu d'éther, du gaz hydrogène carboné, et successivement de l'acide sulfureux volatil, de l'eau, de l'acide acétique, de l'acide carbonique, et enfin une huile particulière qui est très-âcre, et qu'on appelait autrefois *huile douce de vin*. Le résidu est de l'acide sulfurique, du carbone et un acide résultant de la décomposition de l'acide sulfurique, il contient la même proportion d'oxigène que l'acide hydro-sulfurique ; mais il est uni avec l'huile douce du vin, et forme avec elle un acide particulier que M. Lassaigne a décrit et nommé sulfovineux.

Au commencement de l'opération, l'éthérisation n'ayant eu lieu qu'après que le mélange est entré en ébullition à 76 degrés environ de calorique, il faut avoir attention de séparer le premier produit jusqu'à la concurrence du vingtième environ de l'alcool employé. Ce premier produit n'est point de l'éther, mais un simple mélange sans caractère déterminé.

L'éther, préparé d'après ce procédé, quoique assez pur, a cependant besoin d'être rectifié. On le distille à un feu très-ménagé, sur un mélange composé de deux parties de peroxide de manganèse en poudre très-fine, et d'une partie de carbonate de magnésie, formant ensemble le quarantième du poids de l'éther, ou sur un douzième du muriate calcaire très-sec; mais ce dernier ne sert qu'à dépouiller l'éther de l'alcool et de l'eau qu'il peut contenir. On ne retire qu'environ les deux tiers du produit; l'excédant est de l'alcool plus ou moins éthéré, qu'on peut employer dans une autre opération.

J'observerai qu'il n'est pas indifférent d'opérer sur des masses plus ou moins grandes; les produits ne sont en proportion, ni relativement à la quantité, ni relativement à la qualité; les phénomènes même varient. Les doses indiquées m'ont paru, jusqu'à présent, donner des résultats avantageux sous tous les rapports.

Quelques praticiens jugent de la qualité de l'éther par le degré d'impression qu'il produit sur l'organe de l'odorat, et rejettent, comme trop faible, celui qui n'a pas une odeur forte et piquante : ils se trompent ; l'odeur forte et piquante est souvent l'effet du gaz acide sulfureux ; or, cet acide atténue, dénature même les propriétés médicinales de l'éther qui, dans son état de pureté, est incolore, fluide, léger, très-volatil, très-inflammable, d'une odeur douce, suave et agréable, d'une saveur chaude et piquante à cause de sa grande volatilité. Il dissout le phosphore, le soufre, les huiles fixes et volatiles, le camphre, les résines, etc.

Il est soluble dans à-peu-près dix fois son poids d'eau et doit marquer 52 à 53 au pèse-liqueur.

Propriétés et usages. L'éther sulfurique est tonique, stimulant, anti-spasmodique et très-calmant, il facilite les sécrétions ; c'est un médicament héroïque contre les indigestions et les coliques ou tranchées de l'estomac, venteuses, flatueuses, nerveuses et vermineuses. Il faut l'administrer au cheval et au bœuf à la dose de 1 à 3 onces, dans un breuvage aromatique, mucilagineux ou carminatif, ou même simplement dans du vin : il guérit les brûlures récentes comme par enchantement ; sa vaporisation subite produit sur la partie brûlée une très-vive impression de froid, et enlève une partie du calorique. Il suffit de bassiner plusieurs fois légèrement, mais promptement, la partie brûlée. Un artiste vétérinaire doit toujours avoir à sa disposition un flacon d'éther ; les indigestions et les coliques étant des maladies très-fréquentes dans les animaux, il faut des secours prompts et efficaces, il n'en est pas de préférables à l'éther sulfurique administré à forte dose.

ÉTHIOPS MARTIAL. *V*. Oxide de Fer noir.

ÉTHIOPS MINÉRAL. *V*. Sulfure de mercure noir.

EUPHORBE (*Euphorbium*). Substance résineuse, presque inodore, que le commerce nous fournit sous deux états différens.

En masse plus ou moins volumineuse on l'appelle alors euphorbe en sorte.

On nomme euphorbe en larmes celui qui est en petits

grains globuleux et irréguliers qui se trouvent percés d'un ou de deux petits trous formés par les épines dont les branches de l'arbre sont garnies; le suc laiteux s'y attache et se dessèche par la chaleur. Cette espèce est plus pure, plus belle, et par conséquent plus estimée que la précédente; il faut choisir l'euphorbe d'une couleur légèrement citrine, d'une odeur presque nulle et demi-transparente.

L'arbrisseau qui fournit ce corps est l'*euphorbia officinarum* de la dodécandrie dodécagynie de Linnée, famille des euphorbiacées, qui renferme une quantité considérable d'espèces fournissant toutes un suc laiteux d'une âcreté et d'une causticité extrêmes. Il croît particulièrement dans les déserts sabloneux de l'Afrique et aux îles Canaries. Il est dépourvu de feuilles et garni d'épines; il ressemble à certains captus.

Propriétes et usages. L'euphorbe est un drastique des plus violens, qu'on ne peut administrer intérieurement sans produire des effets funestes; il est également dangereux quand il pénètre par le nez, aussi faut-il prendre de très-grandes précautions pour le réduire en poudre afin de ne pas en être incommodé. Pour l'emploi extérieur, il entre dans la composition des onguens et pommades vésicatoires, antisporiques et de la teinture de cantharides.

ÉVACUANT. L'évacuation est l'action par laquelle on fait sortir du corps animal les matières sécrétées, exhalées ou excrémentitielles, qui, soit à raison de leur surabondance, soit à cause de leur qualité, s'opposent au libre exercice des fonctions naturelles. On appelle *évacuant* tout médicament qui a la propriété de produire cet effet par un émonctoire quelconque. Ainsi ce mot, pris dans son acception générale, peut s'appliquer aux émétiques, aux purgatifs, aux expectorans, aux hydragogues, aux diaphorétiques, aux diurétiques, aux sudorifiques, etc., parce que l'action de tous ces médicamens tend à ce but unique, d'entraîner au dehors, de faire évacuer. Le seul caractère de distinction qu'on puisse établir entre eux dérive du mode d'évacuation ou des voies par où elle s'opère. *Évacuant* constitue le genre; les autres sont des espèces ou variétés. Les émétiques, les purgatifs et les diurétiques sont ceux auxquels on donne plus particulièrement le nom d'*évacuans*. *Voy.* ces mots.

ÉVAPORATION. Opération chimique par laquelle, à l'aide du calorique, on sépare des substances qui sont volatiles à différens degrés. Il faut que l'une des substances soit liquide; elles peuvent être l'une et l'autre en cet état. On fait chauffer les dissolutions salines, pour faire volatiliser l'eau et faciliter le rapprochement des molécules solides qu'elle tenait écartées, et qui, en se réunissant, reprennent la forme concrète. C'est le calorique qui, en se combinant avec les parties volatiles, les réduit à l'état de gaz aériforme, et les enlève. L'évaporation se pratique dans des vaisseaux ouverts; on la fait à toute sorte de température. Elle est d'un usage très-fréquent dans les fabriques et les ateliers. En pharmacie, on l'emploie pour concentrer les acides, rapprocher les substances salines et donner de la consistance à différentes préparations, telles que les sirops, les extraits, etc.

L'évaporation spontanée est celle qui s'opère d'une

manière presque insensible par le seul contact de l'air, sans addition de calorique. On lui donne le nom de *vaporisation*.

EXCITANT. *V.* Stimulant.

EXPRESSION. Action par laquelle, en comprimant une substance, on retire le fluide qu'elle contient. On se sert particulièrement du mot *expression* pour désigner l'extraction des sucs aqueux ou huileux des végétaux, soit que la compression ait lieu à la main seulement, soit qu'elle s'opère à l'aide d'une presse ou de tout autre instrument ; les produits sont immédiats. On pile, on triture ou on écrase les substances avant de les exprimer pour en faire sortir le suc.

EXTRACTION. L'infusion, la décoction, la macération, etc., sont des moyens d'extraction. Ces différentes opérations ont pour objet de retirer certains principes immédiats des substances animales et végétales, à l'aide d'un véhicule fluide, qui sert en même temps d'excipient. Les acides, l'alcool, le vin, l'eau, sont les véhicules ordinaires ; on opère à froid ou à chaud, suivant la nature des substances et des principes qu'on veut obtenir.

EXTRAIT. Produit pharmaceutique retiré d'une substance animale ou végétale (les substances métalliques ne fournissent point d'extraits) par infusion, décoction ou expression, réduits ensuite à une consistance plus rapprochée par l'évaporation absolue ou partielle du véhicule avec lequel ces produits se trouvent combinés.

On divise les extraits en quatre classes : 1°. extraits gommeux mucilagineux ; 2°. extraits gommo-résineux ; 3°. extraits gommo-résineux savonneux ; 4°. extraits résineux.

Les extraits ont des propriétés et des caractères généraux communs à tous ; mais il en est de particuliers à chaque classe , qui servent à les distinguer et en déterminent l'emploi.

Les extraits gommeux mucilagineux, qu'on nomme simplement *mucilages* , sont des espèces de gommes végétales , fades, incolores, solubles dans l'eau , dont ils ne troublent point la transparence , mais insolubles dans l'alcool. Dans cette classe sont compris les mucilages de la graine de lin , de la racine de guimauve, de la semence de coing , de psylium , de lichen , de corne de cerf , les gélatines animales et les gommes.

Les extraits gommo - résineux participent de la gomme et de la résine ; ils ne se dissolvent qu'en partie dans l'eau , dont ils troublent la transparence. Font partie de cette classe les extraits de quinquina, de rhubarbe , de jalap , de genièvre , etc.

La qualité d'extrait appartient plus spécialement aux gommo-résineux savonneux qui forment la troisième classe. Solubles dans l'eau et dans l'alcool, ils ne troublent pas la transparence de ces fluides. Les extraits d'aloës, de safran , etc. , sont dans cette classe.

Les résines composent la quatrième classe, sous le nom d'*extraits résineux*. Ces extraits, solubles dans l'alcool, ne peuvent être dissous par l'eau.

La manière d'obtenir les extraits varie suivant la nature de l'extractif et des substances qui les fournissent. On trouvera ci-après le mode employé pour ceux dont la pratique vétérinaire fait usage.

Dans une observation insérée au *Recueil de Méde-cine vétérinaire* (cahier de février 1825), j'ai fait con-naître les divers avantages que la médecine vétéri-naire pouvait retirer de quelques nouveaux extraits pharmaceutiques qui sont de son domaine.

Extrait d'Absinthe. La médecine vétérinaire fait rarement usage de cette substance ; elle mérite cependant de fixer son attention. C'est un puissant tonique, un vermifuge et stomachique très-chaud, qui pourrait être utile dans plusieurs cas.

L'extrait d'absinthe se prépare avec les feuilles de la plante qui porte ce nom. Le procédé pour l'obtenir est le même que celui décrit à l'article Extrait de Gentiane. *Voy.* cet article, ci-après.

Extrait d'Aloès. *V.* Aloës.

Extrait de Genièvre. On le retire des baies de genièvre. Le procédé est le même que pour l'extrait de gentiane. J'observerai seulement qu'on obtient une plus grande quantité d'extrait si on laisse macérer plus long-temps les baies. On peut faire l'infusion à froid et sans écraser les baies ; le produit est alors moindre, mais très-supérieur en qualité : c'est un extrait sucré, privé de toute partie résineuse, et qui ne se grumèle point.

L'extrait de genièvre est un bon stomachique, for-tifiant, cordial, légèrement diurétique et sudorifique. La dose pour un cheval est d'une à trois onces. On l'administre seul ou combiné dans les opiats.

Extrait de Gentiane. Prenez une quantité quel-conque de racines de gentiane que vous couperez par morceaux minces ; faites infuser dans l'eau chaude sans ébullition pendant environ vingt-quatre heures, passez l'infusion ; faites infuser le marc dans une nouvelle eau chaude pendant douze heures, passez une seconde fois, mettez le marc à la presse, réunissez les deux infusions, clarifiez avec des blancs d'œufs ; faites évaporer sur un feu modéré, jusqu'à réduction d'un tiers ; retirez du feu, laissez déposer pendant quelques instans, refiltrez, et continuez l'opération au bain marie ou sur un feu très-doux, en remuant continuellement sur la fin avec une spatule de bois, jusqu'à ce que l'extrait ait acquis une consistance convenable.

Propriétés et usages. L'extrait de gentiane participe du principe amer de cette racine au plus haut degré ; il est fondant, dépuratif, stomachique, vermifuge et fébrifuge. La dose pour un cheval est de quatre gros à deux onces. C'est un excellent médicament, facile à administrer et d'un prix médiocre. On le donne seul ou mêlé dans les opiats, bols et breuvages. Il remplace avantageusement la poudre de gentiane, surtout lorsque les circonstances exigent que ce médicament soit donné à fortes doses. Beaucoup de praticiens, depuis que je l'ai indiqué dans la première édition de cet ouvrage, l'emploient de préférence à la poudre, parce qu'il est plus économique et qu'il produit un effet plus certain.

Extrait d'écorce de Grenade. Cet extrait se prépare de la même manière que celui de gentiane. *Voy.* Extrait de gentiane.

Dans un article inséré au *Recueil de Médecine vétérinaire,* page 403, j'ai fait connaître, d'après mes propres expériences, tous les avantages qu'on pouvait retirer de cet extrait, administré contre le tœnia ou ver solitaire des chiens.

On donne cet extrait à la dose d'un demi-gros pour un chien de chasse de taille ordinaire ; on augmente ou diminue selon la force. Il faut amalgamer l'extrait avec la poudre de la même écorce pour lui donner la consistance pilulaire, on l'enveloppe dans le beurre pour faire avaler à l'animal, et l'on continue ce traitement jusqu'à ce que le ver soit rejeté.

Extrait de Nerprun. Cet extrait se prépare avec le suc fermenté des baies de nerprun, on le fait rapprocher en consistance un peu solide pour en former des bols qu'on donne aux chiens comme purgatif. La dose est depuis 24 grains jusqu'à 2 gros, selon l'espèce, la force et l'âge de l'animal.

Extrait d'Opium. *V.* Opium.

Extrait de Pavot blanc, ou Opium indigène.

Quelque utile que soit l'opium, ou plutôt par cela même qu'il est éminemment utile, il serait à désirer qu'on pût le remplacer par quelque autre substance qui, plus commune et d'un prix moins élevé, rendît moins coûteux le traitement des maladies où l'application de ce médicament est jugée nécessaire. L'économie est d'une considération si importante dans la pratique vétérinaire, que les découvertes en ce genre ne sont pas d'un moindre intérêt que celles relatives aux progrès de l'art.

Il est reconnu que les propriétés de l'extrait de pavot blanc du pays, opium indigène, sont de même nature que celles de l'opium exotique : plus faibles, elles sont cependant assez prononcées pour qu'on puisse en déterminer les proportions relatives et en obtenir des résultats certains , en réglant les doses d'après ces proportions. Les essais qui ont été faits depuis le petit nombre d'années que j'ai recommandé l'usage de l'opium indigène dans la pharmacie vétérinaire , tendent à prouver que son action est à l'action de l'opium exotique comme deux sont à cinq : ainsi , pour produire des effets égaux dans des cas semblables , il faudrait employer deux fois et demie autant d'extrait de pavot que l'indication exige d'opium exotique. Je ne donne point ces rapports comme rigoureusement exacts ; mais je puis assurer que des expériences multipliées m'ont paru les confirmer. J'invite les artistes à faire eux-mêmes des essais ; je crois que l'objet mérite de fixer leur attention : l'économie serait encore assez considérable. Les expériences de M. Tilloy, de Dijon, qui a extrait de la morphine des pavots indigènes, à-peu-près dans la même proportion que celle que nous venons d'indiquer, tendent à confirmer ce que nous avançons.

Pour préparer l'opium indigène, on prend une quantité quelconque de capsules de pavots blancs (*papaver somniferum*) ; on les écrase pour en séparer les semences , qui, simplement émulsives , ne participent point des propriétés de la capsule. On fait infuser les pavots pendant vingt-quatre heures dans suffisante quantité d'eau bouillante ; on passe l'infusion avec expression ; on la clarifie et on fait évaporer sur un feu modéré. Le produit refroidi doit avoir la consistance d'un extrait un peu solide.

Pour obtenir un extrait encore plus énergique il faut prendre les pavots avant leur maturation par-

faite, les écraser, en exprimer le suc, le filtrer et le faire évaporer au soleil ou dans une étuve qui ne sera pas chauffée au-delà de 35° t. c. Ce procédé, plus dispendieux que le précédent, ne peut guère être employé dans la pharmacie vétérinaire.

Propriétés et usages. Voy. Opium.

Extrait de Saturne. *V.* Acétate de plomb liquide.

F.

FALSIFICATION ou SOPHISTICATION. *V.* article Médicament.

FARINE DE LIN. On réduit la semence ou graine de lin en poudre, soit à l'aide du moulin, soit par l'action du pilon. Cette poudre, qu'on passe au tamis, sert communément à faire des cataplasmes ; elle est la base de la poudre émolliente composée, qui est préférable pour cet usage. *Voy.* Poudre émolliente composée. Il faut choisir la farine de lin douce à la main, grasse et sans mélange.

FÉCULE. Matière pulvérulente, inodore, insipide, toujours blanche, insoluble dans l'eau froide, mais très-soluble dans l'eau bouillante, formant avec ce fluide des mucilages collans ; elle est composée d'hydrogène, d'oxigène et de carbone. On la retire des végétaux : ceux qui en fournissent le plus abondamment sont en général les semences céréales, les marrons d'Inde, les racines d'arum, d'iris, d'aristoloche, d'orchis, etc., et surtout la pomme de terre. Elle paraît généralement identique, et ne participe pas des

principes caractéristiques du végétal qui la contient ;
celle extraite des plantes vénéneuses n'est nullement
nuisible à la vie animale. Le manioc et la cassave sont
des poisons très-dangereux, et cependant la fécule de
leurs racines sert de nourriture habituelle à une très-
grande partie des habitans des îles d'Amérique : il suffit de la laver avec soin. Il en est de même de la fécule de bryone, de mandragore, de l'ellébore, des
marrons d'Inde, etc.

On donne communément aux fécules produites par
les céréales, tels que le bled et l'orge, le nom d'*a-
midon*. Pour les obtenir, on suit différens procédés ;
voici celui qu'on emploie ordinairement pour la retirer des pommes de terre. On râpe cette racine ; on
la lave ensuite à grande eau dans un baquet ; on passe
à travers un tamis de crin clair pour séparer le marc :
l'eau entraîne la fécule ; on laisse déposer, et on décante. On purifie ce produit en le lavant de nouveau
une première et une seconde fois dans une eau très-
claire ; on fait égoutter et sécher après dans une
étuve, à la température de 40 à 45 degrés au plus ;
la fécule bouillie pendant long-temps dans de l'eau
légèrement acidulée par l'acide sulfurique, a la propriété de se transformer en matière sucrée, mais qu'on
n'a pu encore faire cristalliser.

La matière verte qu'on extrait des sucs des végétaux, est d'une nature particulière, on la nomme
chlorophile. Le mot fécule appartient uniquement à
l'amidon nutritif des plantes.

La fécule de pomme de terre est nourrissante,
pectorale et très-adoucissante. On l'administre en lavement dans le cas de dysenterie et d'irritation intestinale. *Voy.* Lavement, Adoucissant.

FENOUIL. *Anetum fœniculum*, Linn., classe 5 de la pentandrie digynie; Juss., famille des ombellifères.

Caractères génériques. Involucre nul, pétales jaunes roulées en dedans; graines oblongues, striées, convexes, marquées de cinq côtes; feuilles filiformes, odorantes si on les froisse dans les doigts.

Caractères spécifiques. Tiges nombreuses, rameuses, droites, cylindriques, cannelées, noueuses, de couleur verte, luisantes, remplies d'une moelle tendre, s'élevant à la hauteur d'un à deux mètres. Les feuilles sont engainantes, deux à trois fois ailées, très-divisées; les folioles capillaires; la fleur jaune, à large ombelle terminale; toute la plante a une odeur douce, aromatique, une saveur âcre. On la cultive dans les jardins; elle croît abondamment et naturellement en Italie et dans tous les départemens méridionaux de la France : elle est vivace.

Parties employées : la semence. Elle est composée, oblongue, ovale, un peu arrondie, plane d'un côté, convexe de l'autre, marquée de cinq côtes.

Propriétés. Excitante, carminative, résolutive, stomachique et échauffante; elle contient, ainsi que toute la plante, de l'huile volatile.

Mode d'administration. Les semences en poudre sont rarement administrées seules; elles entrent dans quelques poudres composées, dans les opiats, les poudres cordiales et autres préparations pharmaceutiques.

FENU-GREC, *Trigonella fœnum græcum;* plante de la diadelphie décandrie de Linné; Jussieu, famille des légumineuses.

Le fenu-grec est une plante cultivée ; sa tige grêle, creuse en dedans, divisée par rameaux, s'élève à la hauteur d'environ un pied. Les feuilles, petites, oblongues et quelquefois plus larges que longues, dentelées, sont soutenues par un long pétiole ; les fleurs sont légumineuses ; elles produisent des gousses longues et pointues qui renferment des semences jaunes, rhomboïdes, d'une odeur aromatique assez agréable, de nature mucilagineuse, très-dures et très difficiles à être réduites en poudre. C'est la seule partie de la plante qui soit employée.

Propriétés et usages. On fait manger la semence de fenu-grec aux animaux ; elle est digestive et très-nourrissante. Elle entre dans l'onguent d'althéa ; la poudre est employée dans les cataplasmes résolutifs.

FER, Mars (*Ferrum*). Le plus généralement utile et le plus abondant de tous les métaux. Moins léger que l'étain, moins tenace que l'or, il est sonore, grenu et lamelleux, brillant dans sa cassure, très-élastique et très-ductile ; il a une saveur astringente très-caractérisée, qui lui est particulière : sa couleur, d'un blanc livide, tire sur le gris.

Comme les autres métaux, on trouve le fer dans la terre, mais rarement natif ; il est presque toujours minéralisé, soit avec le soufre dans les pyrites martiales, soit à l'état de sulfate dans le cuivre vert, soit en carbonate dans le carbure ou mines spathiques. Les ochres martiales jaunes et rouges, la sanguine, la plombagine, l'hématite, la terre d'ombre, etc., sont autant de combinaisons naturelles du fer avec différentes substances. L'acier n'est pas autre chose que le

fer rendu plus parfait par sa combinaison avec le carbone à l'aide de la cémentation.

Le plomb et le cuivre contiennent des principes malfaisans nuisibles à la vie animale ; en les employant dans les arts et aux usages domestiques, il est nécessaire de prendre des précautions pour en prévenir les effets : le fer ne présente aucun danger ; il est, au contraire, très-salubre ; on l'administre même en nature, comme médicament, dans la médecine vétérinaire, sous le nom de *limaille*, pulvérisé ou porphyrisé. Il fournit aussi les oxides noir et rouge de fer, le sous-carbonate de fer, le sulfate de fer, le tartrate de potasse et de fer. *Voy.* ces préparations.

FERMENTATION. Mouvement intestin et spontané d'action et de réaction entre les principes qui constituent les corps organiques animaux ou végétaux, d'où résulte la désorganisation de ces substances en les réduisant à des combinaisons plus simples et pouvant même les amener successivement à l'isolement absolu de leurs divers élémens. Les corps ne deviennent fermentables que lorsqu'ils sont privés de la vitalité, c'est-à-dire lorsque l'action de la nature a entièrement cessé. Suivant la qualité et la quantité des principes dont ils sont formés, leur fermentation est plus ou moins prompte, plus ou moins vive. L'air atmosphérique et les degrés de la température, s'ils ne sont pas absolument indispensables pour déterminer la fermentation, sont au moins des moyens nécessaires qui facilitent, précipitent son action et en augmentent la force. Il n'en est pas de même de l'eau : sans ce fluide il ne peut y avoir de fermentation.

La fermentation est une : en établissant des distinctions on a pris l'effet pour la cause, on a considéré des produits qui diffèrent et doivent différer essentiellement, à raison de la nature des corps sur lesquels elle s'exerce ; mais la puissance agissante et la manière dont s'opère la désorganisation sont constamment les mêmes. Les principes dont était composé le corps désorganisé se rapprochent et s'unissent suivant leur degré d'affinité, et les nouvelles combinaisons participent plus ou moins de l'un ou de l'autre de ces principes, suivant qu'ils se trouvent plus ou moins abondans dans le corps fermenté. En général, dans la fermentation il y a émission de calorique, absorption d'oxigène et formation d'acide carbonique. Les produits sont : l'alcool, l'acide acétique et l'ammoniaque. *Voy.* ces mots, et Putréfaction.

FILTRATION. La filtration est un moyen de purification très-fréquemment employé dans les laboratoires. On s'en sert pour enlever à un liquide les parties non dissoutes qui s'y trouvent contenues. On peut aussi, par la filtration, séparer deux liqueurs qui ne sont pas également fluides : le procédé consiste à faire passer le fluide à travers un tissu imperméable aux substances qu'on veut en soustraire. Ce tissu est ordinairement un morceau d'étoffe de laine étendu sur un châssis de bois et arrêté par les quatre angles à des pointes ou crochets de fer. La liqueur versée sur l'étoffe coule dans un vase placé au-dessous; les matières solides restent déposées sur le filtre. Lorsqu'on veut obtenir une dépuration plus parfaite, on garnit le filtre d'une feuille de papier gris non collé. Si on n'a qu'une médiocre quantité de liqueur à filtrer, on emploie, pour soutenir le papier, un entonnoir de verre. Le sable, le charbon pilé, le verre en poudre, les éponges, le coton, sont également des intermèdes utiles pour opérer la filtration.

FOIE D'ANTIMOINE. *V*. Oxide d'antimoine demi-vitreux.

Foie de soufre. *V*. Sulfure de potasse.

FOMENTATION. On peut définir la fomentation un bain local dans une liqueur simple ou composée. Elle diffère de la lotion en ce que cette dernière s'emploie simplement pour laver, tandis que la fomentation s'applique sur la partie, à l'aide de compresses imbibées qu'on renouvelle à mesure qu'elles se dessèchent. La fomentation s'emploie ordinairement chaude, elle se compose à-peu-près avec les mêmes ingrédiens et de la même manière que la lotion : l'usage seul en détermine le nom.

On peut cependant dire en général que la fomentation étant destinée à séjourner sur la partie, doit produire un plus grand effet que la lotion ou simple lavage. *Voy*. Lotion.

FORMULE. On appelle *formule* la nomenclature des substances destinées à former un médicament, suivie de la désignation des qualités et quantités, de l'intermède et de ses proportions, de la dose du médicament, quelquefois du mode de préparation et de la manière dont il doit être administré. Les formules ne comprennent pas toujours la totalité de ces rapports; dans certains cas, elles indiquent seulement le nom du médicament et la quantité. Il y a des formules officinales et des formules magistrales : le principe de distinction est le même que pour les médicamens. *Voy.* Médicament. Les premières sont constantes et servent généralement de règle pour la préparation des médicamens officinaux : les formules magistrales sont susceptibles d'une très-grande variété ; c'est l'artiste qui en détermine la composition ; suivant les circonstances et l'effet qu'il se propose de produire.

On considère ordinairement, dans les formules, quatre parties :

1°. La substance principale ou corps médicamenteux qui, par son action, est essentiellement destiné à opérer sur l'économie animale les changemens que nécessite l'état maladif. Elle porte le nom de *base :* ses propriétés doivent être prédominantes ; l'association des autres substances a pour objet de lui donner la forme convenable à son application, d'augmenter ou de modérer son action, mais sans en altérer le caractère. Elle est tantôt simple, tantôt composée ; c'est-à-dire que dans les formules on admet comme base un ou plusieurs corps médicamenteux, qui, ayant des propriétés analogues, agissent par des moyens similaires.

2°. L'adjuvant ou auxiliaire : on l'emploie pour aider l'action de la base, pour lui donner plus d'intensité, pour la rendre plus constante ; il doit avoir les mêmes vertus. Il serait souvent difficile d'assigner le véritable caractère qui différencie ces deux parties de la formule ; rarement on pourrait déterminer avec précision lequel des deux corps agit comme base ou comme adjuvant ; mais cette distinction étant purement de forme, il n'y a pas d'inconvénient à les confondre sous une même dénomination, et à les consi-

dérer comme constituant ensemble une base composée.

3°. Le correctif : il n'est pas nécessaire dans tous les
cas ; on l'admet pour empêcher l'effet trop prompt et
trop violent des substances actives, pour prévenir les
irritations que pourrait occasioner leur âcreté, et
encore pour masquer les saveurs ou odeurs désagréables et rebutantes. Le choix des correctifs exige la
plus grande attention : en modérant l'action de la
base, ils ne doivent pas la dénaturer. L'observation
est importante : ils est reconnu que beaucoup de substances, qualifiées de correctif, n'agissent dans ce
sens qu'en changeant le caractère essentiel du médicament.

4°. L'excipient : il donne aux médicamens la forme
et la consistance ; il sert à diminuer le degré de concentration des corps médicamenteux. Les moyens
sont différens, selon la nature et l'état de ces corps :
ils doivent être appropriés à la base, à l'espèce et au
siège de la maladie, au tempérament de l'individu et
au mode de superposition. L'excipient remplit quelquefois les fonctions de correctif, de menstrue, de
véhicule, d'intermède, et porte, selon les circonstances, l'un ou l'autre de ces noms ; il est aqueux, huileux, mielleux, spiritueux, acide ou alcalin.

C'est par les mesures pondériques qu'on doit exclusivement fixer la dose des médicamens et des substances qui entrent dans leur composition. Les mesures de capacité ne sont point exactes : elles déterminent le volume des corps ; mais ce volume, susceptible de variation, selon la température de l'atmosphère, n'est point dans un rapport constant avec
l'état d'agrégation.

Il ne faut point surcharger les formules d'indications vagues ou inutiles : on commence par é rire en toutes lettres le mot *Prenez*, ou par abréviation ♃; on désigne ensuite, sur la même ligne, le nom du corps médicamenteux, sa qualité et sa quantité. Si la base est composée de deux ou d'un plus grand nombre de substances, on les écrit successivement chacune sur des lignes séparées, de manière que les noms, les qualités et quantités, rangés en colonnes perpendiculaires, se trouvent placés immédiatement les uns au dessous des autres. Exemple :

♃ Aloès succotrin. . . . .   32 grammes.
Jalap en poudre.   8

On observe un ordre semblable par l'adjuvant, le correctif et l'excipient ou intermède ; on ne prescrit point les proportions de ce dernier, lorsqu'elles sont déterminées par la forme que doit avoir le médicament ; alors, au lieu de la quantité positive, on met ces mots : *quantité suffisante,* ou par abréviation, *q. s.,* et on ajoute sur la ligne inférieure, *faites suivant l'art,* ou *f. s. l.,* en indiquant à la suite le nom de la forme. On fait également usage de ce dernier énoncé pour le mode de préparation, lorsqu'il ne présente rien de particulier. Ainsi, en reprenant l'exemple précédent, on aura :

♃ Aloès succotrin en poudre. . . . . .   1 onc.
Jalap en poudre. 1/2
Tartrate acidule de potasse.   1
Semence d'anis en poudre.   1
Miel. . . . .   q. s.

Mêlez ces substances dans un mortier, faites selon l'art cinq bols ou pilules.

Cette formule comprend toutes les indications né-

cessaires : *la base*, elle est composée de deux substances, aloës et jalap ; *l'adjuvant*, tartrate acide de
potasse ; *le correctif*, semence d'anis ; *l'excipient*,
miel. Comme la quantité de ce dernier dépend absolument de la forme du médicament, on ne l'a point
déterminée ; et au lieu d'exprimer la quantité positive, on a mis, *quantité suffisante* ; c'est-à-dire autant qu'il en faut pour donner au médicament la consistance pilulaire ; la forme du médicament est désignée par les mots : *faites selon l'art cinq pilules*. On
complètera la formule par la fixation de la dose , en
écrivant sur une dernière ligne, *à administrer* en une
ou plusieurs fois , le matin à jeun, etc.

On trouve, dans le cours de cet ouvrage , un grand
nombre de formules , soit officinales , soit magistrales ,
dont le mode de préparation est expliqué dans le plus
grand détail. *Voy*. Breuvage, Cataplasme, Lavement,
Onguent, etc. , etc. J'ajouterai que les formules doivent être écrites distinctement et d'une manière bien
lisible, qu'il ne faut jamais indiquer les noms des
substances par abrévation.

Ces notions sont sans doute suffisantes pour apprendre à distinguer les différentes parties d'une formule et à classer soi-même les objets dans l'ordre
méthodiquement analogue à leur destination ; mais
l'art de formuler exige des connaissances plus éten-
dues, connaissances également nécessaires à celui qui
ordonne et à celui qui exécute. L'association des substances est soumise à des lois chimiques et de pratique
dont l'exacte observance influe essentiellement sur
l'action du médicament , et par conséquent sur ses effets thérapeutiques. Il faut dans une formule que rien

ne puisse altérer ni changer la nature de sa composition.

Ce n'est que par des expériences chimiques qu'on
parvient à fixer la dose des médicamens, leur degré
de concentration et la température à laquelle il faut
les administrer : ils peuvent être appliqués à l'état solide, pulvérulent, mou, liquide, vaporeux ou gazeux ; la disposition des organes, leur situation, l'espèce de changement qu'on veut produire, déterminent la forme qu'on doit leur donner préférablement.
Quelques corps médicamenteux sont naturellement
dans l'état convenable pour être administrés ; d'autres, en plus grand nombre, ont besoin d'éprouver
des modifications ; il en est qui ne sont pas susceptibles de prendre indistinctement toutes les formes.
Les modifications s'opèrent par des moyens nommé
intermèdes pharmaceutiques; ils varient suivant l'éta
naturel des corps, leur odeur, leur saveur, leur volume, leur pesanteur et leur pulvérisabilité. Les corp
sont solubles ou insolubles à des degrés différens
les uns s'altèrent par le contact de la lumière, du ca
lorique ou de l'air ; les autres résistent à l'action d
ces principes. Toutes ces circonstances exercent un
influence plus ou moins marquée sur le médicament
et il n'en est point qui soient étrangères à l'art de for
muler ; on peut même dire qu'il consiste essentielle
ment dans la connaissance de ces rapports multipliés
et qu'une formule où ils ne sont point observés n'e
qu'un acte d'empirisme qui ne mérite aucune confiance.

L'article *médicament* contient différentes notion
qui ont un rapport direct avec l'art de formuler.
Voy. Médicament.

Les fourneaux simples sont ordinairement établis dans une masse de maçonnerie construite en brique ; leur forme la plus avantageuse est celle d'un cône renversé, coupé par un plan horizontal. Une grille de fer le divise en deux parties ou cavités : l'une inférieure, qu'on nomme *cendrier*, reçoit les cendres qui tombent de la cavité supérieure appelée *foyer*; une ouverture latérale sert à les retirer, et donne entrée à l'air nécessaire pour opérer et entretenir la combustion. Les matières combustibles supportées par la grille occupent l'intérieur du foyer; on les introduit au moyen d'une porte pratiquée sur le côté. Les vases contenant les substances qu'on veut soumettre à l'action du feu, recouvrent la base du cône et s'y adaptent; des échancrures dans l'épaisseur du paroi du fourneau facilitent l'aspiration. Ceux dans lesquels on brûle des combustibles autres que le charbon, sont pourvus d'une cheminée pour donner issue à la fumée.

Le fourneau simple, tel qu'il vient d'être décrit, est propre à une infinité d'opérations ; on s'en sert généralement pour les évaporations, décoctions, infusions, sublimations, distillations à l'alambic, etc. On l'emploie pour calciner certaines substances et pour fondre les métaux, tels que le plomb, l'étain, le bismuth, etc., qui, pour entrer en fusion, n'exigent pas un très-haut degré de chaleur.

Les fourneaux à réverbère, comme le fourneau simple, sont composés d'un cendrier et d'un foyer ; au-dessus du foyer, une bande ou portion de cylindre de même diamètre constitue une troisième partie ou cavité appelée *laboratoire*; la division est marquée par deux barres de fer assujéties horizontalement. On place la cornue à distillation dans le laboratoire ; les deux barres de fer la supportent ; une calotte sphérique ressemblant à un dôme surbaissé recouvre le laboratoire et s'y ajuste exactement ; son sommet est percé d'un trou formant cheminée ; une ouverture pratiquée moitié sur le bord du dôme, moitié sur celui du laboratoire, donne passage au bec ou col de la cornue, auquel on adapte la suite de l'appareil qu'exige l'opération.

On se sert du fourneau à réverbère pour les distillations à la cornue ; c'est son usage le plus ordinaire. On l'emploie aussi pour certaines calcinations. Le dôme a pour objet de concentrer la chaleur et de la réfléchir ou réverbérer sur la partie supérieure de la cornue, d'où est venu le nom de *réverbère*. Le fourneau à réverbère est communément portatif et construit en terre cuite ; on fait aussi des fourneaux simples qu'on peut transporter d'un lieu à un autre.

FUMIGATION. Action de brûler quelque aromate pour en répandre la fumée, ou opération dont l'objet est le dégagement d'un gaz ou d'une vapeur propre à purifier l'air vicié d'un local quelconque. La médecine vétérinaire emploie les fumigations pour purifier les écuries, étables et bergeries : c'est un moyen de salubrité en général trop négligé. L'air vicié par la respiration, les sécrétions animales et les matières végétales en putréfaction, occasione de nombreuses et fréquentes maladies qu'on préviendrait en les désinfectant par des fumigations. Dans le cas de contagion, c'est le préservatif le plus certain, et même un curatif pour les individus attaqués.

La combustion des substances végétales, telles que le genièvre, le benjoin, le tabac et autres, était au-

FORTIFIANT, qui fortifie, qui rend fort. L'administration des médicamens appelés *fortifians* n'a point pour objet d'exciter ou de stimuler, ni même d'augmenter les forces ; mais de nourrir, de réparer, de rétablir la nature épuisée ou abattue par une action trop violente ou trop prolongée ; ils ne sont point destinés à dégager, par des secousses, les moyens comprimés, à procurer un changement subit dans l'économie animale, mais à soutenir, à relever les moyens naturels, devenus impuissans et incapables de remplir leurs fonctions. Leur effet n'est point instantané ; ils agissent progressivement et d'une manière presque insensible. Ils constituent une classe générale, dans laquelle sont compris les restaurans, les analeptiques, les toniques, les nervins, les stomachiques et autres, qui ne diffèrent entre eux que par leur degré d'énergie, et qu'on n'a distingués en classes secondaires que pour indiquer les cas particuliers dans lesquels ils peuvent être employés avec plus de confiance.

FOUGÈRE MALE, *Polypodium filix mas*, Linn., classe vingt-quatre, de la cryptogamie ; Juss., famille des fougères.

Caractères génériques. Fructification réunie en petits groupes sur l'une des surfaces des feuilles.

La *fougère mâle* est la seule des nombreuses espèces de fougères dont la racine soit employée comme médicament.

Caractères spécifiques. Feuilles radicales bipinnées, grandes, larges, dures, longues de quatre à cinq décimètres, disposées en faisceau ; leurs primules inférieures sont courtes ; celles du milieu sont plus grandes, et les supérieures finissent en pointe au sommet de la feuille. Ces primules sont profondément primatifides, et ont des folioles obtuses, dentées, confluentes à leurs bases, et inclinées sur la nervure commune.

Parties employées : la racine. Elle représente la forme d'un fuseau; elle est composée de grosses fibres, tubercules oblongs, réunis à une seule base, recouverts d'une enveloppe brune, séparée par des écailles fines de couleur dorée. On sépare ces fibres, on les monde de quelques filamens qui y sont attachés, et on les fait sécher.

Propriétés. La racine de fougère mâle est amère, un peu astringente et d'une odeur nauséabonde : elle possède éminemment la propriété anthelmintique ou vermifuge; elle fait partie des espèces et de la poudre de ce nom. On l'administre quelquefois seule, au cheval, en poudre, à la dose de deux à quatre onces.

FOURNEAU. Principal instrument des laboratoires, celui dont on fait le plus d'usage. C'est un vaisseau destiné à contenir les matières combustibles, à concentrer et à communiquer la chaleur que procure leur combustion, aux substances sur lesquelles on opère. Il y a plusieurs espèces de fourneaux. On leur donne des formes et des noms différens, suivant la nature des opérations et le degré de chaleur dont on a besoin pour les pratiquer. Mais toutes les variétés peuvent se réduire à trois ou quatre, les autres ne sont que des modifications. Nous ne parlerons que du fourneau simple et du fourneau à réverbere; ils sont seuls employés pour les travaux ordinaires des laboratoires pharmaceutiques.

trefois la seule espèce de fumigation usitée ; mais ces fumigations ne remplissent qu'imparfaitement l'objet qu'on se propose : plusieurs ne produisent aucun effet ; quelques-unes en produisent un contraire , et par conséquent nuisible. Il est constant que les acides sulfureux , nitrique et acétique , l'ammoniaque , le feu, l'eau réduite en vapeur, l'éther , l'eau de chaux , l'alcool , sont des moyens de désinfection qu'on peut employer utilement ; mais il est bien reconnu aujourd'hui que le chlore, à cause de son affinité pour l'hydrogène , jouit au plus haut degré de la propriété de neutraliser les miasmes délétères. *Voy.* Chlorure , Epizootie.

On appelle aussi fumigation les vapeurs qu'on dirige sur quelques parties affectées du corps de l'animal : ces fumigations sont en général aqueuses; on les rend émollientes , aromatiques , alcooliques , etc. , par l'addition de quelques plantes analogues ou de l'alcool.

Fumigation guytonienne.

2 Muriate de soude (sel marin). . . . . 1 liv.
   Peroxide de manganèse en poudre. . . 6 onces.
   Acide sulfurique concentré. 10

Cette dose est déterminée pour une écurie de vingt-cinq à cinquante chevaux; on la diminue et on l'augmente dans les mêmes proportions, suivant l'étendue du local. Après avoir fait sortir les animaux , on place au centre une terrine de grès vernissée ; on y met le sel marin et l'oxide de manganèse mêlés ensemble ; on verse par dessus l'acide sulfurique ; on ferme les portes et les fenêtres , et on ne les rouvre que plusieurs heures après.

Si on place le vase qui contient le mélange sur des charbons ardens, l'opération est plus prompte et plus parfaite ; mais dans ce cas il faut ajouter au mélange 4 à 5 onces d'eau.

Si on mêle dans six parties d'acide muriatique ordinaire une partie de peroxide de manganèse en poudre, il s'en dégage aussitôt une grande quantité de chlore qui réunit les mêmes propriétés et produit les mêmes effets.

Les fumigations, dont l'utilité est aujourd'hui généralement reconnue, ont encore l'avantage d'être peu dispendieuses. On doit les réitérer à-peu-près tous les trois mois, comme moyen préservatif et de salubrité, dans les écuries, étables et bergeries qui renferment une certaine quantité d'animaux.

FUSION. Opération par laquelle, à l'aide du calorique, on fait passer certaines substances de l'état solide à l'état liquide. La fusion est exactement analogue à la solution ; dans l'une et dans l'autre, il y a écartement des molécules, produit par l'interposition d'un fluide ; il n'en résulte point de décomposition : la substance dissoute et le dissolvant reprennent leur état naturel aussitôt qu'ils sont séparés ; ils n'ont éprouvé aucune altération. Ainsi le sel dissous dans l'eau et le métal en fusion se reforment lorsque le fluide interposé cesse de s'opposer au rapprochement de leurs molécules ; la seule différence consiste dans la nature du dissolvant, en sorte qu'on pourrait appeler la fusion une *solution par le feu* ; mais généralement on la désigne par *fusion aqueuse* et par *fusion ignée*.

Toutes les substances ne sont point susceptibles

d'entrer en fusion. On nomme *infusibles* ou *réfrac-taires* celles qui ne peuvent être fondues aux feux de nos fourneaux. Le phosphore, le soufre, les métaux, les résines, les graisses, la cire, certaines pierres, quelques sels, sont des substances fusibles.

La fusion s'opère dans des creusets d'argile, de grès, de platine, ou de terre de porcelaine. C'est par la fusion qu'on sépare certains métaux de leur gangue et des matières hétérogènes avec lesquelles ils sont mêlés dans les mines. La chimie emploie aussi la fusion comme un moyen de décomposition et de re-composition : elle est un préalable nécessaire à la vitrification.

G.

GALANGA OFFICINAL. Racine exotique que le commerce tire des Indes orientales et de la Chine. La plante herbacée qui la fournit est le *marantha ga-langa* de Linné, classe première de la monandrie monogynie ; famille des basiliers de Jussieu.

On distingue deux sortes de racine de galanga qu'on croit appartenir à deux variétés de la même plante. La forme noueuse, tubéreuse, genouillée, tortue, repliée et recourbée de distance en distance, et la saveur amère, âcre, piquante et aromatique, sont semblables dans les deux ; mais ces racines diffèrent sensiblement par la grosseur, et pour l'usage on préfère le petit galanga ou galanga mineur. Il est communément de la grosseur du petit doigt, marqué par des anneaux blancs, très-dur et fort difficile à réduire en poudre. Sa couleur rougeâtre en dehors et en dedans est plus brune que celle du grand galanga, et sa saveur est aussi plus prononcée.

Propriétés. Le galanga est un puissant excitant, fortifiant, digestif, stomachique, chaud, stimulant, et céphalique. On le donne dans les digestions laborieuses, les coliques venteuses, etc. La dose pour le cheval est de 16 à 32 grammes (4 gros à 1 once). On l'administre dans les poudres, les opiats, les breuvages, etc. Il fait partie de la thériaque, de la poudre cordiale, et de quelques autres préparations.

GALBANUM. Substance gommo-résineuse appelée improprement *gomme;* elle est en masse ou en larmes molles, agglutinées; on préfère cette dernière, mais elle est rare; sa couleur, d'un jaune laiteux extérieurement, est blanchâtre à l'intérieur; elle a une odeur forte et tenace qui lui est particulière; sa saveur est âcre et amère : celle en masse est visqueuse, mollasse, gluante. Dans le commerce, on la confond quelquefois avec le sagapenum ; ce dernier est d'une couleur moins jaune; il se distingue surtout par son odeur.

Le galbanum est le suc qui découle du bubon galbanum, plante de la pentandrie digynie de Linné, famille des ombellifères. Elle croît dans différentes parties de l'Afrique; les habitans, pour accélérer l'exsudation, coupent les tiges près du collet de la racine, et les font égoutter. Le produit exposé au soleil s'épaissit et se durcit. Le galbanum fournit à l'analyse une résine, de la gomme, de l'huile volatile et du malate acide de chaux. (M. Pelletier.)

Propriétés. Il est stimulant et résolutif; on l'emploie fort rarement à l'intérieur, on se sert plutôt de l'assa-fœtida comme ayant des propriétés plus déterminées ; extérieurement il est résolutif, émollient et fondant. Il entre dans la composition de la thériaque, de l'électuaire fortifiant et astringent, et dans plusieurs baumes et emplâtres.

GALIPOT. *V.* Poix naturelle.

GARGARISME. Les gargarismes sont des médicamens liquides qui servent à laver la bouche et la gorge du cheval. Leur usage n'est pas commun ; ils sont cependant utiles dans beaucoup de cas, tels que dans l'angine, l'esquinancie, l'inflammation de la bouche et de la gorge. Leur composition varie suivant l'indication que l'on se propose de remplir ; on les administre de deux manières : en forme d'injection avec une petite seringue, par le moyen d'une éponge ou d'un linge fin et souple qu'on adapte au bout d'un bâton. Voici quelques exemples de gargarismes.

GARGARISME ADOUCISSANT.

♃ Racine de guimauve. . . . . 2 onces.
  Figues grasses, coupées par morceaux. 1

Faites bouillir dans une suffisante quantité d'eau pour une chopine de décoction ; ajoutez une même quantité de lait.

GARGARISME APPÉTISSANT.

♃ Vin rouge. . . . . 1 litre.
  Assa-fœtida. . . . . 2 onces.
  Muriate de soude (sel marin). . . . . 2 onces.

Faites dissoudre l'assa-fœtida et le sel dans le vin ; passez pour l'usage.

℞ Orge brut. . . . . 1 poignée.
   Écorce de grenade. . . . . 2 onces.
   Roses rouges. . . . . 1 poignée.

Faites un litre de décoction, passez, ajoutez 4 onces de miel et suffisante quantité d'acide nitrique, pour donner au médicament une acidité supportable à la bouche; administrez: il déterge les aphtes qui viennent dans la bouche du cheval et du mouton.

Gargarisme rafraichissant.

℞ Orge brut. . . . . 1 poignée.
   Miel. 4 onces.
   Vinaigre. . . . . 4 onces.

Il faut faire crever l'orge dans un litre d'eau, passer la décoction, et ajouter le miel et le vinaigre.

GAYAC, *Gajacum officinale*, Linn., classe 10 de la décandrie monogynie; Juss., famille des rutacées.

Caractères. Calice à cinq feuilles, corolle à cinq pétales ouverts, terminés par un onglet; dix étamines, fruit anguleux; trois ou cinq loges, une noix dans chacune.

Le gayac est un arbre grand comme le noyer; il croît dans toute la partie de l'Amérique située sous la zone torride, et spécialement dans les îles Antilles. Son bois très-dur, très-compacte, pesant, de couleur jaune pâle, semé de brun et de noir, est recouvert d'une écorce qui se détache facilement.

Le bois et l'écorce de gayac contiennent beaucoup d'extractif âcre et de gomme-résine; celle-ci découle de l'écorce; on l'obtient également en faisant macérer le bois coupé dans l'alcool aqueux à 20 degrés. Si on emploie, pour cette opération, l'alcool rectifié à 36 degrés, le produit après l'évaporation est une résine pure.

La médecine vétérinaire emploie le bois de gayac comme médicament dépuratif, sudorifique et cordial ; on l'administre seul, en décoction ou en poudre ; il fait partie des espèces et de la poudre cordiale et sudorifique ; il faut le choisir bien résineux et sans aubier.

Le bois ou plutôt la râpure de gayac étant d'un prix très-modéré, les falsificateurs en mêlent dans les poudres composées, et beaucoup d'autres préparations dont ils altèrent ainsi les propriétés.

GAZ. Lors de la réforme de la théorie anti-phlogistique on définit un gaz, dissolution d'un corps quelconque dans le calorique.

Depuis que cette théorie fondée par Lavoisier, commence à chanceler, et que de nouvelles semblent prévaloir, on est forcé de définir les gaz d'après leurs propriétés les plus saillantes ; on peut dire que les gaz sont des corps éminemment légers, compressibles et élastiques, tous invisibles et incolores, à l'exception du chlore et de son oxide, qui affectent une nuance jaune.

On distingue les gaz permanens, des vapeurs qui peuvent, sous la pression ordinaire de l'air atmosphérique, devenir liquides ou solides.

Scheële, Lavoisier et Priesteley furent de tous les chimistes ceux qui firent connaître les gaz les plus importans. Les recherches modernes en ont élevé le nombre jusqu'à 28, et il est très-probable qu'ils n'ont pas encore été tous analysés.

Les gaz les plus ordinaires et dont nous avons parlé, sont : l'oxigène, l'hydrogène, l'azote, l'acide carbonique, l'acide sulfureux, le chlore, l'ammoniaque, etc. *Voy.* ces mots.

GÉLATINE. Substance animale, ou principe immédiat fourni par les divers tissus de la peau, des muscles, des ligamens, des tendons, des membranes, des aponévroses et des os des animaux ; elle est composée d'oxigène, d'hydrogène, de carbone et d'azote. La peau est presque entièrement formée de gélatine, les os en contiennent à-peu-près la moitié de leur poids : elle n'existe point dans la graisse. On extrait la gélatine de ces divers tissus par la décoction dans l'eau bouillante, avec laquelle elle forme des gelées ; l'eau froide n'en dissout qu'une faible quantité ; il faut un degré de feu supérieur, tel que celui que procure la machine à papin pour obtenir celle des os, à moins qu'ils ne soient réduits en poudre, ou que par l'intermède d'un acide (acide-hydrochlorique) on ne décompose le carbonate et le phosphate calcaire avec lequel elle se trouve combinée.

La gélatine ainsi dissoute, et ensuite rapprochée en consistance convenable, constitue la colle forte et l'icthiocole ou colle de poisson, dont les arts font un si grand emploi. Celle qu'on prépare pour l'usage domestique et pour celui de la médecine est demi-transparente, sèche, dure, cassante, presque inodore, peu sapide et légèrement colorée ; l'eau froide la ramollit, l'eau chaude la dissout complètement, et l'alcool, l'éther et les huiles n'ont aucune action sur elle.

La gélatine est la substance essentiellement nourrissante des produits immédiats des animaux, et par conséquent la plus favorable à l'entretien de la vie animale. Celle que l'on extrait des tissus musculeux et osseux du bœuf, du mouton et de tous les animaux à viande noire, est préférable parce qu'elle se trouve combinée avec une plus grande quantité d'osmazôme, substance très-azotée et très-nutritive ; c'est elle qui communique au bouillon son odeur, sa couleur, sa saveur agréable et le rend d'une digestion facile.

La gélatine n'est point un médicament nouveau dans la médecine vétérinaire ; déjà quelques praticiens ont administré avec avantage le bouillon préparé avec les têtes ou les pieds de mouton et autres parties, dont le prix peu élevé permet d'en faire usage plus ou moins long-temps. Nous recommandons ce moyen, qui peut remplacer utilement la gélatine.

Proprietés et usages. La gélatine est un analeptique très-avantageux dans les différens cas d'atonie générale ou partielle, et pour prévenir ou combattre les diverses maladies qui en sont la cause ou la suite. Il faut l'administrer au cheval dans un litre d'eau, et mieux encore dans une infusion aromatique ou amère, à la dose d'une à deux onces, et en lavement de deux à quatre onces (*voy.* ces formules). On peut également la donner dans la boisson ordinaire en diminuant le volume du liquide, et continuer l'usage plus ou moins long-temps.

GENÉVRIER COMMUN, *Juniperus communis,* Linn., classe 22 de la diœcie monadelphie ; Juss., famille des conifères.

Caractères. Fleurs mâles en petits chatons ovoïdes

ou sphériques; fleurs femelles en chatons globuleux; écailles en bouclier, anthères sessiles, unilatérales, placées inférieurement sous les écailles; une baie.

Cet arbrisseau, qui croît dans les grandes forêts, sur les collines sèches et arides, reste ordinairement en buisson; sa tige est branchue, tortue et difforme, son écorce d'un brun rougeâtre, son bois dur, résineux et compacte. Il a les feuilles étroites, aiguës, roides, piquantes et concaves d'un côté. Les individus femelles présentent de petites baies sphériques, vertes d'abord, mais qui acquièrent une couleur noirâtre en mûrissant. Les moutons et les chevaux mangent la feuille de cet arbrisseau.

Parties employées. Les baies de genièvre sont très-aromatiques, de la grosseur d'un pois, formées par un petit cône à trois écailles soudées, renfermant trois petites semences; elles contiennent de la résine, de l'huile volatile, du sucre et de l'extractif amer. Il faut les choisir bien mûres et bien nourries.

On prépare avec les baies de genièvre un extrait qui réunit différentes propriétés. *Voy.* Extrait de Genièvre. On s'en sert aussi pour brûler et faire des fumigations odorantes : elles font partie de plusieurs préparations, telles que la thériaque, la poudre cordiale et celle contre la pourriture des moutons, etc.

Il croît dans les départemens méridionaux de la France un autre genévrier, qui est le *juniperus oxycedrus.* On brûle son bois pour en obtenir une huile brune empyreumatique d'une odeur forte et désagréable, connue dans la médecine vétérinaire sous le nom d'*huile de cade. Voy.* ce mot.

GENTIANE JAUNE, *Gentiana lutea*, Linn.,

classe 5 de la pentandrie digynie ; Juss. , famille des gentianées.

Caractères génériques. Corolle monopétale régulière, persistante ; les étamines , au nombre de cinq, sont insérées sur le tube de la corolle ; la capsule est à une loge et à deux vulves ; semences petites , attachées sur les bords rentrans ou sur les parois de la capsule.

Caractères spécifiques. C'est la plus grande espèce de ce genre ; les tiges , droites , fermes , ligneuses et simples , s'élèvent à la hauteur de 3 à 4 pieds ; les feuilles , grandes , lisses , ovales , nerveuses , de couleur vert-pâle , sont presque semblables à celles du *verratrum album* ; quelques-unes sont radicales ; les supérieures , moins grandes , sont attachées deux à deux à chaque nœud de la tige. Les fleurs sont campaniformes , jaunes , grandes , divisées de sept à huit lanières allongées , verticillées et axillaires. Cette plante est vivace ; elle croît dans les pâturages secs des montagnes d'Auvergne , du Dauphiné , de la Provence , dans la forêt du Morvan , etc. Les bestiaux n'y touchent pas.

La partie employée de cette plante, la racine, est quelquefois grosse comme le poignet , épaisse , charnue et divisée en plusieurs branches. Sèche , elle est couverte de rugosités et d'une contexture spongieuse ; sa couleur est brune cendrée et quelquefois jaune : elle est jaune ou blanchâtre à l'intérieur ; sa saveur est très-amère , son odeur assez forte , tenace et peu agréable.

Cette racine coupée par morceaux , mise dans l'eau et exposée à une température convenable , est susceptible de fermenter et de fournir par la distillation un alcool que les habitans de la Suisse, des Vosges et du Jura, préparent pour leur usage.

Analyse. La racine de gentiane fournit à l'analyse une matière végétale toute particulière qui se rapproche de la glu, une matière résineuse ou cireuse, unie à un peu d'huile, qui donne son odeur à la gentiane; une substance extractive très-amère, soluble dans l'eau et dans l'alcool; de la gomme unie à une matière colorante et quelques sels. Enfin cette racine ne contient ni amidon, ni inuline, ni matière analogue aux alcalis. (M. Henry.)

Propriétés. La racine de gentiane est généralement employée; c'est un très-bon amer, stomachique, tonique, appétissant, dépuratif et vermifuge. Son prix est très-modéré.

Mode d'administration. En poudre, mêlée dans le son, dans le vin, dans les opiats ou en pilules. La dose pour le cheval et le bœuf est de 1 à 4 onces et même au-dessus. On en continue l'usage pendant quelque temps. *Voy.* Poudre de Gentiane.

On administre aussi très-fréquemment la poudre de gentiane aux moutons; elle fait partie de plusieurs poudres composées. *Voy.* Poudres composées.

Beaucoup de praticiens emploient de préférence l'extrait de gentiane au même usage que la poudre; il est plus facile à administrer, et on le donne proportionnellement à plus forte dose. *Voy.* Extrait de Gentiane.

GINGEMBRE OFFICINAL. Racine exotique qu'on cultive aujourd'hui aux Antilles, à Cayenne et à la Jamaïque, d'où elle nous parvient sèche.

C'est l'*Amonum zingiber*, Linn., classe 1re. de la monandrie monogynie; Juss., famille des basiliers.

Caractères. Calice extérieur à trois divisions, l'intérieur d'une seule pièce; une étamine, capsule à trois loges.

La racine de gingembre est longue et large comme le petit doigt, un peu aplatie et articulée; elle est recouverte d'un épiderme cendré et légèrement ridé; son écorce est jaune et un peu épaisse; la substance de la racine est en général blanche, quelquefois grise ou jaunâtre, d'une saveur âcre et brûlante comme le poivre et d'une odeur forte, aromatique et agréable. La plante est originaire de la Chine, de la côte de Malabar et de l'île de Ceylan.

Propriétés et usages. Le gingembre, ou plus exactement la racine de gingembre, entre dans la composition de la thériaque, de la poudre cordiale, de celle contre l'inappétence, et dans plusieurs mastigadours; c'est un bon excitant, stomachique, chaud, cordial, même irritant lorsqu'il est employé seul. Il fournit à la distillation une huile volatile très-âcre et d'une odeur très-forte. Il faut choisir cette racine exempte de vermoulure.

GOMME (*Gummi*). Suc végétal, concret, mucilagineux, souvent transparent, sans saveur ni odeur, composé d'eau, de carbone et d'un peu d'hydrogène, infusible au feu, pétillant, et brûlant sans produire de flamme; insoluble dans l'alcool, dans les graisses et dans les huiles; mais soluble dans l'eau, dont il ne trouble pas sensiblement la transparence, et formant dans ce fluide un corps muqueux, adoucissant, nutritif, émollient, relâchant et fermentatif, qui passe promptement à l'acidité.

Les gommes sont toutes de même nature, et ne diffèrent que par la plus ou moins grande quantité de mucilage qu'elles contiennent ; mais beaucoup de substances désignées habituellement sous le nom de *gommes* n'en ont ni les caractères ni les propriétés : la gomme ammoniaque, la gomme gutte, la gomme élémi, etc., sont des gommes résines, ou simplement des résines, et non de véritables gommes. En conservant les dénominations consacrées par l'usage, nous aurons soin de faire connaître la classe à laquelle appartient chacune de ces substances d'après ses principes constitutifs. *Voy.* Résine, Gomme-résine.

Les végétaux qui fournissent les véritables gommes sont en général ceux dont la tige ligneuse, blanche à l'intérieur, est facilement pénétrable ; tels sont l'acacia, le tragacanthe, l'acajou, l'abricotier, le frêne, le prunier, etc. L'exsudation, soit naturelle, soit à l'aide d'incisions, a toujours lieu dans la saison chaude.

On compte parmi les principales gommes, la gomme arabique, la gomme adragant, la gomme d'acajou, la gomme de Bassora, la gomme de Sénégal, la gomme thurique, la gomme du pays. Nous parlerons en particulier de celles qui sont employées dans la pratique vétérinaire.

GOMME AMMONIAQUE (*Gummi ammoniacum*. Les Arabes l'appellent tursoos. C'est une gomme résine et non une véritable gomme : on ne connaît point l'arbre qui la produit ; on le présume du genre des férules ou ombellifères ; il croît dans la Nubie et le royaume de Maroc. La gomme ammoniaque est un suc concret, d'une odeur pénétrante, peu agréable, d'une saveur forte, amère et âcre ; on en distingue deux espèces : l'une en larmes détachées, dure, séche, difficile cependant à réduire en poudre, se ramollissant à la chaleur, jaunâtre au dehors, très-blanche à l'intérieur. L'autre en masse est de couleur brune, plus molle, moins blanche, et encore plus difficile à pulvériser. On préfère la première pour l'usage. La composition de la gomme ammoniaque, d'après M. Braconnot, est de gomme 18,4, résine 70,0, matière glutiforme ou bassorine, d'après M. Pelletier, 4,4; eau 6,0; perte 1,2; total 110 parties.

Propriétés et usages. La gomme ammoniaque administrée intérieurement est très-incisive, stimulante, expectorante et désobstruante; c'est un très-bon médicament lorsqu'il s'agit de stimuler l'appareil bronchique dans les catarrhes chroniques et l'asthme humide; la dose pour le cheval est de 16 à 32 grammes. On la donne en poudre mêlée dans les opiats; elle fait partie de la poudre béchique incisive; appliquée extérieurement, elle est résolutive, maturative et fondante, elle favorise la résolution des tumeurs indolentes.

GOMME ARABIQUE (*Gummi arabicum*). Substance sèche, très-dure, fragile, blanche, quelquefois jaunâtre, souvent d'un rouge-brun, plus ou moins transparente, brillante dans sa cassure, d'un goût fade et sans odeur. Elle est en larmes ou en morceaux de différentes grosseurs. On préfère, pour l'usage médicinal, la plus blanche, la plus transparente et la moins salie par le mélange des corps étrangers.

La gomme arabique est un suc végétal, épaissi par la chaleur; elle découle naturellement, ou par incision, d'un arbre ou arbrisseau épineux, vulgairement appelé *acacia de la haute Égypte et du Sénégal*, le *mimosa Senegalis* et le *mimosa nilotica* de Linn., famille des légumineuses. Il croît également sur les côtes d'Afrique et dans l'Arabie.

Propriétés. La gomme arabique est un excellent pectoral; elle est béchique, adoucissante, humectante et nourrissante, elle apaise les tranchées produites par des irritations dans l'estomac ou dans le canal intestinal, adoucit les épreintes, arrête les diarrhées et calme la toux quinteuse. On l'emploie dans une infusion pectorale, dans les breuvages adoucissans, dans les boissons, les gargarismes et les opiats. On l'administre au cheval, en poudre, mêlée avec la poudre de guimauve, de réglisse, le miel ou le son. La dose est depuis une jusqu'à deux onces, même plus. Elle entre dans la poudre béchique adoucissante, dans la poudre béchique incisive; on en fait des billots ou mastigadours avec le miel. *Voy.* ces divers articles.

GOMME DU PAYS. *Gummi nostras.* On comprend généralement sous cette désignation les sucs gommeux qui découlent naturellement ou par incision, du cerisier, du prunier, de l'abricotier, de l'amandier et autres arbres à noyaux, de l'icosandrie monogynie de Linn., famille des rosacées, cultivé en France et dans les différentes parties de l'Europe. On ne fait point usage de ces gommes dans la pharmacie; elles ont des propriétés analogues, mais très-inférieures à celles de la gomme arabique. En général leur consistance est molle, et il est très-difficile de le réduire en poudre, même après les avoir séchées à l'étuve. Elles sont plus ou moins colorées, toujours sales, mêlées de beaucoup de parties hétérogènes. Elles servent à la teinture des chapeaux et de plusieurs étoffes et à la fabrication de l'encre.

GOMME ÉLÉMI. *V.* Résine élémi.

GOMME-RÉSINE. Les gommes résines sont, ainsi que les gommes, des produits des végétaux ; elles exsudent du tronc de la racine ou des branches de l'arbre, naturellement ou par incision ; c'est un suc laiteux qui acquiert de la consistance par l'effet de la chaleur atmosphérique et quelquefois artificielle ; il participe de la gomme et de la résine dans des proportions différentes.

Le caractère particulier des gommes-résines est de n'être qu'imparfaitement solubles dans l'eau : la dissolution est laiteuse et laisse déposer une résine plus ou moins pure, qu'on peut obtenir séparément à l'aide de l'alcool ; mais elles se dissolvent complètement dans un menstrue aqueux spiritueux, notamment dans l'alcool aqueux et l'acide acétique faible ; presque toutes sont odorantes et inflammables à différens degrés.

Les gommes-résines nous arrivent par la voie du commerce, ou en larmes, ou agglomérées en masse ; il faut dans tous les cas préférer les premières.

Les principales gommes-résines sont la gomme ammoniaque, l'assa-fœtida, l'euphorbe, le galbanum, l'oliban, la myrrhe, le sagapenum, le bdellium, l'opoponax et la sarcocole, etc. Nous avons parlé en particulier des sept premières, les seules en usage dans la pharmacie vétérinaire. *Voy.* ces différens articles.

GOUDRON ou GOUDRAN, BRAI LIQUIDE

(*pissa*). Substance demi-liquide, d'un noir rougeâtre, collante, résineuse, grasse, d'une odeur empyreumatique, forte et d'une saveur âcre, produit artificiel retiré des vieux pins qui ne peuvent plus fournir du suc résineux.

Dans des fours construits pour cet usage, on entasse, en forme de cône renversé, les débris des vieux pins dépecés en petits morceaux; on couvre ce cône avec du gazon et on met le feu sur toutes les faces. Pendant la combustion il découle une résine qui, par la disposition du four, se réunit dans un récipient. Cette substance, considérée comme un mélange de résine, d'huile essentielle empyreumatique et de charbon, est ce qu'on appelle le *goudron;* on donne le nom d'*huile de poix* à une substance plus fluide qui nage à sa surface et qu'on recueille séparément.

Le goudron est rarement administré intérieurement par les praticiens vétérinaires; il est tonique, béchique, incisif, dépuratif et diaphorétique; on l'emploie plus souvent à l'extérieur; il est résolutif, fortifiant et nerval; il entre dans les charges fortifiantes.

GRAINE DE LIN. *V.* Lin.

GRAISSE (*Adeps*). Cette substance animale, formée, d'après M. Chevreul, de deux principes immédiats, la stéarine et l'élaïne, contient de l'hydrogène, du carbone et de l'oxigène; elle est d'une consistance plus ou moins solide, suivant les proportions de ces principes et l'espèce des animaux qui la fournissent; généralement onctueuse, d'une saveur fade, d'une odeur plus ou moins agréable et quelquefois nulle; inflammable, susceptible de se liquéfier à une température de vingt degrés, et de se décomposer à une chaleur plus forte ; soluble dans l'éther sulfurique et dans l'alcool, insoluble dans l'eau, elle peut dissoudre le camphre et les résines proprement dites et se combiner avec les huiles. On la trouve dans presque toutes les parties des animaux ; celle des herbivores, des ruminans et des frugivores est plus solide que celle des carnivores. La graisse des moutons et des bœufs porte le nom de suif, celle des porcs s'appelle saindoux ou *axonge*. On fait en pharmacie un grand usage des graisses, particulièrement de cette dernière ; celle que fournit l'abdomen est préférable. On l'emploie dans les onguens, les pommades et les emplâtres ; elle sert d'excipient à d'autres substances et leur donne de la consistance ; il faut la choisir fraîche, blanche et sans odeur : ses qualités dépendent souvent de sa préparation. Autrefois on attribuait à certaines graisses des vertus particulières : on a reconnu l'illusion ; aujourd'hui on ne les distingue qu'en raison de leur solidité et de leur pureté. Avant d'employer les graisses, il faut les dépouiller de leurs parties membraneuses ; après avoir été fondues, elles doivent être exemptes d'humidité, blanches, fraîches et inodores ; elles sont en général émollientes, adoucissantes et relâchantes.

GUIMAUVE ORDINAIRE, *Althœa officinalis*, Linn., classe 6 de la monadelphie polyandrie ; Juss. ; famille des malvacées.

Caractères génériques. Plusieurs tiges radicales, simples, droites, rondes, creuses, moelleuses, un peu velues, qui s'élèvent à la hauteur de trois à quatre pieds ; feuilles pétiolées semblables à celles de la mauve ordinaire, mais plus épaisses et plus longues, poin-

tues, dentelées sur leurs bords, blanchâtres, cotonneuses, douces au toucher et grandes comme la main;
fleurs campaniformes découpées en cinq parties,
d'une odeur faible et d'un blanc rosé; elles naissent
dans les aisselles des feuilles sur la partie moyenne et
supérieure de la tige. Racines longues, cylindriques,
quelquefois plus grosses que le pouce, charnues, pul-
peuses, mucilagineuses, très-blanches en dedans,
recouvertes d'une épiderme jaunâtre, et souvent divisées en plusieurs branches.

La guimauve croît ordinairement dans les lieux
humides, dans les prairies et sur les bords des fossés;
on la cultive aussi beaucoup dans les champs et les
jardins.

Parties employées : racines, feuilles et fleurs. On
récolte les racines au printemps ou en automne; on
les monde de leurs filamens, on les lave, on les ratisse pour en séparer l'épiderme jaunâtre; on coupe
les plus grosses longitudinalement pour les faire sécher à une température de vingt-cinq à trente degrés;
elles sont, en cet état, très-blanches.

Propriétés. La racine et les feuilles de guimauve
possèdent au plus haut degré les propriétés émollientes, adoucissantes et mucilagineuses; on les emploie fréquemment en décoctions, fomentations,
bains, cataplasmes et lavemens. Pour réduire cette
racine en poudre il faut la choisir bien blanche et non
ligneuse. On l'administre intérieurement en substance,
mêlée dans le son, le miel, les opiats, etc. *Voy*. Poudre
de Guimauve.

Les feuilles de guimauve sont, comme la racine,
émollientes, mais beaucoup moins mucilagineuses;
on doit les récolter au printemps, lorsque la tige crois-

sante n'a pas encore acquis le caractère ligneux ; il faut les faire sécher avec soin. Elles font partie des espèces et de la poudre émolliente composée : les fleurs entrent dans les espèces adoucissantes, qu'on fait infuser pour composer des breuvages.

H.

HELLÉBORE, *Helleborus*. On distingue dans la pratique deux sortes d'hellébore, le blanc ou *verratrum album*; le noir, *helleborus niger*. Quoique ces deux plantes se ressemblent par leurs propriétés médicinales, elles forment néanmoins deux espèces différentes qui ont des caractères très-distincts : la tige, les feuilles, l'organisation de la fleur, la configuration et la couleur de la racine ne sont point semblables. Le célèbre Linné les classe, la première dans sa polygamie monœcie (famille des joncs), et la seconde dans la polyandrie polygynie. Nous ne parlerons que de l'hellébore noir, comme le plus commun, le plus généralement employé, et jouissant d'une action plus déterminée dans ses effets.

HELLÉBORE NOIR, *Helleborus niger*, Linn., classe 13 de la polyandrie polygynie; Juss., famille des renonculacées.

Caractères génériques. Capsules polyspermes, calice nul, corolle à cinq pétales et plus ; plusieurs nectaires tubulés, trois ou cinq styles, corolle pétiolée, deux lèvres beaucoup plus courtes que le calice.

Caractères spécifiques. Feuilles composées de huit à neuf digitations, d'un vert brun, lancéolées, poin-

tües, dentées, larges de près d'un pouce, dispos<
en pédales.

L'hellébore croît sur les montagnes des Alpes, s
les Apennins, dans la ci-devant Provence. Il aime l
terrains secs, pierreux et arides. Le mulet man
cette plante, les autres bestiaux la refusent, elle le
est très-nuisible; la semence fait périr les poules
autres oiseaux domestiques.

Parties employées : la racine. Elle est épaiss
charnue, noirâtre au dehors, grise ou rougeâtre à l'i
térieur, noueuse, ridée, de la grosseur du pou
très-fibreuse et inodore.

Propriétés. Administrée intérieurement, elle
âcre, irritante, drastique, purgative et sudorifiq
En général, elle n'est employée qu'à l'extérieur;
térieurement, elle fatigue beaucoup l'animal et dor
lieu à des accidens fâcheux. On passe la racine en
ton, le plus souvent au poitrail du cheval, ou au fan
du bœuf et des moutons. Elle excite bientôt une ir
tation suivie d'une tuméfaction considérable, q
traversée par une mèche, procure en peu de ten
un foyer de suppuration. On en fait un usage fréqu
dans les maladies épizootiques. La poudre d'helléb
entre dans quelques onguens antipsoriques.

HUILE, *Oleum.* Corps gras, inflammable, vola
ou fixe; fluide, épais ou concret, considéré com
un des principes immédiats des végétaux, comp
d'hydrogène, de carbone et d'oxigène. La diversité
proportions entre ces principes produit les différen
huiles : on les distingue en huile végétale et hu
animale.

Les huiles végétales sont fixes ou volatiles. On a

pelle *fixes* ou *grasses* celles qui ne se volatilisent qu'à un degré de température supérieur à celui de l'eau bouillante; elles changent alors de nature; ce caractère est le plus distinctif. D'après les expériences de MM. Braconnot et Chevreul, la plupart de ces huiles renferment, comme les graisses, deux matières : l'une appelée suif, solide, blanche et inodore, la *stéarine* ; et l'autre liquide, soluble dans l'alcool, insoluble dans l'eau, l'*élaïne*. Les huiles végétales fixes ne se mêlent avec ce dernier fluide que par l'intermède des alcalis; unies avec ces dernières substances, elles forment des savons. Parmi les huiles fixes il en est de solides, de fluides et de demi-fluides; on les obtient par la simple expression des semences et fruits qui les contiennent; elles dissolvent le soufre, le phosphore et les résines; se combinent avec les graisses, les cires et les oxides de plomb; se chargent de l'arome et de l'huile volatile des plantes; s'enflamment à 300 degrés, et donnent, en brûlant, de l'acide carbonique et de l'eau. A 316 degrés elles se distillent et fournissent l'hydrogène carboné.

Les huiles végétales fixes employées dans la pratique vétérinaire, sont l'huile de cade, l'huile de lin, l'huile d'olive et l'huile de pavot, improprement dite huile d'œillet. *Voyez* ces mots.

Les huiles volatiles étaient appelées autrefois *essences* ou *huiles essentielles :* elles sont fluides ou épaisses, très-odorantes, s'enflamment avec une extrême rapidité et par le simple contact de l'air atmosphérique, se volatilisent ou s'épaississent en forme de résine. Leur couleur est variable et leur saveur chaude et âcre. Plus légères que les huiles fixes, elles ne se mêlent avec l'eau que par l'intermède du sucre ou d'un mu-

cilage; elles sont plus ou moins solubles dans l'alc[oo]
leur combinaison avec les alcalis est aussi plus diffi[cile]
et elles ne forment que des savons imparfaits qu[e l'on]
nomme *savonules*. Elles dissolvent le camphre[,]
soufre et le phosphore, s'unissent aux graisses, hui[les,]
cires et résines, s'enflamment par l'acide nitrique [con-]
centré. Elles sont ou légères et fluides comme celle[s de]
thym, de rhue, de sabine, de romarin, de lavande, [etc.]
ou pesantes comme celles de cannelle, de girofle[, de]
myrthe, etc.; ou concrètes, comme celles de r[ose,]
d'anis, d'aunée, de fenouil. On les retire des vé[gé-]
taux ou de l'une de leurs parties, telles que la rac[ine,]
la fleur, l'écorce, la baie, la tige, le péricarpe[, la]
semence, etc., par la distillation; quelques-unes [par]
la simple expression.

La médecine vétérinaire emploie comme méd[ica-]
mens l'huile vulnéraire, l'huile d'anis, l'huile [de]
lavande, dite d'aspic, l'huile de thym, l'huile [de]
romarin, l'huile de laurier et l'huile de térébenth[ine.]
Voyez ces mots. Il est d'autres huiles volatiles [qui]
jouissent des mêmes propriétés et dont on pou[rrait]
également faire usage; mais leur prix trop élevé [ne]
permet pas de les admettre dans la pratique o[rdi-]
naire; celles que nous venons de rappeler peu[vent]
d'ailleurs suffire à toutes les indications.

Les huiles animales dont on fait usage dans la [pra-]
tique vétérinaire sont les graisses ou suifs, et l'h[uile]
empyreumatique. Les premières sont épaisses et fi[xes;]
l'huile empyreumatique est fluide et demi-volatil[e.]

Huile d'anis. Elle est volatile; on la retire d[e la]
semence d'anis (*pimpinella anisum*), qui lui do[nne]
son nom; le mode de distillation est le même que c[elui]

décrit à l'article Eau de Lavande. On l'obtient aussi,
mais moins abondamment, par expression. Dix livres
de semence d'anis peuvent fournir jusqu'à 4 onces
d'huile, sa couleur est verdâtre, son odeur agréable;
elle est susceptible de cristallisation, caractère qui
lui est particulier.

Propriétés et usages. L'huile d'anis est carminative;
on ne l'administre qu'intérieurement à la dose, pour
le cheval, de 2 à 4 grammes, mêlée dans les breuvages, pilules et opiats. On l'emploie avec succès dans
les coliques venteuses.

Huile de cade. Le cade est un arbrisseau de l'espèce du genévrier (*juniperus oxycedrus*); il croît
communément dans les contrées méridionales de la
France et en Espagne; c'est par la combustion de son
bois qu'on obtient l'huile à laquelle il a donné le
nom; le procédé diffère peu de celui employé pour
extraire la poix noire. Cette huile sert particulièrement pour guérir la gale des moutons et des chèvres.
Les bergers du pays en préparent, chacun proportionnellement à sa consommation; il n'en existe pas
de manufacture en grand, aussi est-il très-difficile de
trouver de la véritable huile de cade dans le commerce:
ce n'est le plus souvent que de l'huile de poix. L'huile
de cade est de même nature que toutes les huiles empyreumatiques végétales retirées par la décomposition, à un degré de feu supérieur à celui de l'eau
bouillante; elle est noire, épaisse, d'une odeur presque semblable à celle du goudron, d'avec laquelle cependant l'expérience apprend à la distinguer. Quelques maréchaux emploient encore l'huile de cade contre
la gale des chevaux. Relativement aux moutons, elle

a à-peu-près le même inconvénient que l'huile em
pyreumatique animale; elle salit la laine, et l'em
preinte est indélébile. On obtient aussi, par la dis
tillation des baies, des feuilles et du bois de genè
vrier, dans l'eau, une huile volatile légère très-fluid
et peu colorée; cette huile est fort peu usitée.

Huile de laurier. C'est le produit immédiat d
baies du laurier aromatique (*laurus nobilis*), conn
sous le nom de *laurier franc* ou *laurier sauce;*
croît en Italie et dans nos départemens méridionau:

On extrait l'huile à-peu-près de la même maniè
que l'huile d'olive, à l'aide de l'eau chaude, par l'e:
pression et la compression des baies écrasées.

Propriétés et usages. L'huile de laurier est d'ui
couleur vert-pâle, tirant sur le jaune, d'une odei
assez agréable quoique forte; sa consistance est cel
d'une graisse molle, souvent granulée: elle est for
fiante, nervale, émolliente et résolutive. On l'en
ploie avec succès dans les douleurs d'articulations
dans la fourbure; elle forme la base de l'onguent
scarabée et de celui de laurier, avec lequel plusieu
praticiens la confondent mal à propos; il faut la che
sir très-aromatique et granulée: elle est fort sujette
être falsifiée.

Huile de lavande. Cette huile volatile porte
nom de la plante (*lavandula spica*) qui la fourni
Cette plante croît sur les montagnes de la ci-deva
Provence et du Languedoc, et c'est dans le pa
même qu'on extrait l'huile; on l'obtient par la di
tillation de toutes les parties de la plante dans l'ea
Le procédé ne diffère point de celui indiqué à l'artic
Eau distillée de lavande. Les parfumeurs du pa

s'occupent particulièrement de ce commerce. Quarante livres de sommités fleuries produisent assez ordinairement une livre d'huile. Elle est volatile et très-susceptible d'être falsifiée, comme toutes les huiles volatiles ; il faut la choisir claire, transparente, d'une odeur forte assez agréable, qui ne doit rien tenir de celle de la térébenthine.

Propriétés et usages. L'huile volatile de lavande ne s'administre presque jamais intérieurement ; elle est très-échauffante, et même irritante ; on l'emploie à l'extérieur comme fortement stimulante, nervale, excitante, pénétrante et résolutive. La chirurgie vétérinaire en fait fréquemment usage : on l'applique avec beaucoup de succès en frictions sur les engorgemens froids, les maux de garrot, les articulations, les extrémités attaquées de fourbure, les mollettes et vessigons : elle entre dans la composition des charges fortifiantes, sert à préparer l'alcool de lavande et quelques linimens. Elle a moins d'âcreté que l'essence de térébenthine, et ne fait point tomber le poil de la partie sur laquelle on l'applique.

Huile de lin. Cette huile, du genre des huiles fixes, est adoucissante et émolliente ; on la fait entrer dans plusieurs compositions officinales et dans les lavemens. Elle est un produit immédiat retiré par expression de la semence du lin (*linum usitatissimum*) réduite en poudre. L'opération se fait presque toujours à chaud.

Huile d'olive. Cette huile fixe, très-claire, très-fluide, se cristallise facilement ; sa couleur est jaune-clair, son goût doux et agréable, son odeur légèrement aromatique. On la retire des drupes ou fruits de l'olivier (*olea europea*) qu'on écrase et qu'on

presse. On peut l'obtenir à froid et sans véhicule ;
quantité est moindre, mais la qualité supérieu[r]
Communément on humecte la pâte avec de l'e[au]
bouillante.

L'huile d'olive sert de base à un grand nombre [de]
préparations pharmaceutiques, spécialement aux [sa]
vons solides et aux emplâtres métalliques. Elle a bea[u]
coup de tendance à se combiner avec l'oxigène. C'[est]
par l'effet de cette propriété que ses produits acqui[è]
rent la consistance convenable. On la donne aussi [à]
nature comme médicament ; elle est préférable a[ux]
autres huiles connues dans le commerce sous [les]
noms d'*huile de navette, de colza*, etc. : celle de [pa]
vot, et mieux encore celle d'amandes douces, peuve[nt]
seules la suppléer ; mais le prix de cette dernière [est]
trop élevé pour qu'on en fasse usage dans la médeci[ne]
vétérinaire. On se sert d'huile d'œillet ou de pa[vot]
pour sophistiquer l'huile d'olive ; par l'effet de ce m[é]
lange l'huile d'olive perd la propriété de cristallis[er]
et acquiert celle de mousser lorsqu'on l'agite.

Propriétés et usages. Les huiles douees, et nota[m]
ment celle d'olive, sont émollientes, adoucissant[es]
béchiques, relâchantes et savonneuses. On les co[m]
bine avec les mucilages, les infusions pectorales, [le]
miel, la gomme arabique, etc. On les administre [en]
breuvages et en opiat contre les irritations, les co[li]
ques, et dans les cas d'empoisonnement. La dose [est]
depuis un hectogramme jusqu'à cinq. On la fait ent[rer]
aussi dans les lavemens.

Huile de pétrole. On la désigne sous différe[ntes]
noms, huile de Pierre, huile minérale, huile G[a]
biau, Naphte. C'est un bitume qui coule à travers [les]

pierres et les rochers : on le rencontre aussi quelquefois sur la surface de la terre. Il est liquide, gras,
onctueux, de couleur plus ou moins noire, plus léger que l'eau, très-inflammable, d'une odeur forte
et susceptible d'être distillé sans éprouver d'altération.

Le pétrole est considéré comme un produit de la
distillation naturelle du succin ; il offre des variétés
dans sa couleur et dans sa consistance ; il est plus ou
moins pur. Ces nuances proviennent des différentes
sources qui l'ont produit. On trouve une de ces
sources en France, près de la ville de Clermont en
Auvergne, et dans un autre village de Gabian près
Beziers ; il y en a plusieurs dans la Sicile, en Italie et
en Angleterre.

On purifie l'huile de pétrole par la distillation ;
cette opération la rend claire, transparente, d'un
jaune rougeâtre et plus fluide que dans son état naturel : elle s'emploie en friction comme irritante et
excitante dans le cas de paralysie ; elle est aussi fortifiante, donne du ton aux muscles et aux nerfs affaiblis.
Elle entre dans les charges composées.

Huile de romarin. Cette huile a les mêmes propriétés que l'huile volatile de lavande ; on l'emploie
aux mêmes usages, mais moins fréquemment, parce
qu'elle est d'un prix plus élevé. Le procédé pour l'obtenir est également le même. On la retire des sommités
fleuries de l'arbrisseau qui lui donne son nom, *rosmarinus officinalis.*

Huile d'œillet. On la retire de la semence du
pavot blanc (*papaver somniferum,* Linn.) qu'on
écrase et qu'on exprime. C'est dans les départemens
septentrionaux de la France qu'elle se prépare en abon-

dance. Cette huile mucilagineuse, lorsque l'opératic
a été faite à froid et avec soin, est douce, très-blancl
et sans odeur. Elle brûle mal et donne de la fumée
on s'en sert pour falsifier l'huile d'olive, dont le pr
est plus élevé. Elle ne peut être employée dans ce
taines compositions pharmaceutiques, tels que l
savons et les emplâtres métalliques ; son peu de tei
dance à s'unir avec l'oxigène est cause que ses pr
duits n'acquièrent pas la consistance convenabl
Comme médicament, elle peut, dans beaucoup (
cas, remplacer l'huile d'olive. On l'emploie à la mên
dose; elle ne participe point des propriétés narcot
ques et assoupissantes de la plante.

Huile empyreumatique animale. C'est le troisiè
produit de la décomposition des substances animale
par l'analyse générale, à un degré de feu supérieur
celui de l'eau bouillante. L'opération se fait dans d
vaisseaux fermés. Cette huile à demi-volatile s'obtie
sous trois états différens. La première est légèr
assez fluide et peu colorée; la deuxième acquiert u
couleur noirâtre et plus de consistance ; la troisiè
est plus épaisse et beaucoup plus noire que les dei
autres. Ces huiles n'existent pas dans les corps org
niques, mais elles se forment pendant leur décomp
sition : elles sont très-fétides, épaisses, noires et co
tiennent toujours une certaine quantité de sou
carbonate d'ammoniaque en dissolution.

Propriétés et usages. L'usage de l'huile empyre
matique est très-commun dans la pratique vétérinai
c'est un puissant vermifuge et antispasmodique. (
l'emploie aussi comme antipsorique, particulièreme
dans la gale des moutons. En général, on doit pr

férer pour l'usage celle qui provient du second produit, ou celle qui a été rectifiée.

La dose pour le cheval et le bœuf est de quatre gros jusqu'à deux onces dans un breuvage ou dans un opiat. Ce médicament, étant très-dégoûtant par son odeur et son extrême âcreté, doit toujours être combiné avec des correctifs. Beaucoup de praticiens, d'après mes observations, ont adopté la méthode de donner ce médicament en forme de pilules ou bols. *Voy.* Pilules, Opiats et Breuvages.

L'huile empyreumatique se combine avec les alcalis purs ou caustiques, et forme un savon peu solide qui en facilite l'emploi; l'huile empyreumatique rectifiée avec l'essence de térébenthine est également employée par quelques praticiens. Cette opération consiste à distiller dans une cornue deux parties d'huile empyreumatique sur une partie d'essence; elle s'administre alors à l'intérieur et pour les mêmes causes.

Employée en nature pour guérir la gale des moutons, l'huile empyreumatique a l'inconvénient très-grave d'être trop fluide et de tacher la laine : cette tache est indélébile. On n'a point à craindre un semblable inconvénient en s'en servant sous forme de savon ou de pommade. *Voy.* Pommade antipsorique pour les moutons.

HUILE OU ESSENCE DE TÉRÉBENTHINE. Produit immédiat du galipot ou de la térébenthine commune, obtenu par la distillation. Dans cette opération, l'huile volatile passe dans le récipient, la colophane reste dans la chaudière de l'alambic. Deux cent trente livres de térébenthine fournissent, par une seule distillation, environ soixante livres d'essence. Cette huile est

incolore, très-fluide, légère, volatile, odorante, très
combustible, et susceptible de se résinifier par le contact de l'air et de la lumière; elle est plus âcre que
celles de lavande, de romarin, de thym, etc. Elle
n'est presque point soluble dans l'alcool, caractère qu
la distingue des huiles volatiles ou essentielles proprement dites.

Propriétés et usages. L'huile volatile de térébenthine est très en usage dans la chirurgie vétérinaire
c'est le remède universel de beaucoup de maréchaux.
Elle est irritante, résolutive, fortifiante, siccative
pénétrante et vulnéraire. On la fait entrer dans les
charges et dans les topiques. On l'administre souvent
seule pour cicatriser les plaies simples; elle entre dans
la composition du savon de starkey.

HUILE VOLATILE OU ESSENCE. *Voy.* Huile.

HUILE VULNÉRAIRE. Nous avons décrit le procédé
pour obtenir cette huile par la distillation des espèces
aromatico-vulnéraires, à l'article Eau distillée.

L'huile vulnéraire est volatile; elle a les mêmes
propriétés que l'huile de lavande, de romarin et autres; elle entre dans la composition du baume tranquille, de l'onguent nerval, et dans quelques autres
préparations.

HYDROCHLORATE. *V.* Muriate.

HYDROGÈNE, GAZ HYDROGÈNE. Cavendish
étudia le premier le gaz hydrogène vers l'année 1770.
Depuis cette époque la plupart des grands chimistes
étudièrent et firent connaître les diverses propriétés
de ce corps.

La chimie considère l'hydrogène comme uu corps simple. A l'état de liberté, il est constamment gazeux. Quand il est pur, il est invisible, inodore, réfractant fortement la lumière, d'une pesanteur spécifique de 0,07321, l'air étant pris pour unité. C'est sur cette différence qu'est fondée la théorie des aérostats. C'est un des corps les plus généralement répandus dans la nature, et il y joue un rôle des plus importans.

Uni à l'oxigène il forme d'abord l'eau, et en proportion moindre l'eau oxigénée.

Sous l'influence d'un corps en ignition, ou d'une étincelle électrique, il peut se combiner spontanément avec l'oxigène. C'est cette propriété qui paraît être la cause des orages.

Le gaz hydrogène se combine avec le soufre, le carbone, l'azote, le sélénium, le tellure, le potassium, l'arsenic, le chlore, le crome, le fluor, l'iode, etc.; pour former les gaz hydrogène, sulfuré, carboné, azoté (ammoniaque), sélénié, telluré, potassié, arsenié et les acides hydrochlorique, hydrobromique, hydrosulfurique, hydriodique, etc.

La plupart de ces gaz sont les plus délétères que l'on connaisse. Il est très-probable que les miasmes putrides, les exhalaisons délétères, les émanations métalliques sont des gaz hydrogénés.

L'hydrogène uni au carbone et à l'oxigène constitue la plupart des substances végétales; combiné avec ces deux corps et l'azote, il forme presque toutes les substances animales; mais les propriétés et la réaction de ces corps diffère essentiellement dans la nature inorganique ou organique.

Le moyen le plus simple pour obtenir un gaz hydrogène assez pur, est de traiter du zinc en grenaille par l'acide sulfurique étendu d'eau. Voici comme on explique ce phénomène d'après Lavoisier.

L'acide sulfurique ayant beaucoup d'affinité pour le zinc oxidé, force la décomposition de l'eau, l'oxigène s'unit au métal, forme un oxide qui se combine à l'acide, tandis que l'hydrogène devenu libre reprend son état naturel et se dégage sous forme de gaz.

HYDRO-SULFATE (SOUS) D'ANTIMOINE. *V.* Kermès minéral.

HYSSOPE OFFICINALE, *Hyssopus officinalis,* Linn., classe 14 de la didynamie gymnospermie; Juss., famille des labiées.

Caractères génériques. Etamines beaucoup plus longues que la corolle, qui a deux lèvres, la supérieure petite, échancrée; l'inférieure à trois lobes.

Caractères spécifiques. Sous-arbrisseau d'un pied et demi de hauteur, feuilles étroites, lancéolées, linaires, pointues, accompagnées de quelques bractées. Les épis des fleurs sont attachés d'un seul côté. Cette plante est cultivée dans les jardins; elle croît également dans les campagnes, où elle est assez commune.

Parties employées : les sommités fleuries.

Propriétés. Elle est âcre et aromatique, produit par la distillation de l'huile volatile légèrement ambrée. L'hysope fait partie des espèces aromatico-vulnéraires. Ses propriétés sont toniques, béchiques et incisives.

I.

INCINÉRATION. Réduction en cendre des substances animales et végétales. C'est une véritable combustion des matières organiques opérée à l'air libre : les divers produits sont ceux qui entrent dans leur composition, et quelques autres qui se forment pendant cette opération. Ce sont, en général, des sels neutres, des sulfates et des sous-carbonates de soude, de potasse, etc., des carbonates et des phosphates calcaires. On confondait autrefois l'incinération avec la calcination ; mais il y a des différences essentielles et caractéristiques entre un corps calciné et un corps incinéré. L'un est privé de ses principes aqueux et volatils, l'autre est un produit nécessaire de la combustion par le feu à l'air libre : c'est la réduction en cendre des corps organisés, détruits dans leur forme et dans leur agrégation.

INCISIF. Qui pénètre, qui atténue, qui divise, qui dissout. Ce mot servait autrefois à désigner une classe de médicamens dont la propriété essentielle et caractéristique consistait à augmenter la fluidité des humeurs épaissies ; à accélérer leur circulation, c'était des atténuans moins énergiques que les fondans avec lesquels on peut les confondre, et plus actifs que les apéritifs ; quoi qu'il en soit, nous avons cru devoir conserver cette dénomination, jusqu'à ce que la science ait prononcé sur le caractère qui doit distinguer ces sortes de médicamens.

La classe des médicamens incisifs est très-nombreuse ; les plus énergiques, ceux dont on fait partieulièrement usage dans la médecine vétérinaire, sont le kermès, la poudre d'aunée, d'iris et de réglisse, l'oximel simple, l'oximel scillitique, la gomme ammoniaque, les hydrosulfates alcalins, le savon, la thériaque et les différentes poudres et breuvages incisifs. *Voy.* Poudres, Breuvages.

Les incisifs stimulent l'appareil bronchique dans les catarrhes pulmonaires, chroniques, et l'asthme humide.

INFUSION. Opération qui a pour objet d'extraire de certains corps, par le moyen d'un véhicule approprié, les substances les plus solubles et les plus volatiles. Les menstrues qui servent communément aux infusions sont l'eau, le vin, l'acide acéteux et les alcools ; les substances qu'on fait infuser sont, en général, les racines tendres et aromatiques, les plantes, les feuilles, les fleurs, les écorces, etc. Elle doit avoir lieu dans des vaisseaux couverts.

L'infusion peut se faire à froid et à chaud, à des degrés différens, mais jamais au degré de l'ébullition ; c'est le caractère qui la distingue de la décoction. *Voy.* Décoction. On peut prolonger l'infusion pendant plus ou moins long-temps, suivant que les produits qu'on se propose d'obtenir sont plus ou moins intimement unis aux corps qui les contiennent ; c'est d'après la même considération qu'on détermine la température du fluide employé comme excipient.

INJECTION. Médicament liquide destiné à être introduit, à l'aide d'une seringue ou tout autre instrument approprié, dans quelques cavités du corps : on peut le considérer comme un bain ou lotion interne qu'on applique le plus ordinairement dans les divers organes creux, tels que les fosses nasales, le canal de l'urètre, la tunique vaginale, le conduit auditif, et quelquefois aussi dans une fistule, un ulcère fistuleux, etc. Les injections par l'anus portent le nom de *lavemens*. Voy. *ce mot*. On compose les injections de la même manière que les lotions, et on y fait entrer à-peu-près les mêmes substances. Voici des exemples de différentes injections.

INJECTION ASTRINGENTE.

℞ Espèces astringentes. . . . . 4 onces.

Faites bouillir pendant un quart-d'heure dans une quantité d'eau commune suffisante pour avoir un litre de décoction ; passez. Après la colature, ajoutez :

Miel. . . . . 4 onces.
Sulfate d'alumine (alun). . . . . 1 once.
Alcool de Rabel. . . . . 4 gros.
Mêlez, et employez.

INJECTION DÉTERSIVE.

℞ Vin rouge. . . . . 20 part.
Alcool vulnéraire. . . . . . . ⎱
—— camphré. . . . . . . ⎰ de chaq. 4 part.
Teinture d'aloës. . . . . . ⎰
Mêlez exactement et employez.

INJECTION ÉMOLLIENTE.

℞ Espèces émollientes. . . . . 2 poignées.
Graines de lin. . . . . 1 once.
Eau commune. . . . . 1 litre.
Faites bouillir pendant un quart-d'heure ; passez au tamis.

Injection émolliente et anodine.

℞ Espèces émollientes. . . . . 1 poignée.
Semences de lin. . . . . 1 once.
Têtes de pavots écrasées. . . . . . . 1 once.
Laudanum liquide. . . . . 4 gros.

Faites bouillir les trois premières substances pendant un quart-d'heure, dans une quantité d'eau suffisante pour avoir un litre de décoction. Après la colature ajoutez le laudanum liquide ; mêlez exactement.

INSTRUMENT. On appelle en général instrument tout agent mécanique qui sert à faire quelque chose ; les instrumens de pharmacie et de chirurgie sont en très-grand nombre : il en est d'un usage général , applicables et nécessaires à presque toutes les opérations, d'autres ne servent que dans quelques cas particuliers ; on peut les diviser en cinq classes, savoir : les fourneaux , les vaisseaux , les instrumens de main , les instrumens mécaniques et les instrumens de physique. *Voy*. Fourneau , Vaisseau.

Les instrumens de main sont ceux qui, supportés par la main qui en fait usage, n'agissent que dans la direction qu'elle leur imprime ; plusieurs exigent de la dextérité et surtout une grande habitude de s'en servir. Les ciseaux , les couteaux simples, les couteaux à levier, les râpes , les limes , les spatules , les rouleaux , les pulpoirs, les pinces , etc., sont des instrumens de main.

On comprend parmi les instrumens mécaniques , les mortiers de toutes matières avec leurs pilons appropriés, les presses, les moulins, le porphyre et sa molette, les carrelets à pointes, les tamis simples de soie et de crin, ceux à tambour, etc. L'effet de ces instrumens est déterminé par la nature de leur construction; il est toujours essentiellement le même et ne varie que sous le rapport de la perfection.

Les instrumens de physique servent à déterminer les propriétés physiques des corps; telles que la pesanteur, la concentration, la température, etc.; de ce nombre sont les balances aérostatiques et hydrostatiques, les poids de marc et les poids décimaux, les pèse-liqueurs de toute espèce, les thermomètres, les baromètres, etc.

La plupart de ces instrumens, ainsi que la manière de s'en servir, sont connus et employés aux usages ordinaires; leur description serait aussi fastidieuse qu'inutile, il ne sera parlé en particulier que des poids et mesures.

IODE. L'iode est une substance d'une nature particulière découverte par M. Courtois dans les eaux-mères des soudes de varec. Sa propriété la plus remarquable est la belle couleur pourpre de sa vapeur.

La couleur de l'iode est d'un gris de carbone de fer, il est en petites paillettes cristallines, son odeur se rapproche de celle du chlore, et il a avec ce corps la plus grande analogie.

Les eaux-mères des soudes de varec contiennent, outre plusieurs autres substances, de l'hydriodate de potasse (iodure de potassium); on y verse de l'acide sulfurique en quantité convenable; on chauffe, et l'iode se dégage sous forme de belles vapeurs violettes, et vient s'attacher en petits cristaux sur les parois du vase. On favorise l'action en ajoutant un peu de peroxide de manganèse.

L'iode s'unit à l'hydrogène et forme l'acide hydriodique, et avec l'oxigène l'acide iodique, composés qui ont beaucoup de ressemblance avec les analogues que forme le chlore. Il peut aussi s'unir à la plupart des métaux et former des iodures, et avec les corps combustibles simples, des composés binaires et quelquefois ternaires.

On avait cru d'abord que l'iode n'était contenu que dans les plantes marines; M. David cependant avait pensé, et il a été prouvé depuis, qu'il se trouvait aussi dans l'eau de mer : on l'a rencontré également ment dans l'eau de diverses sources salées.

L'iode ou les préparations ont déjà reçu plusieurs applications dans la médecine humaine. On l'a employé avec succès contre les scrophules, et ses effets contre les goîtres, maladie fort difficile à guérir, paraissent très-satisfaisans. Plusieurs praticiens qui en ont déjà fait quelques essais heureux contre le goître des chiens, les engorgemens glanduleux et quelques tumeurs de diverses natures, pensent qu'en multipliant les expériences l'iode deviendrait un médicament utile pour l'art vétérinaire. Quant à nous, nous sommes porté à croire que le prix de cette substance en permettra difficilement l'emploi dans beaucoup de cas, où l'on peut obtenir par d'autres moyens et à moins de frais des effets semblables.

Pendant l'usage interne ou externe des différentes préparations d'iode il convient de tenir le malade à un régime tonique.

Voy. Pommade d'hydriodate de potasse, d'hy_

driodate de potasse et d'iode , Teinture d'iode.

IRIS DE FLORENCE , *Iris Florentina* , Linn. , classe 3 de la triandrie monogynie ; Juss. , famille des iris.

Caractères. Calice coloré , fleurs enveloppées avant leur épanouissement dans une spathe ; six divisions profondes réunies en tube à la base ; six étamines , trois droites , trois recourbées en dehors ; anthères adhérentes au bord des filets.

Plante ou herbe vivace dont il existe une infinité d'espèces, à racines tubéreuses ou bulbeuses , feuilles simples engaînantes, radicales, à fleurs terminales. C'est la racine de l'iris connue sous le nom d'iris de Florence, qui est employée en médecine. Il croît dans les pays méridionaux de l'Europe ; on le cultive particulièrement en Italie et dans la ci-devant Provence. Il est semblable à celui qu'on voit dans nos jardins, mais les feuilles sont un peu plus étroites.

La racine d'iris est de la grosseur du pouce : on la monde de son écorce et de ses fibres avant que de la faire sécher. Dans cet état elle est noueuse, charnue et genouillée. Il faut la choisir très-blanche , bien sèche, pesante et exempte de vermoulure, d'une odeur agréable , analogue à celle de la violette : son goût est âcre et piquant. On la réduit en poudre , et on l'administre au cheval comme béchique incisif. *Voy*. Poudre d'Iris. Elle fait partie de la thériaque, des poudres béchiques adoucissantes et incisives, des espèces et poudres cordiales.

J.

JALAP, *Convolvulus jalappa*, Linn., classe 5 de la pentandrie monogynie ; Juss., famille des liserons.

Caractères. Calice à cinq divisions ; corolle en cloche ou en entonnoir, cinq stigmates, un style ; capsule à plusieurs loges.

Partie employée : la racine. Elle est orbiculaire, grosse, charnue, pesante, pivotante, ayant la forme d'un navet ; sa surface est rugueuse, d'un gris-brun veiné de noir, et son intérieur d'un gris sale ; son odeur est nauséabonde, sa saveur âcre et astringente. On nous l'apporte sèche des Indes occidentales ; on la cultive aux environs de Xalappa, ville du Mexique, qui lui a donné son nom. On la trouve dans le commerce entière ou fendue en diverses portions, souvent coupée par rouelles, sa grosseur varie depuis le poids d'une à douze onces. Il faut la choisir pesante, résineuse et exempte de vermoulure.

Analyse. Eau 24, résine 50, ext. gommeux 220, phosphate de chaux 4, muriate de potasse 81, sous-carbonate de potasse 2, sous-carbonate de chaux 2, carbonate de fer 0,1, silice 4,7, perte 17, total 500. (M. F. CADET.)

Propriétés. Le jalap est un hydragogue, qui purge cependant mal le cheval et le bœuf lorsqu'il est administré seul : il faut, en général, le combiner avec quelques autres substances, telles que l'aloës, le sulfate de magnésie, le séné, etc. Il produit un meilleur effet sur le cochon, le mouton, le bouc, le chien et le chat, qu'il purge très-bien. On l'administre au cheval à la dose de quatre gros à une once, et le double pour le bœuf.

JUSQUIAME NOIRE, *Hyosciamus niger,* Linn., classe 5 de la pentandrie monogynie ; Juss., famille des solanées.

Caractères génériques. Calice à cinq lobes, corolle infundibuliforme tubulée, limbe irrégulier ; cinq étamines ; capsules oblongues, obtuses, s'ouvrant horizontalement vers le sommet.

Caractères spécifiques. Tige de cinq décimètres, épaisse, rameuse, cotonneuse, douce au toucher et visqueuse ; feuilles alternes, grandes, molles, velues, profondément découpées et sinuées, amplexicaules ; fleurs d'un jaune pâle, veinées de pourpre noirâtre.

Cette plante est annuelle ; elle croît sur les bords des chemins, dans les lieux incultes, et fleurit au mois de juin. Elle porte les noms vulgaires de *jusquiame commune, hanebane.*

Propriétés. La jusquiame n'est jamais employée seule ; les feuilles entrent dans la composition de l'onguent populeum et du baume tranquille. Toute la plante a une odeur forte et puante ; elle est assoupissante et vénéneuse.

K.

KERMÈS MINÉRAL *(Sous-hydrosulfate d'antimoine).* C'est, selon M. Berzelius, un sulfure hydraté d'antimoine. Cette substance est un produit de l'art ;

on l'obtient en traitant par le sous-carbonate de soude
ou de potasse le sulfure d'antimoine. L'opération est
longue, pénible et difficile ; malgré des expériences
très-multipliées et pratiquées en grand, on n'est pas
certain d'obtenir toujours les mêmes résultats ; une
infinité de circonstances qu'on ne peut ni prévoir ni
prévenir, rendent ce travail plus ou moins avantageux. Il existe diverses méthodes pour la préparation
du kermès : elles diffèrent entre elles tant par la nature des substances employées, que par les doses et
la manière d'opérer ; voici celle que prescrit le code
pharmaceutique de Paris :

« ♃ Eau de pluie. . . . .   1,280.
» Faites-la bouillir pour en chasser l'air, et dissolvez-
» y sous-carbonate de soude. . . . .   128.
» Faites bouillir la liqueur pendant une demi-heure
» en la remuant avec une spatule de bois et y mêlant
» Sulfure d'antimoine réduit en poudre très-fine, 6.
» Passez-la bouillante : placez sous le filtre un
» vase contenant de l'eau tiède, dont l'air a été chassé
» par l'ébullition. En tombant dans cette eau, la li-
» queur laisse déposer une poudre d'un rouge foncé ;
» décantez l'eau après qu'elle est refroidie et mettez-la
» à part ; étendez la poudre sur une toile serrée, et
» lavez-la avec de l'eau d'abord froide, ensuite chaude,
» mais toujours privée d'air par l'ébullition, jusqu'à
» ce que cette eau ne contracte plus de saveur ; alors
» soumettez-la à l'action de la presse, pour en expri-
» mer toute l'eau ; faites-la promptement sécher à
» l'ombre et conservez-la dans un vase inaccessible à
» la lumière. »

La théorie que M. Berzelius a donnée il y a quelques années de la formation du kermès a prévalu,

il le regarde comme un sulfure d'antimoine hydraté à un très-grand degré de division, correspondant au protoxide.

Voici comment il explique ce phénomène.

Le sulfure d'antimoine se partage en trois parties.

1°. Une portion est décomposée et cède son soufre à la soude, qui passe à l'état de sulfure, s'empare de l'oxigène du sodium et se constitue en protoxide.

2°. La seconde portion se combine avec l'oxide formé, et devient insoluble.

3°. La troisième se dissout dans le sulfure de sodium à l'aide de la chaleur, et se dépose à l'état de kermès par le refroidissement.

Dans cette explication le soufre doré est considéré comme un sulfure correspondant au deutoxide. En effet, malgré le refroidissement, le sulfure de sodium en excès tenait encore une portion de sulfure d'antimoine dissoute : en y versant un acide, du vinaigre par exemple, cet acide décompose le sulfure de sodium, forme de l'acétate de soude; le soufre de ce sulfure mis en liberté se combine avec le proto-sulfure d'antimoine, et se précipite alors à l'état de soufre doré d'antimoine.

Nous n'entrerons point dans la discussion de cette théorie, nous nous bornons à en présenter l'exposé très-succinct.

Le kermès en poudre impalpable est d'une belle couleur rouge-brun, léger et velouté; le contact de l'air le décolore et le transforme en sous - hydrosulfate sulfuré; il est insoluble dans l'eau : les hydrosulfates de soude et de potasse le dissolvent bien à chaud; mais à froid, en très-petite quantité.

Analyse. D'après M. Thénard, le kermès contient,

sur 100 parties, 20 d'hydrogène sulfuré, 4 de soufre
et 72 d'oxide d'antimoine.

Le kermès était peu employé dans la médecine vétérinaire; toujours administré à des doses insuffisantes,
et font souvent de mauvaise qualité, il ne produisait
que des effets incertains : dans la première édition de
cet ouvrage j'avais fait connaître les excellentes propriétés de ce médicament; mais son prix élevé ne per-
mettait pas aux praticiens de le prescrire dans tous les
cas où il aurait pu être utile; et alors même qu'ils
croyaient devoir l'ordonner, ils réduisaient plus ou
moins les quantités pour ne pas occasioner de trop
fortes dépenses aux propriétaires. Convaincu des
avantages que pouvait procurer ce produit chimique,
je me suis occupé de lever l'obstacle qui s'opposait à
ce qu'il devînt d'un usage plus commun; j'ai entrepris
de le fabriquer très en grand, de perfectionner les
procédés, et j'ai réussi à l'obtenir avec moins de frais;
la diminution est considérable, et le kermès, aujour-
d'hui d'un prix très-modéré, est devenu l'un des médicamens que les artistes employent avec le plus de
succès depuis qu'ils peuvent le donner à des doses
convenables. L'expérience confirme de plus en plus
son efficacité. D'ailleurs, comme nous l'avons dit,
article *Médicament*, les médicamens les moins chers
ne sont pas ceux qu'on achète à plus bas prix, ce sont
ceux qui guérissent.

Propriétés et usages. Le kermès est un précieux médicament qui fournit aux praticiens exercés des moyens
fort utiles contre plusieurs maladies. Il est diaphorétique, diurétique, expectorant, incisif, fondant, dépuratif et légèrement purgatif; il convient dans la toux humorale, les catarrhes bronchiques, les péripneumo-

nies, les affections de poitrine, la gourme difficile, etc.

On administre le kermès en breuvage, en opiat, en bol ou pilule, mêlé avec d'autres substances propres à seconder ses effets ; on le fait aussi quelquefois manger dans le miel ou dans le son frisé ; il entre dans la composition de plusieurs poudres composées, de l'électuaire contre la toux, etc.

La dose du kermès pour le cheval est de deux à quatre gros, mais plus généralement d'une once, qu'on réitère plusieurs fois dans le jour, selon l'état du malade et la nature de la maladie ; on peut aussi dans certains cas augmenter cette dose jusqu'à deux onces.

L.

LAIT. Sécrétion animale, liquide, fournie par les glandes mammaires des femelles des mammifères. Cette substance récrémentielle est d'un blanc mat, opaque, plus pesante que l'eau, d'une consistance plus ou moins épaisse, d'une saveur douce, sucrée, légèrement salée, d'une odeur particulière un peu aromatique ; c'est une espèce d'émulsion animale dans laquelle le beurre et le caséum se trouvent suspendus. Le lait contient de l'eau, une matière caseuse (fromage), une huile concrète (beurre), du serum (petit-lait), et du sucre (sel de lait), dans lequel se trouvent combinés des muriates et carbonates de soude, de potasse, de chaux et d'ammoniaque, des phosphates et des hydrochlorates avec un principe extractif. La proportion de ces principes n'est pas la même dans le lait des animaux d'espèces différentes ; celui des ruminans est plus caseux, celui des solipèdes

plus séreux ; le lait de femme est en général plus sucré. La qualité des alimens, la température de l'atmosphère et la constitution des individus produisent
aussi quelquefois des altérations accidentelles dans le
lait des animaux de même espèce. C'est ainsi que l'u-
sage de l'absinthe le rend amer, la gratiole purgative
et le maïs plus sucré. Le lait exposé à l'air et abandonné
à lui-même ne tarde pas à se décomposer, on peut
prévenir cette altération en le faisant chauffer tous les
jours.

Si on laisse en repos le lait nouvellement trait, la
partie butireuse, appelée communément *crême*, plus
légère que les autres, se réunit et surnage; le sucre
ou sel reste en dissolution dans la partie caseuse et le
serum. On sépare ces deux dernières en les faisant
coaguler au moyen d'un acide ou de quelque autre
substance : on emploie ordinairement pour cette opération, après qu'il a passé à la fermentation acide, le
lait trouvé dans l'estomac des jeunes veaux, agneaux
et chevreaux qui n'ont point encore pris des alimens
solides : c'est ce qu'on appelle *de la présure*.

Il n'est pas constant que le lait soit susceptible de
la fermentation vineuse, et puisse fournir par la distillation une liqueur alcoolique. Le serum passe aisément
à la fermentation acide, et forme de l'acide acétique.

Le lait est la première et la plus naturelle nourriture des jeunes animaux de la classe des mammifères.
Ce n'est qu'après un temps plus ou moins long que
leur estomac acquiert la faculté de digérer les alimens solides.

Comme médicament, le lait est un très-bon béchique, humectant, adoucissant, tempérant et nutritif;
il calme la toux et convient dans toutes les affections

et irritations de poitrine ; il entre dans les cataplasmes émolliens et anodins : il est également utile dans le cas d'empoisonnement, soit qu'il agisse comme adoucissant ou qu'il décompose certains poisons. On le donne aussi fort souvent en lavement. Le serum est une boisson rafraîchissante et humectante que les animaux aiment beaucoup : on le nomme *lait de beurre* ; clarifié avec des blancs d'œufs, il constitue le petit-lait.

LAUDANUM LIQUIDE. *V.* Teinture anodine.

LAURIER FRANC, *Laurus nobilis*, Linn., classe 9 de l'ennéandrie monogynie ; Juss., famille des lauriers.

Caractères. Corolle à six pétales, trois tubercules autour de l'ovaire, terminés chacun par deux loges ; neuf étamines de plus ; anthères attachées sur le bord des filets ; deux bandes à la base de chaque filet du rang intérieur ; un style, un stigmate, un drupe ; tige ligneuse.

Cet arbre se plaît dans les lieux chauds et secs ; il est très-commun en Italie, en Espagne et dans nos départemens méridionaux ; il s'élève jusqu'à la hauteur de dix à quinze pieds ; son bois est tendre, flexible, uni et presque sans nœuds ; il pousse des tiges ou rameaux longs garnis de feuilles persistantes, pétiolées, toujours vertes, d'une texture sèche et nerveuse ; elles sont étroites, lancéolées et de la longueur de quatre pouces environ ; lisses d'un côté, plus ternes de l'autre, d'un vert brun foncé, d'une saveur âcre et amère, et d'une odeur aromatique. Ses fleurs sont monopétales, de couleur blanche et jaunâtre ; ses fruits sont des drupes, qu'on appelle mal-à-propos baies ; ils sont de la grosseur d'une petite cerise, de forme oblongue, d'abord verts, ensuite noirs en mûrissant, recouverts d'une coque assez dure et d'un péricarpe sec; ils renferment une matière pulpeuse oléagineuse, d'une couleur verte, d'une odeur aromatique assez agréable. On en extrait l'huile par ébullition dans l'eau et par expression après avoir écrasé les baies, elle est butireuse et très-aromatique. *Voy*. Huile de laurier.

Propriétés et usages. Les baies de laurier entrent dans la poudre contre l'inappétence, la poudre cordiale, et dans quelques préparations officinales. Elles sont balsamiques, toniques, fortifiantes et très-échauffantes. On ne les administre jamais seules: elles contiennent de l'acide prussique.

LAVANDE, *Lavandula spica*, Linn., classe 14 de la didynamie gymnospermie; Juss., famille des labiées.

Caractères génériques. Calice obscurément denté, muni d'une bractée; corolle redressée, aplatie, lévre supérieure plane; étamines renfermées dans le tube de la corolle, plus long que le calice; fleurs en épis terminaux interrompus à la base.

Herbe ou sous-arbrisseau dont il y a deux espèces; nous ne décrivons que la lavande commune ou l'aspic des Provençaux, qui est le plus en usage.

Caractères spécifiques. Souche ligneuse qui se divise en rameaux nombreux, droits, grêles, menus, ligneux et cannelés, s'élevant à trois pieds environ; feuilles étroites, linaires, lancéolées et entières, d'un vert blanchâtre; bractées, ovales, acuminées, de la longueur du calice; les fleurs petites, de couleur bleue, naissent en forme d'épis au sommet de la tige.

Cet arbuste croît abondamment sur les montagnes de la ci-devant Provence, du Languedoc et du Dauphiné, etc. On le cultive aussi dans les jardins.

Parties employées : feuilles et sommités fleuries.

Propriétés. Excitante, elle agit principalement sur le système nerveux. Elle fournit de l'extractif amer, et abondamment de l'huile volatile camphrée, qui est très-utile dans la chirurgie vétérinaire. *Voy.* Huile volatile d'Aspic ou de Lavande.

Mode d'administration. Infusion aqueuse, eau et alcool distillés. Vingt livres de fleurs de lavande, récoltées dans le midi de la France, peuvent fournir, par la distillation, depuis 8 jusqu'à 10 onces d'huile volatile légèrement citrine. Une même quantité de tiges ne fournit pas une demi-once d'essence.

Les pigeons aiment l'odeur de cette plante et l'huile sert d'appât pour les poissons.

LAVEMENT. Le lavement est une véritable injection liquide; mais ce mot s'applique exclusivement au remède qu'on injecte dans le rectum par la voie de l'anus. Les lavemens sont des médicamens magistraux très-usités dans la pratique vétérinaire. Il en est de simples et de composés. L'artiste en détermine la formule, suivant l'effet qu'il se propose de produire; il les rend émolliens, irritans, calmans, purgatifs, etc. On trouvera ci-après plusieurs exemples dont l'application sera facile. Leurs propriétés sont indiquées par les titres qui les distinguent.

LAVEMENT ADOUCISSANT.

℞ Graines de lin. . . . . 2 onces.

Fécules de pomme de terre. . . . . . . 1 once.

A son défaut, amidon de froment. . . 1/2 once.

Faites bouillir pendant un demi-quart d'heure la graine de lin dans suffisante quantité d'eau, passez la décoction au tamis de crin, remettez sur le feu, ajoutez, en remuant, la fécule délayée auparavant dans un verre d'eau froide; faites bouillir pendant quelques secondes, retirez du feu, laissez refroidir convenablement et administrez.

LAVEMENT ADOUCISSANT CALMANT.

℞ Graines de lin. . . . . 2 onces.
   Têtes de pavots blancs écrasées. . . . . 2 onces.
   Beurre frais, ou huile d'olives. . . . . . 2 onces.

Faites bouillir pendant un demi-quart d'heure les têtes de pavots séparément, ajoutez la graine de lin, et continuez l'ébullition pendant le même espace de temps; passez au tamis de crin, ajoutez le beurre ou l'huile, laissez refroidir au degré convenable et administrez.

LAVEMENT ASTRINGENT. Faites bouillir pendant un quart-d'heure, dans suffisante quantité d'eau, six onces d'espèces astringentes, passez et administrez.

LAVEMENT ASTRINGENT ADOUCISSANT. Même décoction que pour le précédent; ajoutez, après avoir passé, miel, six onces, et administrez tiède.

LAVEMENT ASTRINGENT CALMANT.

℞ Espèces astringentes. . . . . 4 onces.
   Espèces émollientes. . . . . 2 poign.
   Têtes de pavots blancs. . . . . 6 têtes.

Faites la décoction de ces trois substances réunies, dans suffisante quantité d'eau; passez, et administrez tiède.

Lavement carminatif.

℞ Fleurs de camomille romaine. ⎫
   —— de mélilot. . . . . . . ⎬ de chaq. 1 poig.
Semences de fenouil. . . . . ⎱
Têtes de pavots blancs, 6 têt. ⎰ de chaq. 1 onc.

Faites bouillir les têtes de pavots dans suffisante quantité d'eau, retirez du feu, ajoutez les fleurs et les semences ; laissez infuser un quart-d'heure ; passez et administrez tiède.

Lavement émollient.

℞ Espèces émollientes. . . . . 3 poignées.
Graines de lin. . . . . 1 once.
Eau. . . . . s. q.

Faites la décoction, passez et administrez.

Lavement émollient adoucissant.

Dans une décoction de trois poignées d'espèces émollientes, ajoutez, après l'avoir passée, onguent populeum quatre onces ; laissez refroidir avant d'administrer.

Lavement émollient calmant.

℞ Espèces émollientes. . . . . 3 poignées.
Têtes de pavots blancs. . . . . . . 6 têtes.
Baume tranquille ou huile d'olive. . 4 onces.

Faites bouillir les espèces et les têtes de pavots ; passez la décoction au tamis de crin, et au moment d'administrer ajoutez l'huile ou le baume dans la seringue.

Lavement émollient sédatif.

℞ Espèces émollientes. . . . . 3 poignées.
Têtes de pavots blancs. . . . . 6 têtes.

Faites la décoction , passez et ajoutez dans la co
lature :

  Onguent populeum. . . . . 2 once
  Laudanum liquide (teinture anodine)
   de Sydenham. . . . . 1 once
On peut remplacer ce dernier article par trei
grammes (quatre gros) d'opium dissous dans la d
coction.

LAVEMENT FÉBRIFUGE ANTI-PUTRIDE.

℞ Quinquina concassé. . . . . 4 once
  Têtes de pavots blancs. . . . . 6 têtes
  Faites bouillir ces deux substances dans suffisan
quantité d'eau , passez la décoction , et administre
en une dose.

  Suivant l'exigence du cas , on peut ajouter de
gros de camphre dissous dans deux jaunes d'œuf.

LAVEMENT IRRITANT.

℞ Savon vert du commerce. . . . . . . 4 onc
  Muriate de soude (sel marin). 4
  Faites dissoudre le sel dans l'eau chaude ; déla
le savon, et administrez-en une ou deux doses.

LAVEMENT NUTRITIF.

℞ Lait de vache. . . . . s. q.
  Fécule de pomme de terre. . . . . . 1 once.
  A son défaut, amidon de froment. . . 1/2 on
  Jaunes d'œuf. . . . . n°. 6.
  Faites chauffer le lait ; lorsqu'il sera prêt à bou
lir , ajoutez la fécule délayée auparavant dans un ve
d'eau ou de lait froid ; laissez bouillir un insta
pendant lequel vous remuerez le fluide ; retirez

feu, et lorsque le lait sera refroidi convenablement, vous délayerez les jaunes d'œuf.

LAVEMENT NUTRITIF GÉLATINEUX.

♃ Gélatine concassée. . . . . 3 à 4 onces.

Faites dissoudre dans une suffisante quantité d'eau chaude, administrez au malade et réitérez.

Les lavemens nutritifs sont adoucissans, nourrissans anti-dyssentériques. *Voy.* Gélatine.

LAVEMENT PURGATIF ÉMOLLIENT.

♃ Espèces émollientes. . . . . 2 poig.
  Grabeaux ou feuilles de séné. . . . . . 2 onces.
  Miel. . . . . 4 onces.

Faites bouillir les espèces et le séné pendant un quart-d'heure, ajoutez à la fin le miel; passez au tamis de crin et administrez (1).

LAVEMENT PURGATIF FORTIFIANT.

♃ Grabeaux ou feuilles de séné. . . . . . 2 onces.
  Rhubarbe indigène concassée. 1
Faites la décoction; après la colature, ajoutez :
  Quinquina en poudre. . . . . 1 once.

LAVEMENT PURGATIF IRRITANT.

♃ Grabeaux ou feuilles de séné. ⎫
  Feuilles de nicotiane (tabac.) ⎭ de chaq. 2 onc.
  Muriate de soude (sel marin). . . . . . 4 onces.
  Tartrate de potasse antimonié (émétique). . . . . 1 gros.

Faites bouillir pendant un demi-quart-d'heure les deux premières substances dans suffisante quantité

---

(1) Les grabeaux de séné participent des mêmes propriétés purgatives que les feuilles, et leur prix est bien moins élevé.

d'eau, passez, et faites dissoudre le sel marin et l'é-
métique ; administrez-en une ou deux doses.

LAVEMENT TEMPÉRANT ACIDULÉ.

♃ Son de froment. . . . . ℈ poign.
    Semences de lin. . . . . ɩ poign.
Faites la décoction, passez au tamis de crin. Après
la colature ajoutez :

    Acide acétique (vinaigre). .   } de chaq. 4 onc.
    Miel. . . . . }

LAVEMENT TEMPÉRANT MIELLÉ.

♃ Feuilles de laitue. . . . . . . }
    ———— de poirée. . . . . . } de chaq. 2 poign.
    ———— d'oseille. . . . . . . }
Faites bouillir pendant un demi-quart-d'heure,
passez, et ajoutez
    Miel. . . . . 4 onces.

LAVEMENT TEMPÉRANT NITRÉ.

Même décoction que dessus ; remplacez le miel par
le nitrate de potasse, à la dose de deux onces.

LAVEMENT VERMIFUGE.

♃ Espèces vermifuges. . . . . 4 onces.
    Savon vert. 2
    Huile empyreumatique. . . . . . . ɩ once 1/2.
Faites la décoction des espèces ; après l'avoir passée
vous mêlerez l'huile et le savon que vous aurez antérieurement combinés ensemble ; administrez-en une
fois et réitérez (1).

LAXATIF. Ce mot peut être considéré comme

---

(1) Une demi-heure avant que de donner ce lavement, il est convenable d'en administrer un, composé de quatre onces de miel.

synonyme de *minoratif ;* il sert à désigner une classe
de médicamens simples ou composés qui ont la propriété de purger doucement par les selles. Ils rentrent
dans la classe générale des évacuans ; leur action se
borne au canal intestinal, et l'évacuation qu'ils produisent s'opère sans secousse et sans contraction ;
c'est ce qui les distingue des purgatifs ordinaires ou
forts, tels que les hydragogues, dont l'effet est le
résultat d'un ébranlement plus ou moins violent de
diverses parties de l'organisation animale. Le miel,
la crême de tartre, la casse, le sel d'Epsom, la
manne, etc., sont des purgatifs laxatifs ou minoratifs. On les administre en breuvages et en lavemens.
Voy. ces mots.

LIN CULTIVÉ, *Linum usitatissimum*, Linn.,
classe 5 de la pentandrie pentagynie ; Juss., famille
des caryophillées.

Caractères génériques. Calice à cinq divisions profondes ; corolle à cinq pétales arrondies au sommet ;
cinq étamines, cinq styles, capsule sphérique, cinq
valves, dix loges ; graines planes, solitaires.

Caractères spécifiques. Tige simple, mince, cylindrique, lisse et rameuse ; elle s'élève à cinq ou six
pieds de hauteur. Ses feuilles alternes sont étroites,
pointues, lancéolées, linaires, vertes et oblongues.

Partie employée : la semence. Elle est ovale,
comprimée, plus pointue à une extrémité qu'à l'autre,
lisse, luisante, de couleur rouge-brun, douce au
toucher ; elle contient dans son enveloppe, dure, coriace et mucilagineuse, une amande huileuse.

Propriétés et usages. La semence ou graine de lin
sert généralement à préparer des décoctions mucila-

gineuses ou émollientes, très-adoucissantes et cal—
mantes, qui sont employées avantageusement dans les
lotions, lavemens, breuvages, collyres, etc. Réduite
en poudre, la semence de lin est connue sous le nom
de farine de lin; elle forme la base la plus ordinaire,
et on pourrait même dire générale, des cataplasmes
émolliens, simples et composés. *Voy*. Cataplasmes.
Elle fait aussi partie pour les 4/5ᵉ de la poudre émolliente composée. On en extrait une huile douce, fade
et mucilagineuse qui est généralement employée,
surtout pour les arts. *Voy*. Huile de Lin. Le résidu
de cette huile, que l'on appelle *gâteau ou pâte*, sert
à engraisser la volaille et certains bestiaux.

LINIMENT. Médicament externe destiné à oindre
les parties malades, composé ordinairement avec des
huiles, des onguens, des baumes, des savons, etc.,
dans lequel, pour l'animer, on fait entrer, suivant
la nature et la gravité de l'affection, le camphre, les
poudres et des liqueurs alcooliques. Il doit avoir plus
de consistance que l'huile, mais moins que l'onguent.
On détermine les doses des substances de manière
qu'il soit toujours onctueux; c'est pourquoi on en
exclut assez généralement la cire, qui lui donne trop
de consistance.

Le mot de *liniment* signifie *onction*; c'est le mode
d'administration qui donne le nom au médicament,
et sous ce rapport les embrocations et les charges
peuvent être considérées comme des linimens, puisqu'elles sont appliquées de la même manière.

Formules des Linimens.

LINIMENT ADOUCISSANT CALMANT.

♃ Onguent populeum. . . . . 2 parties.
———— d'althéa. 1
Baume tranquille. 2
Teinture anodine ou laudanum liquide. 1
Mêlez exactement ces substances réunies dans un mortier, et employez.

LINIMENT ALCALIN. Agitez fortement dans une bouteille un mélange formé de 10 parties d'eau de chaux, de 4 parties d'huile d'olive et de 1 partie d'ammoniaque liquide, et vous aurez un savon calcaire ammoniacal très-utile contre les brûlures.

LINIMENT ANTIPSORIQUE.

♃ Savon vert du commerce. . . . . . . 12 parties.
Sulfure de potasse en poudre. 3
Mêlez exactement dans un mortier.
Ce liniment s'emploie contre la gale des chiens.

LINIMENT FORTIFIANT.

♃ Onguent nervin. . . . . 6 part.
Teinture de cantharides. . . . . 2 p.
Huile volatile de lavande. . . . . . . 1 p.
Mêlez dans un mortier pour l'usage.

LINIMENT FORTIFIANT RÉSOLUTIF.

♃ Huile de laurier pure. . . . . 10 part.
Savon vert. 4
Camphre. 1
Huile volatile de lavande. . . .⎫
Ammoniaque liquide. . . . . .⎬ de chaq. 1 part.

On mêle le savon et le camphre avec l'huile de laurier dans un mortier de marbre, on y ajoute l'ammoniaque liquide et l'huile de lavande, et on complète la combinaison.

Liniment irritant ou excitant.

℞ Huile d'olive. . . . . 3 parties.
Teinture de cantharides. 2
Essence de térébenthine. 2
Camphre. 1

Mêlez les trois premières substances et faites dissoudre le camphre dans un mortier pour l'usage.

Liniment résolutif.

℞ Huile volatile de thym. . . . . 5 part
Acide muriatique. 3

Mêlez.

Liniment savonneux camphré.

℞ Savon vert. . . . . 4 part
Alcool. 2
Camphre. 1/2

Faites dissoudre le camphre dans l'alcool, mêle ensuite dans le savon.

Liniment volatil ou ammoniacal.

℞ Huile d'olive. . . . . 10 part
Ammoniaque liquide à 22 degrés. . . . 8

Mêlez, en agitant fortement dans une bouteille qu vous conserverez après bien bouchée.

C'est un savon ammoniacal très-résolutif, qu'on administre avec le plus grand succès contre les engorgemens lymphatiques, tels que les humeurs froides les œdèmes, les glandes, les maux de garot, les engorgemens laiteux récens, et les boutons charbon neux survenus à la suite de l'inoculation du claveau.

LIQUÉFACTION. La liquéfaction est, comme la fusion, une solution par le calorique, qui, en écartant les molécules d'un corps, le fait passer de l'état solide à l'état fluide, sans en altérer les principes. L'opération et les effets sont les mêmes; mais on se sert plus particulièrement du mot *liquéfaction* pour désigner la solution des substances qui n'exigent, pour devenir fluides, qu'une chaleur de 15 à 30 degrés; ainsi on dit *liquéfier le beurre, la cire, la graisse*, etc. L'expression de *fusion* s'applique aux métaux et autres corps qui n'acquièrent la fluidité que par l'action d'un feu supérieur.

LITHARGE. *V*. Oxide de plomb fondu.

LIXIVATION. La lixivation est un des moyens d'analyse que la chimie emploie le plus fréquemment; elle a pour objet de séparer d'une substance quelconque les parties salines qu'elle contient; elle se pratique à froid ou à chaud, suivant la nature de la substance. L'eau est l'intermède dont on se sert le plus ordinairement; on fait aussi quelquefois usage de l'alcool. On délaie les matières dans le fluide, on filtre, et le produit de la filtration s'appelle *lessive*; on procède ensuite à l'opération, et on obtient ainsi isolément les sels. Dans les travaux en grand, on fait passer l'eau à travers les matières; on la soutire par un robinet placé à la partie inférieure du cuvier; on renouvelle l'opération à plusieurs reprises, jusqu'à ce que l'eau sorte presque pure : on réunit les différens produits, et on fait évaporer. Dans plusieurs

cas, on rend les lessives caustiques par l'intermède de
la chaux.

LOTION. La lotion, considérée sous le rapport
pharmaceutique, indique une opération par laquelle,
à l'aide d'un véhicule fluide, on enlève à une substance quelconque, animale, végétale ou minérale,
les corps étrangers qui peuvent atténuer ses propriétés
ou nuire à sa conservation : c'est ce qu'on appelle *la-*
vage. On lave le kermès, le soufre sublimé, la magnésie, les fécules, etc.

Sous le rapport médicinal ou thérapeutique, la
lotion est aussi un lavage : les bains sont des lotions;
mais on entend plus particulièrement par ce mot un
remède liquide employé à déterger les plaies et bles-
sures, ramollir et fondre les engorgemens, diviser et
répercuter les tumeurs, prévenir l'extravasion du
sang dans les contusions, etc. L'eau et le vin en sont
les véhicules, et suivant la nature de l'affection on
rend la lotion astringente, émolliente, antidartreuse,
antipsorique, fondante, détersive, styptique, etc.
Voici des exemples de différentes lotions composées,
elles sont soumises aux mêmes observations que les
breuvages. *Voy.* cet article.

LOTION ANTIDARTREUSE.

♃ Muriate oxigéné de mercure⎱
     (sublimé corrosif). . . .⎰ de chaq. 1 gros.
   Oxide de cuivre brut. . . .⎱
   Eau distillée. . . . . 1 litre.

Il faut faire cette dissolution dans un mortier de
verre. Comme l'oxide de cuivre se précipite, il faut

avoir soin de remuer la liqueur avant que de s'en servir.

On bassine avec cette lotion les parties de l'animal qui sont affectées de dartres tuberculeuses. On peut en activer ou affaiblir l'effet en diminuant ou augmentant la dose de l'eau distillée.

LOTION ANTIPSORIQUE.

24 Feuilles de nicotiane (tabac). . . . . . . 2 part.
    Muriate de soude (sel marin). 5
    Savon vert. 2
    Eau commune. 32

Faites la décoction de la nicotiane, faites dissoudre le sel, délayez le savon, passez et employez.

LOTION ANTIPSORIQUE HYDROSULFURÉE.

24 Sulfure de potasse. . . . . 2 onces.
    Eau commune. . . . . 1 litre.
    Acide sulfurique. . . . . 1 gros.

Faites dissoudre le sulfure dans l'eau, et ajoutez l'acide.

LOTION ANTIPSORIQUE SAVONNEUSE.

24 Sulfure de potasse. . . . . 4 onces.
    Savon vert. . . . . 1 liv.
    Eau commune. . . . . 8 litres.

On fait dissoudre le sulfure et le savon dans l'eau pour l'usage (1).

LOTION ASTRINGENTE.

24 Espèces astringentes. . . . . 1 liv.

____

(1) Ces trois lotions sont employées avec succès contre les dartres, la gale des chevaux, et notamment celle des chiens ; on lave une ou deux fois par jour les parties affectées et on purge en même temps.

Faites bouillir pendant un-quart d'heure ces espèces dans cinq litres d'eau, passez au tamis, et ajoutez :

Acétate de plomb liquide (extrait de Sat.) 4 onces.

LOTION ÉMOLLIENTE ET ADOUCISSANTE.

♃ Espèces émollientes. . . . . 6 poignées.
Semences de lin. . . . . 2 onces.
Têtes de pavots. . . . . 12 têtes.
Eau commune. . . . . 5 litres.

Faites bouillir jusqu'à réduction d'un cinquième, et passez à travers le tamis de crin.

LOTION FONDANTE ET CICATRISANTE.

♃ Eau commune. . . . . 2 litres.
Muriate de soude. . . . . 4 onces.
Alcool à 22 degrés. . . . . 1/2 litre.

Faites dissoudre le sel dans l'eau, ajoutez l'alcool pour l'usage.

LOTION FORTIFIANTE AROMATIQUE.

♃ Espèces aromatiques. . . . . 4 poignées.
Eau. . . . . 3 litres.

Faites infuser dans un vaisseau couvert jusqu'à refroidissement, passez et ajoutez :

Alcool à 22 degrés. . . . . 1/2 litre.
Mêlez pour l'usage.

LOTION STYPTIQUE.

♃ Poudre styptique composée. . . . . . 3 onces.
Alcool aqueux, eau-de-vie. . . . . . 8 onces.
Eau commune. . . . . 2 litres.

Mêlez l'alcool avec l'eau, faites dissoudre la poudre, passez pour l'usage.

Lotion savonneuse.

℞ Savon vert ou blanc. . . . . 4 onces.

Eau commune. . . . . 2 litres.

Alcool simple ou alcool vulnéraire. . . 1 livre.

Faites dissoudre le savon dans l'eau , ajoutez l'alcool , et employez.

Lotion résolutive vulnéraire.

℞ Eau commune. . . . . 4 litres.

Alcool vulnéraire. . . . . 1/2 litre.

Acétate de plomb liquide. . . . . . . 6 onces.

Muriate d'ammoniaque. 2

Mêlez pour l'usage.

LUMIÈRE. *V*. Calorique.

LUT. Les vaisseaux, de grès ou de verre, ou de porcelaine , employés dans les opérations chimiques, résistent difficilement à l'action immédiate du feu , ils cassent très-souvent : pour prévenir cet inconvénient , non moins dangereux sous le rapport de la santé , que préjudiciable sous celui de la dépense , on enduit les vaisseaux d'une enveloppe qui les garantit de l'impression directe du feu ; la matière qui forme cette enveloppe s'appelle *lut*.

On compose les luts de différentes manières : ceux qui m'ont paru jusqu'à présent réunir le plus d'avantages, sont : un mélange de cinq parties de terre argileuse ou terre à four, avec une partie de muriate calcaire. On peut remplacer ce dernier par du sable fin qui le rend plus infusible. Un mélange de trois parties de terre argileuse , d'une partie plombagine ou carbure de fer , avec un peu de bourre ou du crottin de cheval , forme également un très-bon lut. On humecte ces substances, on les pétrit, on leur donne la consistance d'une pâte molle, qu'on étend avec la main sur le contour de la cornue. Ces sortes de lut résistent assez ordinairement à l'action du feu sans se déformer; il ne faut s'en servir qu'après qu'ils sont secs.

Il n'est pas moins indispensable de luter avec soin les jointures qui réunissent les différentes parties des appareils, pour empêcher l'expansion des produits : le lut qu'on prépare avec la chaux éteinte et les blancs d'œuf durcit fortement, et le plus souvent on ne peut l'enlever sans casser les vaisseaux. Le lut composé avec deux parties de farine de lin et une partie de farine de froment, mêlées ensemble et réduites, à l'aide de la colle de farine ou d'amidon, à la consistance d'une pâte solide, produit le même effet, et se détache, après l'opération, sans difficulté. On assujétit ce lut avec des bandes de vessie mouillées et du fil.

M.

MACÉRATION. La macération ne diffère en rien de l'infusion et de la digestion, sinon qu'elle s'opère toujours à froid; elle consiste à laisser tremper une matière solide, soit animale, soit végétale, dans un liquide qui, par son action, facilite l'extraction de certains principes. On prépare par la macération les vins médicinaux, les teintures alcooliques, les vinaigres aromatiques. En chimie, la macération est employée comme un moyen de réaction, pour déterminer la nature des corps. Les substances organi-

ques se décomposent par l'effet d'une longue macération.

MAGNÉSIE. *V*. Sous-carbonate de magnésie.

MANGANÈSE. *V*. Oxide de manganèse.

MANIGUETTE ou **GRAINE DE PARADIS**,
Amomum melequetta, Linn. Semence anguleuse,
rougeâtre, d'une saveur âcre, brûlante, aromatique,
de la grosseur de la semence de violette, ayant les
mêmes qualités que le poivre. La plante qui fournit
cette semence est de la famille des basiliers; elle croît
à Madagascar.

Propriétés. La semence d'amome ou maniguette est
un puissant stomachique, chaud, excitant, cordial,
carminatif et appétissant. On ne l'administre jamais
seule, on la combine toujours avec d'autres substances. Elle entre dans la poudre cordiale, dans la
thériaque vétérinaire, et quelquefois dans les mastigadours.

MARRUBE BLANC, *Marrubium vulgare*, Linn.,
classe 14 de la didynamie gymnospermie; Juss., famille des labiées.

On distingue deux espèces principales de *marrube,*
le blanc et le noir : on fait particulièrement usage du
premier. Cette plante pousse un grand nombre de
tiges d'environ un pied de haut, carrées, branchues,
creuses en dedans, rameuses, couvertes de duvet,
de couleur rougeâtre, garnies de feuilles opposées
deux à deux, arrondies, pétiolées, ridées, dentelées
à leur bord, velues et blanchâtres; ses fleurs, petites, blanches, sont rangées par étages le long de la
tige.

Propriétés et usages. Le marrube contient de l'huile volatile, qui a une odeur forte et aromatique ; la plante est vulnéraire, incisive, stomachique et vermifuge ; elle fait partie des espèces aromatico-vulnéraires et cordiales. On la trouve dans les lieux incultes, sur le bord des chemins, le long des haies, au pied des murailles. Les bestiaux ne touchent point à cette plante, elle est par conséquent nuisible ou au moins inutile dans les pâturages.

MASTIC (*Mastiche*). Suc résineux qui découle du lentisque, *pistacia lentiscus*, arbre de la diœcie pentandrie de Linné, famille des térébinthacées.

Cet arbre croît en Espagne, en Italie et en Provence, mais on le cultive particulièrement dans l'île de Chio où on récolte cette résine par des incisions pratiquées à son écorce. On préfère celui qui est en petites larmes, cassant, d'un jaune pâle, semi-transparent, d'une odeur légèrement aromatique, mais agréable.

Le lentisque de nos provinces méridionales ne fournit point de mastic.

Propriétés. Il est astringent, styptique, fortifiant ; administré intérieurement en poudre on en mastigadour, il resserre et raffermit les fibres de l'estomac et facilite la digestion. La dose pour le cheval est depuis 16 jusqu'à 32 grammes. Il entre dans les topiques, dans plusieurs onguens et emplâtres, et dans les mastigadours.

MASTIGADOUR. Le mot mastigadour est dérivé de mastication, action de mâcher ; il n'indique point un remède particulier, mais la manière d'administrer certains médicamens propres à exciter la sécrétion de la salive ou à calmer quelques irritations dans les par-

ties intérieures de la bouche. C'est la nature des substances dont on fait usage qui en détermine l'effet.
Les mastigadours irritans et excitans se composent
avec les poudres de racines de pyrètre, de gingembre,
de galanga, le poivre long, l'assa-fœtida, le muriate
de soude, le carbonate d'ammoniaque, etc., etc. On
emploie pour les mastigadours adoucissans, la poudre
de guimauve, de réglisse, le miel, etc. On renferme
ces substances dans une enveloppe de toile roulée en
forme de nouet ou de bourrelet, qu'on suspend dans
la bouche du cheval, au moyen d'une ligature qui se
rattache au-dessus de la tête. Il ne faut pas que le
mastigadour monte plus haut que vers la moitié de
la bouche, afin que le cheval ait la faculté de le remuer avec la langue, ce qui occasione la mastication
et provoque la salivation ou la succion.

Voici plusieurs exemples de mastigadours dont l'u-
tilité est reconnue.

MASTIGADOUR ADOUCISSANT.

♃ Poudre de guimauve. . . . ⎫
———— de réglisse. . . . . ⎪
———— de gomme arabique. ⎬ de chaq. 1 once.
Miel. . . . . ⎭

Mêlez les quatre substances et renfermez-les dans
une toile comme il est dit ci-dessus. Donnez à sucer
au cheval plusieurs fois dans le jour pendant une
heure.

MASTIGADOUR APPÉTISSANT.

♃ Assa-fœtida larmeleux. . . ⎫
Muriate de soude (sel marin.) ⎪
Mastic en poudre. . . . . . ⎬ de chaq. 1 once.
Galanga en poudre . . . . ⎭

Mêlez, enfermez dans une toile et donnez à mâcher au cheval, pendant une heure, tous les matins.

MASTIGADOUR DÉPURATIF FONDANT OU PRÉSERVATIF.

♃ Assa-fœtida larmeleux. . . . .⎫
 Sous-carbonate d'ammoniaque⎬ de chaq. 1 once.
  (alcali volatil concret). . .⎪
 Poudre de galanga. . . . . .⎭
Sulfure rouge de mercure (cinnabre). . 1 onc. 1/2.

Renfermez ces substances, après les avoir réduites en poudre, dans une double toile claire, pour former le mastigadour. Il faut l'administrer au cheval le matin à jeun pendant un quart-d'heure les deux premiers jours, une demi-heure les trois jours suivans, et ensuite une heure, jusqu'à ce qu'il soit épuisé. Il doit durer dix à douze jours. On donne tous les soirs au cheval une prise de poudre diurétique fondante ; on graisse les glandes de la ganache avec l'onguent chaud résolutif fondant, qu'on recouvre avec une peau d'agneau. Il faut, pendant ce traitement, tenir le cheval dans un régime fortifiant.

J'ai souvent employé moi-même, avec succès, ce traitement sur des chevaux glandés et qui avaient été déclarés suspects. Beaucoup de praticiens en ont obtenu aussi de bons effets.

MASTIGADOUR INCRASSANT.

♃ Poudre de réglisse. . . . . ⎫
 ———— de gingembre. . . . ⎬ de chaq. 1 once.
 Nitrate de potasse. . . . . ⎭

Mêlez ces substances ensemble et formez le mastigadour, que vous administrez au cheval pendant une heure, deux fois dans la journée.

℞ Poudre de guimauve. . . . ⎫
——— de réglisse. . . . . ⎬ de chaq. 1 once.

Tartrate acidule de potasse. . . . . . . 3 onces.

Mêlez, préparez et administrez comme le précédent.

MATRICAIRE OFFICINAL. *Matricaria parthenium*, Linn., classe 19 de la syngénésie polygamie superflue, famille des corymbifères.

Caractères génériques. Calice imbriqué, écailles très-nombreuses, fleurs radiées, réceptacle nu; se mences petites, oblongues, sans aigrettes.

Caractères spécifiques. Tiges rameuses, fermes, droites, cannelées, formant un buisson. Feuilles alternes, composées de feuilles pinnatifides dont les divisions sont incisées et un peu obtuses, d'un vert jaunâtre; couronne blanche.

Elle croît dans les terrains incultes et pierreux. Elle est vivace et fleurit au mois de juin.

Propriétés. Amère, tonique, stomachique, carminative, vulnéraire et anthelmintique. Elle fournit, comme la camomille, un peu d'huile volatile. Elle s'emploie au même usage; mais ses propriétés sont un peu moins déterminées. Les vaches, les chèvres et les moutons mangent cette plante : les chevaux et les cochons la refusent.

On trouve une autre espèce de matricaire qui est aussi quelquefois employée, c'est la matricaire camomille, *matricaria chamomilla*. Elle jouit des mêmes propriétés que la précédente.

MAUVE SAUVAGE, *Malva sylvestris*, Linn., classe 16 de la monadelphie polyandrie; Juss., famille des malvacées.

Caractères. Calice double, l'extérieur 3 feuilles, rarement plus ou moins; l'intérieur 3 divisions; plusieurs petites capsules en forme d'oreilles réunies circulairement.

Les deux espèces de mauve dont on fait usage en médecine, sont la grande et la petite mauve. Cette plante pousse plusieurs tiges droites, herbacées, rondes, moelleuses, un peu rougeâtres; quelques-unes s'élèvent perpendiculairement à la hauteur d'environ un pied et demi, les autres sont couchées à terre. Ses feuilles, presque rondes, velues, molles, de couleur verte, pétiolées, sont dentelées sur leur contour; ses fleurs purpurines, découpées en cinq parties, soutenues par un long pédoncule, grêles, velues, formées en cloche, sortent des aisselles des feuilles.

La petite *mauve* ne diffère de la grande que par la dimension de ses parties, qui sont toutes moindres; ses tiges sont plus généralement horizontales, ses feuilles plus rondes. L'une et l'autre croissent abondamment dans les terrains incultes, le long des chemins; on la trouve communément dans les cimetières. On la cultive rarement dans les champs et les jardins.

Propriétés et usages. Les feuilles de mauve contiennent beaucoup moins de mucilage que la racine; il faut avoir soin de les récolter au commencement du printemps, avant que les tiges ligneuses aient acquis toute leur croissance; c'est le moment où elles réunissent à un plus haut degré la propriété émolliente; on les emploie, comme les feuilles de guimauve, en décoction, pour les lavemens, lotions et fomentations; elles font partie des espèces émollientes. Réduites en poudre, on les mêle avec la farine de graine de lin; ce mélange constitue la poudre émolliente composée pour les cataplasmes. *Voy.* Cataplasmes et poudre émolliente composée.

MÉDICAMENT. On désigne sous le nom de *médicament*, tout corps qui, appliqué médiatement ou immédiatement sur les organes vivans, peut opérer dans l'état de ces organes un changement plus ou moins avantageux à l'exercice de leurs fonctions. Les corps médicamenteux sont ceux qui, disposés convenablement, forment ou servent à former des médicamens.

L'expérience, l'observation et l'analogie sont les trois grands moyens à l'aide desquels on est parvenu à reconnaître et constater l'action des médicamens; le mode en est tantôt prompt et intense, tantôt lent et gradué; les uns l'exercent sur l'ensemble de l'organisme, les autres sur les parties avec lesquelles on les met en contact. Un petit nombre paraît affecter spécifiquement certains organes particuliers; l'augmentation, la diminution ou l'annihilation des propriétés vitales en est le résultat. La forme, la pesanteur, l'état d'aggrégation, la saveur, l'odeur, la température, la composition chimique, le degré de concentration, la quantité, la durée de l'application, sont autant de causes qui concourent à l'action des médicamens; elle peut encore être modifiée par la disposition et la situation des organes.

On conçoit, d'après ces principes, combien il importe d'étudier avec soin les différences particulières que présentent les médicamens. C'est une vérité généralement reconnue : la médecine ne réussit à exercer une influence dans la marche des maladies, qu'en modifiant les propriétés vitales; cette modification

peut s'opérer de plusieurs manières et à des degrés
très-variés ; les effets sont nuls, salutaires ou nuisibles, suivant l'espèce et la nature des changemens qui
le déterminent. Pour lui donner le caractère qu'exige
l'état actuel des propriétés vitales, il est évident qu'il
faut connaître et diriger avec précision l'action des
médicamens, soit sur la totalité de l'organisation, soit
sur un ou plusieurs organes, indépendamment des
circonstances hygiéniques et atmosphériques qui,
dans un très-grand nombre de cas, y concourent puissamment, l'augmentent ou l'atténuent, l'excitent ou
la retardent.

Ces observations sont d'autant plus importantes que
les vétérinaires ont pendant long-temps négligé cette
partie de la science : uniquement attentifs à considérer les symptômes de la maladie, ils ne s'occupaient
qu'accidentellement de l'action médicale, de la nature
et de la qualité des médicamens ; beaucoup même
n'apprenaient à les distinguer que par l'usage et l'habitude. La cupidité et la mauvaise foi abusaient de
ces dispositions : les médicamens destinés aux animaux étaient devenus l'objet de la plus odieuse
spéculation ; on les altérait, on les sophistiquait
de mille manières ; aux substances médicamenteuses on substituait des corps inertes, sans valeur et sans propriétés, quelquefois ayant des propriétés contraires. Dans la manipulation, on ne se
proposait que de masquer la fraude, d'abréger l'opération, de la rendre moins dispendieuse. Le praticien, journellement trompé dans ses conjectures,
attribuait à la fausseté de sa théorie ce qui n'était que
l'effet de la nullité des agens; il adoptait de nouvelles
méthodes, et les résultats étaient également varia-

bles, également incertains ; il n'existait point alors de matière médicale vétérinaire, les ouvrages publiés sous ce titre ne présentaient sur l'action des médicamens, sur leur nature, leur qualité, leur préparation et les proportions relatives des substances dont ils se composent, que des notions vagues, incertaines, le plus souvent fausses. Ce n'est point sur l'expérience que les auteurs établissaient leurs principes, ils ne raisonnaient que par hypothèse ; ils supposaient qu'un médicament qui agit sur le corps humain doit également agir sur le corps des animaux et produire les mêmes effets ou du moins des effets analogues ; ils n'avaient pas considéré que si l'organisation des animaux les rapproche de celle de l'homme sous le rapport général de la conformation physique, elle en diffère par un très-grand nombre de dispositions particulières, et essentiellement par le degré de sensibilité du système nerveux ; que l'imagination, dont la puissante influence sur l'homme ne peut être révoquée en doute est nulle chez les animaux ; que des modifications multipliées résultent de la nature et de la variété des alimens, du régime habituel, du genre de travail, etc. Toutes ces circonstances sont aujourd'hui appréciées ; on est convaincu des avantages que procurent les connaissances en matière médicale, elles ne sont pas moins utiles que les connaissances anatomiques, physiologiques, nosographiques, etc. La nécessité d'étudier cette partie de la science est démontrée, elle en est le complément indispensable ; les autres la précèdent : elles indiquent le but ; mais c'est elle qui propose et fournit le moyen de l'atteindre.

Le nombre des substances médicamenteuses est considérable ; elles diffèrent plus ou moins entre elles par leur caractère physique et chimique ; on peut les considérer comme autant de sujets particuliers qui, au moyen des préparations ou opérations pharmaceutiques, sont susceptibles d'être convertis en médicamens. On distingue deux sortes de médicamens, les simples et les composés ; on appelle simples, ceux qui ne sont formés que d'une seule substance, soit qu'on emploie cette substance dans l'état où la nature nous la présente, soit qu'elle ait subi quelque légère préparation pour en faciliter l'application ou pour la conserver. Les racines qu'on monde de leurs filamens, qu'on fait sécher, qu'on pulvérise, ne sortent point de la classe des médicamens simples, parce que ces opérations préliminaires n'altèrent pas leurs principes essentiels, qu'il n'y a ni addition, ni soustraction. Il en est de même des cantharides, soumises d'abord à la vapeur du vinaigre, ensuite séchées et pulvérisées ; du sulfate d'alumine, qu'on prive de son eau de cristallisation en le calcinant, etc.

Les médicamens composés participent de l'union de plusieurs substances simples ; leur mélange ou leur combinaison donne à leur propriété un plus haut degré d'action, ou leur fait acquérir des propriétés nouvelles : les électuaires, les poudres composées, les onguens, les espèces, les charges, les breuvages, etc., sont des médicamens composés. On les distingue en officinaux et magistraux : les premiers se confectionnent d'avance dans les laboratoires, d'après des formules constantes et des principes généraux qui constituent la science pharmaceutique ; on les trouve toujours prêts chez le pharmacien, pour en faire usage dans toutes les saisons ; plusieurs ne peuvent être préparés qu'à des époques déterminées. Les médicamens

magistraux se composent au moment même du besoin , sur la prescription de l'artiste : il indique dans
sa formule l'espèce, la qualité et la quantité des substances , selon l'effet qu'il se propose de produire.
Ces médicamens, plus ou moins susceptibles de s'altérer , sont généralement destinés à être employés
immédiatement.

La division des médicamens en médicamens internes
et en médicamens externes , est uniquement établie
sur le mode d'administration : ceux qu'on introduit
dans le corps animal par le canal alimentaire, par le
rectum ou par le canal nasal , sont des médicamens
internes ; on appelle externes , ceux qu'on applique
sur les surfaces apparentes. Quelques-uns se composent des mêmes ingrédiens, et diffèrent peu par la
forme ; mais toutes les substances ne peuvent pas indistinctement être admises dans les unes et les autres.
Les breuvages , les lavemens , les pilules, etc. , sont
des médicamens internes; les onguens , les lotions ,
les linimens , les cataplasmes , etc. , sont des médicamens externes.

On donne aussi aux médicamens des noms tirés de
leurs effets secondaires ou thérapeutiques. Ces noms
forment autant de classes auxquelles se rapportent
toutes les substances médicales; on les emploie comme
termes collectifs pour désigner la classe entière dont
ils indiquent la propriété principale et prédominante,
ou comme qualificatifs, pour faire connaître la propriété essentielle d'un médicament. Ainsi on dit : *les
adoucissans , les astringens, les diurétiques , les purgatifs*, etc. ; et en parlant d'une substance dont on
veut exprimer la propriété : elle est *adoucissante,
astringente , diurétique , purgative*, etc. Sans doute

ces expressions ont été trop multipliées; quelques-unes ne présentent pas de caractère véritablement distinctif. Certains médicamens appartiennent également à plusieurs classes, et semblent par conséquent annoncés comme pouvant remplir des indications différentes, ce qui serait contraire aux vrais principes. Cependant on doit dire que la division est utile, elle simplifie l'étude de la science et facilite la pratique; on observera seulement qu'il ne faut pas prendre ces dénominations dans un sens absolu, que la plupart n'expriment que des modifications, et que les effets qu'elles supposent sont toujours relatifs. Il en est de même de la classification des médicamens, d'après leur mode d'action sur les organes : cette action n'est point invariable; plusieurs circonstances peuvent la modifier, même la changer; suivant l'influence de ces circonstances, un médicament qualifié de purgatif produit quelquefois le vomissement, et réciproquement un vomitif opère la purgation. C'est le mode d'action le plus général qui a déterminé la classification.

Il est constant que dans plusieurs cas la réunion de deux ou d'un plus grand nombre de substances donne naissance à un nouveau corps dont les propriétés et qualités ne sont point les mêmes que celles des substances qui ont servi à le former : l'oxide de mercure, par exemple, combiné avec l'acide muriatique oxigéné, produit le sublimé corrosif, qui n'est ni du mercure ni de l'acide muriatique, et dont les propriétés ne participent ni des propriétés de l'un ni des propriétés de l'autre. L'eau composée d'oxigène et d'hydrogène ne présente aucun des caractères propres à ces deux gaz; mais toutes les substances ne se comportent pas entre elles de la même manière, leur réunion ne détermine pas toujours une combinaison ; la forme change, mais les principes constitutifs conservent leur caractère, la composition moléculaire n'est point altérée. C'est donc une grande erreur de croire qu'il suffit de mêler diverses substances médicamenteuses pour obtenir un médicament nouveau ; que la différence en nombre et en quantité occasione une différence essentielle dans le mode d'action. Quelle serait, dans cette hypothèse, l'étendue du code médical ? L'imagination même ne pourrait en concevoir l'immensité ! et ce qui serait plus inconcevable encore, il faudrait supposer que l'économie animale est susceptible d'éprouver une aussi grande variété de changemens organiques.

La chimie nous démontre que tous les produits des végétaux, si multipliés et si différens en apparence, peuvent cependant se rapporter à l'huile fixe ou volatile, au baume, au camphre, à la résine, à l'extractif, etc. Les moyens d'action se trouvent donc réduits à un petit nombre, et ne donnent par conséquent qu'une somme déterminée de combinaisons. Unissez deux à deux, trois à trois, etc., les sujets d'une même famille, c'est-à-dire ceux composés de principes analogues : ces principes n'agissant pas les uns sur les autres, le médicament n'a point changé de nature, quoiqu'il ait changé de forme. L'association n'a point opéré de combinaison entre les principes actifs ; mais on les a réunis dans des proportions différentes, et l'action du médicament est devenue ainsi plus énergique, plus intense et plus constante. La poudre de sauge et la poudre cordiale, par exemple, ne constituent pas deux médicamens différens : l'une et l'autre fournissent à l'analyse de l'huile volatile et un extractif amer : le mode d'action est semblable, les changemens immédiats qui résultent de leur application sont analogues; mais la poudre cordiale produira ces changemens dans un temps bien moins long que la poudre de sauge, et avancera d'autant la guérison ; avantage qui, dans la pratique vétérinaire, ne saurait être trop considéré, parce que le temps est tout. Les animaux domestiques n'ont qu'une valeur relative ; cette valeur, calculée d'après l'espèce et la durée des services que l'homme en retire, diminue progressivement; chaque jour qu'ils cessent d'être utiles est une perte réelle pour le propriétaire.

Les médicamens doivent être comparatifs, c'est-à-dire qu'il faut employer les substances médicamenteuses dans un état bien déterminé, et autant que possible analogue à la nature de chacune ; que leur préparation, leur association, leur mélange, leur combinaison, s'opèrent d'une manière constamment uniforme ; que les proportions soient rigoureusement les mêmes. Toutes ces circonstances influent plus ou moins sur la force ou le degré d'action qu'ils exercent, et par suite, sur l'étendue des effets qui en sont les résultats. Rien n'est indifférent, rien ne doit être arbitraire. L'artiste, après avoir apprécié les symptômes morbifiques, calcule l'espèce de changement qu'exige l'état individuel et maladif; mais si le médicament dont il fait usage n'est point tel qu'il le suppose, s'il n'a pas les qualités convenables, si ces qualités sont moindres ou surabondantes, le changement n'aura pas lieu, ou il sera insuffisant, ou il sera nuisible. Dans le premier cas, la maladie continuera son cours sans interruption ; dans le second, les modifications ne pourront en arrêter les progrès ; dans le troisième , il aura favorisé ses développemens , et rendu plus intense le principe qui l'occasione.

Prévenir , pallier et guérir , tel est le but de la médecine vétérinaire comme de la médecine humaine; l'une et l'autre y parviennent en modifiant les propriétés vitales à l'aide des changemens immédiats opérés sur les organes vivans. Les instrumens dont elles font usage (les corps médicamenteux) sont de même nature ; mais l'organisation des sujets sur lesquels elles les appliquent n'étant point exactement conforme, ils doivent être appropriés de manière différente.

C'est la pharmacie qui prépare les médicamens : elle purifie , elle dispose , elle conserve les corps médicamenteux ; elle divise , elle extrait , elle combine leurs principes actifs , elle leur donne la forme convenable. L'histoire naturelle nous apprend quels sont les corps qui peuvent devenir des médicamens; elle en décrit les caractères, indique leurs propriétés physiques , le lieu qui les produit, le moyen de se les procurer , elle s'occupe de tout ce qui est relatif à leur existence , les classe par ordre, distingue les genres et les espèces. La chimie les considère dans leur composition intime, détermine la nature de leurs molécules, le degré de leur force attractive, l'action qu'elles exercent les unes à l'égard des autres , l'altération qu'elles éprouvent dans leur contact avec des substances étrangères ; elle fait connaître les nouveaux corps qui résultent de leur combinaison , le mode d'opération le plus avantageux, les intermèdes qu'on doit employer. Ces sciences ont chacune leur objet particulier : elles ne constituent point l'art de guérir, mais elles s'en rapprochent par des rapports si essentiels, qu'il est impossible de les en séparer. Si l'artiste n'a pas besoin de les suivre dans toute leur étendue, il est des principes généraux qui lui sont indispensables, et sans lesquels l'usage qu'il fait des médicamens est un véritable empirisme, un acte hasardé, une tentative que le succès même n'autorise à rendre usuelle qu'après des expériences multipliées.

La forme des médicamens doit être appropriée à la disposition des organes, à leur situation, au mode d'administration, et à l'espèce d'impression qu'on veut produire. On peut fixer le nombre de ces formes à six, savoir : les solides, les pulvérulens, les mous, les liquides, les vaporeux et les gazeux. Quelques corps médicamenteux se trouvent naturellement dans l'état convenable à leur application; d'autres, en plus grand nombre, exigent diverses modifications; il en est qui ne sont pas susceptibles de prendre indistinctement toutes les formes. Les procédés pour changer l'état des corps varient ainsi que les intermèdes, et il n'est pas indifférent d'employer les uns pour les autres. En parlant des substances en particulier, j'ai indiqué les formes sous lesquelles on les administre le plus ordinairement dans la pratique; il ne sera pas inutile d'ajouter ici quelques observations générales sur cet objet.

Les propriétés chimiques et physiques des corps médicamenteux, la nature de leurs principes constitutifs, l'espèce et la qualité de ceux de ces principes qu'il importe de conserver, la force d'agrégation, la pesanteur, la pulvérisabilité, la miscibilité, le degré de solubilité, l'altérabilité, sont autant de circonstances qui influent sur les formes qu'il convient de donner aux médicamens, sur les moyens qu'on peut employer, sur les intermèdes dont on fait usage.

La pratique vétérinaire applique, dans leur état solide, le nitrate d'argent fondu, la potasse caustique, le muriate de mercure corrosif, le muriate oxigéné d'antimoine, le sulfate de cuivre, les racines d'hellébore et quelques autres plantes irritantes; elle ne s'en sert qu'à l'extérieur, comme escarrotiques, pour brûler les chairs, établir des cautères et des sétons.

La quantité des substances qu'on administre à l'état pulvérulent est beaucoup plus considérable; de ce nombre sont : le sulfure d'antimoine, l'oxide d'antimoine demi-vitreux, le muriate de mercure doux, le sulfure de mercure, l'oxide brun de fer, le nitrate de potasse, le sulfate de potasse, le tartrate de potasse antimonié, le tartrate acide de potasse, etc., etc.; les racines de gentiane, d'iris, d'aunée, de réglisse, de guimauve, etc.; les poudres composées béchiques, cordiales, diurétiques, fébrifuges, vermifuges, etc. C'est par la pilation, la trituration, la porphyrisation et la précipitation (*voy.* ces mots), qu'on réduit les corps solides en poudre; quelques-uns exigent en outre l'addition de certains intermèdes, tels que l'eau pour le sulfure de mercure, le muriate de mercure doux, les terres holaires et absorbantes; l'alcool pour le camphre, etc. On rend aussi pulvérulens différens corps mous, même liquides, comme les huiles volatiles, l'opium, les sucs gommo-résineux, plusieurs extraits, etc., en les soumettant à l'action du pilon et de la molette, mêlés avec des intermèdes convenables.

Les médicamens pulvérulens ne sont pas toujours administrés dans cet état, le plus souvent cette pre-

mière transformation n'est qu'une opération préparatoire, une disposition nécessaire pour leur donner la
forme molle, liquide, etc. C'est avec les mêmes substances indiquées comme médicamens pulvérulens,
que se composent les électuaires, les cataplasmes, les
pilules, les onguens, les boissons médicinales, les
breuvages, etc.

La consistance de la cire, et celle d'un mucilage
épais, sont les deux extrêmes qui distinguent les médicamens mous, des médicamens solides ou pulvérulens, et des médicamens liquides. Quelques substances, le miel et les graisses, par exemple, ont naturellement cette forme : les sucs épaissis, les extraits et les pulpes sont bien aussi des produits naturels, mais ils n'existent en cet état que par l'effet des
préparations artificielles qu'on leur fait subir. La
plupart des autres médicamens mous sont des mélanges ou des compositions, et le corps médicamenteux ne doit la consistance qui le range dans cette
classe, qu'aux intermèdes avec lesquels il est uni ou
combiné : de ce genre sont les électuaires, les pilules,
les pommades, les onguens, etc., dans lesquels entrent comme intermèdes, comme excipiens, quelquefois comme principes actifs, l'axonge, le suif, la
cire, l'huile, le miel, l'eau, le vin, l'alcool, etc.

La classe des médicamens liquides est plus nom-
breuse et plus variée qu'aucune des autres. Indépendamment des sucs qu'on retire des végétaux par la
seule compression, il est peu de corps médicamenteux qui, soumis à la macération, à la digestion, à
l'infusion, à la décoction ou à la distillation (*voy.*
ces mots), ne fournissent quelque principe : le produit de ces opérations est une solution partielle ou

complète; on parvient même, à l'aide de la suspension ou condensation, à donner la forme liquide à certains corps entièrement insolubles. Les médicamens liquides sont appliqués de plusieurs manières et portent des noms différens, selon le mode d'application : on les appelle *bains*, *lotions*, *fomentations*, *collyres*, *gargarismes*, *breuvages*, *boissons*, *lavemens*, etc.

De tous les intermèdes liquides, l'eau est celui qui en réunit le caractère au plus haut degré; on l'emploie comme dissolvant et comme véhicule; elle se prête à tous les procédés. Il faut la choisir très-pure; les alcalis, la chaux, les phosphates, les carbonates, beaucoup de sels métalliqués qui s'altèrent dans l'eau de rivière et dans l'eau de pluie, n'éprouvent aucune décomposition dans l'eau distillée : on doit, dans tous les cas, préférer cette dernière. L'eau dissout à froid le muqueux, l'extractif, le sucré, le tanin, l'albumine et la gélatine des substances animales et végétales ; et à chaud, l'amidon, l'extractif oxigéné, et le tanin oxigéné.

On obtient également la solution de l'extractif, de l'extractif oxigéné, du tanin et du sucré, par l'alcool. Cet intermède est en outre le dissolvant particulier de la résine, du camphre, de l'huile volatile, de l'acide gallique, de l'acide benzoïque, de l'éther, de l'alcali caustique, de la plupart des sels déliquescens et des sels métalliques, substances qui résistent à l'action de l'eau, ou que l'eau ne dissout que dans de très-petites proportions. Il est essentiel d'observer 1°. que l'alcool se charge plus ou moins des principes solubles, suivant qu'il est plus ou moins concentré, en sorte que les produits des mêmes opérations peuvent être très-différens, s'il n'a pas été employé dans le même état ; 2°. les propriétés médicales des solutions alcooliques partielles ou complètes ne sont pas toujours celles des corps médicamenteux , beaucoup doivent leur action principale à l'alcool.

L'huile fixe, le vin, l'acide acétique et l'éther sont aussi des intermèdes pour la solution ; mais l'huile et l'acide acétique n'ont, comme dissolvans, aucune propriété particulière : l'huile ne dissout que l'huile volatile, les résines, le camphre, le phosphore et le soufre ; elle laisse intacts les autres principes, et elle a l'inconvénient de rancir facilement, ce qui altère les produits : l'acide acétique est trop variable dans son état de concentration : on ne doit faire usage que très-rarement de ces deux intermèdes. Le vin est plus communément employé comme véhicule que comme dissolvant.

L'éther, jouissant par lui-même d'une action médicale, influe nécessairement sur celle des corps médicamenteux qu'il dissout. Les solutions éthérées donnent des produits qu'on doit regarder comme des médicamens particuliers , des combinaisons nouvelles, souvent sans rapport avec les substances qui ont servi à les former. Ce n'est que lorsque le corps médicamenteux n'est soluble dans aucun intermède liquide, et qu'il ne peut être appliqué sous forme molle, qu'on fait usage de la solution dans l'éther.

Les corps médicamenteux que la médecine vétérinaire applique sous forme vaporeuse sont l'alcool simple, l'alcool aromatique, les plantes aromatiques, les plantes narcotiques et les plantes émollientes. On réduit les deux premières à l'état vaporeux , à l'aide du calorique ; les végétaux ont besoin de l'intermède

de l'eau, qui, le plus souvent, est employée sans addition, et constitue à elle seule le médicament. Suivant les circonstances, on met tout le corps de l'ani
mal en contact avec les vapeurs ; d'autres fois on les
dirige sur une partie au moyen d'un entonnoir ou
de tout autre instrument approprié.

On administre sous forme gazeuse le gaz acide muriatique, le gaz acide muriatique oxigéné, le gaz nitreux, le gaz sulfureux, le gaz ammoniacal et le gaz
oxigène. On applique ces substances sur la partie malade, soit en les dégageant immédiatement des corps
qui les contiennent, ou de l'eau dans laquelle on les a
concentrées, soit en comprimant extérieurement le
vase élastique dans lequel on les a renfermées : mais
ces sortes de médicamens sont encore très-peu usités
dans la pratique ordinaire, on les emploie seulement
comme préservatifs pour purifier les écuries, étables
et bergeries. *Voy.* Fumigations.

Quelle que soit la forme d'un médicament, trois
circonstances influent principalement sur les effets
immédiats qui résultent de son application ; ces circonstances sont la dose, le degré de concentration et
la température. On appelle *dose* la quantité du médicament qu'on administre en une seule fois : on la
détermine par les mesures pondériques ; tout autre
mode est défectueux. La dose est susceptible de variation, selon le tempérament, la situation des organes et l'espèce de maladie. C'est par des expériences
cliniques qu'on parvient à la fixer de la manière la
plus avantageuse. Tous les médicamens n'exigent pas
à cet égard la même précision ; il en est qui n'exercent
pas une action plus intense, quoique la dose en soit
plus considérable : l'inutilité de l'augmentation est

dans ce cas, le seul inconvénient ; mais beaucoup de médicamens produisent des effets très-différens : s'ils sont appliqués à trop forte dose, ils peuvent devenir délétères. C'est surtout lorsqu'on les administre intérieurement, lorsqu'ils agissent sur des organes essentiels à la vie, et dont on ne peut les séparer à volonté, que l'exactitude la plus rigoureuse est indispensable.

La détermination des degrés de concentration n'est pas moins importante, elle influe sur la nature même de l'action qu'exerce le médicament : les changemens immédiats et les effets secondaires prennent divers caractères selon qu'il est plus ou moins concentré; c'est-à-dire selon que les molécules intégrantes se trouvant plus ou moins rapprochées, il en contient, sous un même volume, une quantité plus ou moins grande. On se sert de l'aréomètre ou pèse-liqueur pour mesurer la concentration des fluides; cet instrument marque leur rapport de pesanteur avec l'eau distillée. La concentration des solides est plus difficile à reconnaître ; dans la pratique, on se contente de l'indiquer par le degré de mollesse et de dureté, par l'état de fraîcheur, de siccité, de cristallisation, d'efflorescence, de déliquescence, de calcination, etc. On augmente la concentration des corps par la dessiccation, la calcination, l'évaporation, la distillation, etc, ; on la diminue en les mêlant, savoir : les liquides avec l'eau distillée, le vin, l'acide acétique, l'alcool, l'huile fixe, l'éther sulfurique, etc. ; les mous avec le miel, les mucilages, l'axonge, la cire, etc.; les pulvérulens, avec l'amidon, la farine de froment, le son, la poudre de réglisse, la guimauve, et autres. C'est par des expériences cliniques que se détermine le degré de concentration qui convient à chaque médicament : quelques-uns n'agissent que lorsqu'ils sont bien concentrés, d'autres doivent être très-étendus. Il en est peu qui puissent être administrés indifféremment à des degrés variés.

L'influence de la température est moins générale ; mais quoique souvent indifférente, il est, dans beaucoup de cas, utile et même nécessaire de la déterminer. L'odeur et la saveur de certaines substances se développent par la chaleur ; l'éther, susceptible de se volatiliser, ne peut être administré à une température élevée ; l'eau tiède excite le vomissement ; l'eau froide est tonique, etc. Il est des organes sur lesquels les médicamens produisent une impression différente, selon le degré de température. C'est à l'aide du thermomètre qu'on mesure la température des corps.

Parmi les médicamens, plusieurs ont des propriétés analogues et peuvent remplir les mêmes indications ; il faut alors employer de préférence ceux qui, étant d'une nature moins variable, jouissent d'une action médicale plus constante ; qui, susceptibles de se dissoudre dans les intermèdes ordinaires, prennent aisément toutes les formes et sont plus faciles à administrer ; ceux qui, plus rarement sophistiqués, s'altèrent moins par le contact de la lumière, de la chaleur et de l'air ; ceux surtout dont l'action plus restreinte ne s'étend pas sur des organes éloignés, et dont l'excès de dose ne peut produire des effets nuisibles qui compliquent la maladie, et qu'on est obligé ensuite de combattre par d'autres moyens.

Dans les mélanges, on doit éviter de mettre en contact des principes qui s'altèrent les uns les autres ;

ainsi les acides sont altérés par les alcalis, par les oxides métalliques, par un grand nombre de sels, particulièrement par les sels avec excès de base; les acides concentrés, par les substances animales et végétales; les alcalis, par les acides, par les sels acides, par les sels métalliques, par le soufre, par l'hydrogène sulfuré, par plusieurs acides; les acides et les alcalis altèrent les végétaux, etc., etc. Enfin, dans les cas même où les substances qu'on réunit ne sont pas altérables les unes par les autres, il faut prendre garde de ne point entraver l'action des principes médicamenteux par l'addition d'une trop grande quantité d'ingrédiens inertes.

Tant de soins et d'attentions paraîtront sans doute superflus à certains vétérinaires qui, sous prétexte d'économie, pensent qu'on doit, dans la pratique, employer de préférence les médicamens de qualité inférieure, parce qu'ils sont moins chers, ou les administrer à petites doses, pour diminuer proportionnellement les frais du traitement : l'erreur est évidente; c'est le résultat d'un faux calcul. Admettons, ce qui est incontestable, que les médicamens sont les instrumens de la médecine, que sans leur secours la science devient purement spéculative; considérons ensuite l'objet que se propose l'homme de l'art : il veut amener une crise salutaire, produire un changement dans l'économie animale : si les moyens dont il fait usage sont impuissans par leur nature ou par leur qualité, s'ils sont trop faibles en raison de la quantité, il n'obtiendra point le changement qu'il sollicite; l'état maladif continuera; il faudra recommencer : la première dépense est inutile, une seconde, une troisième, le seront également : si le même esprit, prétendu économique, détermine le choix et la dose du médicament, les frais seront doubles, triples, et il n'aura pas guéri, et peut-être les progrès du mal auront rendu inutile tout secours ultérieur.

Les médicamens les plus économiques sont ceux qui opèrent le plus sûrement et le plus promptement, c'est la nature et la qualité qu'il faut considérer; celui qui n'agit pas est toujours trop cher, puisqu'il devient inutile, qu'il ne sert qu'à faire perdre du temps, et le plus souvent à rendre la maladie incurable. D'ailleurs, ce n'est point la valeur intrinsèque des substances qu'il faut prendre pour base du calcul, mais la valeur relative, en raison composée du degré d'action: quatre, et même six livres de miel administrées successivement à un cheval (ce remède est cependant bon et très-usité) ne produiront pas l'effet d'une livre de miel dans laquelle on aura mêlé une prise de poudre béchique incisive, béchique adoucissante, ou une once de kermès, etc. Plusieurs breuvages soi-disant économiques ne remplaceront pas, dans les indigestions et certaines coliques, un seul breuvage simple, auquel on ajoute une once d'éther sulfurique. La dépense sera cependant bien moindre dans l'un et l'autre cas, la guérison plus sûre et plus prompte. Il serait facile de démontrer, par un semblable rapprochement, que l'usage des poudres diurétique, cordiale, vermifuge, béchique incisive, de la thériaque, de l'onguent antipsorique, etc., n'est pas, à beaucoup près, aussi coûteux que celui de tous ces corps inertes par lesquels on prétend les suppléer.

Ces vérités sont à la portée de tout le monde, il ne faut que savoir compter. Aussi beaucoup de praticiens en relation avec moi, convaincus par mes observations, ne regardent plus comme des médicamens trop chers l'éther, le kermès minéral, les préparations mercurielles, et autres substances véritablement médicamenteuses, parce qu'elles agissent à la dose de deux gros, quatre gros, une once, et que leur action est certaine.

Le même raisonnement est applicable à beaucoup d'autres médicamens; c'est cette considération qui m'a déterminé à former un certain nombre d'espèces et à combiner diverses préparations dont les recettes officinales ou magistrales sont d'une grande utilité aux artistes, soit pour simplifier leurs formules, soit pour obtenir des effets moins variables que ceux que procurent les mêmes substances employées isolément.

Je crois devoir terminer cet article important par une courte observation sur ce qu'on appelle la médecine expectante, que l'esprit d'imitation et peut-être le désespoir de l'impuissance ont essayé d'introduire dans la pratique vétérinaire. Ce système, dans la médecine humaine, est fondé sur une vérité incontestable, l'influence que le moral de l'homme exerce sur son physique : il est certain que les sentimens et les passions sont des moyens qui, habilement dirigés, ont produit dans plusieurs cas des changemens heureux, des crises salutaires, et par là suite la guérison de quelques maladies du genre chronique; mais cette influence existe-t-elle dans les animaux ? avons-nous sur leurs facultés intellectuelles et sensitives des notions, je ne dirai pas exactes, mais seulement probables ? Nous ignorons même s'ils sont susceptibles d'être affectés par le souvenir du passé, par la considération de leur situation présente, par la crainte et l'espérance de l'avenir. D'ailleurs, quels seraient les avantages de cette médecine expectante, en supposant qu'elle pût réussir quelquefois? Ces cures miraculeuses deviendraient le plus souvent onéreuses aux propriétaires, le rétablissement de l'animal ne l'indemniserait pas toujours des frais de nourriture et des soins pénibles qu'il aurait fallu lui prodiguer pendant un temps nécessairement très-long. Je l'ai dit précédemment, l'intérêt que nous prenons à la conservation des animaux domestiques n'est point un intérêt d'affection, mais le résultat d'un calcul comparatif; ils n'ont qu'une valeur relative déterminée par l'étendue des services qu'ils peuvent rendre; chaque jour qu'ils passent sans travailler est une perte dont le montant est à déduire.

MÉLISSE OFFICINALE, *Melissa officinalis*, Linn., classe 14 de la didynamie gymnospermie; Juss., famille des labiées.

Caractères génériques. Calice oblong, scarieux, lèvre supérieure plane, 3 dents, l'inférieure deux fides; corolle tubulée; deux lèvres, la supérieure voûtée, échancrée, l'inférieure à trois lobes; lobe moyen en cœur renversé.

Caractères spécifiques. Tiges hautes de 6 décimètres, carrées, dures, rameuses et presque glabres; feuilles pétiolées, ovales, un peu en cœur, les inférieures crénelées dans leur contour, d'un vert luisant tirant un peu sur le noir, leur surface intérieure plus pâle, couverte de poils comme le reste de la plante; les pétioles canaliculés en dessus; les fleurs petites, blanches ou d'un rouge pâle, unilatérales, tournées en dehors et rassemblées aux aisselles des feuilles à l'extrémité d'un pédoncule court, solitaire, presque nul, muni de petites bractées.

Cette plante est vivace, on la trouve dans les environs de Paris, sur les bords des haies; mais elle est plus commune dans le midi de la France. On la cultive beaucoup dans les jardins.

Noms vulgaires. Mélisse citronnelle, herbe de citron, parce que son odeur approche sensiblement de celle de ce fruit.

Parties employées : Feuilles et sommités, un peu avant la floraison.

Propriétés. Excitante, cordiale, stomachique, carminative et nervine. Sa saveur est chaude, amère et un peu âcre. Elle contient une très-petite quantité d'huile volatile et de l'extractif simple.

Mode d'administration. Infusion, breuvage; généralement peu employée; elle fait partie des espèces aromatico-vulnéraires.

MENSTRUE. Ce mot est synonyme de *dissolvant;* il désigne le fluide dont on se sert pour dissoudre une substance plus ou moins solide, ou pour en extraire quelques principes.

On distingue plusieurs espèces de menstrues : les *menstrues* aqueux sont, l'eau naturelle et l'eau distillée; ils dissolvent les substances salines, sucrées, gommeuses, et quelques principes extractifs des végétaux et animaux.

Les menstrues spiritueux, tels que les alcools, dissolvent les savons, les résines, et plus ou moins les matières huileuses.

Les menstrues huileux dissolvent les résines, les graisses et la cire, les acides ont la propriété de dissoudre des métaux en se décomposant.

MENTHE POIVRÉE, *Mentha piperita*, Linn., classe 14 de la didynamie gymnospermie; Juss., famille des labiées.

Caractères génériques. Corolle presque régulière, un peu plus longue que le calice; étamines écartées.

Ce genre, nombreux en espèces, est divisé en trois sections. Première, fleurs en épis terminaux; deuxième, fleurs en têtes; troisième, fleurs axillaires. Ces séparations sont nécessaires dans les familles très-composées comme les labiées.

Caractères spécifiques. Cette espèce est voisine du *mentha viridis*, menthe verte. Elle s'en distingue par ses feuilles pétiolées, plus ovales et arrondies à leurs bases; par ses étamines, plus courtes que la corolle; par ses épis, moins grêles, plus obtus au sommet, et par son calice strié. Son odeur est plus agréable que celle des autres menthes; sa saveur, un peu âcre et piquante, est suivie, après la première impression, d'une douce fraîcheur assez semblable à celle que produit l'éther. C'est l'effet de la nature de l'huile volatile qu'elle contient abondamment.

La menthe poivrée se cultive dans les jardins pour l'usage de la pharmacie; elle est vivace.

Partie employée : tige fleurie.

Propriétés. Elle excite le système nerveux, est stomachique, cordiale, vulnéraire et appétissante. Elle contient beaucoup d'huile volatile camphrée.

Pour l'usage vétérinaire, la menthe poivrée doit être préférée : elle peut cependant être remplacée par le baume des jardins, *mentha gentilis*, par la menthe verte, *mentha viridis*, la menthe cultivée, *mentha sativa*, la menthe pouliot, *mentha pulegium*, la menthe crépue, *mentha crispus*. Les chevaux, les chèvres et les moutons mangent la plupart des menthes, les vaches les refusent.

Mode d'administration. Infusion aqueuse ou vineuse. Les différentes menthes font partie des espèces aromatico-vulnéraires, de la poudre et de l'eau cordiales.

MERCURE (*Hydrargyrum*). Les caractères distinctifs du mercure sont des plus tranchés. Métal blanc d'une pesanteur spécifique très-grande, liquide à la température ordinaire. Il peut être solidifié par un refroidissement de 40 degrés au-dessous de zéro; il se volatilise à la température de 350 degrés au-dessus de zéro, propriété dont on profite pour le séparer de quelques substances métalliques non volatiles, avec lesquelles on peut le falsifier, comme le plomb, l'étain, etc.

Le mercure se rencontre dans la nature sous quatre à cinq états : 1°. natif, 2°. amalgamé avec l'argent, 3°. à l'état de sulfure, 4° à l'état de chlorure, et très-rarement à l'état d'oxide. Il se trouve plus communément dans l'Espagne et au Pérou. Dans le duché des Deux-Ponts on l'exploite à l'état de sulfure, on mêle de la chaux avec la mine préparée, on chauffe, il se forme du sulfure de chaux, et on recueille le mercure volatil.

Le mercure forme avec l'oxigène deux oxides, avec le soufre deux sulfures, et deux chlorures ou muriates avec le chlore. Tous ces composés sont employés dans la médecine. Il peut s'unir aussi à plusieurs autres corps simples, et à la plupart des métaux : combiné avec l'oxigène et avec plusieurs acides, il forme des sels.

Les acides le dissolvent plus ou moins : le sulfurique ne l'attaque qu'autant qu'il est chaud et concentré; le nitrique, au contraire, agit sur lui à chaud comme à froid; il y a, dans l'un et l'autre cas, dégagement de gaz. Le mercure se divise dans les gommes, les graisses et quelques acides végétaux.

Usages. Le mercure fournit à la médecine vétérinaire plusieurs médicamens très-précieux : combiné avec le soufre, il forme les sulfures noir et rouge de mercure; il sert à préparer l'oxide jaune, l'oxide rouge et le sulfate de mercure, le muriate de mercure oxigéné et le muriate de mercure sublimé; combiné avec la graisse, il forme la pommade ou onguent mercuriel double; il entre aussi dans l'onguent antipsorique et dans beaucoup d'autres compositions officinales et magistrales; c'est une substance médicamenteuse des plus utiles à la médecine.

Mercure doux. *V.* Muriate de Mercure sublimé.

MERCURIALE ANNUELLE, *Mercurialis annua,* Linn., classe 22 de la diœcie ennéandrie; Juss., famille des euphorbiacées.

Caractères. Plante herbacée; tiges branchues, hautes d'un pied environ, anguleuses, lisses, noueuses, luisantes, rameuses, genouillées; feuilles opposées, oblongues, pointues, dentelées à leurs bords, vertes, luisantes, de saveur nitreuse; racine tendre, fibreuse. Les fleurs pédonculées sortent des aisselles des feuilles. On l'appelle mercuriale femelle; la mercuriale mâle en diffère par ses fleurs ramassées en forme d'épis.

Propriétés. L'une et l'autre, laxatives et émollientes, font partie des espèces de ce nom ; on les emploie aussi pour lavemens et fomentations ; on en prépare le miel mercurial.

MÉTAL. Corps combustible, simple, élastique, brillant, sonore, opaque, dilatable, plus ou moins ductile, plus ou moins dense, oxidable, même acidifiable, bon conducteur du calorique, fusible, susceptible de recevoir un beau poli et de former des sels par sa combinaison avec les acides.

Ces caractères appartiennent généralement aux métaux ; mais tous ne les réunissent pas au même degré : plusieurs en ont de particuliers, et il existe entre eux des différences, soit physiques, soit chimiques, qui servent à les distinguer et à déterminer l'espèce d'emploi qu'on peut en faire pour l'usage domestique et pour l'usage médicinal. L'or est jaune, le cuivre rouge, l'argent blanc, le plomb gris, etc. Les tissus sont lamineux, fibreux ou graineux ; leur pesanteur spécifique varie dans le rapport extrême d'un à vingt-deux environ, qui est celui du potassium au platine ; le fer, l'étain, le plomb et le cuivre, ont une odeur et une saveur désagréables : les uns sont fusibles au-dessous de la chaleur rouge, d'autres n'entrent en fusion qu'à une chaleur supérieure ; leur force d'attraction pour l'oxigène est inégale ; pour se saturer de cette substance, ils en absorbent des quantités plus ou moins considérables, etc., etc.

On trouve ordinairement les métaux profondément enfouis dans la terre, quelquefois cependant très-rapprochés de sa surface ; rarement on les rencontre natifs, c'est-à-dire dégagés de toute substance hétérogène; ils sont assez souvent à l'état d'oxide ou à l'état de sel, plus souvent encore combinés avec des corps étrangers, tels que le soufre et l'arsenic, appelés par les naturalistes, *minéralisateurs*. L'industrie de l'homme parvient à les réduire à cette pureté métallique qui les rend si utiles et d'un usage presque universel dans les arts et dans le commerce.

Le système adopté par M. Thénard pour la classification des métaux, dans son *Traité de Chimie élémentaire*, nous paraît réunir tous les avantages qui manquaient au précédent : on peut dire qu'il est dans la science et pour la science; sa simplicité seule serait un motif suffisant pour l'admettre généralement. Il est fondé sur un principe unique; et ce principe, l'affinité des métaux pour l'oxigène, est éminemment chimique.

M. Thénard établit sept sections, qu'il distingue et compose de la manière suivante :

Affinité des corps combustibles pour l'oxigène :

Première section. — Substances non métalliques : l'hydrogène, le carbone, le bore, le phosphore, le soufre, le sélénium, l'iode, le chlore, l'azote et le fluor.

Deuxième section. — Substances métalliques qui, par l'effet de leur extrême affinité pour l'oxigène, n'ont pu encore être réduits : le silicium, le zirconium, l'aluminium, l'yttrium, le glucinium et le magnesium.

Troisième section. — Substances métalliques qui ont la propriété d'absorber le gaz oxigène à la température la plus élevée, et de décomposer l'eau à la température ordinaire : le calcium, le strontium, le barium, le sodium et le potassium.

Quatrième section. — Substances métalliques qui, ayant la propriété d'absorber le gaz oxigène à la température la plus élevée, ne décomposent l'eau qu'à l'aide de la chaleur rouge : le manganèse, le zinc, le fer et l'étain.

Cinquième section. — Substances métalliques qui peuvent absorber le gaz oxigène à la température la plus élevée, mais qui ne décomposent l'eau ni à froid ni à chaud : l'arsenic, le molybdène, le chrôme, le tungstène, le columbium, l'antimoine, l'urane, le serium, le cobalt, le titane, le bismuth, le cuivre et le tellure.

Sixième section. — Substances métalliques qui n'absorbent le gaz oxigène qu'à un certain degré de chaleur, et qui ne peuvent opérer la décomposition de l'eau : le nikel, le plomb, le mercure, l'osmium.

Septième section. — Substances métalliques qui ne peuvent absorber l'oxigène ni décomposer l'eau à aucune température : l'argent, le palladium, le rhodium, le platine, l'or et l'iridium.

L'eau a de l'action sur les métaux, elle les oxide : les acides ont la propriété de dissoudre, en se décomposant, les oxides métalliques. Quelques acides peuvent dissoudre les métaux non oxidés : dans ce cas, l'oxidation est l'effet de la décomposition de l'acide, et précède toujours la dissolution. L'union des acides avec les oxides métalliques exige une proportion déterminée d'oxigène; elle cesse aussitôt que cette proportion n'existe plus.

Les métaux entrent dans la composition d'un grand nombre de médicamens, on en retire différens produits; leurs propriétés sont indiquées dans l'article particulier relatif au métal qui les fournit. Nous n'a-

vons parlé que de ceux employés dans la pharmacie
vétérinaire.

MIEL (*Mel*). Substance concrète, de consistance
molle, de nature mucoso-sucrée, fermentative ; principe immédiat des végétaux, que l'abeille domestique
(*apis mellifica* , insecte hymynoptère, c'est-à-dire
de ceux qui volent à l'aide de quatre ailes nues, membraneuses, inégales et veinées), nous fournit par ses
utiles travaux, et qu'à l'aide de sa trompe elle retire
des feuilles, des fleurs, des fruits et de la sève de certains arbres, plantes et arbrisseaux. Cette substance
subit dans l'estomac de l'insecte une élaboration particulière d'où résulte l'addition d'un nouveau principe, par conséquent un composé nouveau. Ainsi,
le miel peut être considéré comme un corps sucré,
combiné avec les acides acétique et malique, la cire
et un mucilage animalisé. Distillé à feu nu, il donne
de l'acide acétique, une huile et du caramel ; l'acide
nitrique le change en acide oxalique ; si on le fait fermenter, étendu dans une suffisante quantité d'eau,
on obtient de l'hydromel vineux.

Les abeilles ouvrières déposent le miel dans les alvéoles ou cellules de cire ; il est destiné à servir de
nourriture pendant l'hiver à toute la ruche ; l'homme
profite de leur industrieuse prévoyance, et leur enlève
une partie du fruit de leur travail. Le procédé est
simple et trop généralement connu pour qu'il soit
nécessaire de le décrire. On coupe les rayons de la
ruche, on les place sur des claies d'osier, et il en découle naturellement un miel demi-fluide, qu'on appelle *miel vierge* ; il acquiert progressivement plus
de consistance ; les gâteaux chauffés et comprimés en

procurent une nouvelle quantité, mais il est de qualité inférieure.

Le plus beau miel est celui dit de Mahon; blanc, dur, très-grenu, d'un goût très-agréable, il participe de l'odeur de la rose, mais il est rare. Le miel de Narbonne tient le premier rang après celui de Mahon; il a l'arome du romarin. La province du Gâtinois en fournit abondamment de toutes les nuances, depuis le blanc jusqu'au citron-brun; il est en général très-pur, de bonne qualité et facile à clarifier; il s'en fait une grande consommation pour l'usage domestique.

Dans la pratique vétérinaire on emploie communément les miels du Languedoc, de la Provence, de la Champagne, de la Tourraine, de la Normandie, de la Picardie, etc. Ces différens miels sont appelés miels du pays; ils varient en consistance et en couleur, suivant le canton qui les produit : la manière de les extraire influe sur leur qualité. Il faut les choisir fermes, de la couleur la moins foncée, d'un goût et d'une odeur agréables; on préfère les plus nouveaux, on rejette ceux qui, tombés en sirop, ont perdu leur consistance naturelle : cet état est presque toujours l'effet d'une fermentation qui en altère les principes. Le miel de Bretagne, que les abeilles récoltent presque exclusivement sur les fleurs du genêt et du sarrasin et que les habitans du pays préparent avec peu de soin, est le moins estimé et le plus commun de tous; mou, souvent demi fluide, très-coloré, d'un goût âcre, d'une odeur forte et désagréable : il contient beaucoup de pollen et de couvain qui le portent promptement à la fermentation et même à la putréfaction. Dans cet état, les animaux le mangent avec répugnance, beaucoup le refusent, et il n'est pas toujours salutaire. A Paris, le miel de Bretagne est presque le seul employé, à cause de son bas prix, pour la pratique vétérinaire. Il faut le choisir nouveau, d'une consistance ferme, pur, d'une odeur et d'une saveur aussi douces et agréables que possible.

Propriétés et usages. Quoique le miel soit adoucissant, béchique, pectoral et nourrissant, ses propriétés sont trop peu énergiques pour que son action sur les organes des animaux puisse être d'un grand secours dans la médecine vétérinaire, cette action est presque nulle ; mais il est très-utile comme moyen auxiliaire ; il sert d'excipient et de véhicule à beaucoup de substances médicamenteuses qu'il serait extrêmement difficile, on peut même dire impossible d'administrer sans cet intermède, dont les chevaux sont assez friands. On mêle le miel avec les poudres simples et composées, on le délaie dans les boissons, on l'admet dans les lavemens, les breuvages ; il entre dans la préparation des oximels et du miel mercuriel ; il est l'intermède ordinaire des bols, pilules, opiats, électuaires, etc.

MILLEPERTUIS OFFICINAL, *Hypericum perforatum,* Linn., classe 18 de la polyadelphie polyandrie ; Juss., famille des hypéricées.

Caractères. Tiges hautes d'un pied et demi, rondes, rougeâtres, rameuses et fermes ; feuilles oblongues, ponctueuses, luisantes, nerveuses, opposées, sans pétioles, sortant des nœuds de la tige ; elles semblent percées de petits trous, qui ne sont que des vésicules remplies d'une liqueur transparente. Les fleurs naissent aux sommités des tiges ; elles sont jaunes et très-nombreuses, disposées en roses.

Cette plante croît dans les bois et dans les lieux incultes.

Propriétés. Les sommités fleuries sont vulnéraires, apéritives, balsamiques et détersives ; elles font partie des espèces vulnéraires ; elles entrent dans la composition de la thériaque et dans plusieurs autres préparations pharmaceutiques. On en retire par infusion une huile qui porte le nom d'huile d'*hypericum* ou de *millepertuis.*

MINORATIF. *V.* Laxatif et Purgatif.

MINIUM. *V.* Oxide de plomb fondu.

MIXTION Mélange de plusieurs substances simples qui, par leur réunion, forment un seul corps, auquel on donne alors le nom de *composé.* La mixtion diffère essentiellement de la combinaison, en ce que les molécules des corps ne sont qu'interposées, elles ne se pénètrent point, les principes conservent les caractères et les qualités qui leur sont propres ; dans la combinaison, au contraire, il y a agrégation intime, production nouvelle, les propriétés du composé sont différentes de celles qui appartiennent aux corps composans. Par l'effet d'une fermentation intestine et des affinités chimiques, les mixtions, du moins en grande partie, deviennent, avec le temps, de véritables combinaisons.

MONDER. Opération mécanique par laquelle on sépare d'un corps les parties qui sont inutiles ou qui ontété altérées, ou qui ne jouissent qu'à un faible degré des propriétés convenables à l'objet qu'on se propose de remplir. On monde les racines de leurs filamens chevelus, certaines fleurs de leurs calices, le séné de ses grabeaux, etc.

MORELLE NOIRE, *Solanum nigrum*, Linn., classe 5 de la pentandrie monogynie; Juss., famille des solanées. Elle renferme un très-grand nombre d'espèces.

Caractères génériques. Calice à cinq divisions, non vésiculeux; corolle en roue, limbe ouvert, plissé; anthères rapprochées, oblongues, s'ouvrant au sommet par deux pores; la baie a deux ou plusieurs loges; périsperme sensible; embryon roulé en spirale.

Caractères spécifiques. Tige glabre, étalée, de deux à trois décimètres; feuilles ovales, pointues, dentées et anguleuses vers la base; les fleurs naissent en petites grappes latérales, pendantes; elles sont petites, de couleur blanche. Les baies, d'abord rouges, deviennent noires à leur maturité.

La morelle noire est annuelle; elle croît le long des murs des villages et des jardins, dans les lieux ombragés et cultivés; c'est une plante très-commune, qu'on a souvent de la peine à détruire.

Partie employée : les feuilles. Elles forment la base de l'onguent populeum qu'on devrait peut-être appeler *onguent de morelle composé*; elles entrent aussi dans la composition du baume tranquille, et font partie des espèces émollientes et de la poudre émolliente composée.

Propriétés. La morelle est narcotique, son odeur

vireuse ; prise intérieurement, c'est un poison assou-
pissant : les bestiaux ne touchent jamais à cette
plante.

MOUTARDE, *sinapis*. Plante de la famille naturelle des crucifères ; de la tétradynamie siliqueuse de
Linn. Deux espèces sont employées en médecine, *sinapis nigra* (moutarde noire), *sinapis alba* (moutarde blanche).

Caractères génériques. Calice ouvert, glandes
entre les étamines et le pistil, silique presque cylindrique, terminée par un style court; semences uni-
sériées presque globuleuses.

Moutarde noire. *Caractères spécifiques.* Feuilles
intérieures lyrées, celles du sommet lancéolées entières, pétiolées, siliques glabres lisses; semence noire
ou rouge.

Moutarde blanche. *Caractères spécifiques.* Siliques hérissées, étroites; feuilles et tiges presque glabres, semence jaune plus grosse que la noire.

Partie employée : la semence de moutarde noire
pulvérisée (farine de moutarde) mélangée avec du vinaigre, constitue les sinapismes que l'art vétérinaire
a déjà employés avec succès.

La graine de moutarde blanche pourrait être dans
plusieurs cas administrée aux animaux comme aliment excitant.

MUCILAGE ou MUQUEUX. Ces deux expressions
sont synonymes; on les emploie indifféremment, l'une
ou l'autre, pour désigner une substance gommeuse,
extraite des végétaux, soit naturellement, soit par

des procédés artificiels. Cette substance incolore, sans odeur et sans saveur, est de consistance solide, épaisse ou fluide; elle se dissout dans l'eau, dont elle ne trouble point la transparence; très-peu soluble dans l'huile, elle est absolument insoluble dans l'alcool.

On comprend parmi les corps muqueux solides, la gomme arabique, la gomme adragant, etc.; le muqueux fluide et le muqueux demi-solide sont ceux qu'on retire de la racine de guimauve, des oignons de lis, des semences de lin, de coings, de psylium, de fenu-grec, etc.

Combiné avec les acides minéraux, le muqueux ou mucilage forme de l'acide acétique; sa combinaison avec l'acide nitrique produit de l'acide oxalique; il passe promptement à la fermentation acéteuse; exposé à l'action du calorique, il se boursoufle, brûle difficilement, exhale pendant sa combustion une odeur acide, et laisse pour résidu une masse charbonneuse; distillé à la cornue, il fournit du phlegme empyreumatique acide, une petite quantité d'huile, de l'acide carbonique et du gaz hydrogène carboné. Il décompose l'acide sulfurique concentré, dont il enlève l'oxigène, et forme, avec cet acide, du carbone, de l'eau et de l'acide acéteux.

Le muqueux est adoucissant, humectant, pectoral et nutritif; il est difficile à digérer, lorsqu'il n'est pas combiné avec le miel ou le sucre. Appliqué extérieurement, il est émollient et adoucissant. Il entre dans les collyres, les lotions, les cataplasmes et les lavemens.

MURIATE, HYDROCHLORATE ou CHLORURE.

Sel produit par la combinaison de l'acide hydrochlorique avec un oxide, ou par l'union du chlore avec un métal. Voici les caractères essentiels de ces sels. En les traitant par l'acide sulfurique il se dégage un gaz, qu'on reconnaît être de l'acide hydrochlorique. La plupart des chlorures sont solubles dans l'eau. M. Thénard regarde les chlorures dissous comme des hydrochlorates, fondant cette hypothèse sur ce que l'oxigène de la base est, avant la combinaison, en proportion avec l'hydrogène de l'acide pour former de l'eau. Presque tous les métaux peuvent s'unir avec le chlore en deux proportions qui correspondent aux degrés d'oxigénation et forment deux chlorures. Plusieurs se rencontrent abondamment dans la nature.

Nous ne parlerons que des chlorures ou hydrochlorates d'ammoniaque, d'antimoine, de mercure, de soude et de chaux.

Muriate d'ammoniaque. (*Hydrochlorate d'ammoniaque*). Ce sel, connu sous le nom de sel ammoniac, est une combinaison de l'acide muriatique ou hydrochlorique avec l'ammoniaque. On le fabriquait autrefois exclusivement en Ammonie, pays situé en Egypte; ce n'est que depuis très-peu de temps qu'on connaît le procédé par lequel on l'obtenait. On faisait sublimer dans de grands matras la suie des cheminées produite par la combustion de la fiente des chameaux, que les habitans du pays brûlent pour leur usage ordinaire, après l'avoir mêlée avec de la paille hachée et fait sécher. Beaumé est le premier qui ait réussi à préparer ce sel en France; il s'en est établi après lui des manufactures en grand qui alimentent assez le commerce pour fournir à la consommation de ce sel utile à la pharmacie et très-employé dans les arts.

On distille à feu nu., dans de grandes cornues construites en briques ou en fonte, des substances animales et particulièrement des os ; leur décomposition fournit plusieurs produits : de l'huile empyreumatique animale et des eaux ammonicales mêlées de carbonate d'ammoniaque. On sépare l'huile, on filtre l'eau à travers du plâtre, où il se forme du carbonate calcaire et du sulfate d'ammoniaque, on fait bouillir ensuite avec du muriate de soude, et par la double décomposition qui s'opère, on obtient du sulfate de soude qu'on fait cristalliser, et du muriate d'ammoniaque qu'on sublime dans de grands matras de terre.

Le muriate d'ammoniaque est volatil à une haute température; sa couleur est d'un blanc sale : il est très-difficile à réduire en poudre. Il se dissout dans quatre parties d'eau froide, et à parties égales dans l'eau bouillante; il produit beaucoup de froid en se dissolvant, il contient environ quarante-trois parties d'acide, vingt-cinq d'ammoniaque et cinquante-deux d'eau. Sa saveur est âcre, piquante et urineuse.

Propriétés et usages. Le muriate d'ammoniaque est employé en nature comme substance azotée, c'est un très-bon fondant, diurétique et sudorifique : on l'administre avec beaucoup de succès dans les engorgemens chroniques des glandes lymphatiques, dans les éruptions cutanées, lentes ou rebelles, les affections tuberculeuses, le farcin, etc. La dose pour le cheval est de trois gros à une once; on l'administre aussi extérieurement, soit en poudre, soit dissous dans l'eau, en lotion ou fomentation, sur les tumeurs ou engorgemens froids des articulations. Il ranime les ulcères chroniques et sanieux. On en extrait l'ammoniaque liquide et le carbonate d'ammoniaque; il entre dans la composition de plusieurs poudres, lotions, collyres, etc.

MURIATE D'ANTIMOINE SUBLIMÉ (*Chlorure d'antimoine*). C'est un proto-chlorure d'antimoine, on l'appelait autrefois Beurre d'antimoine. On l'obtient en chauffant fortement dans une cornue de verre un mélange de parties égales d'antimoine et de sublimé corrosif (deuto-chlorure de mercure).

On préfère le procédé suivant décrit par M. Robiquet, dans le *Dictionnaire technologique.*

On introduit dans un ballon de l'acide hydrochloro-nitrique formé avec une partie d'acide nitrique et trois parties d'acide hydrochlorique,

On y ajoute par portion quatre parties de grenailles d'antimoine.

Le chlorure se dépose, on sépare le liquide qui surnage, on évapore, et quand le chlorure se prend en masse, on le met dans une cornue et on le soumet à la distillation. Si on ne l'obtient pas entièrement blanc, on distille de nouveau pour l'amener à cet état.

L'eau décompose le chlorure en lui cédant ses élémens, l'oxigène s'unit au métal qui se précipite à l'état d'oxide, et l'hydrogène forme avec le chlore de l'acide hydrochlorique.

Il faut que la dissolution soit étendue; le chlorure d'antimoine est très-déliquescent.

Propriétés et usages. Le chlorure d'antimoine est encore employé par quelques praticiens dans la chirurgie vétérinaire; il sert à cautériser les plaies profondes, étroites et sinueuses, particulièrement celles qui résultent de la morsure des animaux enragés et

des reptiles venimeux; pour cautériser profondément
et ronger les chairs fongueuses et les pustules malignes. Il est rarement employé sous forme liquide,
étant alors moins commode et moins actif.

Muriate de chaux (ou *Hydrochlorate de chaux*).
C'est un sel marin calcaire, combinaison de l'acide
muriatique avec la terre calcaire ou de chlore et de
calcium. On trouve ce sel tout formé dans les eaux
de la mer et des fontaines salées. On l'obtient aussi
de la décomposition du carbonate calcaire par l'acide
muriatique. Après la préparation de l'ammoniaque
par la chaux, on a un résidu salin qui n'est pas
autre chose que du chlorure de calcium : il suffit de
le lessiver et de le faire évaporer jusqu'à siccité
pour le changer en hydrochlorate. Ce sel, très
déliquescent, se dissout dans l'alcool; c'est par cet
intermède qu'on l'obtient très-pur; sa saveur est âcre
et très-amère. Il est peu employé en médecine; il
mériterait cependant de fixer l'attention des praticiens.

Propriétés et usages. C'est un puissant fondant,
excitant et altérant, très-actif. On pourrait l'utiliser
davantage dans la maladie du farcin, dans les engorgemens glanduleux, et dans tous les cas où l'on a besoin de diviser et de fondre les humeurs lymphatiques.

Il entre dans la composition des pilules anti-farcineuses, dont beaucoup de praticiens font usage, en
suivant, pour le traitement de ces sortes de maladies,
la méthode que j'ai indiquée à l'article Pilules anti-
farcineuses.

Muriate de mercure doux (*Mercure doux*). C'est
un proto-chlorure de mercure.

24 Mercure très-pur. . . . . .)
   Muriate de mercure-oxigéné } de ch. part. égal.
   (sublimé corrosif). . . .)

Réduisez le muriate en poudre fine dans un mortier de verre ou de marbre, versez dessus un peu d'eau distillée pour prévenir la volatilisation, qui incommoderait l'artiste ; ajoutez le mercure, continuez à triturer jusqu'à ce que le métal soit parfaitement éteint ; introduisez le mélange dans un ballon ou matras de verre, que vous remplirez à demi, placez ce matras dans un bain de sable, et procédez à la sublimation par un feu gradué, que vous soutiendrez jusqu'à ce que toute la matière soit sublimée. Laissez refroidir cassez le vaisseau et retirez le produit.

Cette première opération n'est pas suffisante, le muriate contient encore des portions de sublimé qui n'ont pas été combinées : on réduit de nouveau en poudre, on fait sublimer une seconde fois, ensuite on porphyrise avec de l'eau pour le réduire en poudre impalpable, on lave à l'eau bouillante, et on fait sécher à l'ombre. On peut recueillir le mercure doux volatilisé dans de l'eau en vapeur, on l'obtient ainsi en poudre blanche impalpable.

On conçoit ce qui se passe dans la préparation : le sublimé est composé de deux parties de chlore et d'une partie de mercure ; en ajoutant du mercure on obtient du chlorure de mercure composé de partie égale de chlore et de mercure.

Le lavage s'effectue pour priver le proto-chlorure du deuto-chlorure, car ce dernier est soluble dans seize parties d'eau , et l'autre complètement insoluble.

Propriétés et usages. Le muriate de mercure doux, le calomélas, le sublimé doux, la panacée mercurielle et l'aquila alba, sont absolument le même médicament. C'est un puissant fondant, dépuratif, anti-vermineux et purgatif. Il fait partie de plusieurs poudres composées et des pilules anti-farcineuses. On peut l'administrer au cheval depuis un gros jusqu'à quatre. On l'emploie avec succès dans le traitement du farcin et des maladies psoriques.

MURIATE DE MERCURE OXIGÉNÉ (*Sublimé corrosif*). C'est un deuto-chlorure de mercure.

Il existe différens procédés pour préparer ce sel : on peut l'obtenir par la voie sèche et par la voie humide : tous ont pour objet de combiner d'une manière plus ou moins directe l'acide muriatique oxigéné (chlore) avec le mercure.

℞ Sulfate acide de mercure non lavé. . 5 parties.
   Muriate de soude décrépité (sel ma-
       rin). . . . . 5 parties.
   Oxide de manganèse noir. . . . . . 4 part. 1/2.

On réduit ces substances en poudre séparément, on les mêle ensemble, on les introduit dans un matras ou ballon à fond plat, assez grand pour qu'il reste un tiers de vide; on place ce matras dans un bain de sable, et on le ferme en appliquant sur l'ouverture un petit pot renversé. On chauffe légèrement, on élève successivement la chaleur à un très-haut degré, et on la maintient dix à douze heures dans cet état. Il faut avoir soin de ne laisser entre la capsule et le matras qu'une couche de sable mince. Le matras doit être recouvert jusqu'à la hauteur du mélange.

Voici ce qui se passe dans cette opération : du sulfate acide de deutoxide de mercure est en contact avec

du chlorure de sodium, l'oxigène de mercure se porte
sur le sodium, l'acide sulfurique du sulfate de mercure se combine avec la soude produite, le chlore et
le mercure devenus libres se combinent et se volatilisent. L'oxide de manganèse sert à favoriser la formation du chlore. Si le sulfate acide de mercure contenait du sulfate neutre, il en résulterait un mélange
de proto-chlorure de mercure.

Le sublimé corrosif est un sel blanc très-pesant,
inaltérable à l'air ; sa saveur, extrêmement âcre, laisse
sur la langue une impression styptique et métallique
très-désagréable; c'est le plus actif et le plus violent
des composés salins. Poison terrible à la dose de quelques grains, il est cependant devenu pour la médecine humaine un remède héroïque contre les maladies
syphilitiques. Il est soluble dans l'alcool et dans 20
parties d'eau à la température ordinaire ; l'eau bouillante le dissout en bien plus grande quantité ; il cristallise par le refroidissement en belles aiguilles longues,
brillantes et satinées. L'action du calorique le volatilise et le décompose facilement ; il est altérable par la
présence du tanin, de l'extractif, des infusions acer-
bes, par le lait, le vin et différens sels alcalins et terreux. Dans la plupart de ces cas il perd une portion de
son chlore, et se transforme en protochlorure qui se
précipite.

Le contre-poison le plus énergique du sublimé est
l'albumine ou les blancs d'œufs administrés en grande
quantité, ou bien le gluten délayé, ou, à défaut
d'autre chose, la farine de froment délayée dans beaucoup de lait.

On reconnaît la présence de ce sel en plongeant
dans la solution une plaque de cuivre décapée. Cette

plaque blanchit un peu, et reprend son état naturel si on l'expose à une forte chaleur.

La solution de sublimé corrosif précipite en jaune par les alcalis, en blanc par l'ammoniaque : on démontre facilement la présence du mercure en chauffant ces précipités.

Propriétés et usages. On emploie fréquemment le sublimé dans la chirurgie et la médecine vétérinaire ; mais il exige des soins et des connaissances. Les animaux carnivores sont très-sensibles à son action ; les herbivores le sont bien moins. Cette observation est essentielle pour en déterminer les doses. Il ne faut que quelques grains de sublimé pour faire périr un chien, tandis que plusieurs gros administrés à un cheval n'ont produit que de faibles effets. La chirurgie vétérinaire emploie souvent le sublimé pour établir des cautères aux bœufs et aux chevaux, ainsi que dans l'opération de la castration ; dans les javarts cartilagineux son application est préférable au feu et à tout autre moyen connu. Quelques praticiens l'administrent intérieurement dans la maladie du farcin et dans les affections du système lymphatique ; il paraît préférable de le donner en substance et en poudre, mêlé dans le son. Je l'ai vu administrer avec succès à la dose de 50 jusqu'à 72 grains (1 gros), et continuer pendant quinze à vingt jours. On prépare avec ce sel la dissolution du muriate de mercure oxigéné. *Voy.* ces mots.

MURIATE DE SOUDE (*Sel marin ordinaire*, *Sel de cuisine*). C'est un chlorure de sodium, et si on le considère en dissolution, c'est un hydrochlorate. Il est le produit de la combinaison de l'acide muriatique avec la soude. C'est un des corps les plus abondans et les plus utiles de la nature ; il existe en masses immenses dans l'intérieur et sur la surface de la terre ; on l'appelle dans cet état *sel fossile* ou *mine de sel gemme*. Les eaux de la mer, des lacs, des étangs et des sources salées doivent leur goût amer et salé à une forte dissolution de muriate de soude. On l'obtient par l'évaporation naturelle et artificielle de ces eaux. Il est à-peu-près aussi soluble dans l'eau froide que dans l'eau chaude ; c'est pourquoi il cristallise par évaporation , et non par refroidissement , comme font presque tous les autres sels. Les cristaux de sel marin sont en cubes, et décrépitent au feu ; ils ont la propriété d'attirer l'humidité de l'atmosphère à cause du muriate calcaire qui se trouve toujours combiné avec ce sel.

On le purifie, on le blanchit par dissolution , par filtration et par évaporation.

Le chlorure de sodium a une saveur franche , salée, qui plaît aux hommes et à presque tous les animaux ; il est généralement employé pour assaisonner les alimens et préserver les viandes de la putridité ; il s'empare de leur humidité, les durcit et les dessèche : il faut pour cet usage employer le sel dans son état ordinaire ; celui qui est purifié ne produit pas le même effet.

Propriétés et usages. On donne le sel marin aux animaux pour aiguiser leur appétit. Il est très-salutaire. Il convient parfaitement aux bêtes à cornes dont les maladies graves sont constamment compliquées d'un dérangement notable des fonctions digestives. Le sel est très-propre à prévenir ce trouble ; on ne peut trop insister sur son usage : il est fondant, apéritif,

résolutif et vermifuge. Il s'administre intérieurement et
extérieurement. Les chevaux le mangent en nature; on
le donne mêlé dans le son ou dissous dans l'eau blanche, au bœuf, au cheval et au mouton; souvent on
le dissout dans l'eau et on en asperge le fourrage qu'on
leur donne au ratelier. On s'en sert dans beaucoup
d'opérations de pharmacie et de chimie; il entre dans
la préparation d'un grand nombre de médicamens.
Il fournit par sa décomposition l'acide muriatique ou
hydrochlorique.

MYRRHE (*Myrrha*). L'arbre qui produit la
myrrhe n'est point connu, on sait seulement qu'il
croît dans l'Arabie et l'Abyssinie; elle nous est apportée par le commerce, en morceaux de différentes
grosseurs ou en larmes pesantes, rouges, fragiles et
brillantes dans leur cassure. Cette substance gommo-
résineuse fournit de l'huile volatile et de l'extractif
simple; sa saveur est amère, un peu âcre; son odeur
forte, aromatique, est assez agréable, surtout lorsqu'on brûle la myrrhe.

Elle fournit à l'analyse : résine combinée avec une
huile essentielle 34, gomme soluble 66.

La mirrhe entre dans la composition de la thériaque; on en prépare aussi une teinture qui est employée.

N.

NERPRUN PURGATIF, Bourg-épine. *Rhamnus
catharticus*, Linn., classe 5 de la pentandrie monogynie; Juss., famille des nerpruns.

Caractères. Calice, quatre ou cinq divisions; corolle, quatre ou cinq pétales; un style, une baie, une ou plusieurs graines.

Cet arbrisseau croît préférablement dans les lieux incultes et humides, dans les forêts, sur les bords des ruisseaux et le long des haies; ses baies noires sont moins grosses que celles du laurier; le suc, d'un rouge très-foncé, après avoir été fermenté comme le suc du raisin, sert à préparer un extrait et un sirop très-employés dans la médecine vétérinaire. *Voy.* ces mots. Les chèvres, les moutons et les chevaux mangent les feuilles de cet arbre, les vaches n'en veulent point.

NICOTIANE, TABAC, *Nicotiana, Tabacum,* Linn., classe 5 de la pentandrie monogynie; Juss., famille des solanées.

Caractères génériques. Calice en tube, cinq divisions; corolle infundibuliforme, irrégulière; capsule ovoïde, deux valves, deux loges; graines nombreuses.

Caractères spécifiques. On distingue trois espèces de nicotiane; c'est la grande qui est officinale. Sa tige, de la grosseur du pouce, ronde, velue, remplie d'une moelle blanche, s'élève jusqu'à six pieds de hauteur; ses feuilles lancéolées sont grandes, ovales, sessiles, velues, un peu pointues, nerveuses, entières et glutineuses, de couleur vert-pâle, d'un goût âcre et brûlant; les fleurs monopétales, découpées en cinq parties, de couleur purpurine et terminales, naissent divisées en plusieurs rameaux au sommet des tiges.

Cette plante originaire d'Amérique a été introduite en France en 1559, elle est cultivée très-en grand en

Europe à cause de son utilité; les feuilles séchées et réduites en poudre, constituent le tabac, dont l'usage est si généralement répandu.

Analyse. Albumine, sur-malate de chaux, acide acétique, nitrate et muriate de potasse, nitrate d'ammoniaque, matière rouge soluble dans l'eau et dans l'alcool, un principe âcre, volatil, incolore, soluble dans l'eau et dans l'alcool, auquel on doit attribuer les propriétés vireuses et enivrantes du tabac.

Propriétés. Toute la plante a une odeur forte et une saveur très-âcre; les feuilles sont détersives, résolutives, vulnéraires, errhines et drastico-cathartiques. Elles sont particulièrement employées dans les lavemens stimulans, irritans et purgatifs. On fait usage de la décoction mêlée avec du sel marin, comme antipsorique, pour résoudre les pustules de certaines gales, et comme pédiculaire, pour détruire les poux qui infectent souvent les animaux; elles entrent aussi dans la composition du baume tranquille.

NITRATE. La combinaison de l'acide nitrique avec les bases salifiables et les oxides métalliques produit des sels qui, d'après les principes de la nomenclature générale, prennent le nom de *nitrates*. La plupart de ces sels existent tout formés dans la nature; les autres sont fabriqués par l'art. En général, ils sont solubles dans l'eau, et cristallisables par refroidissement; leur saveur est fraîche, piquante, âcre, et même caustique; traités à une chaleur plus ou moins élevée par l'acide sulfurique, ils donnent des vapeurs blanches d'acide nitrique.

On compte en chimie un assez grand nombre de nitrates. Nous ne parlerons que de ceux en usage dans la médecine vétérinaire, savoir, le nitrate d'argent fondu et le nitrate de potasse.

Nitrate d'argent fondu (*Pierre infernale*). C'est un deuto-nitrate d'argent. L'acide nitrique à trente-trois degrés dissout, à l'aide du calorique, l'argent pur, dit *de coupelle;* il se dégage du deutoxide d'azote, qui se convertit en acide nitreux. Cette dissolution, saturée et évaporée dans une capsule de verre ou de porcelaine, donne par le refroidissement des cristaux très-réguliers en lames minces, larges, incolores, inaltérables à l'air, solubles dans l'eau, âcres et très-caustiques. Ces cristaux servent à préparer le nitrate d'argent fondu, connu sous le nom de pierre infernale.

On met une quantité quelconque de nitrate d'argent cristallisé dans un creuset d'argent, de porcelaine ou de grès, qu'on place sur un feu très-doux; on fait fondre la matière: cette première fusion s'appelle fusion aqueuse; elle se tuméfie; l'eau de cristallisation du nitrate s'évapore, la matière devient plus épaisse, et prend bientôt après le caractère de fusion ignée. On la maintient un instant dans cet état, ensuite on la coule dans une lingotière cylindrique; on renferme les cylindres dans un flacon bouché à l'émeri, et très-sec.

Propriétés et usages. Le nitrate d'argent fondu (pierre infernale) est cathérétique et escarrotique. On s'en sert pour détruire les chairs fongueuses, baveuses, pour ranimer les ulcères indolens et faciliter la cicatrisation des plaies ; il tache la peau en violet, ou plutôt en noir foncé, et cette couleur ne disparaît que par le renouvellement de l'épiderme. Son action est prompte, et seulement locale.

Nitrate de potasse (*Nitre*). C'est un sous-deuto-nitrate de potasse, formé par la combinaison de l'acide nitrique avec la potasse. Produit naturel extrêmement répandu ; on l'extrait en grande quantité des vieux platras et terre salpêtrées qui proviennent des lieux obscurs, humides, caves, souterrains, écuries, bergeries, et autres lieux exposés aux émanations des substances animales. On rencontre le nitre sous différens états, combiné avec d'autres sels, tels que les nitrates et muriates de chaux, de magnésie et de soude, etc. On le trouve également dans certains végétaux, tels que la pariétaire, la bourrache, le soleil, le tabac, etc.

Le nitrate de potasse que fournit le commerce se prépare dans les ateliers en grand ; on lessive les terres et vieux platras qui le contiennent ; on ajoute dans les lessives de la potasse pour décomposer les nitrates et muriates calcaires ; on rapproche la dissolution ; on clarifie, on fait évaporer de nouveau, et ensuite cristalliser. Pendant l'ébullition le muriate de soude se cristallise ; on enlève les cristaux à mesure qu'ils se forment : les différens sels à base calcaire restent dissous dans les eaux-mères.

Cette première opération donne du nitrate de potasse qui n'est point propre à l'usage de la médecine ; on l'appelle en cet état *salpêtre*. Les pharmaciens le soumettent à une seconde et troisième opération pour l'avoir parfaitement pur ; il est alors très-blanc, d'une saveur fraîche, un peu piquante et amère ; il cristallise facilement ; ses cristaux sont de longs prismes à six pans terminés par des sommets driesdes ; ils ne sont jamais que demi-transparens et ne contiennent pas d'eau de cristallisation. Le nitre exposé au feu se fond, et forme ce qu'on appelle en pharmacie le *cristal miné-ral*; il est décomposable par la chaleur rouge, et fuse sans pétiller. Le soufre, le charbon, les métaux et plusieurs autres matières combustibles le décomposent à l'aide du calorique. Beaucoup d'acides ont la même propriété, notamment le sulfurique. Il est soluble dans 15 parties d'eau froide et dans le quart de son poids d'eau bouillante. Il est composé de 45,34 d'acide et de 56,66 de base.

Propriétés et usages. Le nitrate de potasse est un sel très-employé dans les arts, dans la chimie et la médecine. Il est la base principale de la poudre à canon. On en retire l'acide nitrique ; il entre dans la composition de beaucoup de poudres composées, bols, breuvages, opiats, lavemens, etc. Administré en substance dans le son ou dans l'eau en breuvage, c'est un puissant diurétique, tempérant, rafraîchis-sant, calmant et anti-putride. La dose pour le cheval et le bœuf est de 4 gros à 2 onces, et même plus pour ce dernier.

NOIX VOMIQUE (*Strychnos nux vomica*). On appelle ainsi le fruit des vomiquiers, arbre de la pentandrie monogynie, de la famille des apocynées, qui croît aux Indes orientales. Chaque fruit contient dans sa pulpe quinze semences globuleuses ; elles nous parviennent sèches, de forme orbiculaire, et aplaties comme des boutons ; elles sont dures, de nature cornée, ombiliquées, recouvertes d'une écorce lisse, jaunâtre, portant un duvet velouté et soyeux, d'un gris doré : toute la semence a une saveur très-âcre, une amertume qui lui est particulière, excessivement forte et persistante, odeur nulle.

Les expériences faites sur la propriété de la noix vomique contre plusieurs maladies n'ont produit aucun effet satisfaisant ; elle possède la propriété anthelmintique, et son usage prolongé prouve seulement qu'elle stimule fortement l'estomac et procure beaucoup d'appétit aux chevaux. C'est un poison dangereux pour les oiseaux, pour certains quadrupèdes et même pour l'homme : son extrait alcoolique particulièrement attaque fortement le système nerveux et musculaire, il occasione des mouvemens convulsifs, l'épilepsie et la mort. La noix vomique a moins d'action sur les animaux herbivores que sur les carnivores ; quelques grains suffisent pour faire périr un rat, une souris, une poule, un canard, un corbeau ; un gros empoisonne un chien, un renard, etc. ; il en faut deux à trois onces pour tuer une chèvre, un bouc, un bœuf, un cheval, etc.

MM. Pelletier et Caventou ont reconnu que cette semence contenait les mêmes principes que la fève de St. Ignace, à quelques différences près, sur la quantité des produits : que la partie amère et active était due entièrement à un principe alcalin ; que ce principe qui se trouve combiné avec un acide et une matière colorante grasse, est un alcali qui jouit de toutes les propriétés distinctives et caractéristiques des bases salifiables ; qu'enfin la noix vomique est composée 1°. d'igasurate, de strychnine, d'un peu de cire, d'une huile concrète, d'une matière colorante jaune, de gomme, d'amidon, de bassorine et de fibre végétale.

C'est aux fréquens et utiles travaux de M. Lassaigne, que nous sommes redevables des moyens de constater la présence de la noix vomique dans les cas d'empoisonnement. Cet habile chimiste nous a démontvé qu'en outre des moyens physiques qu'on peut employer pour reconnaître la présence de cette substance, soit par le moyen d'une loupe, ou par sa dégustation à cause de son extrême amertume, il a reconnu que, traitée chimiquement soit en nature ou dans son extrait alcoolique, elle développait, par l'acide nitrique concentré, une couleur rouge de sang, qui devenait orangée après quelques minutes. (*Journal de médecine vétérinaire*, octobre 1826.)

O.

OFFICINAL. Qualification par laquelle on distingue les médicamens que le pharmacien tient préparés dans sa pharmacie, d'avec ceux qui se composent d'après l'ordonnance de l'artiste. On donne à ces derniers le nom de *magistraux*. Les extraits, les onguens, les sels, les électuaires, etc., etc., sont des médicamens officinaux; les breuvages, les pilules, les cataplasmes, les opiats, etc., etc., sont des médicamens magistraux.

OLIBAN ou ENCENS (*olibanum*). Gomme résine en larmes oblongues, brillante dans sa cassure, dure, sèche, d'un jaune blanchâtre, demi-transparente, d'un goût âcre et amer, d'une odeur faible, facilement inflammable, exhalant dans sa combustion une vapeur très-aromatique : c'est le suc concrété qui découle, par exsudation naturelle, du tronc d'un arbre, sur le caractère duquel les naturalistes n'ont pas des notions bien certaines, mais qu'on assure être le *juniperus thurifera* de la diœcie monadelphie de Linné, famille des conifères. Il croît dans l'Asie mineure; plusieurs disent dans l'Éthyopie : il paraît même qu'on le trouve dans différentes parties de l'Arabie.

L'oliban nous arrive par le commerce, partie en larmes arrondies et oblongues, de la grosseur d'une noisette, partie en masses plus ou moins fortes; ce dernier est de qualité inférieure, moins pur et plus foncé en couleur : l'état de la température, au moment où on le récolte, produit cette différence. C'est très-improprement qu'on le distingue par les noms d'*encens mâle* et d'*encens femelle*.

Propriétés et usages. L'encens est fortifiant et astringent; il entre dans la composition de la thériaque, du baume de commandeur, de plusieurs onguens et emplâtres. Quelques praticiens s'en servent pour faire des fumigations. Il est en général peu employé.

Analyse : résine soluble dans l'alcool, gomme soluble dans l'eau, huile volatile, résidu insoluble. (*M. Braconnot.*)

ONGUENT. Médicament de consistance molle, destiné à être appliqué extérieurement, participant de l'union de la cire, des graisses et résines qui en forment la base, avec des huiles fixes et volatiles, certaines poudres, quelques oxides métalliques, l'arome et la partie colorante des végétaux. Les onguens ne sont point de simples mélanges, les principales substances se trouvent dans un état de combinaison; ils ne diffèrent pas essentiellement des cérats, pommades, linimens, charges et emplâtres; souvent, dans la pratique, on les confond sous une même dénomination :

l'onguent proprement dit est plus solide que la charge et le liniment, mais moins que l'emplâtre.

La chirurgie vétérinaire fait un grand usage des onguens; le nombre en est considérable, mais plusieurs ont des propriétés analogues; ceux dont je donne la formule et le mode de composition peuvent suffire pour toutes les indications.

On trouve dans les ouvrages pharmaceutiques des recettes pour la composition des onguens; quelques-unes, quoique généralement adoptées, m'ont paru susceptibles d'être modifiées, soit sous le rapport des substances et de leurs proportions, soit sous le rapport de la manipulation. Ces modifications, dont l'expérience m'a prouvé les avantages, ont pour objet, comme je l'ai observé généralement à l'article Médicament, de rendre les préparations plus directement applicables à la pratique vétérinaire. Les autres formules sont le résultat de mes expériences, elles n'étaient point connues dans la pratique.

ONGUENT ANODIN.

℞ Onguent populeum. . . . . .⎞
　———— d'althæa. . . . . .⎟
　———— de laurier. . . . .⎬ de ch. part. égal.
　———— rosat. . . . . . .⎠
Mêlez exactement.

Propriétés et usages. Cet onguent est émollient et adoucissant; il convient pour calmer les douleurs ou irritations des muscles, des tendons et des articulations.

Onguent antipsorique ou contre la gale.

℞ Mercure cru. . . . . 6 parties.
Soufre sublimé. 6
Cantharides en poudre. 2
Axonge de porc ou graisse. . . . : . 30

On éteint le mercure avec une petite portion d'axonge et de soufre ; on fait chauffer les cantharides dans une partie de la graisse ; on mêle ensuite successivement le restant du soufre, de l'axonge et le mercure éteint, pour former un composé selon les règles de l'art.

Propriétés et usages. De tous les remèdes mis en usage pour le traitement de la gale et du roux vieux, et ils sont en grand nombre, il n'en est aucun dont les effets soient aussi certains que ceux produits par cet onguent. Depuis long-temps je le prépare d'après le procédé indiqué. Il faut avoir soin, avant d'appliquer l'onguent, de bien nettoyer la partie affectée, il faut la bouchonner fortement, la laver avec une décoction émolliente, quelquefois même avec de l'eau de lessive ou une dissolution de savon vert dans l'eau : on la graisse une fois par jour avec l'onguent.

En disant que l'effet de l'onguent antipsorique est constant, je ne prétends pas qu'il suffise toujours pour guérir la gale invétérée ou compliquée : il est reconnu qu'il est des cas où il faut nécessairement seconder l'action des médicamens extérieurs par des moyens internes : il n'en existe pas de plus convenable que le crocus et surtout les diurétiques. *Voy.* Diurétique, Poudre diurétique.

L'onguent antipsorique peut, dans certains cas, suivant la gravité de la maladie et l'état du sujet malade, avoir une action trop forte ou trop faible ; on diminue cette action en y ajoutant une petite quantité de graisse : on l'augmente au contraire par l'addition d'une once d'essence de térébenthine par livre d'onguent.

ONGUENT ANTIPSORIQUE AVEC L'OXIDE DE MANGANÈSE.

♃ Peroxide de manganèse en poudre fine. 1 partie.

    Axonge ou graisse de porc. 2

    Mêlez exactement les deux substances.

Cet onguent convient dans les affections psoriques et les dartres, particulièrement quand elles sont ulcérées.

ONGUENT ANTIPSORIQUE POUR LES CHIENS.

♃ Sulfure de potasse. . . . . 6 parties.

    Savon vert. 4

    Onguent mercuriel double. 5

    Axonge ou graisse. 24

Mêlez ces diverses substances pour former un onguent d'après les règles de l'art.

Propriétés et usages. Les chiens sont sujets à deux sortes de gale : la gale rouge, la rogne ou roux vieux. Après avoir brossé et lavé plusieurs fois la partie affectée de l'animal, on la graisse une fois par jour avec l'onguent. Il faut, pendant ce traitement, le tenir muselé pour l'empêcher de se lécher ; le nourrir avec de la soupe, ne pas lui donner de viande, et lui faire prendre tous les deux ou trois jours du sirop de nerprun, à la dose de deux gros à une once selon la force de l'animal.

ONGUENT ANTIPSORIQUE POUR LES MOUTONS. *V.* Pommade antipsorique.

Onguent basilicum ou suppuratif.

℞ Poix noire. . . . . 10 parties.
  Colophane. 8
  Cire jaune. 8
  Suif. 2
  Huile d'olives. 35

On écrase les poix ; on les met dans une bassine
pour les faire fondre sur un feu très-doux, en les remuant avec une spatule ; on ajoute l'huile par petites
portions, ensuite le suif et la cire coupée par morceaux ; on fait liquéfier, et on coule l'onguent à travers une toile claire : on l'enferme dans un vase pour
l'usage.

Propriétés et usages. L'onguent basilicum est fréquemment employé dans la chirurgie vétérinaire ;
c'est un excellent maturatif, suppuratif et digestif ;
il excite la suppuration des plaies, des sétons et
des ulcères : on le fait aussi entrer dans les cataplasmes.

Onguent caustique.

℞ Huile épaisse de laurier pure. . . . 20 parties.
  Muriate de mercure oxigéné. 2
  Acide arsénieux. 2
  Oxide de cuivre brut. 3
  Sulfure rouge de mercure. 1

Réduisez ces quatre dernières substances en poudre
très-fine avant que de les incorporer dans l'huile.

Propriétés et usages. Cet onguent mondificatif nettoie les vieilles plaies, déterge les ulcères fongueux,
et s'emploie pour détruire diverses excroissances qui
surviennent sur la peau, comme poireaux, cerises,
crapeaux, cors, oignons, verrues, etc. On l'applique

soit avant, soit après l'opération, lorsqu'elle est jugée convenable.

ONGUENT CHAUD RÉSOLUTIF FONDANT.

℞ Onguent vésicatoire, préparé d'après
    ma formule. . . . . 16 parties.
    Onguent mercuriel double. 8
    Savonule de potasse. 2
    Poivre noir en poudre. 1
    Huile de laurier pure. 5
    Cire jaune. 3

Faites fondre la cire sur un feu très-doux, ajoutez les autres substances, retirez le vase du feu, remuez le mélange jusqu'à ce qu'il ait acquis la consistance d'onguent.

Propriétés et usages. Cet onguent doit être employé concurremment avec les diurétiques fondans; il convient particulièrement dans les engorgemens des glandes sous la ganache, pour fondre les boutons de farcin, les tumeurs froides indolentes du garot et des extrémités, ainsi que les différentes grosseurs ou tumeurs molles, phlegmoneuses, séreuses et froides, qu'on désigne sous les noms de vésigons, avives, loupes, molettes, suros, capelets, éparvins, courbes, jardons, etc. On en frictionne la partie malade une ou deux fois par jour, et on la recouvre avec un bandage de laine. Il faut souvent, dans ces divers cas, faire précéder l'usage des résolutifs par l'application des émolliens, comme moyen préparatoire. Ce traitement est très-usité aujourd'hui.

Onguent contre le piétin des moutons.

℞ Oxide de cuivre brut. . . . . 4 parties.

Sulfate d'alumine calciné. 1

Oxide blanc d'arsénic. 1/2

Camphre. 1/2

Onguent populeum. 8

On réduit les quatre premières substances en poudre fine, et on les incorpore dans l'onguent.

Usage. Après avoir nettoyé l'ulcère, on le recouvre avec une petite quantité de cet onguent, que l'on maintient avec un petit tampon d'étoupes assujetti par un bandage.

Onguent d'althæa.

℞ Huile d'olives. . . . . ⎫
—— de lin. . . . . ⎬ de chaq. 4 part.

Semen. de fenu-grec concass. ⎫
Cire jaune coupée. . . . . ⎬ de chaq. 2 part.

Poix résine écrasée. . . . . ⎫
Térébenthine claire. . . . . ⎬ de chaq. 2 part.

Mêlez les huiles avec les semences de fenu-grec, faites chauffer légèrement ; laissez macérer pendant environ deux heures, ajoutez la cire et la poix résine ; faites dissoudre, retirez du feu ; versez la térébenthine, passez à travers une toile : laissez déposer un instant et renfermez pour l'usage.

Dans les recettes ordinaires, on fait entrer dans l'onguent d'althæa une huile de mucilage, composée avec la racine de guimauve, les semences de lin et de fenu-grec : de ces trois substances, le fenu-grec seul contient des parties solubles dans les corps gras, l'arome et la matière colorante ; la semence de lin et la racine de guimauve ne fournissent qu'un mucilage qui, n'étant point miscible, se sépare en grumeaux pendant l'opération, et qui, s'il reste dans l'*onguent,* en facilite l'altération.

L'onguent d'althæa est émollient, nerval, résolutif et adoucissant, il ramollit les tumeurs; on en graisse la peau pour adoucir ou calmer certaines irritations dans le tissu cutané, dans les muscles ou les nerfs.

Onguent d'arcæus.

℞ Suif de mouton. . . . . 4 part.
    Térébenthine claire. . . . . . }
    Résine élémi. . . . . } de chaq. 3 part.
    Axonge de porc. . . . . 2 part.

Faites liquéfier le tout ensemble à une douce chaleur, et laissez refroidir. Cet onguent consolide les plaies, fortifie les nerfs; il convient dans les meurtrissures. Il entre dans les digestifs. Il est peu employé.

Onguent de laurier.

℞ Huile de laurier pure. . . . . 4 part.
    Axonge de porc. 3
    Suif de mouton. 2

Plantes qui servent au populeum, suffisante quantité pour fournir à l'onguent une couleur verte.

On fait fondre dans une bassine l'axonge; on la colore avec la matière verte, pour suppléer à celle de l'huile de laurier, qui est trop faible; on ajoute l'huile, on fait liquéfier à un degré de chaleur très-modéré. On passe ensuite l'onguent à travers une toile, et on le conserve dans un vase fermé.

La bonté de cet onguent dépend spécialement de la qualité de l'huile; on doit la choisir avec le plus grand soin : celle qu'on ne retire pas des lieux où on la fabrique est très-souvent falsifiée. *Voyez* huile de laurier.

Propriétés et usages. L'onguent de laurier, ainsi préparé, est résolutif, émollient et pénétrant; il fortifie les nerfs, les articulations et les muscles : il calme les douleurs dans ces diverses parties. Il est très-employé.

ONGUENT DE PEUPLIER (*Populeum*).

℞ Bourgeons secs de peuplier noir. . . . . 6 part.

Feuilles récentes de pavot. .
————de jusquiame noire. .
————de bardane. . . . . } de chaq. 2 part.
————de belladone. . . .
————de morelle noire. . . . . 10 part.

Axonge ou graisse de porc préparée. . . 36

Nota. Lorsque l'on emploie le peuplier vert, on met quinze parties au lieu de six.

Il faut se procurer les plantes à l'époque de leur plus grande vigueur. Après les avoir séparées de leurs tiges, on les pile jusqu'à ce qu'elles soient réduites en pâte; on les met alors dans une bassine avec la graisse liquéfiée; on fait évaporer sur un feu modéré, en agitant, par intervalle, le mélange avec une spastule, pour empêcher que les plantes ne s'attachent au fond de la bassine, et pour faciliter l'action de la graisse sur la partie colorante. On ajoute les germes du peuplier, lorsque l'évaporation a enlevé les deux tiers de l'humidité; il faut avoir soin de les humecter légèrement : on continue à chauffer pendant quelques instans, ensuite on laisse macérer pendant deux à trois heures : enfin on retire la bassine du feu, on passe l'onguent à travers une toile , et on met le résidu à la presse. On mêle le produit obtenu par la filtration à celui provenant de la pression; on laisse déposer quelques heures et on verse l'onguent, par inclinaison , dans le vase destiné à le recevoir.

Le populeum, ainsi préparé, réunit toutes les propriétés particulières à cet onguent : sa couleur est verte ; il conserve l'arome du peuplier et des autres plantes qui entrent dans sa composition : mais il est très-susceptible d'être falsifié , et certains marchands de drogues en ont toujours qu'ils destinent à l'usage vétérinaire : c'est simplement un mélange des graisses communes, colorées avec des substances dont les propriétés diffèrent plus ou moins de celles qui font la base de cet onguent.

Propriétés et usages. L'onguent de peuplier est un médicament très-connu et généralement employé. Bien préparé et de bonne qualité, il est anodin, émollient et adoucissant. Il calme les douleurs, les inflammations et irritations des tissus cellulaire , nerveux, musculaire , etc. ; il nourrit la peau, guérit les crevasses et fait pousser le poil : on en graisse les parties sur lesquelles on a appliqué le feu. On le fait aussi entrer dans les cataplasmes , dans différentes pommades et onguens composés, et dans les lavemens pour calmer certaines irritations ou douleurs intestinales.

ONGUENT DE PIED. Chacun le compose à sa manière : les moyens économiques sont ceux que l'on préfère , sans trop s'embarrasser de la qualité et des effets. C'est une combinaison d'huile d'olives, de cire , d'axonge, de graisse de veau, de térébenthine et de miel. On fait fondre ces substances dans une bassine, on les passe à travers une toile, et on enferme l'onguent dans un pot pour l'usage.

Le miel peut, sans inconvénient, être supprimé de cette composition ; cette substance, ne se mêlant point avec les autres, rend l'onguent défectueux sans en augmenter les propriétés.

Propriétés et usages. L'onguent de pied entretient la corne du cheval, et particulièrement la couronne, dans l'état de souplesse convenable ; il la nourrit, prévient et guérit les crevasses, soit qu'elles viennent d'une cause naturelle ou de l'action alternative de la trop grande sécheresse et de l'humidité sur cette partie. Celui que je prépare dans ma pharmacie est divisé en magdaléons d'une livre.

Onguent de scarabée. Cet onguent, dont Soleysel fait le plus grand éloge dans sa pratique, est presque devenu hors d'usage ; ses vertus ne sont cependant point imaginaires, mais il est du nombre de ces compositions qui, dénaturées par la cupidité et l'ignorance, ont entièrement perdu leur caractère primitif et ne conservent que leur nom originaire.

Comme il est difficile de se procurer de véritables pro-scarabées, coléoptères à élytres mous, qui exsudent une huile jaunâtre et corrosive, on emploie le scarabée stercoraire, le bousier ou escargot à élytres durs et cornés, qui sont sans propriétés médicinales, *voy.* Scarabée ; ensorte que ce prétendu onguent n'est que de l'huile de laurier, souvent même de mauvaise qualité.

℞ Pro-scarabées récens. . . . . 4 parties.

Huile épaisse de laurier pure. 8

Suif de mouton. 2

On nettoie et on broie les pro-scarabées dans l'huile de laurier ; on ajoute le suif et l'on fait liquéfier sur un feu modéré, on mêle le tout ensemble. Ce mélange, renfermé dans un vaisseau de terre ou d'é-tain couvert, doit rester pendant deux, et même trois jours, exposé à une douce chaleur ; on le remue par intervalle, on le passe ensuite avec expression, et après l'avoir laissé déposer un instant, on verse l'on-guent par inclinaison, dans le vase destiné à le con-server.

Si on emploie les pro-scarabées secs, la dose est de moitié, et il faut les réduire en poudre fine, avant de les mêler avec l'huile et le suif.

Propriétés et usages. L'onguent de scarabée, ainsi préparé, est un excellent résolutif, stimulant et ru-béfiant, légèrement épispastique ; Soleysel le regarde comme spécifique pour les eaux aux jambes, les su-ros, les molettes et vessigons, les loupes et les bou-tons de farcin. On en frotte les parties malades une ou deux fois par jour ; beaucoup de praticiens font encore usage de cet onguent.

ONGUENT DESSICCATIF ASTRINGENT.

℞ Oxide de cuivre brut. . . . ⎱
Sulfate de zinc. . . . . . . ⎰ de chaq. 4 part.

————d'alumine calciné. . . . . . 1 part. 1/2.

Camphre. 1

Onguent populeum. 3o

Il faut réduire les quatre premières substances en

poudre très-fine, les mêler ensuite avec l'onguent, qu'on a fait ramollir sur le feu.

Propriétés et usages. Cet onguent est astringent et siccatif : il nettoie, déterge et cicatrise les plaies humides et baveuses, les poireaux, crevasses, arestes, peignes, mules traversières, mélandres, etc., qu'on désigne généralement par le nom d'eaux aux jambes, et pour lesquelles on l'emploie concurremment avec les diurétiques qu'on administre intérieurement. *Voyez* Diurétique, Poudre diurétique.

ONGUENT DÉTERSIF, dit ONGUENT BRUN.

℞ Onguent basilicum. . . . . 8 parties.
  Oxide de mercure rouge. 1

Réduisez l'oxide de mercure en poudre très-fine, et mêlez exactement avec l'onguent.

Propriétés et usages. Il ronge les chairs baveuses, déterge les ulcères, nettoie les plaies et facilite la suppuration. On peut augmenter ou diminuer son action détersive en modifiant la dose de l'oxide.

ONGUENT DIGESTIF ANIMÉ.

℞ Onguent d'Arcæus. . . . . . \
  Styrax liquide. . . . . } de chaq. 3 part.
  Térébenthine claire. . . . . /
  Alcool de cantharides. 2

Mêlez exactement ces substances. On peut, suivant l'état de la maladie, remplacer l'alcool de cantharides par celui d'aloès ou par l'alcool camphré.

Propriétés et usages. On emploie cet onguent pour mûrir les plaies, déterminer et entretenir la suppuration.

ONGUENT DIGESTIF SIMPLE.

♃ Térébenthine claire. . . . . 1 once.
   Jaunes d'œuf. 2
   Huile d'olives. . . . . s. q.

Mêlez ces substances. On emploie cet onguent de la même manière et pour les mêmes indications que l'onguent digestif animé.

ONGUENT DU DUC.

♃ Axonge de porc. . . . . 4 parties.
   Soufre sublimé. 1
   Écorce de la racine d'orcanette. . . . . s. q.

Cet onguent est antipsorique; il est rarement employé aujourd'hui par les praticiens.

ONGUENT ÉGYPTIAC.

Ce n'est pas véritablement un onguent, mais une combinaison d'acide acétique et d'oxide de cuivre dans le miel; voici la manière de faire cette préparation :

♃ Oxide de cuivre brut (vert-de-gris). . . 4 part.
   Oxide blanc d'arsenic. 1
   Acide acétique (vinaigre). 4
   Miel de consistance ferme. 8

Mettez dans une bassine de cuivre l'oxide réduit en poudre et l'acide acétique; faites bouillir un instant pour faciliter la dissolution ; ajoutez le miel en remuant continuellement avec une spatule de bois jusqu'à ce que le mélange cesse de se boursouffler.

Dans cette opération, l'acide acétique dissout d'abord l'oxide de cuivre, et forme un acétate de cuivre; le principe muqueux et l'extractif du miel se carbonisent en partie par l'action du calorique;

l'acétate de cuivre, décomposé à son tour par le carbone, s'unit avec une partie de l'oxigène de l'oxide et forme de l'acide carbonique ; le cuivre, ramené à l'état d'oxide marron-brun, imprime cette couleur au produit.

On reconnaît que l'onguent est cuit au degré convenable, lorsque laissant refroidir une petite quantité, qu'on sépare pour essai, elle prend une consistance mielleuse un peu ferme.

Propriétés et usages. Cet onguent est un excellent détersif; il nettoie les ulcères fongueux, ronge les chairs baveuses; on l'emploie pour la guérison des vieilles plaies, des javarts, des ulcères putrides et gargréneux, qu'il déterge et dont il arrête les progrès.

Onguent fondant.

℞ Huile de laurier. . . . . } de chaq. 4 part.
   Térébenthine. . . . . }

Muriate de merc. oxigéné (sublimé corr.) 1 part.

Il faut réduire le sublimé en poudre très-fine, le mêler avec la térébenthine et l'huile de laurier.

Propriétés et usages. Cet onguent est particulièrement employé pour fondre les boutons de farcin ; il s'administre comme l'onguent chaud, résolutif fondant.

Onguent (les quatre).

℞ Onguent populeum. . . . . }
  ——— d'althæa. . . . . . }
  ——— de laurier. . . . . } de chaq. 1 part.
  ——— de basilicum. . . . }

Mêlez pour former un seul onguent. Il est adoucissant, émollient et fondant. C'est une préparation an-

cienne qui est encore employée par quelques maréchaux.

Onguent mercuriel double.

℞ Mercure très-pur, ... }
Axonge ou graisse de porc. . } de ch. part. égal.

Mettez le mercure dans une chaudière de fer, ajoutez autant d'onces d'onguent anciennement préparé
que vous avez de livres de ce métal : commencez à
mélanger avec le cinquième de la graisse : triturez
avec un pilon de bois jusqu'à parfaite extinction du
mercure. Pour s'assurer que le mercure est parfaitement éteint, on prend une très-petite quantité du
mélange, et on l'étend fortement sur du papier gris :
si, à l'aide d'une loupe, il n'apparaît plus aucun glo-
bule de mercure, la combinaison est complète. Alors
on fait liquéfier le reste de l'axonge, qu'on verse graduellement dans la chaudière, on triture encore pendant un certain temps, et l'opération est terminée :
on renferme l'onguent dans un pot pour l'usage.

Lorsqu'on opère sur de grandes quantités, l'extinction du mercure exige un travail très-long; pour
la faciliter, j'emploie l'onguent mercuriel ancien : ce
moyen abrège l'opération, et la nature du médicament n'en est pas altérée. On a proposé, pour faciliter l'extinction du mercure, différens moyens qui
remplissent plus ou moins cette indication. Celui qui
a pour objet de diviser préalablement le mercure en
l'agitant fortement dans une bouteille avec partie
égale de graisse liquéfiée, réunit le plus d'avantage
et n'altère pas la préparation.

Propriétés et usages. L'onguent mercuriel double
est fondant, atténuant, résolutif, divisant, anti

psorique et anti-dartreux ; on s'en sert extérieurement pour fondre les tumeurs et engorgemens. Dans
le dernier cas, il convient, avant de l'appliquer, de
faire usage des émolliens comme moyens préparatoires. On l'administre dans plusieurs cas intérieurement ; il fait partie de l'onguent chaud, et entre
dans la composition des pilules anti-farcineuses et de
beaucoup d'autres préparations.

Onguent nerval. On l'appelle également *baume.*

℞ Onguent d'althæa. . . . . . ⎫
   Huile épaisse de laurier. . . ⎬ de ch. 16 part.

Styrax liquide. 4

Cire jaune. 10

Huile volatile de lavande. . ⎫
————— de romarin. . . ⎪
————— de thym. . . . ⎬ de chaq. 2 part.
————— de sauge. . . . ⎪
Camphre réduit en poudre. ⎭

Coupez la cire par petits morceaux, mettez-la dans
une bassine avec l'onguent d'althæa, l'huile de laurier
et le styrax ; faites liquéfier à un feu très-doux, passez
le mélange à travers un linge, laissez refroidir aux
deux tiers ; ajoutez les huiles ou essences, après les
avoir mêlées dans le camphre en poudre. Il faut remuer le mélange avec une spatule jusqu'à ce que l'onguent ait pris de la consistance.

Propriétés et usages. L'onguent nerval fortifie les
nerfs, donne du ton et de la force aux muscles ; on
l'emploie avec succès dans les faiblesses, les douleurs
d'articulations, les foulures, les atrophies des membres, et pour ranimer la contractilité musculaire.

Onguent de Saturne. *V.* Pommade de Saturne.

ONGUENT ROSAT.

2/ Axonge de porc. . . . . 12 part.

    Roses pâles récentes avec leur calice. . . 6

    Roses rouges sèches mondées. 1

On contuse légèrement les roses pâles dans un mortier de marbre avec un pilon de bois, on les met avec les roses rouges et l'axonge dans un bain-marie qu'on tient à l'eau bouillante pendant cinq à six heures ; on coule à travers une toile, on exprime, et on laisse figer. On sépare l'onguent des fèces et de l'eau qui se sont précipitées, on le fait fondre une deuxième fois, et on y ajoute une petite quantité d'écorce de racine d'orcanette, qui lui communique une couleur rose-foncée. Cet onguent est très-adoucissant, légèrement siccatif et résolutif dans les inflammations : il n'est pas généralement employé.

ONGUENT VÉSICATOIRE.

2/ Poix noire. . . . . 4 parties.

    ——résine. 4

    Cire jaune. 3

    Huile d'olives. 12

    Cantharides en poudre. 6

    Euphorbe en poudre fine. 2

Écrasez les poix, coupez la cire en petits morceaux, faites fondre dans une bassine, ajoutez l'huile d'après le mode indiqué pour l'onguent basilicum ; passez à travers une toile claire ou un tamis de crin ; mettez les cantharides et l'euphorbe dans la bassine, humectez légèrement avec très-peu d'eau, ajoutez la moitié à-peu-près du mélange liquéfié ; chauffez pour faire évaporer la plus grande partie de l'humidité ; ajoutez sur la fin le reste du mélange, faites chauffer encore un instant, retirez du feu, laissez refroidir.

Il faut avoir attention de remuer l'onguent jusqu'à ce qu'il ait acquis assez de consistance pour retenir en suspension les poudres, qui, sans cette précaution, se précipiteraient au fond de la bassine.

Le mode de préparation que j'indique n'est point conforme à celui qu'on trouve dans les dispensaires; l'expérience m'avait prouvé, avant l'impression de la première édition de cet ouvrage, qu'il était préférable à tous les autres. Je ne l'ai adopté qu'après que les praticiens lui ont reconnu un degré de supériorité.

Propriétés et usages. L'onguent vésicatoire est un médicament extrêmement utile dans la médecine vétérinaire; son application sur une partie extérieure du corps, après en avoir rasé le poil, produit une irritation sur la peau, qui détermine bientôt une sécrétion séreuse plus ou moins abondante; l'épiderme se détache, se soulève et forme une ampoule qu'on enlève. On panse cette plaie avec le même onguent mêlé avec du basilicum ou du populéum, dans la proportion d'un huitième, pour entretenir plus ou moins long-temps la suppuration de cet émonctoire. L'onguent vésicatoire est encore employé pour déterminer, entretenir ou augmenter la suppuration des sétons. C'est un des meilleurs résolutifs fondans dans les engorgemens des glandes et les tumeurs froides ; il fait partie de l'onguent chaud et de quelques topiques.

OPIAT. Les anciens avaient consacré le mot d'*opiat* aux médicamens de consistance molle, participant de l'union de poudres simples ou composées, d'extraits, de pulpes, de conserves, de miel ou de sirop, et dans la préparation desquels il entrait de l'opium. Aujourd'hui on donne le nom d'*électuaires*, *confections* et *opiats*, à ces mêmes médicamens avec ou sans opium. On distingue seulement les électuaires et les confections, des opiats, en ce que les premiers sont des médicamens officinaux, et que les opiats sont magistraux, c'est-à-dire qu'ils se préparent d'après la formule du médecin ou de l'artiste, pour être employés au moment même. Voici quelques exemples :

OPIAT ASTRINGENT.

℞ Poudre astringente composée. . . . . . . 1 livre.
 Miel. 2
 Eau, suffisante quantité pour donner la
  consistance nécessaire; la dose est de. . 4 onces.

OPIAT BÉCHIQUE ADOUCISSANT.

℞ Poudre de guimauve. . . . } de chaq. 4 onces.
 ———— de réglisse. . . . . }
 Extrait de pavot. . . . . 2 onces.
 Huiles d'amandes douces ou d'olives. . 4
 Miel bonne qualité. . . . . 1 livre.
Mêlez pour un opiat.

Administrez au cheval à la dose de quatre à six onces deux fois par jour. Cet opiat calme et adoucit la toux quinteuse, humecte la poitrine et facilite l'ex pectoration.

OPIAT BÉCHIQUE INCISIF.

℞ Poudre de guimauve. . . . }
 ————de réglisse. . . . . . } de chaq. 4 onc.
 ————d'aunée. . . . . . . }
 Soufre sublimé. . . . . . } de chaq. 2
 Kermès minéral. 3
 Miel. . . . . 1 liv. 8

Mêlez ces différentes substances pour former un opiat, qu'on fait prendre à l'animal en quatre ou six prises, selon l'état de la maladie, dans l'espace de deux ou trois ou quatre jours. Même indication que ci-dessus dans les catarrhes aigus, la pousse et la gourme difficile.

Opiat cordial.

2⟨ Poudre cordiale. . . . . . . ⎫
    Miel. . . . . ⎬ de chaq. 4 onces.
    Vin rouge. . . . . s. q.

Mêlez pour administrer au cheval en deux on trois doses dans la journée.

Opiat excitant.

2⟨ Quinquina en poudre. . . . . 4 onc.
    Cannelle en poudre. 1
    Gingembre en poudre. 1
    Camphre. . . . . 4 gros.
    Miel. . . . . 1 liv.

Divisez le camphre dans deux jaunes d'œuf, combinez avec le miel, mêlez ensuite les poudres.

On administre cet opiat à l'animal, en trois ou quatre doses, dans la journée. L'artiste détermine le mode et les intervalles, d'après l'état du malade.

Opiat fébrifuge.

2⟨ Poudre de quinquina. . . . . 8 onces.
    ————— d'absinthe. 1
    ————— d'aunée. 4
    Muriate d'ammoniaque. . . . . 1 onc. 1/2.
    Miel. . . . . s. q.

Mêlez et administrez au cheval en quatre ou six doses, dans deux jours.

Opiat fébrifuge camphré et nitré.

℞ Quinquina en poudre. . . . . 6 onces.
 Nitrate de potasse. 1
 Camphre. . . . . 4 gros.
 Miel. . . . . 1 livre.

Réduisez le camphre en poudre dans un mortier avec quelques gouttes d'alcool, le mêler avec le nitre et le quinquina, ensuite ajoutez cette poudre dans le miel pour former l'opiat.

Mode d'administration. Le même que ci-dessus.

Opiat incisif avec kermès.

℞ Miel. . . . . 1 livre,
 Kermès minéral. . . . . 2 onc.
 Poudre de réglisse. 2

Mêlez exactement.

On peut ajouter à cet opiat une once d'extrait d'opium indigène, ou la même quantité de laudanum liquide. On l'administre au cheval en quatre doses dans la journée. Il est employé contre la toux, les catarrhes humides et les affections de poitrine.

Opiat pour la gourme. *V.* Électuaire.

Opiat tonique.

℞ Extrait de gentiane. . . . . 1 once.
 Poudre de quinquina. 2
 ———— de cannelle. 1
 ———— de noix vomique. . . . . 4 gros.
 Oxide brun de fer. . . . . 2 onces.
 Miel. . . . . 1 livre.

Mêlez et administrez au cheval en quatre ou six doses, deux par jour.

OPIUM. Suc gommo-résineux qu'on obtient du

pavot blanc (*somniferum*, famille naturelle des papa-
véracées) au moyen d'incisions pratiquées sur la tige
et la capsule de cette plante avant la maturité. Ce suc
laiteux, concrété par la chaleur de l'atmosphère, acquiert la consistance d'un extrait qui est très-pur; on
l'appelle en cet état *extrait d'opium* : mais ce produit est
si peu considérable qu'il est permis de croire que dans
le pays d'où nous vient cette substance, on emploie,
pour l'obtenir, un autre procédé; que l'extrait d'o-
pium que le commerce nous apporte de la Perse, de
Thèbes en Égypte, de la Natolie, etc., est le résultat
de l'infusion ou de la décoction de la plante, rapprochée par l'évaporation. On trouve l'opium dans le
commerce en forme de petits pains orbiculaires roulés
sur des fleurs de lapathum, et enveloppés ensuite
dans des feuilles de la plante : sa couleur est d'un brun
rougeâtre; son odeur particulière, vireuse; sa saveur
âcre, amère, chaude et nauséabonde; il se ramollit
par l'action de la main, se dissout facilement dans
l'eau, mais non pas en totalité; il est généralement altéré par des débris fibreux de la plante et autres matières hétérogènes : les pharmaciens le purifient avant
de l'employer. Il faut choisir les morceaux d'opium
d'une médiocre grosseur, très-secs, les plus compactes, les plus durs, et ceux qui contiennent le moins
de corps étrangers.

Analyse. Les savantes recherches de MM. Stuerner,
Robiquet et Derosnes, ont fait connaître dans l'opium
l'existence de la morphine, de l'acide méconique,
d'un autre acide, d'un principe cristallisable nommé
narcotique, matière analogue au cahouchoux, du
mucus, d'une fécule, d'une résine, d'une huile fixe,

d'une matière végéto-animale, et des débris fibreux de la plante.

Propriétés et usages. Les propriétés particulières de l'opium sont d'assoupir les douleurs et d'engourdir le système nerveux cérébral. C'est un puissant narcotique, stupéfiant, béchique et calmant ; à forte dose il devient stimulant, excitant, diaphorétique et cordial. On l'administre dans la toux quinteuse par irritation, dans différentes coliques ou affections douloureuses de l'estomac, du colon et de l'abdomen ; il s'emploie aussi dans le vertige, le tétanos, le trimus, le dévoiement, le flux dysentérique et les superpurgations. On l'applique sous toutes les formes ; il est susceptible d'être admis, soit comme agent principal, soit comme agent auxiliaire, dans presque toutes les prescriptions magistrales, breuvages, pilules, opiats, lavemens, injections, lotions, linimens, etc. On le mêle avec les béchiques et les adoucissans ; on le combine avec les diurétiques et les sudorifiques ; il entre dans la composition de la thériaque et la poudre béchique incisive ; il fait la base de la teinture anodine ou laudanum liquide, médicament très-estimé.

La dose pour le cheval est de deux à quatre gros, qu'il convient fort souvent de réitérer dans la journée. Dans quelques cas particuliers, comme, par exemple, dans le tétanos général ou partiel, tel que le trimus, etc., on peut l'administrer sans inconvénient à plus forte dose, c'est-à-dire depuis une jusqu'à deux onces.

Diverses expériences faites sur les effets de l'opium injecté dans la veine jugulaire du cheval, après avoir été préalablement dissous dans une faible quantité d'eau, ont prouvé que cette substance provoque d'abord une forte excitation dans toutes les parties de l'économie animale, suivie d'une sueur abondante, à laquelle succède un abattement général.

Dans la médecine humaine, l'usage de l'opium exige des précautions; il doit être employé avec sagesse et discernement : son action narcotique peut, dans certaines circonstances, devenir nuisible et même délétère; il faut en calculer les effets et prendre des mesures pour prévenir les accidens. La médecine vétérinaire n'a point à se prémunir contre un semblable danger; le cheval, le bœuf, et en général les animaux herbivores, sont bien moins sensibles à cette action narcotique; leur système nerveux, beaucoup moins irritable, n'en est que très-faiblement affecté, et on n'a point à craindre qu'il en résulte des accidens graves.

Le prix de l'opium, souvent très-élevé, ne permet pas toujours de l'employer, à cause des frais qu'il occasione : voulant obvier à cet inconvénient, quelques expériences m'ont prouvé que dans beaucoup de cas il pouvait être remplacé par l'extrait de pavot blanc. *Voy.* cet article.

Opium indigène. *Voy.* Extrait de pavot blanc.

ORIGAN COMMUN, *Origanum vulgare*; Linn., classe 14 de la didynamie gymnospermie; Juss., famille des labiées.

Caractères génériques. La corolle et le tube comprimés; le limbe a deux lèvres, la supérieure échancrée, l'inférieure à trois lobes, entières; bractées ovales et colorées.

Caractères spécifiques. Tiges nombreuses, droites, velues, dures, rougeâtres, carrées et tuméfiées à leurs extrémités; feuilles pétiolées, ovales, arrondies, en tières, velues en dessous; les plus grandes ressemblent à celles du calament, les plus petites à celles de la marjolaine; fleurs petites, agglomérées, paniculées, de couleur incarnat ou rouge blanchâtre; épis arrondis et terminaux; bractées colorées en violet, étamines plus longues que la corolle. Cette plante est vivace; elle croît sur les montagnes, dans les lieux secs, sablonneux et pierreux. Son odeur, très-aromatique, est agréable. Elle fournit de l'huile volatile.

Parties employées : sommités fleuries.

Propriétés. Elle fait partie des espèces aromatico-vulnéraires; elle est stimulante, nervale et résolutive. Elle peut être remplacée par la marjolaine (*origanum majorana*) et par le calament (*melissa calamintha*), qui ne sont que des variétés de cette plante.

ORPIN ou **ORPIMENT**. C'est le sulfure jaune d'arsenic. *V.* Arsenic.

OXIDATION. Combinaison de l'oxigène avec un corps combustible simple ou composé, opérée lentement et sans dégagement sensible de calorique ni de lumière. On appelle *oxides* les corps oxidés; et pour en déterminer l'espèce, on ajoute le nom de la substance oxidée : ainsi, l'oxide résultant de la combinaison de l'oxigène avec le plomb, par exemple, est un oxide de plomb. Il en est de même de tous les autres; on dit un *oxide de fer*, un *oxide de cuivre*, etc. L'oxidation des corps peut avoir lieu de trois manières principales : par le contact de l'air à l'aide du calorique, par la décomposition de l'eau, et par celle des acides.

L'oxidation produit différentes altérations dans l'état et dans les propriétés des corps : en général, les métaux, en s'oxidant, perdent leur éclat naturel et changent plus ou moins de forme et de couleur. Ces altérations varient selon le degré d'oxidation, c'est à-dire selon que la quantité d'oxigène combiné est plus ou moins considérable ; en sorte que le même corps, par l'effet de l'oxidation, peut passer successivement par deux, trois et quatre états. La langue chimique manquait de termes techniques pour exprimer les degrès d'oxidation : on les indiquait par la couleur de l'oxide. Ce mode d'énonciation, qui ne présentait à l'esprit qu'une idée vague et confuse de l'état de la substance oxidée, ne s'accordait pas avec cette exactitude et cette précision que le perfectionnement de la science a rendues nécessaires. On obvie aujourd'hui à cet inconvénient, en faisant précéder le mot *oxide* des noms numériques grecs *proto, deuto, trito, pero,* qui signifient *premier, deuxième,* etc. ; ainsi on dit, *prot-oxide,* premier degré d'oxidation : *deut-oxide,* second degré ; *trit-oxide,* troisième degré ; et *per-oxide,* degré supérieur.

On peut, dit M. Thénard, donner des noms insignificatifs aux corps simples, sans qu'il en résulte d'inconvéniens, pourvu que ces noms soient courts et se prêtent à la formation des noms composés. Mais il est très-important de donner aux corps composés des noms qui rappellent leurs principes constituans. C'est ce qu'ont très-bien senti les fondateurs de la nomenclature française, qui est aujourd'hui généralement adoptée par tous les savans.

OXIDE. Corps combustible, en état de combinaison avec l'oxigène. *Voy*. Oxidation.

Les oxides sont presque tous insipides et insolubles dans l'eau ; cependant ils peuvent se combiner avec une certaine proportion de ce liquide et former des composés qu'on nomme hydrates ; ils n'ont point, comme les acides, d'action sur la teinture de tournesol ; plusieurs, au contraire, rendent à cette teinture, rougie par les acides, sa couleur primitive ; quelques-uns verdissent la couleur de la violette. Les oxides non métalliques à radical simple, sont susceptibles, excepté l'hydrogène, de passer à l'état acide ; mais aucun ne peut produire des sels. Les métaux, en s'oxidant, perdent généralement leur éclat métallique, et même leur conformation ; ils prennent l'apparence d'une poudre terreuse.

Les oxides ne tiennent pas également à l'oxigène avec lequel ils sont en combinaison. Il en est que le seul contact de la lumière peut revivifier et rétablir dans leur état naturel ; il faut nécessairement, pour les conserver en état d'oxide, les renfermer dans des vases opaques ; d'autres, au contraire, ne peuvent être dégagés que par l'action du calorique. Quelques-uns ont une attraction si forte pour l'oxigène, qu'on ne parvient à le leur enlever qu'à l'aide des réactifs.

Ces courtes notions nous paraissent suffisantes pour donner une idée assez exacte des oxides en général : nous ne nous étendrons pas davantage sur un sujet aussi vaste, et dans l'histoire particulière des oxides nous nous bornerons à ceux qui, employés comme médicamens dans la médecine vétérinaire, doivent particulièrement devenir l'objet de l'attention des élèves et des praticiens.

Oxide d'antimoine par le nitre. C'est un per-oxide d'antimoine et de potassium ; on l'appelle aussi *antimoine diaphorétique.*

♃ Antimoine. . . . . ı part.

  Nitrate de potasse. . . . . ı

Mêlez ces deux substances après les avoir réduites séparément en poudre, projetez le mélange par portion dans un creuset que vous aurez fait rougir au feu : à chaque projection il s'opère une déflagration. Lorsque toute la poudre aura été projetée, augmentez le feu pour réduire la matière en une espèce de fusion pâteuse ; arrivé à ce point, retirez le creuset, laissez refroidir, et réduisez l'oxide en poudre grossière que vous renfermerez dans un flacon bouché. Dans cette opération, une partie de l'oxigène du nitrate de potasse se porte sur l'antimoine et l'oxide, le gaz nitreux se dégage, et la base du nitrate, la potasse, reste unie dans le creuset avec l'oxide d'antimoine et une portion de nitrate de potasse échappée à la déflagration. C'est en cet état qu'il est employé dans la pratique vétérinaire.

On obtient le même oxide en combinant trois parties de nitre avec une partie de sulfure d'antimoine ; mais dans ce cas, le produit contient un peu de sulfate de potasse, formé par le soufre uni à la potasse du nitre.

Si on veut avoir de l'oxide d'antimoine pur, il faut, après qu'il a été réduit en poudre, le laver à froid, jusqu'à ce que l'eau qui en découle soit absolument insipide ; l'oxide d'antimoine étant insoluble dans l'eau, s'arrête sur le filtre ; on l'en retire, on le porphyrise, et on le divise en trochisques pour le faire sécher.

Propriétés et usages. L'oxide d'antimoine blanc non lavé est, comme on voit, combiné avec l'alcali fixe, base du nitrate de potasse : en cet état, il est diaphorétique, fondant, incisif. On l'administre au cheval à la dose de quatre gros à une once, dans les poudres simples ou composées, et dans les breuvages et opiats.

OXIDE D'ANTIMOINE HYDROSULFURÉ ROUGE. *V.* Kermès.

OXIDE D'ANTIMOINE DEMI-VITREUX (*Crocus metallorum*). Le sulfure d'antimoine oxidé au premier degré, prot-oxide, mis en fusion, prend le caractère d'une matière demi-vitreuse ; on lui donne, en cet état, le nom d'*oxide d'antimoine sulfuré demi-vitreux.* Autrefois on l'appelait *crocus* ou *foie d'antimoine ;* et lorsqu'il avait été pulvérisé et lavé, *safran des métaux.*

Pour opérer cette oxidation, on prend du sulfure d'antimoine réduit en poudre, on le met dans une chaudière de fer, on chauffe modérément pendant assez long-temps, ayant soin de remuer constamment avec une spatule. Une partie du soufre se sublime ; il se dégage en même-temps un peu d'acide sulfureux ; la matière acquiert une couleur grise cendrée ; on la met alors dans un creuset, on la pousse à la fonte par un feu très-vif, on la coule dans un mortier de fer, on la laisse refroidir, et on la réduit en poudre pour l'usage.

On peut également préparer cet oxide, en mêlant ensemble parties égales de sulfure d'antimoine et de nitrate de potasse ; on projette le mélange dans un creuset, pour faire déflagrer le nitrate ; on pousse ensuite à la fusion en augmentant le calorique. Ce procédé est plus dispendieux.

Propriétés et usages. Cet oxide diaphorétique, fondant, vermifuge et purgatif, est très en usage dans la pratique vétérinaire; on l'administre en poudre au cheval à la dose d'une à deux onces. On en prépare le vin émétique.

OXIDE D'ANTIMOINE SULFURÉ VITREUX.

C'est un prot-oxide : on le nomme communément *verre d'antimoine.* L'opération pour préparer cet oxide est la même que celle décrite à l'article Antimoine demi-vitreux; seulement elle doit être continuée jusqu'à ce que la matière, à l'aide du calorique bien ménagé, ait acquis la couleur gris-blanc. On la pousse alors à la fonte dans un creuset, et on la coule sur un marbre graissé. En cet état, elle est demi-transparente, d'une couleur hyacinthe; elle passe à l'état vitreux en se refroidissant. C'est une combinaison d'oxide d'antimoine et de soufre.

Cet oxide n'est point employé en nature dans la médecine, il sert à faire le tartrate de potasse antimonié (émétique). *Voy.* ce mot.

OXIDE BLANC D'ARSENIC. *V.* Arsenic.

OXIDE VERT DE CUIVRE. *V.* Acétate de Cuivre brut.

OXIDE BRUN DE FER (*Safran de mars apéritif*).

C'est un sous-trito-carbonate de fer; il est, comme l'oxide rouge de fer à l'état de tritoxide, composé de 50 parties d'oxigène et 100 de métal. On le prépare en exposant de la limaille de fer très-pur soit à la rosée, soit dans un lieu humide, ou plus simplement en faisant sécher lentement, et à plusieurs reprises, de la limaille de fer humectée. Ainsi ce trit-oxide n'est que de la rouille de fer qu'on lave et qu'on fait sécher après l'avoir porphyrisée. Si on l'expose dans un creuset à un feu vif et soutenu, il perd son acide carbonique, et prend une couleur rouge plus marquée.

Propriétés et usages. Le safran de mars apéritif est très-employé dans les maladies asthéniques. Il est tonique, fortifiant, apéritif et légèrement astringent. On l'administre dans les mêmes cas que l'oxide noir de fer : il est d'un prix inférieur et jouit des mêmes propriétés.

OXIDE NOIR DE FER. Ce deut-oxide, connu sous le nom d'*éthiops martial*, contient, d'après M. Gay-Lussac, 100 parties de métal et 37,5 d'oxigène. Le fer du commerce est extrait en grande partie de ce prot-oxide. On le prépare de plusieurs manières dans les laboratoires : voici le procédé qui paraît préférable : on le doit à M. Guibourt.

On triture de la limaille de fer très-pure dans un mortier, on la place après dans une terrine de grès, on la lave et l'on fait égoutter l'eau ; ensuite le vase étant reposé, on remue par intervalle cette limaille avec une spatule de fer, et on a soin de l'entretenir toujours humide ; après quelques jours on sépare, par le moyen du lavage, l'oxide noir qui s'est déjà formé en assez grande quantité, on le lave et on le fait sécher promptement.

Propriétés et usages. L'oxide noir de fer (éthiops minéral) est, comme toutes les préparations de fer, tonique et apéritif ; les praticiens en font usage dans les maladies occasionées par l'affaiblissement des organes, dans les hydropisies essentielles, les hémorrhagies et les affections vermineuses.

La dose pour le cheval est d'une à deux onces ; on la réitère pendant plus ou moins long-temps, selon que l'état du malade paraît l'exiger.

OXIDE ROUGE DE FER. (*Safran de mars astringent, colcothar*). Ce trit-oxide, de couleur rouge-violet, est indécomposable par la chaleur ; il n'a point d'action sur le gaz oxigène ; il existe dans la nature sous différentes formes, en masse, en couche, souvent mêlé avec les terres, l'argile et la silice ; il contient 100 parties de fer, et environ 50 d'oxigène, et n'est point attiré par l'aimant.

On prépare le trit-oxide de fer de plusieurs manières :

1°. En calcinant du sulfate de fer dans un creuset, à l'air libre ; l'eau de cristallisation s'évapore, l'acide sulfurique cède au fer une partie de son oxigène, l'autre se dégage à l'état d'acide sulfureux.

2°. La limaille de fer, calcinée dans un creuset, s'oxide et acquiert, en passant à l'état de trit-oxide, la couleur rouge. Plus on prolonge la calcination, plus cette couleur devient intense.

3°. Par la calcination des écailles ou paillettes qui se détachent du fer battu à chaud.

4°. Par la calcination de la rouille de fer, etc.

En général, dans toutes ces opérations, l'éclat et la beauté de la couleur dépendent de la durée et de la force de la chaleur.

Propriétés et usages. L'oxide rouge de fer, qu'on nomme aussi *safran de mars astringent*, est bien moins employé dans la pratique vétérinaire qu'il ne l'était autrefois ; on s'en sert comme astringent et styptique pour arrêter les hémorrhagies des vais-

seaux capillaires : rarement on l'administre intérieurement.

Oxide noir de manganèse.

Le manganèse per-oxidé se rencontre dans la nature sous deux états principaux.

Cristallisé d'un brillant métallique gris (c'est le
manganèse oxidé métalloïde gris de Haüy.)

En masse amorphe d'une couleur variant du noir
au brun.

Cette dernière espèce est rendue impure par la baryte et l'oxide de fer en proportion variable.

La première variété au contraire est assez pure, et
la seule pour ainsi dire qui soit employée : elle est entièrement à l'état de per-oxide. Elle se présente sous
forme de concrétions volumineuses, cristallisées dans
l'intérieur en petits prismes à huit pans ; contient
57,5 d'oxigène par 100 de métal.

On trouve cette variété dans le département de
la Moselle, en Saxe, en Piémont et en Bohême.

En frottant cet oxide entre les doigts, il les teint
en noir ; chauffé au chalumeau avec du borax, il
forme un vert violet ; traité par l'acide hydrochlorique aidé de la chaleur, il produit du chlore, ce qui
sert à le distinguer du sulfure d'antimoine, avec lequel il a quelque analogie à l'extérieur et qui, chauffé
avec le même acide, donne du gaz hydrogène
sulfuré.

Les usages du per-oxide de manganèse sont très-
nombreux dans les arts chimiques. En le chauffant,
on obtient du gaz oxigène. Ou seul, ou avec l'intermède de l'acide sulfurique affaibli, il fait la base des
fumigations guytoniennes, qui sont très-usitées.

Oxide jaune de mercure. *V*. Turbith minéral.

Oxide rouge de mercure. (*Précipité rouge.*) C'est un deut-oxide de mercure par l'acide nitrique. Le mercure ne fournit que deux oxides, dont l'un à l'état de deut-oxide, et l'autre de prot-oxide. Nous ne parlerons que du premier, l'autre est sans usage. Le deut-oxide de mercure, vulgairement connu sous le nom de *précipité rouge*, contient 100 parties de métal et 8 d'oxigène; il n'a point d'action sur le gaz oxigène ni sur l'air; on l'obtient en traitant le mercure par l'acide nitrique.

On place dans un bain de sable, qui les recouvre jusqu'au col, de grandes fioles à médecine, ou des matras de verre remplis à demi de mercure très-pur et d'acide nitrique à trente-huit degrés, partie égale; on met le bain sur un fourneau, on laisse opérer la dissolution à froid; lorsqu'elle est à-peu-près terminée, on chauffe légèrement. La matière acquiert d'abord une couleur jaune et une consistance solide; alors on pousse le feu jusqu'à ce que la masse ait pris une belle couleur rouge, et qu'il ne se dégage plus de vapeurs nitreuses; on laisse refroidir, on casse les vaisseaux, et on retire l'oxide qui est formé en petits cristaux réunis. Quelquefois la couche supérieure n'est point parvenue au degré d'oxigénation convenable, et conserve encore une teinte jaunâtre; il faut avoir soin de la séparer pour la calciner de nouveau, en ajoutant un peu d'acide nitrique.

Il est indispensable d'employer l'acide au degré de concentration indiqué; s'il était trop faible, les deux principes ne se trouvant plus en proportion, une partie du mercure ne serait point attaquée et conserverait son état métallique.

Propriétés et usages. Le deut-oxide de mercure est employé pour détruire les carnosités qui se forment dans les ulcères, et pour ronger les chairs baveuses. C'est un puissant caustique, escarrotique ; on ne l'administre point intérieurement, on le mêle dans quelques onguens, et notamment dans le basilicum, avec lequel il forme l'onguent brun.

OXIDE DE PLOMB FONDU (*litharge*). Le plomb entre en fusion à une faible chaleur : en cet état, le simple contact de l'air suffit pour le réduire en une poudre grisâtre ; soumise à une chaleur plus forte, cette poudre devient jaune ; l'action prolongée du calorique lui fait prendre une couleur rouge-jaunâtre ; si on l'étend en couches minces dans un four et qu'on l'humecte, la couleur rouge-jaunâtre se change en rouge-brun ; enfin, à l'aide d'un feu violent et soutenu, on le fait passer à l'état vitreux.

Quoique ces nuances soient bien marquées, quoique dans les usages auxquels on emploie les préparations de plomb, on les distingue avec soin et qu'on leur attribue des propriétés particulières, elles ne sont point considérées, en théorie, comme formant chacune un oxide différent. On ne reconnaît que trois oxides de plomb, savoir :

Le prot-oxide. Jaune, sans action sur le gaz oxigène, ni sur l'air, à la température ordinaire ; on l'obtient en chauffant le plomb en contact avec l'air ; il cristallise en lame jaune, et contient 100 parties de plomb et 7,7 d'oxigène.

Le deut-oxide. D'une belle couleur rouge, se comportant avec le gaz oxigène et avec l'air de la même manière que le prot-oxide ; il n'existe point dans la nature, on le prépare en calcinant le plomb dans un fourneau à réverbère ; on le connaît dans le commerce sous le nom de *minium*; il est composé de 100 parties de plomb et de 11,8 d'oxigène.

Le trit-oxide. Couleur puce, sans action sur le gaz oxigène et sur l'air, n'existe pas non plus dans la nature ; on le retire du deut-oxide traité par l'acide nitrique. Il est formé de 100 parties de plomb et de 15,4 d'oxigène. Cet oxide est sans usage.

Le prot-oxide de plomb est appelé communément *massicot;* lorsqu'il est cristallisé en lames luisantes par un degré de feu supérieur, on lui donne le nom de *litharge*. Il n'est employé dans la pharmacie qu'en cet état, et ne peut être remplacé dans la composition des pommades, onguens et emplâtres, auxquels il donne de la consistance ; il forme avec le vinaigre les acétates de plomb liquide et cristallisé.

Toutes les dissolutions de plomb se précipitent en blanc par la potasse; le précipité est un hydrate.

C'est l'opération de l'affinage de l'or et de l'argent qui fournit particulièrement la litharge ; on l'obtient également en grande quantité dans l'exploitation des mines de plomb qui contiennent de l'argent.

Le blanc de plomb ou céruse est un sous-carbonate de plomb. Le plomb exposé à la vapeur du vinaigre, s'oxide et donne une matière blanche qu'on appelle *blanc de plomb*. Cette matière, plus ou moins altérée par un mélange de craie, porte dans le commerce le nom de *céruse*.

Cet oxide participe des mêmes propriétés médicinales que les autres oxides de plomb ; mais il est encore plus particulièrement employé dans les arts, sous le nom de *céruse*. On peut aussi avec cet oxide préparer les différens acétates.

S'il s'agissait de reconnaître le plomb en dissolution, on le précipiterait par la potasse, on chaufferait fortement le précipité avec un peu de charbon et d'huile, et l'on obtiendrait ainsi un culot métallique facile à reconnaître. -

OXIDE ROUGE DE PLOMB. *V*. Oxide de plomb fondu.

OXIGÉNATION. Combustion de l'oxigène avec un corps combustible. *Voy*. Oxidation.

OXIGÈNE. L'oxigène libre est un corps qui jouit de toutes les propriétés des gaz , invisible, élastique, pondérable, inodore, etc. Comme on n'a pas pu jusqu'ici le décomposer, on le regarde comme un corps simple.

Un de ses caractères distinctifs est de rallumer sur-le-champ les corps combustibles qui offrent encore quelques points en ignition. Il partage cette propriété avec le protoxide d'azote ; mais on le distingue de ce corps en l'analysant par le phosphore : l'oxigène ne laisse dans ce cas aucun résidu.

Le gaz oxigène fut découvert simultanément en 1774, par Priestley et Schéele ; les uns l'appelèrent *air déphlogistiqué* ; les autres, *air de feu, air vital* ; on lui a donné postérieurement le nom plus caractéristique d'oxigène , c'est-à-dire *j'engendre acide* , parce qu'on l'avait considéré comme le principe général de l'acidité.

Mais des découvertes récentes tendent à prouver

qu'il ne jouit pas exclusivement de cette propriété,
qu'il n'est pas l'unique corps comburant; que le soufre, le chlore, l'iode, l'azote et le fluor, en se combinant entre eux ou avec certains autres corps combustibles, produisent aussi des acides; en sorte que
l'oxigène ne peut plus être regardé comme formant à
lui seul une classe distinctive parmi les corps simples,
et que cette classe doit comprendre également ceux
que nous venons de citer, puisqu'ils partagent le caractère essentiel sur lequel était établie la distinction.

L'oxigène existe comme partie constituante dans
l'air, dans l'eau, et dans presque tous les composés
connus, même dans les terres regardées comme simples. Les corps organiques et non organiques sont
également sensibles à son action; en se combinant
avec eux en différentes proportions, il les modifie,
change leurs propriétés, leur fait acquérir des qualités nouvelles, les convertit en d'autres corps. Il
n'est pas moins indispensable à la vie animale qu'à la
vie végétale; le phénomène de la combustion n'est
que l'effet de l'absorption de l'oxigène par les corps
combustibles; l'acidité est le résultat de sa combinaison avec les substances acidifiables; il est le moyen
d'union entre les métaux et les acides : enfin, on peut
dire que l'étude de tous les corps simples et composés
se rattache essentiellement à la connaissance des propriétés de l'oxigène.

Soumis à une pression forte et subite, le gaz oxigène s'échauffe et devient lumineux. Il est peu de
substances dont on ne puisse le retirer : les plantes en
fournissent, la lumière solaire suffit pour le dégager :
mais on l'obtient plus abondamment par la distillation de certains oxides métalliques. Le per-oxide de

manganèse (oxide de manganèse du commerce) est celui qu'on emploie de préférence ; l'opération est simple : on introduit ce per-oxide dans une cornue de grès , et on place cette cornue dans un fourneau à réverbère , avec l'appareil de la cuve pneumatique ; à l'aide d'un feu très-élevé, on dégage une quantité considérable de gaz oxigène , l'air atmosphérique contenu dans les vaisseaux est entraîné par les premiers produits ; il faut les séparer , le gaz qui arrive ensuite est très-pur. D'un kilogramme de per-oxide de manganèse on peut obtenir environ cinquante litres de gaz oxigène ; après l'opération , le per-oxide est réduit à l'état de deut-oxide , sans être décomposé.

OXYMEL. Mélange de miel et d'acide acétique (vinaigre) cuit et rapproché jusqu'à consistance de sirop. Il y a deux espèces d'oxymel, le simple et le scillitique : la médecine vétérinaire fait usage de l'un et de l'autre, mais plus souvent du premier.

OXYMEL SIMPLE.

℞ Miel blanc. . . . . 2 parties.
Vinaigre rouge. . . . . , ... 1

Faites bouillir ces deux substances dans un vase de terre vernissé, en ayant soin d'enlever l'écume qui se forme à la surface ; passez, faites évaporer sur un feu modéré jusqu'à ce que la liqueur ait acquis la consistance de sirop ; il doit, lorsqu'il est refroidi , marquer trente-quatre degrés.

L'oxymel simple est tempérant, calmant, béchique, incisif et diurétique ; il convient dans les catarrhes, la toux et l'asthme humide : il détache les fluides visqueux de la poitrine. On l'administre au cheval en breuvage, à la dose de quatre onces; on le combine aussi dans les opiats.

L'oxymel scillitique ne diffère de l'oxymel simple que par l'espèce de vinaigre qui entre dans sa composition : pour l'oxymel simple, on emploie le vinaigre ordinaire; pour l'oxymel scillitique, le vinaigre scillitique; les proportions des substances, le procédé, le mode d'administration sont les mêmes; ils jouissent aussi des mêmes propriétés; mais le scillitique les possède à un plus haut degré. Il doit cet avantage à l'oignon de scille.

P.

PATE DÉPILATOIRE. La pâte dépilatoire n'est point un médicament, mais un moyen propre à déterminer la chute des poils, et qui peut être utile sous plusieurs rapports.

℞ Sulfure d'arsenic jaune. . . . . 2 parties.
   Chaux vive. 16
   Amidon. 10
   Eau de chaux.. . . . . s. q.

Il faut pulvériser chacune de ces substances séparément sur le porphyre, ensuite les mêler ensemble pour en former, avec de l'eau de chaux, une pâte de consistance molle, qu'on conserve dans un pot.

On frotte avec cette pâte la partie dont on veut faire tomber le poil; un moment après on la lave avec de l'eau. Le poil tombé se renouvelle peu de temps après.

PAVOT BLANC CULTIVÉ. *Papaver somnife-*

rum, **Linn.**, classe 8 de la polyandrie monogynie; **Juss.**, famille des pavots.

Caractères génériques. Calice caduc à deux feuilles, corolle de quatre pétales, capsule à une loge, substigmate persistant.

Caractères spécifiques. Tige herbacée, droite, épaisse, cylindrique, lisse, noueuse, qui s'élève à la hauteur d'environ quatre pieds; feuilles amplexicaules, alternes, d'un vert glauque, incisées, dentées plus ou moins profondément, selon qu'elles s'éloignent plus ou moins de la racine; fleurs blanches, légèrement purpurines, avec une tache brune à l'onglet des pétales, grandes, disposées en roses. On donne au fruit le nom de *tête de pavot*. C'est une capsule ovale, à-peu-près grosse comme une orange, couronnée d'un chapiteau, verte, pâle d'abord, d'un blanc jaunâtre après la maturité. L'intérieur est garni de feuillets ou lames minces, attachés aux parois et rangés en longueur; les semences menues, rondes, contenues en très-grand nombre dans cette capsule, sont émulsives. Le *pavot blanc* est cultivé dans les champs et dans nos jardins.

Propriétés et usages. Les feuilles vertes de pavot blanc sont légèrement aromatiques; elles entrent dans la composition du populéum et du baume tranquille. Les capsules, ou têtes, jouissent, à un plus haut degré que les feuilles, des propriétés assoupissantes, narcotiques et sudorifiques : elles sont fréquemment employées en décoction pour bain, lotion, breuvage, cataplasmes et lavemens, dans les coliques, tranchées ou épreintes, les superpurgations et toutes les fois qu'il est nécessaire d'engourdir, de calmer et d'adoucir une douleur ou irritation, soit interne, soit externe;

on associe les têtes de pavots avec les émolliens, les adoucissans, les sudorifiques et les tempérans; elles entrent dans beaucoup de formules officinales et magistrales. On en prépare l'extrait de pavot indigène. *Voy.* ce mot. En général, nous ne saurions trop recommander ce médicament comme l'un de ceux dont les propriétés sont les mieux déterminées. Les semences que l'on trouve dans les capsules sont émulsives, elles fournissent par expression, après avoir été réduites en pâte, une huile blanche mucilagineuse, fort douce et qui ne participe point de la nature de la plante: on l'appelle dans le commerce, huile d'œillet ou de pavot. *Voy.* ce mot.

PECTORAL. *V.* Béchique et Adoucissant.

PHARMACIE. Les nombreuses productions de la nature diffèrent entre elles, non seulement par leur forme et leur contexture, mais encore par les principes qui les constituent. L'homme a reconnu que plusieurs de ces productions avaient la propriété d'opérer sur son organisation des changemens plus ou moins salutaires, et qu'elles pouvaient être employées efficacement, soit pour la maintenir dans son état habituel, soit pour la rétablir lorsqu'elle éprouve des altérations; il s'est dès-lors occupé à reconnaître leur caractère distinctif et à constater leurs vertus, soit permanentes, soit passagères.

Mais ces productions ne sont pas généralement répandues sur toute la surface du globe; la plus grande partie des végétaux naît et périt dans le court espace d'une saison; le moment où ils réunissent au plus haut degré les propriétés qui leur sont particulières est en quelque sorte éphémère: les avantages qu'on pouvait en retirer étaient par conséquent éventuels et réservés exclusivement aux habitans du territoire , souvent très-circonscrit , sur lequel ils croissent.

L'art et l'industrie ont pourvu à ces inconvéniens. On a examiné quel était dans chaque substance le principe de son action , et on a cherché le moyen de conserver ce principe dans toute sa force, pour pouvoir en faire usage dans tous les temps, et rendre cet usage général , en les transportant d'un lieu à un autre.

On a observé également que les propriétés de certaines substances étaient susceptibles de se perfectionner en leur faisant subir diverses préparations préalables ; enfin, que différens principes réunis pouvaient acquérir un plus haut degré d'action , ou produire une action de nouvelle espèce, non moins utile que celle qui est inhérente à chacun d'eux considéré séparément.

C'est dans l'ensemble de ces connaissances , et dans la pratique des opérations qui en sont le résultat , que consiste la *pharmacie* : elle est en même-temps une science et un art ; son objet est de connaître et choisir les substances naturelles qui ont des propriétés médicinales, de leur faire subir les préparations nécessaires pour les conserver, et de former, en les mêlant ou combinant , des médicamens composés. Ainsi la *pharmacie* se divise en quatre parties principales : la première tient à l'histoire naturelle ; mais celle-ci n'examine dans les corps que les caractères physiques qui peuvent servir à les distinguer les uns des autres , elle en détermine et spécifie la forme , la couleur , la saveur, l'odeur, etc. La *pharmacie* ne s'arrête pas à ces notions ; elle analyse les corps dans leur composition même , cherche à découvrir les principes qui les constituent, la force d'agrégation qui les tient réunis, et leur action réciproque. Ces aperçus lui fournissent des moyens, soit pour isoler ces principes et les employer séparément, soit pour modifier ou augmenter leurs propriétés, soit pour former d'autres combinaisons.

Il existe une très-grande variété entre les substances de même nature: toutes n'ont pas les mêmes vertus, ne sont pas également pures; leurs principes constitutifs peuvent être plus ou moins parfaitement élaborés, leur combinaison plus ou moins exacte. Le climat, la culture, leur extraction, la manière de les conserver et de les transporter, influent essentiellement sur leurs qualités; susceptibles d'être altérées par le défaut de soins, elles le sont plus communément par la cupidité qui les sophistique, qui substitue aux véritables produits des mélanges artificiels auxquels elle donne une ressemblance apparente. Ce n'est point assez de les connaître, il faut encore apprendre à distinguer celles qui réunissent à un plus haut degré les propriétés qui appartiennent à l'espèce. Cette seconde partie de la pharmacie, qui consiste dans le choix des médicamens, n'est ni moins importante, ni moins difficile que la première; elle exige un grand nombre de connaissances historiques, physiques et naturelles, un long usage pratique, et une extrême finesse dans les sensations.

Les substances naturelles, avant d'être employées, doivent subir une ou plusieurs opérations; c'est ce qu'on appelle *préparation*. Cette troisième partie de la pratique pharmaceutique a pour objet de les débarrasser des corps qui peuvent nuire à leur conservation, de rendre leur usage plus facile et moins dégoûtant, de donner à leurs propriétés toute la force d'action dont elles sont susceptibles, enfin de les disposer pour les rendre propres à former des composés. L'attention, les soins, le travail de l'artiste, doivent ici s'étendre jusqu'aux détails les plus minutieux : rien ne doit être négligé ; c'est de la préparation que dépend presque toujours la qualité des médicamens. On ne peut établir de règle générale ; chaque substance, suivant sa nature, sa pureté, sa forme, sa consistance et sa texture, demande un mode particulier : on monde, on incise, on râpe, on lave, etc., les végétaux ; on sépare les tiges, les fleurs, les feuilles, les racines ; on grille, on lime, on triture, on porphyrise les minéraux ; on scie, on râpe les cornes et les bois ; on purifie les graisses. *Voy.* Dessiccation.

La mixtion des substances simples pour en former des composés exige une parfaite connaissance des principes qui les constituent, de leurs affinités ou attractions, et des nouvelles propriétés qu'elles acquièrent par leur combinaison ; c'est la chimie appliquée à la pharmacie : l'analyse en est la base, les affinités en sont les moyens. En observant les procédés de la nature on parvient à les imiter, du moins en quelques points.

La théorie de la science ne suffit pas pour faire un pharmacien, il faut qu'il y joigne la pratique des opérations, qu'il se familiarise avec les fourneaux, les vaisseaux et les instrumens ; qu'il acquière l'habitude d'observer et d'agir. L'adresse et la dextérité ne sont pas moins nécessaires que l'intelligence et l'étude. Quelque détaillés que puissent être les procédés, avec quelque attention qu'on les exécute, on ne réussira pas, du moins on n'obtiendra que des résultats imparfaits, si l'on n'a pas appris par l'usage ce qu'on appelle la manière d'opérer (*modus faciendi*). La théorie et la pratique sont également indispensables ; elles se prêtent un secours mutuel, elles ne peuvent rien produire l'une sans l'autre.

PIERRE A CAUTÈRE. C'est le carbonate de potasse ou de soude rendu caustique par la chaux, qui le prive de son acide carbonique ; on l'appelle communément *pierre à cautère*. Voici le procédé pour le réduire à cet état :

℞ Carbonate de potasse du com.
   Chaux vive. . . . . } parties égales.

Mettez ces deux substances dans une chaudière de fer, avec suffisante quantité d'eau, faites bouillir environ trois quarts-d'heure, passez la lessive à travers un papier gris, faites évaporer dans la même marmite jusqu'à siccité ; versez la matière dans un creuset, poussez à la fonte ; soutenez-la dans cet état pendant un demi-quart-d'heure ; coulez sur un marbre ou sur une plaque de métal chauffée et légèrement graissée. Aussitôt que la potasse, en se refroidissant, aura pris de la solidité, vous la casserez par petits morceaux, et vous la renfermerez dans un flacon bien sec et exactement bouché.

Par cette opération, la potasse n'a point acquis le degré de parfaite simplicité dont elle est susceptible, et qui lui est nécessaire pour servir à d'autres opérations plus délicates.

La potasse caustique ou pierre à cautère, qu'il ne faut pas confondre avec le carbonate de potasse ou potasse carbonatée (l'alcali des anciens), ne doit s'employer qu'à l'extérieur, pour brûler les chairs et établir des cautères.

PIERRE DIVINE OU OPHTHALMIQUE.

℞ Sulfate de cuivre. . . . . . ⎫
Sulfate d'alumine. . . . . . ⎬ de ch. part. égal.
Sulfate de zinc. . . . . . . ⎬
Nitrate de potasse. . . . . . ⎭

Faites liquéfier ces sels au feu dans un vaisseau de terre, ajoutez camphre pulvérisé un 24ᵉ de partie.

Coulez de suite la masse sur un marbre légèrement chauffé et graissé ; coupez le mélange, avant qu'il soit refroidi, par petits morceaux, que vous conserverez dans un vase bouché.

Ce médicament convient dans les maladies des yeux, telles que rougeurs, inflammations et engorgemens des paupières, lorsqu'elles sécrètent une humeur muqueuse et pour déterger les taies de la cornée. On en fait dissoudre 4 gros dans un demi-litre d'eau très-pure, pour en former un collyre.

PIERRE INFERNALE. *V.* Nitrate d'argent fondu.

PILULE ou BOL. Les pilules ne sont point des médicamens particuliers, ce mot indique seulement la forme ronde ou ovale qu'on donne à une ou plusieurs substances réunies, pour les administrer plus facilement aux malades. Les pilules sont de véritables électuaires opiatiques, d'une consistance assez solide pour pouvoir être roulées et les faire avaler sans qu'elles se divisent ; leur composition peut varier à l'infini ; en général on y fait entrer les matières sèches réduites en poudre, les extraits, les gommes, les résines, les savons, les sels, les miels, les sirops, les pulpes, les sucs gommeux, les mucilages, etc.

On trouvera ci-après des formules pour différentes espèces de pilules ; les doses, et il en est de même de toutes celles que j'indique sans aucune explication, sont déterminées pour un cheval de taille et de force ordinaire. Les pilules sont soumises aux mêmes observations que les breuvages. *Voy.* cet article.

Dans une observation sur la forme et les divers modes d'administration des médicamens, insérée dans le *Recueil de Médecine Vétérinaire*, cahier d'octobre 1825, j'ai donné la description d'un instrument très-commode pour faciliter l'administration des bols ou pilules.

La piluliaire doit être faite d'un bois tendre, tel que le bouleau, le tilleul, le sureau ou le peuplier. Elle a 20 lignes de diamètre et 20 pouces de long ; elle est percée d'une ouverture d'un pouce, qui reçoit un piston de même longueur, plus sa poignée. La partie supérieure de la piluliaire doit être arrondie pour ne pas blesser la bouche du cheval, et son ouverture doit avoir 16 lignes de diamètre sur deux pouces de profondeur pour recevoir la pilule.

Quand on veut se servir de cet instrument, on place la pilule, dont la forme est celle d'un œuf, dans le réservoir ; on introduit ensuite la piluliaire dans l'arrière-bouche jusqu'au pharynx ; on pousse alors le piston pour chasser la pilule et on le retire aussitôt. On peut, par ce moyen mécanique, administrer en un moment plusieurs pilules à un cheval.

Pilules antifarcineuses.

℞ Assa-fœtida larmeleux. . . . . 3 onces.
  Sulfure de mercure (cinnabre). 2
  Muriate calcaire ou de chaux. . . . . . 3 gros.
  Poudre de galanga. . . . . 1 once.
  Onguent mercuriel double. 2

Mêlez et pilez fortement ces substances dans un mortier, pour en former une masse que vous diviserez en six pilules ou bols ; roulez dans la poudre de réglisse.

Mode d'administration. V. l'article précédent.

Pilules antifarcineuses avec le mercure doux.

℞ Assa-fœtida larmeleux. . . . . 4 onc.
  Muriate de mercure doux. . . . . . . 1 onc. 1 2.
  Poudre de galanga. . . . . 1 onc.
  Onguent mercuriel double. 2

Mêlez, et formez six pilules comme les précédentes.

En général les artistes vétérinaires, pour le traitement de certaines maladies, telles que le farcin, la gale invétérée, les eaux aux jambes, les tumeurs et les engorgemens glanduleux, se reposent avec trop de confiance sur les moyens de la chirurgie ; ces moyens externes ne sont, le plus souvent, que des palliatifs. Ils font disparaître les accidens qui se manifestent au dehors ; mais le principe intérieur, dont ils ne sont que les effets, subsiste, et les symptômes du mal ne tardent pas à se montrer de nouveau ; la guérison n'est complète que lorsque la cause est détruite.

On fait usage avec succès, dans ces maladies, des pilules antifarcineuses ; la dose indiquée suffit ordinairement. On donne au cheval une pilule tous les deux jours, le matin à jeun ; les jours intermédiaires, celui qui précède et celui qui finit, on lui administre une prise de poudre diurétique fondante. Le traitement dure par conséquent quinze jours; le régime et les médicamens extérieurs ne doivent pas être négligés; mais en général il ne faut les considérer que comme des moyens secondaires.

On emploie efficacement comme remèdes extérieurs, l'onguent fondant, l'onguent chaud résolutif fondant, l'onguent dessiccatif astringent, l'onguent antipsorique, la pommade d'hydriodate de potasse et d'iode, etc.; si la maladie résiste au traitement prescrit, on continue pendant quelques jours l'usage de la poudre fondante. Assez souvent cette dernière substance, secondée par les moyens extérieurs, suffit seule.

PILULES BÉCHIQUES ADOUCISSANTES.

℞ Blanc de baleine. . . . . .)
  Gomme arabique. . . . . . } de chaq. 1 once.
  Fleurs de soufre. . . . . .)
  Extrait de pavot. . . . . 4 gros.

Mêlez avec suffisante quantité de miel pour former six pilules.

Administrez au cheval en deux fois dans la journée

PILULES CANINES ANTICATARRHALES.

℞ Kermès minéral. . . . . 1 gros.
  Opium brut. . . . . 1/2 gros.
  Sucre. . . . . 1 once.
  Beurre frais. . . . . 1 once 1.2

Il faut réduire les trois premières substances en poudre et les incorporer dans le beurre. On en donne, plusieurs fois par jour, de la grosseur d'un gros pois, aux chiens de la plus petite espèce; la dose est augmentée en proportion de la force et de l'âge de l'animal, jusqu'à la grosseur d'une forte noisette ; pour boisson, du lait ou de l'eau miellée.

PILULES CANINES PURGATIVES.

℞ Rhubarbe et jalap en poudre. . . de ch. 2 gros.
Sirop de nerprun. . . . . s. q.

Mêlez pour former 25 pilules. La dose est depuis une jusqu'à cinq, proportionnée à l'espèce, l'âge et la force de l'animal. On les enveloppe dans le beurre ou dans de la viande, pour les administrer.

PILULES CANINES VERMIFUGES.

℞ Savon empyreumatique. . . . . . . 1 once.
Muriate de mercure doux sublimé. . 1 gros 1/2.
Poudre de fougère mâle. . . . . . . 5 gros.

Faites une masse que vous diviserez en pilules de quinze grains. La dose est d'une demi-pilule pour les chiens de la plus petite espèce, et de quatre pilules pour les plus forts. On continue le traitement pendant plusieurs jours.

Mode d'administration. Comme ci-dessus.

PILULES CANINES VOMITIVES.

℞ Sous-deuto-chlorure de mercure jaune
(turbith minéral). . . . . 1/2 gros.
Extrait mou de quinquina. . . . . . . 1 gros.
Poudre de valériane sauvage, quantité suffisante
pour former trente-six pilules.

L'usage plus ou moins continué de ces pilules prévient la maladie qui attaque les jeunes chiens, et soulage ceux qui en sont affectés. La dose est depuis une demi-pilule jusqu'à cinq pour les chiens de la plus forte espèce. Le mode d'administration est le même que ci-dessus.

Pilules contre l'inappétence.

℞ Assa-fœtida larmeleux. . . ⎫
Crocus en poudre. . . . . ⎬ de ch. part. égal.
Baies de laurier. . . . . . ⎥
Aloës succotrin. . . . . ⎭

Extrait de gentiane. . . . . s. q.

Mêlez pour former une masse de consistance solide qu'il faut diviser par pilules du poids d'une once et demie. On administrera une pilule au cheval tous les matins à jeun pendant six à huit jours.

Pilules diurétiques tempérantes.

℞ Nitrate de potasse. . . . . 1 once.
Résine en poudre. 1
Camphre. . . . . 2 gros.
Cinnabre en poudre. 4
Miel. . . . . . . s. q. pour former quatre bols.
Administrez dans la journée.

Pilules excitantes.

℞ Poudre de gingembre. . . . . 1 onc.
———de cannelle. 2
———de galanga. 1
———de gérofle. 1
———d'écorce d'oranger. 2

Thériaque vétérinaire s. q. pour faire dix pilules ou bols. Dose, deux par jour.

Pilules fondantes purgatives.

℞ Extrait de gratiole. . . . . . ⎫
———d'aloës. . . . . . . ⎬ de chaq. 1 once.
———de gentiane. . . . . ⎥
Jalap en poudre. . . . . . ⎭
Muriate de mercure doux. . . . . 4 gros.
Miel. . . . . s. q.

Mêlez pour former six ou huit bols. Administrez au cheval, en trois ou quatre jours, le matin à jeun.

PILULES PURGATIVES ORDINAIRES.

℞ Aloës succotrin en poudre. . . . . . . 1 onc. 1/2.
   Tartrate acidule de potasse. . . . . . 1 once.
   Anis en poudre. . . . . 4 gros.
   Miel. . . . . s. q.

Formez quatre ou cinq bols ou pilules, que vous roulerez dans la poudre de réglisse. On les administre le matin à jeun au cheval, après l'avoir préparé pendant quelques jours par l'usage des boissons et des lavemens; la dose pour le bœuf est double.

PILULES PURGATIVES AVEC RHUBARBE.

℞ Rhubarbe indigène en poudre. . . . . . 4 gros.
   Aloës succotrin en poudre. . . . . 1 onc.
   Sulfate de magnésie. 1
   Sirop de nerprun. . . . . s. q.

Mêlez dans le mortier pour former une masse pilulaire, divisez en quatre ou cinq bols, roulez dans la poudre de réglisse, et administrez comme dessus, après avoir préparé le cheval.

PILULES PURGATIVES AVEC SELS ET MANNE.

℞ Sulfate de magnésie (sel d'epsom). . . 2 onces.
   Tartrate de potasse antimonié (émétique). . . . . 10 grains.
   Manne grasse. . . . . 4 onces.
   Poudre de séné. . . . . s. q.

Faites cinq bols; administrez le matin, à jeun, comme dessus.

PILULES PURGATIVES MERCURIELLES.

℞ Aloës succotrin en poudre. . . . . . . 1 once.
Séné en poudre. . . . . 4 gros.
Muriate de mercure doux. 1
Miel. . . . . s. q.

Mêlez et divisez la masse en cinq pilules; administrez au cheval le matin, à jeun, comme ci-dessus.

PILULES PURGATIVES SAVONNEUSES.

℞ Poudre d'aloës succotrin. . . . . 1 once.
Poudre de jalap. . . . . 4 gros.
Savon blanc, *dit* de Marseille. . . . . . 1 once.
Miel. . . . . s. q.

Divisez cette masse en quatre ou cinq pilules, et administrez au cheval comme ci-dessus.

PILULES PURGATIVES VERMIFUGES.

℞ Aloës succotrin en poudre. ⎫
Rhubarbe indigène. . . . . ⎬ de chaq. 2 onces.
Sulfure noir de mercure. . ⎭
Sirop de nerprun. . . . . s. q.

Mêlez pour former huit bols; administrez au cheval en trois ou quatre jours sans intervalle.

PILULES VERMIFUGES EMPYREUMATIQUES.

℞ Poudre vermifuge composée. . . . 1 once 1/2.
Huile empyreumatique rectif. ⎫
Gentiane en poudre. . . . . ⎬ de chaq. 4 gros.
Miel. . . . . s. q.

Formez quatre bols ; administrez au cheval le matin à jeûn, et réitérez plusieurs jours de suite.

PILULES VERMIFUGES AVEC LE SAVON EMPYREUMA-
TIQUE.

℞ Savon empyreumatique. . . . . 4 onces.
    Aloës en poudre. 1
    Muriate de mercure doux subl. . . . . 2 gros.
    Racine de fougère mâle en poudre. . . . s. q.

Mêlez très-exactement pour former quatre ou six
pilules, pour en administrer une au cheval tous les
matins à jeun pendant quatre jours.

PILULES VERMIFUGES MERCURIELLES.

℞ Poudre vermifuge composée. . . . . . 4 onces.
    ————d'aloës succotrin. . ⎱
    ————de gentiane. . . . . ⎰ de chaq. 1 once.
    Onguent mercuriel double. . . . . . . 2 onces.

Mêlez et pilez fortement ces substances dans un
mortier, pour former la masse pilulaire; divisez en
six pilules pour en administrer deux, chaque matin,
pendant trois jours de suite.

PIN, SAPIN (*Pinus sylvestris*, *Pinus picea*).
Arbre de la monœcie monadelphie de Linné; famille
des conifères, de Jussieu. Il en existe différentes espèces qui croissent également dans les quatre parties
du monde. Il est trop généralement connu pour qu'il
soit nécessaire d'en donner la description. On en retire un très-grand nombre de produits utiles dans l'u-
sage domestique et dans les arts, plusieurs sont employés dans la médecine et dans la pharmacie vétérinaires. On distingue parmi ces derniers : 1°. le
galipot ou barras, appelé aussi poix naturelle, poix
blanche, poix jaune; 2°. la poix noire ou poix navale; 3°. la poix grasse ou poix de Bourgogne; 4°. la
poix résine ou résine de pin; 5°. la poix sèche ou co-

lophane ; 6°. la térébenthine ; 7°. le goudron ou braie liquide ; 9°. l'essence ou huile volatile de térébenthine. *Voy.* ces mots.

PLOMB (*Plumbum*). Métal pesant, tendre, flexible, très-malléable, sans élasticité, de couleur gris-blanc tirant sur le bleu, ayant, comme quelques autres métaux, une odeur et une saveur particulières ; très-oxidable par la chaleur et facile à entrer en fusion.

Le plomb est très-mou, on le lime et on le coupe facilement ; il fond au feu avant de rougir ; il est le moins ductile, le moins élastique, le moins sonore, le moins tenace de tous les métaux, mais le plus lourd après l'or, le platine et le mercure. On le trouve dans les mines, à l'état d'oxide, de sel neutre, uni à l'acide de chrome, allié à l'argent, combiné avec l'oxide d'arsenic, plus ordinairement avec le soufre.

La pratique vétérinaire n'emploie pas le plomb en substance, mais elle applique à l'extérieur plusieurs de ses produits ; de ce nombre sont : l'oxide de plomb demi-vitreux, l'oxide de plomb rouge, les acétates de plomb liquide et cristallisé. *Voy.* ces deux derniers et Oxide de Plomb.

POIDS. Les mesures de capacité servent à faire connaître le volume des corps, mais elles n'indiquent point leur degré de concentration. Ce mode d'appréciation est inexact : appliqué à l'usage médicinal et pharmaceutique, il peut, dans certains cas, entraîner de graves inconvéniens, devenir même dangereux. En général, c'est par les mesures pondériques qu'on doit déterminer la dose des médicamens et la quantité des substances qui entrent dans les compositions.

Le poids exclusivement en usage dans la médecine

et la pharmacie françaises est le poids de Paris, dit *poids de marc*. La livre en est l'unité fondamentale ; on la divise en 16 parties, qu'on appelle *onces* ; l'once est subdivisée en 8 gros, le gros en trois scrupules, le scrupule en 24 grains. En remontant du dernier terme au premier, on trouve que 24 grains égalent un scrupule ; 72 grains ou 3 scrupules égalent 1 gros ; 576 grains, ou 24 scrupules, ou 8 gros, égalent 1 once ; 9216 grains, ou 584 scrupules, ou 128 gros, ou 16 onces, égalent 1 livre.

Dans les ouvrages de médecine et de pharmacie, et dans les formules magistrales, la livre est désignée par ce caractère. . . . . ℔ j.

    L'once. . . . . ℥ j.

    Le gros, qu'on nomme aussi *dragme*. . . . . ʒ j.

    Le scrupule ou 24 grains. . . . . ℈ j.

    Le grain. . . . . g̃ j.

    On emploie ce signe. . . . . ß j.

pour indiquer la moitié de la quantité exprimée par le caractère qui précède ; il signifie 1/2. On écrit ℔ ß , pour dire 1/2 livre ou 8 onces, et ℔ j ß , pour dire 1 livre 1/2 ou 24 onces. Il en est de même à l'égard des autres caractères : ℥ ß , 1/2 once ou 4 gros, ℥ j ß , 1 once 1/2 ou 12 gros.

Un nouveau système pondérique a été établi en France, il est devenu le poids légal, tout autre mode d'appréciation est prohibé : on le nomme *poids décimal*. Les médecins et les pharmaciens sont seuls autorisés à conserver les dénominations anciennes et à continuer de faire usage du poids de marc. L'exception est motivée sur l'extrême précision qu'exige l'art de guérir, tant dans l'application des médicamens que dans leur confection officinale ; on a craint d'exposer la

vie des hommes aux erreurs de l'inexpérience, aux faux
calculs d'une nouvelle pratique; mais cette tolérance
ne peut qu'être momentanée, et il est du devoir des
jeunes élèves d'étudier les principes du nouveau système; ces principes sont extrêmement simples, l'esprit le plus ordinaire peut les comprendre, et quelques jours d'habitude suffisent pour en rendre l'usage
familier. Nous n'entreprendrons pas de les développer, la matière a été traitée à fond dans différens ouvrages spéciaux. Nous ajouterons seulement, pour
l'intelligence des termes employés dans le cours de
celui-ci, que ce nouveau système a pour unité le
gramme, que ce gramme se divise en dix parties
qu'on appelle *décigrammes*, et que ce décigramme
se divise également en dix parties auxquelles on
donne le nom de *centigrammes*, c'est-à-dire centième
partie du gramme.

Pour les quantités supérieures au gramme, on a
le décagramme, composés de dix grammes, et l'hectogramme, composé de dix décagrammes ou cent grammes, qui, multiplié à son tour par dix, donne le
kilogramme.

La table suivante indique les rapports de ces nouveaux *poids* avec les anciens, et contrairement des
anciens avec les nouveaux. Nous y joignons à la suite
le rapport comparatif des mesures de capacité.

Tableau comparatif des anciens poids pharmaceutiques avec les poids décimaux.

Poids anciens.			Poids nouveaux.	
2 livres.	32 onces.	℔ ij.	1 kilogramme.	1,000 grammes.
1 livre.	16 onces.	℔ j.	5 hectogram.	500 *idem.*
1/2 livre.	8 onces.	℔ ß.		250 *idem.*
1 once.	8 gros.	ʒ j.		32 *idem.*
1/2 once.	4 gros.	ʒ ß.		16 *idem.*
1 gros.	72 grains.	ʒ j.		4 *idem.*
1/2 gros.	36 grains.	ʒ ß.		2 *idem.*
1 scrupul.	24 grains.	Ɔ j.		1 *idem* 1/3.
2 grains.		gr. ij.		1 décigram.
1 grain.		gr. j.		1/2 décigram.

Rapport des mesures de capacité en termes ronds

1 pinte.	℔ jj.	1 litre.	
1 chopine.	℔ j.	1/2 litre.	
1/2 septier.	℔ B.	1/4 litre.	
1 poisson.	ʒ jv.	1/8 litre.	ou 128 grammes.
Une cuillerée à bouche.	ʒ ij.		8 grammes.
Une goutte.	gr. j.		1/2 décigrammes.

POIX (*Pix*). Substance de nature résineuse, molle ou demi-fluide, d'une odeur plus ou moins forte, peu agréable ; d'une saveur chaude, amère, âcre et piquante ; fusible au feu et très-inflammable ; soluble dans les alcools et les huiles fixes. C'est un principe immédiat des végétaux, qui nous est fourni naturellement par plusieurs arbres de la monœcie monadelphie de Linné, famille des conifères et des térébinthacées de Jussieu, connus sous les noms de pin, sapin et mélèze. *Voy.* Poix naturelle, Térébenthine, Galipot.

Poix grasse, poix blanche, poix de bourgogne (*Pix*). Le galipot ou poix naturelle, fondu avec de la térébenthine commune et ses résidus, passé à travers des filtres de paille, forme ce qu'on appelle la *poix grasse*, poix blanche ou poix de Bourgogne : elle ne diffère pas essentiellement du galipot; elle contient les mêmes principes et possède les mêmes propriétés; elle est aussi plus généralement employée dans la pratique vétérinaire, parce que la fusion et la filtration la dépouillent entièrement de corps étrangers, et la rendent plus pure, plus molle, sans altérer ses qualités; elle fait partie des charges et de plusieurs compositions pharmaceutiques; on l'applique extérieurement comme un excellent maturatif, fondant, résolutif et fortifiant.

Poix naturelle, barrax (*Galipot*). Ces expressions sont identiques, elles servent à désigner la même substance.

Une partie du suc résineux qui découle du pin est recueillie et conservée dans son état fluide; c'est la térébenthine : une autre partie se concrète sur le tronc; c'est la poix naturelle ou *galipot :* ces deux substances sont parfaitement analogues; seulement le galipot contient moins d'huile volatile ou essence : c'est par la dissipation d'une partie de ce principe qu'il a perdu sa fluidité. On le détache de l'arbre avec un instrument de fer. Il est d'abord blanc, mais l'action de la lumière le rend jaunâtre. Il est toujours plus ou moins mêlé de copeaux et de débris de bois que l'instrument a enlevés. Il faut choisir le plus nouveau, le plus net, le plus blanc, préférer celui qui est d'une consistance mollasse, dont l'odeur douce n'est pas désagréable.

La poix naturelle ou galipot est un composé d'huile volatile de résine. C'est un bon maturatif, nerval :

elle entre dans la composition de quelques onguens,
des emplâtres et des charges.

Poix noire, poix navale. Elle est un produit
de l'art. On fait chauffer dans un four les filtres de
paille qui ont servi à purifier le galipot et la térébenthine des matières hétérogènes qu'ils ont retenues, et
tous les morceaux de pins et sapins qu'on a détachés
en pratiquant les incisions sur l'arbre ; la matière résineuse dont ces corps sont imprégnés se liquéfie,
coule sur l'aire du four, et se réunit, par un canal
disposé à cet effet, dans une cuve à demi remplie d'eau ;
elle est alors de couleur noirâtre, et laisse surnager
une liqueur huileuse, qu'on nomme *huile de poix* ;
on enlève cette huile : ce qui reste est mis dans une
chaudière de fonte ; on le fait bouillir, il acquiert plus
de consistance, et sa couleur devient complètement
noire ; on coule la poix dans des moules ou barils,
et on la laisse refroidir.

On trouve dans le commerce une autre espèce de
poix noire ; c'est un mélange de résines inférieures
noirci avec du noir de fumée ; elle est d'un noir sale,
terne dans sa cassure, d'une consistance molle et
grasse, et contient une grande quantité de substances
gommeuses extractives, insolubles dans les corps gras.

La poix noire est digestive, très-maturative, fortifiante et résolutive ; elle entre dans la composition
des onguens basilicum, épispastique et autres.

Poix résine, résine jaune. La poix résine est, ainsi
que la poix noire, un produit de l'art ; elle se prépare
avec la poix naturelle. On chauffe le galipot à petit
feu dans une chaudière ; on remue constamment pen-

dant l'opération, pour empêcher la matière de se brûler et de noircir ; l'huile ou essence se volatilise. Pour en séparer les matières hétérogènes, on fait passer la résine, avant qu'elle soit refroidie, à travers un filtre de paille. La résine a acquis une légère couleur brune noirâtre; on lui fait prendre la couleur jaune en la combinant avec une petite quantité d'eau chaude et l'agitant fortement.

La poix résine doit être exactement dépouillée de tout corps étranger; sèche, friable, de couleur jaune, on la falsifie souvent en y mêlant du sable, qui n'altère point sa qualité, mais qui en augmente le poids. On emploie la poix résine intérieurement : elle est balsamique, diurétique ; elle entre dans la composition de beaucoup d'onguens, emplâtres, charges, etc. Réduite en poudre, on en saupoudre les plaies récentes pour arrêter les hémorrhagies et faciliter la cicatrice.

Poix sèche, brai sec, colophane, arcanson. Résidu de la térébenthine dont on a retiré l'huile volatile ou essentielle par la distillation : c'est une résine sèche, cassante, friable, plus ou moins transparente ; elle ne diffère pas essentiellement de la poix résine, seulement sa couleur est en général plus brune : on pourrait la jaunir à l'aide de l'eau bouillante et de l'agitation. La colophane entre dans la composition de l'onguent styrax et de quelques emplâtres.

POMMADE ANTI-OPTHALMIQUE. *V.* Collyre.

Pommade antipsorique pour les moutons. Les moutons sont fréquemment attaqués de la maladie connue sous le nom de *gale*, maladie d'autant plus dangereuse qu'elle est contagieuse, et qu'il est souvent très-difficile d'en détruire le germe, si on néglige d'y porter remède dès le moment qu'elle se manifeste. On emploie assez communément, pour guérir la gale des moutons, l'huile de cade, l'huile de poix et l'huile empyreumatique animale, etc. Ces antipsoriques réussissent assez généralement, mais leur usage à l'extérieur entraîne différens inconvéniens plus ou moins graves : 1°. ces substances, d'une nature fluide, s'étendent beaucoup au-delà de la partie sur laquelle on les applique ; 2°. elles dessèchent la peau par leur principe âcre, volatil et ammoniacal ; 3°. elles nuisent plus ou moins à la production de la toison ; 4°. leur odeur est très-désagréable, principalement celle de l'huile empyreumatique ; elles impriment sur la laine des taches indélébiles qui en détériorent la qualité.

On prévient tous ces inconvéniens par l'usage de la pommade antipsorique, dont les effets sont toujours constans.

℞ Axonge ou saindoux. . . . . 3o part.
   Cantharides en poudre. 1/2
   Onguent mercuriel double. 5
   Savon vert. 25
   Essence de lavande. 1

On chauffe les cantharides avec une partie de la graisse, on les passe au travers d'une toile claire, on ajoute l'onguent mercuriel et le savon, et on remue sans interruption jusqu'à ce que la pommade ait acquis la consistance ordinaire : c'est alors seulement qu'il faut y mêler l'essence de lavande.

Lorsqu'une bête est fortement affectée de la gale, il convient de prolonger le traitement, c'est-à-dire de ne frotter qu'une partie du corps chaque jour ; il n'est pas moins essentiel de séparer les bêtes malades de celles qui sont en traitement, et celles qui sont guéries de ces dernières.

POMMADE ANTIPSORIQUE pour les chiens. *V.* Onguent.

POMMADE DE SATURNE.

℞ Onguent populeum. . . . . 16 parties.
    Acétate de plomb liquide (extrait de
      saturne). 3
Mêlez exactement à froid.

Cette pommade est émolliente, résolutive, adoucissante et siccative, elle calme les inflammations et irritations superficielles, dessèche les plaies simples contuses, les écorchures et nerfférures.

POMMADE D'HYDRIODATE DE POTASSE.

℞ Axonge ou graisse de porc. . . . . 4 part.
    Suif de mouton. 1
    Hydriodate de potasse. . . . . 1 1/2.
Il faut commencer par bien diviser l'hydriodate dans un mortier de verre ou de porcelaine, avec une petite quantité de graisse, ajouter ensuite le reste en continuant de triturer pour obtenir une pommade homogène.

Propriétés et usages. La pommade d'hydriodate de potasse est un nouveau médicament qui paraît présenter quelques avantages à la médecine vétérinaire. On en a fait usage avec succès pour résoudre des engorgemens lymphatiques et glanduleux, particulièrement la bronchocèle ou le goître des chiens. Nous pensons que de nouveaux essais confirmeront ces bons effets si on n'altère pas ce médicament sous prétexte d'économie , moyen fort en usage dans la médecine vétérinaire pour les substances qui , comme l'hydriodate de potasse , sont d'un prix élevé. *Voyez* nos observations à l'article Iode.

On frictionne tous les jours la partie malade avec la pommade , on recouvre avec une compresse de laine qu'on assujétit au moyen d'un bandage. Pendant ce traitement , il est souvent utile d'administrer intérieurement la teinture d'iode. *Voy.* cet article.

POMMADE D'HYDRIODATE DE POTASSE ET D'IODE.

♃ Axonge. . . . . 12 part.
  Suif de mouton. 4
  Hydriodate de potasse. 3
  Iode. 1/2

Préparations et usages. Voy. l'article précédent et Iode.

PORPHYRISATION. Opération mécanique par laquelle on divise les molécules d'une substance solide pour la réduire en poudre très-fine , en la broyant entre deux corps durs et polis. Cette opération se pratique fréquemment en pharmacie et en chimie. On porphyrise un grand nombre de substances, telles que les sels , les oxides métalliques , les métaux, les terres, les coraux, les phosphates calcaires, etc. La porphyrisation se fait le plus souvent à sec ; quelquefois on humecte le corps qu'on porphyrise avec une petite quantité d'eau, pour en faciliter la division.

L'instrument consiste en une table de porphyre sur laquelle on promène un morceau de la même pierre, appelé *mollette ;* c'est un cône dont la base présente une surface exactement polie.

POTASSE. *V.* Carbonate de potasse.

Potasse caustique. *V.* Pierre à cautère.

POUDRE. Produit de la division d'un corps en parties plus ou moins subtiles, opérée par l'action mécanique du pilon, de la molette, du moulin, de la râpe ou autre instrument convenable. Toutes les substances, soit animales, soit végétales, soit minérales, peuvent être réduites en poudre : on régularise la finesse des poudres au moyen de la tamisation. Elles sont simples ou composées, suivant qu'elles proviennent de la pulvérisation d'une ou de plusieurs substances. Ainsi les poudres de réglisse, de guimauve, de gentiane, de sabine, de cantharides, etc., etc., sont des poudres simples ; les poudres cordiales, béchiques, émollientes, toniques, purgatives, etc., sont des poudres composées. On pourrait considérer les poudres comme des corps formés par le rapprochement d'un grand nombre de corps en contact les uns avec les autres, mais sans principe d'union et sans force d'agrégation.

La médecine vétérinaire fait un grand usage des poudres de toute espèce ; elle les administre intérieurement en opiats, pilules ou bols, électuaires, breuvages, mêlées avec du son, de l'avoine, du miel, etc., etc. ; à l'extérieur, elle les applique sur les plaies, en fait des cataplasmes, des collyres secs, des collyres humides, etc.

Nous allons d'abord faire connaître les poudres simples.

Poudre d'aunée. Cette poudre aromatique et amère, est cordiale, incisive, fortifiante, appétissante et très-stomachique : on la donne en opiat et en bol ; on la fait manger au cheval, en substance, mêlée avec le son, le miel, l'avoine, etc. On la donne aussi en breuvage dans le vin ; elle fait partie des poudres et opiats composés. La dose pour le cheval est d'une à deux onces ; elle est double pour le bœuf.

POUDRE DE GALANGA. Le galanga est de la famille des balisiers ; sa racine résineuse, de couleur rougeâtre, d'une odeur aromatique, d'un goût piquant un peu amer, réduite en poudre, est un stomachique chaud, digestif, carminatif et céphalique.

On l'administre rarement seule, mais on la mêle avec d'autres substances, à la dose d'une once. Elle fait partie de la poudre cordiale, de la thériaque, des pilules antifarcineuses, et de plusieurs autres compositions. *Voy.* Galanga.

POUDRE DE GAYAC. Il faut choisir le bois de gayac très-dur et très-résineux : on le râpe avant de le pulvériser. Cette poudre est légèrement cordiale, dépurative et sudorifique ; elle fait partie des espèces et de la poudre de ce nom. On l'administre rarement seule ; la dose est de quatre onces. On la donne aussi en décoction dans les breuvages. *Voy.* Gayac.

POUDRE DE GENTIANE. C'est la racine de la grande gentiane mondée et bien séchée, qu'on réduit en poudre et qu'on passe au tamis. Elle est très-employée dans la médecine vétérinaire ; elle fait partie de beaucoup de poudres composées ; on l'administre aussi seule, dans le son mouillé ou le miel, à la dose, pour le cheval, d'une à quatre onces ; pour le bœuf, de quatre à huit onces, et de quatre gros pour le mouton.

Ce médicament est un très-bon amer fondant, dépuratif, stomachique, appétissant, fébrifuge et vermifuge. *Voy.* Gentiane. Le prix modéré de cette
poudre permet qu'on en continue l'usage plus ou
moins long-temps.

POUDRE DE GUIMAUVE. Racine de la plante de guimauve réduite en poudre. Il faut, avant de pulvériser
la racine de guimauve, qu'elle soit exactement mondée de ses filamens, ratissée et séchée; si elle a été
bien préparée, la poudre est blanche et d'une odeur
assez agréable. C'est un médicament très-utile et fréquemment employé. On l'administre au cheval mêlée
dans du son mouillé ou dans le miel, à la dose d'une
à quatre onces. Cette poudre mucilagineuse est très-
émolliente, béchique, adoucissante, humectante et
légèrement incisive. On l'administre quelquefois seule,
mais plus souvent en opiat combiné avec d'autres
poudres. *Voy.* Guimauve.

POUDRE DE LIN. *V.* Farine de Lin.

POUDRE D'IRIS. La racine d'iris de Florence nous
vient d'Italie, mondée et séchée; on doit préférer
celle dont la couleur est blanche et dont l'arome
agréable approche de l'odeur de la violette.

La poudre d'iris est béchique, incisive; on la fait
entrer dans les opiats et dans les poudres composées.
On l'administre seule, à la dose d'une à deux onces.
Voy. Iris.

POUDRE DE QUINQUINA. Nous faisons connaître à
l'article Quinquina les propriétés de cette substance;
nous ajouterons que, d'après de nouvelles expériences,
nous sommes persuadé que dans le plus grand nombre

de cas il est impossible de la remplacer par d'autres, qu'on suppose avoir des propriétés analogues. Nous ne saurions trop recommander l'usage de ce médicament dans les atonies causées par maladie, abstinence, fatigue, travaux forcés, évacuations trop abondantes, superpurgations, etc.; dans les épizooties, la maladie des chiens, la pourriture des moutons : il est excitant, astringent, antifébrile, antiputride et antiseptique.

La poudre de quinquina n'est que le quinquina, ou plutôt l'écorce du quinquina réduite en partie plus ou moins fine par l'action du pilon; on l'administre souvent seule, mais on l'associe aussi avec d'autres substances aromatiques ou amères, telles que la poudre d'aunée, de calamus, de gentiane, de cannelle, et avec le camphre; le mode d'administration est le même que pour les autres poudres, mêlée dans le son, en opiat, en bol, en breuvage dans le vin, etc.; la dose pour le cheval et le bœuf est depuis une once jusqu'à quatre. Elle fait la base de la poudre excitante et de l'une de celles contre la pourriture des moutons: c'est sous forme de sirop ou d'extrait qu'on administre ordinairement le quinquina aux chiens.

La poudre de quinquina n'est pas seulement employée à l'intérieur, on s'en sert pour saupoudrer les plaies de mauvais caractère; elle nettoie, déterge, prévient et arrête les progrès de la gangrène : pour remplir cette dernière indication, on la combine quelquefois avec le camphre et le charbon, on la mêle dans le vin et dans les décoctions aromatiques. *Voy.* le formulaire.

La poudre de quinquina doit être d'un goût amer très-prononcé, qui n'est cependant pas celui de la

gentiane; il est suivi d'astriction et d'une odeur particulière, légèrement aromatique, qui approche de
celle du moisi. La couleur n'est point un caractère
qui puisse diriger dans le choix ; on en trouve de bonne
qualité sous différentes nuances, en gris, jaune, rouge,
orange, etc. *Voy*. Quinquina.

POUDRE DE RÉGLISSE. La racine de réglisse est généralement connue, nous en parlons à l'article Réglisse :
réduite en poudre, on l'emploie comme un médicament pectoral, humectant, béchique, adoucissant et
légèrement incisif. On l'administre en nature, mêlée
avec du son, mais plus particulièrement dans le miel,
à la dose, pour le cheval, d'une à deux onces, et de
quatre onces pour le bœuf; elle entre dans la composition des électuaires, opiats, poudres composées, etc. C'est une très-bonne substance médicamenteuse, fréquemment employée dans la médecine vétérinaire; il faut la choisir de couleur jaune, d'un goût
doux, qui n'est cependant pas celui du sucre, et sans
mélange.

POUDRE DE SABINE. Elle est le produit des feuilles
de la sabine, qu'on pulvérise ; la couleur doit être
verte, l'odeur forte et désagréable. On l'emploie extérieurement pour déterger les plaies et détruire les
chairs fongueuses ; intérieurement comme stimulante,
emménagogue, diurétique, anthelmintique et appétissante, à la dose de deux à quatre gros, mêlée avec
d'autres substances. Elle fait partie de la poudre vermifuge. *V*. Sabine.

POUDRE DE SÉNÉ. On fait entrer la poudre de séné
comme purgatif dans les opiats et les bols; c'est la

feuille du séné qu'on réduit en poudre et qu'on passe
au tamis.

Poudres composées. On trouvera de nombreux changemens dans les formules de ces poudres; l'expérience
nous a fourni de nouvelles indications, et nous ne
les publions qu'après en avoir constaté les effets. Plusieurs de ces formules n'existaient pas dans les éditions précédentes.

Poudre absorbante.

2⟨ Corne de cerf calcinée, porphyrisée et
    lavée. . . . . 10 part.
    Sous-carbonate de soude. 1
    Rhubarbe indigène. 2
    Extrait de pavot ou opium indigène. . 1

On réduit les trois premières substances en poudre
séparément; on les mêle, et on y divise l'extrait de
pavot pour former une seule et même poudre; on
l'administre au cheval à la dose de deux onces dans
les toux d'irritation chroniques ou prolongées par
suite d'un embarras gastrique dans le principal organe
de la digestion.

Poudre adoucissante.

2⟨ Poudre de réglisse. . . . . 4 part.
    ——— de guimauve. 2
    ——— de têtes de pavot blanc. 1

Mêlez ces poudres ensemble, et vous aurez une
poudre composée, pectorale, adoucissante et humectante : on l'administre au cheval dans le son ou dans
le miel, à la dose de deux onces, contre la toux sèche
ou par irritation.

Poudre adoucissante nitrée.

℞ Poudre ci-dessus. . . . . 8 part.

Ajoutez nitrate de potasse. 2

Mêlez et administrez à la dose de deux onces ; même indication que ci-dessus.

Poudre adoucissante incisive.

℞ Poudre de réglisse. . . . . 10 part.

——— de guimauve. 6

——— d'aunée. 4

Oxide d'antimoine hydrosulfuré (kermès minéral). 4

Mêlez et passez au tamis. Cette poudre s'administre au cheval à la dose de deux onces. Elle facilite, comme les précédentes, l'expectoration dans la toux humide.

Poudre amère.

℞ Poudre de gentiane. . . . . 12 part.

——— d'absinthe. . . . . ⎫

——— d'aunée. . . . . . . ⎬ de chaq. 2 part.

——— d'aloës succotrin. . ⎭

Mêlez exactement pour ne former qu'une seule poudre ; administrez comme ci-dessus, à la dose de deux onces. Cette poudre est tonique et fortifiante ; elle convient pour rétablir l'organe de l'estomac débilité par suite d'indigestion, de longues maladies ou de toute autre cause.

Poudre anticarcinomateuse.

℞ Sulfure rouge de mercure (cinnabre). 5 part.

Cendre de vieux cuirs. 1

Sang-dragon. . . . . 1 p. 1/2.

Oxide d'arsenic blanc. . . . . 2 part.

Réduisez ces substances en poudre fine sur le porphyre, et formez, en les mêlant très-exactement, une seule poudre.

On emploie cette poudre escarrotique dans les vieilles plaies et ulcères cancéreux de mauvais caractère, les maux de garot, etc. En mêlant cette poudre avec un peu d'eau, on obtient une pâte liquide dont on enduit l'ulcère à l'aide d'un petit pinceau fin; on la recouvre avec des étoupes très-fines; le pansement continué pendant environ six à huit jours, la partie se gonfle, se tuméfie, avec accompagnement de douleurs; bientôt l'escarre tombe, et la plaie prend un caractère simple, qu'on guérit par les moyens ordinaires.

Poudre antispasmodique.

℞ Racine de valériane en poudre. }
Nitrate de potasse. . . . . . } de chaq. 5 part.
Sulfure rouge de mercure (cinnabre). 1 part.
Opium brut. 1/2
Camphre purifié. 1/2

Réduisez ces substances en poudre, et passez au tamis. La dose pour le cheval est d'une à deux onces; elle s'administre dans le miel, le son, ou en breuvage dans l'eau miellée.

Poudre astringente.

℞ Espèces astringentes. . . . . 8 part.
Bol d'Arménie. 1
Sang-dragon. 1
Sulfate d'alumine (alun). 1

Après qu'on a pilé ces substances séparément, on les passe au tamis, on les mêle ensuite ensemble pour former une poudre qui a la propriété astringente, et qu'on administre au cheval dans le miel ou dans le son mouillé, à la dose d'une à deux onces ; elle arrête ou diminue les évacuations trop abondantes en resserrant les vaisseaux trop relâchés ; elle est antidysentérique.

POUDRE BÉCHIQUE ADOUCISSANTE.

♃ Poudre de réglisse. . . . . 12 part.

———— de guimauve. 8

———— de gomme arabique. 4

Soufre sublimé. 8

Extrait de pavot. 6

Mêlez exactement et passez au tamis. Cette poudre pectorale, adoucissante, légèrement incisive, humecte la poitrine et calme la toux ; on l'administre dans le son ou l'avoine, et mieux encore dans le miel. La dose pour le cheval est de deux onces. Elle est très-employée.

POUDRE BÉCHIQUE INCISIVE.

♃ Racine de guimauve. . . . }
———— de réglisse. . . . . } de ch. 12 part.

———— d'iris de Florence. }
———— d'aunée. . . . . . } de chaq. 5 part.

———— de galanga. . . . . }
Gomme ammoniaque. . . } de chaq. 2 part.

Soufre sublimé et lavé. . . . . 10 part.

Sulfate de potasse. 6

Extrait de pavot ou opium indigène. . . 6

Kermès minéral. 8

On réunit les racines, la gomme et le sulfate de potasse, on les pulvérise ensemble, et on les passe au tamis ; ensuite on y mêle très-exactement le soufre, l'extrait de pavot et le kermès.

Cette poudre est très-employée contre la toux, les

catarrhes, le rhume, et surtout pour faciliter la pousse ou la gourme des jeunes chevaux. Elle fait la base de l'électuaire de ce nom. La dose pour le cheval est de deux onces, pour le bœuf elle est double. On l'administre dans le son, dans l'avoine et mieux encore dans le miel, en forme d'opiat; on donne au malade, pendant le traitement, de l'eau miellée légèrement nitrée.

POUDRE CONTRE LA FOURBURE.

℞ Poudre cordiale. . . . . 10 part.

     Assa-fœtida. 2

     Sulfure rouge de mercure. . . . . 1 p. 1/2.

     Oxide d'antimoine demi-vitreux (crocus.) 3

Mêlez et réduisez toutes ces substances en poudre; passez au tamis de crin.

La dose pour le cheval est de deux onces. On l'administre pendant plusieurs jours consécutifs, le matin à jeun, dans le son, l'avoine, le miel ou le vin. Le traitement exige d'autres soins extérieurs qu'il ne faut pas négliger.

POUDRE CONTRE L'INAPPÉTENCE.

℞ Poudre cordiale. . . . . 10 part.

     Racine de gentiane. 6

     Assa-fœtida. 2

     Tartrate acidule de potasse. 6

     Oxide d'antimoine demi-vitreux (crocus.) 4

Mêlez ces substances, pulvérisez et passez au tamis de crin fin. On administre cette poudre, comme les autres, dans le son, l'avoine ou le miel; la dose pour le cheval est de deux onces. Elle est généralement employée.

POUDRE CORDIALE. De tous les médicamens vétérinaires, il n'en est point dont l'usage ait été plus général et plus constant que la poudre cordiale ; aussi a-t-elle été spécialement l'objet des spéculations du charlatanisme ; chacun l'a préparée à sa manière ; on a substitué aux substances essentielles des substances inertes et de moindre valeur, combinées sans connaissance et sans proportion. Ces mélanges, composés seulement de plantes aromatiques, sont plutôt échauffans et irritans que cordiaux. Le cheval est herbivore, les végétaux dont il se nourrit sont plus ou moins aromatiques : quel changement peuvent produire dans son économie des substances qui constituent en partie sa nourriture habituelle? On peut comparer la poudre cordiale à la thériaque; elle participe des propriétés d'un grand nombre de substances qui, par la combinaison de leurs principes, produisent des effets que ces substances ne pourraient produire, employées isolément ou réunies en moindre quantité.

Voici la formule d'après laquelle je prépare, dans ma pharmacie, la poudre cordiale :

♃ Baies de laurier. . . . .⎫
—— de genièvre. . . . . . .⎪
Écorce d'orange ou de citron.⎪
Racine d'aunée. . . . .⎬ de chaq. 6 part.
—— de réglisse. . . . . . .⎪
—— de gentiane. . . . . . .⎪
Bois de gayac râpé. . . . . .⎪
Cannelle. . . . .⎭

Racine d'angélique.	
———— d'acorus calamus. . .	
———— de galanga.	
———— d'iris de Florence. .	de chaq. 4 part.
———— de rhubarbe indigène.	
———— de valériane.	
———— de gingembre. . . .	
Semences de fenouil.	
———— de coriandre.	
———— d'anis vert.	de chaq. 3 part.
———— d'amomum, ou mani-guette.	
Feuilles ou sommités fleuries d'absinthe.	
———— de menthe poivrée. .	de chaq. 4 part.
———— de romarin.	
———— de sauge.	
———— de scordium	

Oxide brun de fer. . . . . 10 part.
Alcool à 32 degrés. 6

On choisit toutes ces substances de bonne qualité; après les avoir mêlées ensemble, on les réduit en poudre qu'on passe au tamis; on ajoute ensuite l'alcool, qu'on a soin de combiner très-exactement. On renferme cette poudre ainsi préparée dans un vase couvert, elle ne doit être employée qu'un mois après; ce temps est nécessaire pour rendre la combinaison des principes plus intime.

La poudre cordiale convient beaucoup au tempérament du cheval: elle est excitante, fortifiante, tonique, incisive et appétissante; elle ranime les forces vitales et facilite la gourme; on l'administre aux chevaux fatigués, faibles, dégoûtés et convalescens, à la dose de deux onces, dans le son, l'avoine, le miel, et plus avantageusement encore dans le vin. Pour le bœuf, la dose est de quatre onces; quatre gros pour le mouton.

On trouve, dans ma pharmacie, cette poudre divisée par prises et par livres, comme toutes les autres poudres composées.

POUDRE DIURÉTIQUE FONDANTE DÉPURATIVE. Nous avons indiqué, article Diurétiques, les propriétés des médicamens de ce genre, les principales substances qu'on peut faire entrer dans leur composition, les maladies dans lesquelles il convient plus particulièrement d'en faire usage, et les différentes formes qu'on doit leur donner suivant l'espèce de maladie, les circonstances qui l'ont précédée et les caractères qui l'accompagnent. De tous les médicamens connus les diurétiques sont un des plus utiles à la médecine vétérinaire : ils présentent plusieurs avantages également précieux ; il est prouvé par l'expérience qu'ils sont moins variables dans leurs effets ; ils purgent le cheval sans secousses et ne le fatiguent pas ; ils n'exigent aucune préparation préliminaire : l'animal continue sans inconvénient son travail habituel, et l'usage peut en être prolongé sans inconvénient pendant tout le temps que dure l'état maladif, avantages très-précieux pour les traitemens méthodiques. Leur administration, surtout en poudre, est aussi simple que facile, cette forme est préférable dans le plus grand nombre de cas, c'est celle qui est le plus généralement adoptée par les praticiens. On la fait manger dans le son frisé ou dans le miel, on en compose des bols, des breuvages, etc. *Voy.* Diurétiques.

Poudre émolliente. Cette poudre est le produit des espèces émollientes. *Voy.* Espèces émollientes. Les cataplasmes composés avec la seule farine de lin sont très-gluans et très-gras ; ils coulent fort souvent en les appliquant ; on ne les fixe qu'avec peine ; ils transmettent plus difficilement l'humidité, durcissent beaucoup trop sur la partie. On prévient ces inconvéniens en admettant dans les cataplasmes, avec quatre parties de farine de graine de lin, une partie de poudre émolliente, qui prend, après le mélange, le nom de poudre émolliente composée. Les praticiens ayant reconnu un double avantage dans ces cataplasmes, tant pour l'application que pour les effets, l'usage en est devenu d'autant plus habituel, que le prix en est modéré.

Poudre excitante.

℞ Poudre de quinquina. . . . . 16 part.
——— de cannelle. 4
——— d'acorus calamus. 6
Camphre pulvérisé. 1/2

On mêle ces quatre substances pour en former une seule poudre, qui est excitante et fortifiante ; elle ranime les propriétés vitales affaiblies ou diminuées par l'âge, les fatigues, les travaux forcés, l'abstinence, les maladies, les évacuations abondantes, etc.

La dose pour le cheval est d'une à deux onces, et de trois à quatre pour le bœuf. On l'administre dans le son, dans le miel ou en breuvage dans le vin ; on la réitère plusieurs fois dans le jour, selon l'état du malade.

Poudre purgative acidulée.

℞ Aloës succotrin en poudre. . . . . 16 part.
 Jalap en poudre. 6
 Tartrate acidule de potasse. 8
 Anis en poudre. 4

On mêle ces substances et on les administre au cheval, après l'avoir bien préparé pendant plusieurs jours par l'usage des boissons et des lavemens, à la dose de trois onces pour une médecine, dans le son mouillé, dans le miel, ou en breuvage dans un litre d'eau miellée; pour le bœuf, la dose est double.

Poudre purgative amère.

℞ Racine de gentiane. . . . . 1 once.
 Sulfate de magnésie (sel d'epsom). . 5
 Tartrate de potasse antimonié. . . . 10 grains.

Mêlez et administrez comme la poudre purgative acidulée.

Poudre purgative ordinaire.

℞ Aloës succotrin en poudre. . . . . . . 18 part.
 Sulfate de magnésie. 16
 Anis en poudre. 4

Mêlez ces trois substances et administrez au cheval après qu'il a été bien préparé comme il est dit ci-dessus; la dose est de deux à trois onces dans le son, en breuvage, ou dans le miel sous forme de bol; pour le bœuf la dose est de cinq à six onces.

Poudre purgative vermifuge.

℞ Poudre de séné. . . . . 8 part.
 ——— d'aloës succotrin. 8
 ——— de semences d'anis. 2
 Muriate de mercure doux. 2

Mêlez et administrez comme ci-dessus, à la dose de deux onces. Elle est double pour le bœuf.

POUDRE STYPTIQUE OU RESTRINCTIVE.

℞ Sulfate d'alumine. . . . . . .
———de fer. . . . .
———de zinc. . . . .
———de cuivre. . . . . . . } de chaq. 8 part.

Muriate d'ammoniaque. . . . . 4 part.

Camphre en poudre. . . . .
Safran en poudre. . . . . . } de chaq. 1 part.

On réduit les sulfates et le muriate en poudre, on ies fait sécher pour dissiper une grande partie de l'eau de cristallisation ; on y ajoute ensuite le camphre et le safran, qu'on mêle exactement.

On fait dissoudre une once et demie de cette poudre dans un litre d'eau avec un quart d'alcool (eau-de-vie). Pour l'usage de cette eau , *Voy.* Eau styptique ou d'Alibour.

POUDRE SUDORIFIQUE.

℞ Espèces aromatiques. . . . . 3 part.
——— cordiales. 2

Sulfure d'antimoine. . . . .
Bois de gayac. . . . . } de chaq. 2 part.

Racine d'angélique. . . . .
Bois de sassafras. . . . . . } de chaq. 2 part.
Fleurs de sureau. . . . . .

Mêlez toutes ces substances, réduisez en poudre, passez au tamis de crin fin. La dose pour le cheval est de deux onces. On l'administre dans le son, l'avoine et le miel. Cette poudre, anciennement connue dans la pratique et à laquelle j'ai cru devoir faire de grands changemens, est encore employée dans certaines maladies où il faut provoquer ou augmenter l'évacuation des fluides par les vaisseaux sécrétoires de la peau.

Poudre tempérante.

℞ Nitrate de potasse. . . . . }
 Tartrate acidule de potasse. } de chaq. 8 part.
 Sulfure rouge de mercure (cinnabre). . 2 part.
 Poudre de réglisse. 10

Pulvérisez ces substances. mêlez exactement et administrez en breuvage à la dose d'une once à deux onces, dans une décoction d'orge, dans l'eau miellée, l'eau blanche ou le son mouillé. Elle convient pour calmer les irritations, modérer l'activité de la circulation dans les maladies inflammatoires, les fièvres ardentes, les rétentions d'urine et les chaleurs d'entrailles.

Poudre tempérante adoucissante.

℞ Gomme arabique en poudre. }
 Poudre de guimauve. . . . } de chaq. 3 part.
 ———— de réglisse. . . . . . }
 Nitrate de potasse. . . . . } de chaq. 2 part.
 Tartrate acidule de potasse. }

Mêlez exactement ces substances, administrez au cheval à la dose de deux onces, et de quatre onces pour le bœuf, dans l'eau miellée, dans l'eau d'orge ou dans le son légèrement mouillé. Même indication que la poudre tempérante.

Poudre tonique avec la rhubarbe.

℞ Baies de genièvre. . . . . 4 part.
 Quinquina en poudre. 2
 Rhubarbe indigène en poudre. 1
 Farine de froment. 2

On forme avec ces substances une poudre qui, ayant des propriétés analogues à celles de la poudre tonique ordinaire, mais moins déterminées, s'administre dans les mêmes cas, de la même manière et à la même dose.

POUDRE TONIQUE CONTRE LA POURRITURE DES MOUTONS.

℞ Baies de genièvre. . . . . 6 part.
   Racine de gentiane. 10
   Quinquina. 5
   Farine de froment. 6
   Oxide brun de fer. 3

Il faut réduire ces substances en poudre et les passer au tamis de crin fin.

La dose de cette poudre est d'une pincée, qu'on mêle dans une poignée de son et qu'on fait manger tous les matins au mouton; on augmente cette dose tous les deux jours, jusqu'à quatre pincées ou une demi-once, qu'on continue pendant tout le temps que dure le traitement.

POUDRE TONIQUE ET CORDIALE.

℞ Poudre cordiale. . . . . 4 part.
   Muriate de soude (sel marin). 1

Mêlez. Cette poudre est antiputride, appétissante et vermifuge; elle s'administre comme celle ci-dessus pour les moutons.

POUDRE TONIQUE ORDINAIRE.

℞ Poudre de gentiane. . . . . . }
   ———— de quinquina. . . . } de chaq. 10 part.
   ———— d'écorce d'orange. . . . . 4 part.
   Oxide brun de fer. 4

Muriate d'ammoniaque. . . . . 2 part.

Noix vomique en poudre fine. . . . . . . 1 p. 1/2.

Mêlez ces substances très-exactement pour former une seule poudre. La dose pour le cheval est de deux onces ; administrez dans le son frisé.

Cette poudre convient généralement au tempérament du cheval ; son usage produit un principe d'excitation dans l'économie animale, qui ranime les propriétés vitales en augmentant le ton des parties solides. C'est un moyen très-utile dans les différens cas d'atonie, de faiblesse, d'épuisement, de marasme, de cachexie ou de dépérissement.

POUDRE VERMIFUGE. Les maladies vermineuses sont très-communes dans les animaux ; on emploie pour les guérir des moyens plus ou moins incertains dans leurs effets, et la plupart d'une nature désagréable et dégoûtante pour les chevaux et les moutons. La poudre vermifuge que je compose dans ma pharmacie réunit tous les avantages qu'on peut attendre de ce médicament lorsqu'il est préparé avec soin ; en voici la recette :

℞ Soufre sublimé. . . . . 6 part.

Mercure cru. 2

Poudre de racine de fougère mâle. . . . .

————de rhubarbe indig. . . > de chaq. 2 part.

————de tanaisie. . . . . . .

————de gentiane. . . . . . .

————d'absinthe. . . . . .

————de sabine. . . . . . . > de chaq. 1/2 part.

————d'aloës succotrin. . .

Semences de ricin. . . . . 1/2 part.

On combine le soufre avec le mercure pour former un sulfure de mercure, d'après le procédé ordinaire : on ajoute ensuite les autres substances, réduites séparément en poudre.

Cette poudre est très-employée ; elle s'administre au cheval à la dose de deux onces, mêlée dans le son ; on en fait aussi des bols avec le miel ; il faut la réitérer plusieurs jours de suite. On la combine quelquefois avec l'huile ou le savon empyreumatique. Elle fait la base de différens bols ou pilules. *Voy.* ces mots.

Nous avons déjà eu occasion d'observer, au sujet des médicamens vermifuges, combien il était avantageux de les faire précéder, une demi-heure d'avance, par l'administration d'un breuvage miellé ou sucré.

POUDRE VERMIFUGE POUR LES MOUTONS.

♃ Coraline de Corse. . . . . ⎫
Racine de fougère mâle. . . ⎬ de chaq. 4 part.
Sommités fleuries de tanaisie. ⎭
Rhubarbe indigène. . . . . 2 part.
Muriate de mercure doux. 1/2

On réduit les quatre premières substances en poudre grossière, dans laquelle on mêle très-exactement le mercure doux.

La dose est d'une forte pincée (deux à trois gros) ; on la fait manger au mouton le matin à jeun, mêlée dans une poignée de son. On continue ce traitement pendant plusieurs jours.

PRÉCIPITATION. Si l'on ajoute à une substance dissoute dans un liquide, une deuxième substance qui ait plus de force d'attraction pour le liquide, celle-ci s'en empare et contraint l'autre à se précipiter sous la forme pulvéruleuse, floconneuse ou en masse solide.

Il peut y avoir dans la précipitation formation d'un ou de plusieurs corps noùveaux par la décomposi- tiòn réciproque de plusieurs substances ; enfin, si on mêle ensemble dans un fluide trois, quatre ou un plus grand nombre de substances, l'action devient plus compliquée et les résultats peuvent varier en proportion.

PRÉCIPITÉ JAUNE. *V*. Turbith minéral.

Précipité rouge. *Voy*. Oxide rouge de Mercure.

PRÉPARATION. On donne généralement le nom de *préparations* aux médicamens formés par le mé- lange ou la combinaison de différentes substances, et dans ce sens on distingue les préparations en offici- nales et magistrales ; mais ce mot est plus spéciale- ment employé à désigner l'opération préliminaire par laquelle on dispose les substances naturelles, soit pour les administrer seules, soit pour les faire entrer dans les compositions. La préparation a pour objet d'en séparer tous les corps étrangers qui pourraient nuire à leur conservation, et les parties qui, n'ayant aucune vertu, atténuent l'action des principes médicamen- teux et rendent leur application plus difficile. Le mode de préparation varie suivant la nature des sub- stances ; dans tous les cas, il exige des soins et un travail qu'on doit porter jusqu'aux détails les plus mi- nutieux ; il influe essentiellement sur l'effet des médi- camens simples et sur la perfection des médicamens composés. *Voy*. Pharmacie.

PULPATION. Opération mécanique par laquelle on sépare la partie charnue d'un végétal de la partie fibreuse. On ramollit les végétaux, soit par la coction, soit par l'addition d'un peu d'eau, ou on les concasse, ou on les râpe; ensuite, au moyen d'une spatule qu'on nomme *pulpoir*, on détache la matière charnue et pulpeuse, qu'on fait passer à travers un tamis de crin.

PULVÉRISATION. La pulvérisation, la trituration et la porphyrisation sont trois opérations parfaitement analogues relativement à l'objet qu'on se propose : on a pour but, dans l'une et dans l'autre, de diviser, de séparer les molécules d'un corps, et de les réduire en particules plus ou moins fines; il n'y a de différence que dans le mode d'exécution déterminé par la nature des substances. On donne plus particulièrement le nom de *pulvérisation* à la division qui s'opère par l'effet du pilon, dans un mortier de pierre, de marbre, de fer ou de verre. Plusieurs corps, avant d'être pulvérisés, exigent quelques préparations préliminaires. Les bois, les racines, principalement celles de réglisse et de guimauve, etc., doivent être coupés en tranches très-minces, avant de les soumettre à l'action du pilon; lorsque les gommes ne sont pas parfaitement sèches, on chauffe, avant de les pulvériser, le mortier et le pilon, pour dissiper autant que possible leur humidité, qui en rendrait très-difficile la division; on scie le gayac, on lime le fer, on râpe la noix vomique pour les disposer à la pulvérisation.

PURGATIF. Purger un corps, c'est le nettoyer, le rendre pur, en séparer tout ce qui ne fait pas partie de son essence. La médecine a adopté ce mot pour exprimer l'action des médicamens évacuans; mais on appelle spécialement *purgatifs* ceux déterminant des évacuations alvines. Le nombre des substances purgatives est considérable; mais les unes et les autres ne doivent pas être employées indistinctement dans tous les cas qui exigent des évacuations. Parmi les purgatifs il en est de doux, qu'on appelle benins, laxatifs, minoratifs ou cathartiques ; de modérés et de violens : on nomme ces derniers drastiques ; leur emploi exige une grande sagesse et beaucoup de circonspection ; ils peuvent occasioner des dérangemens plus ou moins dangereux ; il faut qu'ils soient bien manifestement indiqués et le malade bien préparé.

Les purgatifs les plus ordinaires dans la médecine vétérinaire sont l'aloès, le jalap, le sulfate de magnésie, le sulfate de soude, le muriate de mercure doux, la coloquinte, la crême de tartre, la rhubarbe, le séné, etc., qui, combinés de différentes manières avec d'autres substances convenables, forment des bols, des breuvages, des poudres purgatives, etc.

PURIFICATION. Purifier un corps, c'est le séparer de toute matière étrangère : ainsi le triage, la lotion, la mondification, etc., sont des moyens de purification, mais ils ne suffisent pas toujours. Plusieurs corps sont susceptibles de s'unir d'une manière plus ou moins intime avec des substances qui n'en forment point partie intégrante, et qui nuisent à leurs propriétés ou les altèrent ; de simples opérations mécaniques ne parviennent pas à les séparer. Un grand nombre de corps, dans les trois règnes de la nature, ont besoin de subir une purification avant d'être employés comme médicamens. On purifie le mercure, les sels, les sucs gommeux, les sucs sucrés, les huiles, le soufre, le sulfure d'antimoine, le camphre, etc., etc. Les procédés varient presqu'à l'infini, en raison de

la diversité des substances ; il faut, pour être purifiées,
qu'elles soient d'une consistance molle ou fluide, ou
qu'elles puissent être amenées à l'un de ces deux états,
soit à l'aide du calorique, soit à l'aide d'un dissolvant.
On fait fondre le sucre et les sels dans l'eau, on filtre
la dissolution, on évapore le fluide, et on les obtient
plus purs par la cristallisation ; on purifie le sulfure
d'antimoine, le soufre, le camphre, etc., par l'action
immédiate du calorique, les gommes résines par l'action combinée du calorique, du vin, de l'alcool, etc.

PUTRÉFACTION. Dès que la vie organique cesse,
les élémens qui composaient un corps vivant ne sont
plus soumis qu'aux forces qui régissent les êtres inorganiques. Chaque élément tend à reprendre son état
naturel. L'hydrogène, l'oxigène, le carbone et l'azote
deviennent libres ; mais une propriété très-remarquable
de ces gaz et de plusieurs corps en général, c'est de
se combiner à l'état naissant : deux forces alors concourent à la décomposition de l'être organique.

Voyons, dans une substance animale, par exemple,
dans quel ordre elle s'effectue.

L'oxigène se combine avec de l'hydrogène pour
former de l'eau, s'unit à de l'azote sous l'influence
des matières calcaires pour former des nitrites ou
nitrates. Le carbone s'unit à l'hydrogène et forme du
gaz hydrogène carboné ; l'hydrogène s'unit à l'azote,
et il en résulte de l'ammoniaque. Voilà les résultats
les plus ordinaires de la putréfaction ou fermentation
putride. Si les matières étaient chauffées, il pourrait
se former, outre ces produits, de l'acide acétique,
de l'acide carbonique, de l'oxide de carbone, du

carbonate d'ammoniaque, de l'huile empyreumatique, etc.

Un air humide, une température de 15 à 25 degrés,
sont les circonstances favorables à la putréfaction.

Il est quelquefois bon de prévenir l'effet de cette
action destructive,

Lorsqu'il ne s'agit que de conserver la forme ou
les propriétés apparentes d'une substance organique,
on peut employer avec succès l'alcool, plusieurs
acides ou sels, le tanin, etc. ; le moyen le plus économique et le plus sûr, dans ce cas, est une solution
concentrée de deutochlorure de mercure (sublimé
corrosif).

Lorsqu'il s'agit de conserver des substances végétales ou animales pour les usages alimentaires ou
économiques, on emploie le froid, la dessiccation, la
privation d'air, le contact du charbon, la saturation
avec le chlorure de sodium ou sel marin. Le moyen
que l'on doit préférer, dans ce cas, est le procédé
d'Appert : il consiste à renfermer les substances dans
des vases parfaitement bouchés, et de les soumettre
au bain marie, à la chaleur de l'eau bouillante, depuis
cinq jusqu'à trente-cinq minutes.

Voici les lois sur lesquelles repose ce procédé :

1°. La chaleur détruit le ferment qui occasione la
décomposition des êtres organiques ;

2°. La privation d'air empêche la formation d'une
nouvelle quantité de ferment, qui ne peut avoir lieu
que sous l'influence de l'oxigène.

Q.

QUINQUINA (*Cortex peruviana*), écorce qui nous est fournie par différens arbres ou arbustes des forêts de l'Amérique méridionale, particulièrement des provinces de Quito, de la Nouvelle-Grenade, etc. Ils sont compris dans la pentandrie monogynie de Linné, et de la famille des rubiacées de Jussieu.

On compte un grand nombre d'espèces de quinquina, mais toutes ne jouissent pas des mêmes propriétés ; elles sont généralement connues sous les noms d'écorce du Pérou, de kina kina, de quinquina. Nous ne parlerons que des trois espèces les plus usitées, comme réunissant des propriétés supérieures.

Le quinquina gris de Loxa est celui qui a été le premier connu en Europe en 1779 ; c'est le *quinquina officinalis* de Linné ; il est fourni par un arbre qui croît au Pérou. Son écorce, dont il existe cinq à six variétés, est mince, très-roulée, de grosseur médiocre ; son épiderme, de couleur cendrée, est tacheté ou blanchi par différens cryptogames, espèce de mousse ou lichen qui est particulière à ce quinquina. Il est d'un fauve clair en dedans. La cassure, nette, assez résineuse, laisse quelquefois apercevoir des parties fibreuses ; il a une odeur qui se rapproche faiblement du moisi ; sa saveur est astringente et amère ; les marchands y mêlent souvent d'autres écorces qui n'ont aucune qualité analogue, quoique semblables en apparence.

QUINQUINA ORANGÉ OU JAUNE FAUVE. C'est l'écorce du *chinchona lancifolia* de Mutis, connu seulement en Europe depuis 1790 ; on trouve cet arbre au Pérou et particulièrement à Santa-Fé. On en distingue trois ou quatre variétés : l'écorce, large, couverte de rugosités, essentiellement fauve à l'intérieur, est recouverte d'un épiderme brun ; il a une odeur aromatique ; il est très-amer, mais moins résineux que le précédent. Les qualités de ce quinquina sont très-variables, il est difficile d'indiquer des signes positifs pour les reconnaître ; c'est par l'habitude qu'on apprend à apprécier la quantité de principe amer astringent qu'il contient.

Le quinquina jaune, dit *royal*, est très-estimé ; l'écorce est épaisse, large, peu roulée et peu fibreuse ; il est d'un jaune foncé à l'intérieur, sa saveur astringente, très-amère. C'est le seul que l'on emploie pour obtenir la quinine.

Le quinquina jaune bâtard, dit de Carthagène, ne doit point être confondu avec les espèces précédentes : il est peu amer et ne contient point de résine ; l'écorce est grosse, très-épaisse, ligneuse et non roulée.

QUINQUINA ROUGE. C'est l'espèce la plus estimée ; il est très-recherché, et communément d'un prix élevé. Il est fourni par le *chinchona magnifolia* ou le *chinchona oblongifolia*. Son écorce est grosse, épaisse, fibreuse, d'un rouge brun-fauve ; épiderme rugueux, crevassé en divers sens. Ce quinquina contient du tanin ; il est très-amer et astringent.

Le quinquina dit *nova* est une écorce de médiocre

grosseur, droite, ligneuse, longue, souvent aplatie; l'épiderme est cendré, lisse, luisant; l'intérieur d'un rouge pâle; l'odeur nauséeuse; la saveur, légèrement âcre, fade, peu astringente, n'a presque point d'amertume. C'est la qualité la plus inférieure. Il doit être rejeté de l'usage de la médecine.

Analyse. Le quinquina contient, d'après l'analyse, un principe astringent reconnu pour être de la nature du tanin; un alcali, qui est la quinine découverte par MM. Pelletier et Caventou; un acide quinique reconnu par M. Vauquelin; un principe amer, une substance résineuse, une matière gélatineuse, une matière colorante, un sel à base calcaire et du ligneux. C'est de la proportion entre ces principes constitutifs que résulte sa qualité.

Propriétés et usages. Le quinquina est un des médicamens les plus précieux et les plus recommandables que nous fournisse la matière médicale. Son usage devient chaque jour plus commun. Je puis affirmer, par des expériences faites sur les animaux domestiques, qu'aucun médicament connu ne peut le remplacer; ses propriétés toniques, excitantes, stimulantes, astringentes, anti-putrides et éminemment fébrifuges, sont autant de moyens qu'il offre aux praticiens qui savent l'employer convenablement.

Le quinquina s'administre à l'intérieur à la dose d'une à quatre onces, pour le cheval et le bœuf, et de deux gros pour le mouton; on le donne à l'animal en poudre dans le son frisé, en opiat dans le miel, en breuvage infusé dans l'eau, et mieux dans le vin. On le donne aussi en lavemens; c'est un puissant moyen contre les atonies produites par suite de maladies, de fatigues, de mauvaise nourriture. Il ranime les forces vitales et donne du ton aux parties solides, procure de l'appétit au malade par l'effet d'une excitation générale dans toutes les fonctions organiques. Il convient également dans les coliques coliquatives et gangréneuses, après avoir fait usage des évacuans minoratifs; dans les dysenteries, la péripneumonie, la fièvre maligne et la pourriture du bœuf et du mouton.

Appliqué à l'extérieur, le quinquina est reconnu propre à déterger les plaies, à fortifier les parties solides, corriger la putridité dans la gangrène et dans les plaies de mauvais caractère.

Dans ces divers cas, on associe fort souvent le quinquina au camphre, à l'aunée, au calamus, à la gentiane, aux amers aromatiques et aux préparations ferrugineuses. *Voy.* à cet effet, les Breuvages, Poudres composées, Opiats, Lavemens, etc.

R.

RAFRAICHISSANT. Il s'excite souvent dans les corps animaux vivans une chaleur plus forte, plus vive, plus ardente que celle qui leur est propre dans l'état habituel de santé : on a donné le nom de *rafraîchissans* aux médicamens propres à modérer cette température du corps et à calmer la soif; on les appelle aussi *tempérans* : l'une et l'autre qualification leur convient également. Ceux dont on fait particulièrement usage dans la médecine vétérinaire sont le nitrate de potasse, la crême de tartre, l'acide acétique, l'acide sulfurique, et plusieurs acides minéraux, qu'on mêle dans l'eau froide en quantité suffisante pour donner à ce fluide un degré d'acidité supportable à la bouche.

Le lait de beurre ou le petit-lait, l'eau blanchie par le son, la farine de froment et d'orge, l'eau miellée, la poudre tempérante, sont aussi des remèdes rafraîchissans. On range dans la même classe différentes plantes ou les sucs des plantes de la famille des chicoracées, telles que la chicorée proprement dite et la laitue. Le pourpier, la poirée, l'oseille, etc., sont également des plantes rafraîchissantes. On unit quelquefois les rafraîchissans avec les apéritifs, les émolliens, les diurétiques, les narcotiques, etc. On forme des composés, qui sont administrés en breuvages ou en lavemens.

RÉACTIFS. Les caractères physiques d'un corps simple ou d'un corps composé ne sont point toujours assez tranchés pour qu'on puisse le reconnaître; on le met alors en contact avec différens corps propres à faire ressortir ses diverses propriétés chimiques. On donne le nom de réactifs aux agens qu'on emploie dans ce cas.

On conçoit par cet énoncé, que le nombre et la nature des réactifs est extrêmement variable; que leur emploi, pour être bien dirigé, demande beaucoup de connaissances et de sagacité, et qu'il constitue la base de la chimie analytique. Le plan de cet ouvrage ne nous permettant pas d'entrer dans des détails approfondis sur ce vaste sujet, nous nous bornerons à indiquer ici quelques règles générales.

Pour reconnaître la nature d'un corps, le premier point est d'observer avec soin tous ses caractères physiques, d'en étudier tous les rapports, pour se guider, par ces remarques préliminaires, dans l'emploi des réactifs.

Si le corps n'est liquide ni gazeux, on le fait ordinairement dissoudre dans l'eau distillée ; s'il est insoluble dans ce véhicule, on a recours aux acides pour opérer la dissolution.

Le chalumeau offre pour l'analyse de plusieurs corps solides des caractères assez tranchés ; cet utile instrument peut, entre des mains exercées, faire éviter des recherches longues et pénibles. Un charbon ardent, le sous-carbonate de soude et le carbonate de la même base, sont les réactifs les plus ordinairement employés dans les essais au chalumeau. (*Voy.* le *Traité du Chalumeau*, de Berzelius, trad. par Fremes.)

Si l'on se sert d'un sel comme réactif, on devra avoir présent à la mémoire les règles qui président à la formation de ses composés et prévoir l'effet des doubles décompositions. On pourra consulter avec beaucoup d'avantage la Statique chimique de Berthollet, qui contient les observations les plus précises et les plus satisfaisantes sur cet objet.

Voici les réactifs d'un usage ordinaire :

Acides puissans : nitrique, sulfurique, hydrochlorique, oxalique, etc.

Corps simples : gaz oxigène, hydrogène, chlore, phosphore, iode, soufre, etc.

Bases puissantes : ammoniaque, potasse, soude, chaux, baryte, etc.

Sels. Nitrate de baryte, oxalate d'ammoniaque, prussiate de potasse, hydrosulfates alcalins.

Papier de tournesol, de curcuma ; sirop de violette, eau distillée, etc.

MM. Payen et Chevalier ont publié un traité spécial *des réactifs*. (*Voy.* cet ouvrage.)

RECTIFICATION. La rectification est une espèce de purification : elle a pour objet d'enlever à un fluide toute substance qui lui est étrangère, de le rendre plus identique, plus léger, plus incolore. C'est par la distillation réitérée que s'opère la rectification. On rectifie l'alcool simple et composé, l'éther, et généralement tous les produits obtenus par l'analyse des substances végétales et animales, ou leur décomposition, à l'aide du calorique élevé à un degré supérieur à celui de l'eau bouillante.

RÉGLISSE, *Glycyrrhiza glabra*, Linn., class. 17 de la diadelphie décandrie ; Juss., famille des légumineuses.

Caractères. Légumes glabres, stipules nulles, folioles impaires pétiolées.

Partie employée. La racine. Elle est grande, longue de cinq à six pieds ; cylindrique, traçante, se divisant en plusieurs branches, les unes grosses comme le pouce, les autres seulement comme le doigt ; l'épiderme qui la recouvre est de couleur grise, cendrée ou rougeâtre, et d'une saveur amère. L'intérieur de cette racine est jaune, filamenteux, imprégné d'un mucilage sucré ; d'une saveur douce, agréable, suivie d'un peu d'âcreté, mais qui n'est cependant pas de même nature que le sucre ordinaire.

La réglisse croît communément dans les pays méridionaux, en Italie et particulièrement en Espagne : on en cultive beaucoup dans le département de Maine-et-Loire, mais elle paraît contenir un peu moins de principe extractif sucré. Il faut choisir la

racine de réglisse d'un blanc jaune dans sa cassure,
et les morceaux de moyenne grosseur; réduite en
poudre, elle est fréquemment employée dans la médecine vétérinaire. C'est un médicament très-utile.
Voy. Poudre de réglisse.

Analyse. 1°. De l'amidon; 2°. de l'albumine; 3°. du
ligneux; 4°. du phosphate et du malate de chaux et
de magnésie; 5°. une huile résineuse brune et épaisse;
6°. un principe sucré particulier; 7°. un précipité soluble dans l'eau, cristallisable en octaèdre (M. Ro-
BIQUET).

RÉSINE (*Resina*). Les résines et les baumes naturels sont, comme les gommes-résines, des produits immédiats des végétaux composés d'oxigène,
d'hydrogène et de carbone; elles découlent des arbres
ou arbrisseaux, soit naturellement, soit au moyen
d'incisions pratiquées à cet effet, dans le temps convenable, aux tiges, au tronc ou aux branches. Il y en
a de deux sortes : quelques-unes conservent leur état
mou et fluide, les autres se concrètent par l'action
de l'air atmosphérique, et acquièrent une consistance
solide. Les premières ont quelques caractères des
huiles volatiles, mais elles en diffèrent en ce qu'elles
sont un peu moins solubles dans l'alcool; elles sont
gluantes, tenaces et comme grasses. La térébenthine
est la seule des résines liquides qui soit employée dans
la pratique vétérinaire. Les résines solides sont plus
ou moins fragiles, friables, d'une cassure lisse et vitreuse, plus ou moins transparente. Elles ont une couleur propre à chacune d'elles, leur saveur est chaude
et âcre. Elles sont inodores ou peu odorantes, solubles
dans l'alcool, dans l'éther, dans les huiles volatiles

et la plupart dans les huiles grasses , dans les graisses et le jaune d'œuf , mais insolubles dans l'eau ; en général elles sont inflammables , et s'amollissent par la chaleur.

Les baumes naturels sont des résines combinées avec l'acide benzoïque.

Résine élémi, *Resina elemi*. Cette substance, qu'on appelle improprement gomme, n'est qu'une résine pure très-inflammable. On en trouve assez ordinairement dans le commerce deux sortes : la première , plus rare et plus pure , nous parvient en petits pains allongés, du poids d'environ trois livres ; elle est enveloppée dans des feuilles de roseaux ; la seconde est en grosse masse renfermée dans des caisses.

La résine élémi nous est fournie par un arbre qui est de l'octandrie monogynie de Linné , famille des térébinthacées de Jussieu, qu'on nomme *amyris elemi fera*. On l'obtient en faisant des incisions sur cet arbre comme cela se pratique sur les pins pour en obtenir le galipot, avec lequel cette résine a assez de ressemblance ; elle nous est apportée de la Nouvelle Espagne et du Brésil ; elle est d'un blanc jaunâtre, tirant sur le vert, d'une consistance molle, gluante dans son intérieur, plus ferme à sa surface, ayant une odeur forte, très-aromatique, assez agréable, qui se rapproche de celle du fenouil.

Propriétés et usages. La résine élémi n'est employée qu'à l'extérieur ; elle est soluble dans l'alcool, fournit de l'huile volatile à la distillation , fait partie des onguens d'arcœus et de styrax, entre dans quelques préparations officinales. Elle est émolliente , résolutive et nervale.

RÉSOLUTIF. On pourrait, en prenant ce terme dans toute l'étendue de sa signification, considérer comme rentrant dans la classe des médicamens résolutifs, les émolliens, les apéritifs, les fondans, les incisifs, et même les purgatifs ; mais l'usage a restreint cette signification, et on ne donne le nom de résolutifs qu'aux médicamens qui, appliqués à l'extérieur, jouissent de la propriété d'atténuer, de résoudre, de fondre, de dissoudre les phlegmons, tumeurs et engorgemens formés sur une partie quelconque du corps animal. Leur action est analogue à celle des émolliens et des fondans, qui ne sont réellement que des résolutifs faibles, doux, on peut dire préparatoires, dont l'application doit précéder, dans le plus grand nombre de cas, l'application des résolutifs plus énergiques. La chirurgie vétérinaire emploie, comme médicamens résolutifs, les espèces aromatiques vulnéraires, l'alcool à des degrés plus ou moins élevés, suivant la nature de l'affection, l'alcool vulnéraire, l'alcool camphré, l'eau de boule de mars, les différentes préparations de fer, l'eau végéto-minérale, le sel ammoniac, le sel marin, la gomme ammoniaque, les huiles volatiles, les poix, etc. On les combine avec d'autres substances, soit pour modifier leur action, soit pour leur donner la forme convenable. On compose des charges résolutives, des collyres, des onguens, des lotions, des cataplasmes. *Voy.* ces mots. Le siége de la maladie détermine laquelle de ces formes est préférable.

RESTAURANT. On peut appliquer à la classe des médicamens qu'on nomme *restaurans*, ce qui a été dit aux articles Cordial, Fortifiant. *Voy.* ces mots.

RHUBARBE (*Rheum*). Linn. , classe 9 de l'en-néandrie tryginie ; Juss. , famille des polygonées.

Caractères spécifiques. Calice coloré , six divisions profondes ; étamines neuf, trois styles , une graine triangulaire. On en distingue cinq espèces qui appar-tiennent au même genre , mais qui présentent quel-ques différences dans la configuration des feuilles et de la racine, *le rheum raponticum , le rheum undu-latum , le rheum palmatum , le rheum compactum et le rheum ribes Arabum.*

Partie employée. La racine. Elle est fort grosse, longue et charnue ; ce n'est qu'après cinq à six ans de culture qu'on la récolte : elle exige de grands soins pour la faire sécher et l'obtenir d'une belle qualité : dans cet état , elle est d'un jaune foncé à l'extérieur , et présente dans sa cassure une couleur jaune tirant sur le rouge , marbré par des veines blanches ; sa sa-veur est légèrement amère et astringente ; elle fournit à l'eau , ainsi qu'à l'alcool, une teinture très-chargée, qui rougit par la présence de l'alcali.

Analyse. Un principe particulier jaune auquel elle doit sa couleur, sa saveur et son odeur ; une huile fixe , douce , soluble dans l'alcool et dans l'éther ; du sus-malate de chaux , de la gomme, de l'amidon, du ligneux, de l'oxalate de chaux , du sel à base de po-tasse , du sulfate de chaux et de l'oxide de fer. (M. HENRI.)

Ce n'est que depuis environ trente ans que la rhu-barbe est cultivée en France.

La rhubarbe la plus estimée est celle qui nous arrive de la Moscovie par la voie du commerce ; ce qui lui a fait donner le nom de rhubarbe de Moscovie.

On s'occupe particulièrement de la culture du

rheum palmatum du côté de Lorient (Morbihan) :
cette ville nous fournit presque toute la rhubarbe
connue dans le commerce sous le nom de *rhubarbe
indigène*. Ses propriétés chimiques et médicinales
étant constatées, nous croyons pouvoir la classer au
nombre des médicamens vétérinaires, attendu que
son prix est modéré.

Propriétés. Tonique, stomachique, amère, cordiale, digestive, vermifuge, légèrement purgative.
On l'administre rarement seule; elle fait partie de
différentes poudres composées; on l'admet dans les
opiats. La dose pour le cheval est d'une à deux onces.

ROMARIN OFFICINAL, *Rosmarinus officinalis*,
Linn., classe 2 de la diandrie monogynie; Juss., famille des labiées.

Caractères génériques. Lèvre supérieure bifide,
deux étamines, filets argués, une dent latérale.

Caractères spécifiques. Arbrisseau qui croît naturellement dans les pays chauds, en Espagne, en Italie,
dans le ci-devant Languedoc et la Provence. On le cultive à Paris dans les jardins. Il pousse beaucoup de
rameaux longs, grêles, cendrés, garnis de petites
feuilles roides, dures, entières, roulées sur les bords,
d'un vert brun en dessus, blanches et un peu cotonneuses en dessous. Ses fleurs sont petites, d'un bleu
pâle, coupées en deux lèvres par le haut; elles ont,
ainsi que les feuilles, une odeur forte, aromatique,
très-agréable; leur saveur est très-âcre.

Parties employées. Feuilles et sommités fleuries.

Propriétés. Stimulantes, nervales et cordiales. Elles
contiennent de l'huile volatile camphrée, qu'on ob-

tient par la distillation : vingt-quatre livres de feuilles de romarin récentes ont rendu une once d'huile volatile, d'une couleur ambrée; cette quantité n'est pas en proportion avec celle que produit cette plante, récoltée dans le midi de la France. *Voy.* Huile volatile de romarin.

Mode d'administration. En infusion dans l'eau, le vin et l'alcool, pour bain, lotion et breuvage. Elles entrent dans la composition des espèces aromatico-vulnéraires et cordiales.

ROSEAU AROMATIQUE. *V.* Acore odorant.

ROSIER A CENT FEUILLES, *Rosa centifolia*, Linn., class. 12 de l'icosandrie polygynie; Juss., famille des rosiers.

Caractères. Calice urcéolé, cinq fides charnus, resserré au col; plusieurs semences hérissées.

Le rosier est un arbrisseau généralement connu. La pharmacie vétérinaire fait usage des fleurs de roses pâles dites *à cent feuilles*, et des roses rouges. Elle retire par la distillation des premières une eau aromatique très-agréable, qui participe légèrement du principe astringent de la fleur, et une petite quantité d'huile volatile. Cette eau est très-estimée pour certaines maladies des yeux. *Voy.* Eau de Rose. On en prépare aussi l'onguent rosat.

Les roses rouges (*rosa gallica*), ou roses de Provins, sont presque inodores; on les recueille en boutons, avant leur épanouissement, et on les fait sécher, après les avoir mondées de leur calice; elles sont plus astringentes que les roses pâles, et contiennent de l'acide gallique : on les emploie intérieurement et extérieurement; elles font partie des espèces et poudres astringentes composées, et de quelques autres préparations.

RUE PUANTE, *Ruta graveolens*, Linn., classe 10 de la décandrie monogynie, famille des rutacées.

Caractères. Calice à quatre divisions profondes, corolle à quatre pétales concaves; huit étamines, un style, capsule polysperme, quatre lobes, quatre loges.

Plante amère, d'une odeur très-forte et très-désagréable. On en distingue deux espèces principales que quelques botanistes regardent comme de simples variétés; celle qu'on préfère pour l'usage médicinal est la rue cultivée, dite *des jardins*. C'est un arbrisseaux de deux à trois pieds de hauteur; sa tige, forte, ligneuse, rameuse, est recouverte d'une écorce blanchâtre lorsqu'elle est jeune; ses feuilles rangées sur une côte terminée par une seule feuille, sont petites, oblongues, lisses, épaisses, découpées, charnues, de couleur vert-grisâtre; ses fleurs, d'un jaune pâle, naissent au sommet des branches.

Propriétés. Alexitère, anthelmintique, résolutive, carminative et vulnéraire; on la fait infuser dans le vinaigre et le vin : administrée intérieurement et à forte dose, elle provoque l'avortement.

La rue sauvage croît communément dans nos départemens méridionaux, sur les montagnes et terrains pierreux exposés au soleil; ses propriétés médicinales sont les mêmes que celles de la rue cultivée; elles contiennent l'une et l'autre une huile volatile, âcre, fétide, irritante, qui jouit des mêmes propriétés que la plante, mais à des degrés bien supérieurs.

S.

SABINE GENÉVRIER, *Juniperus Sabina.* **Linn.,** classe 12 de la diœcie monadelphie; Juss., famille des conifères.

Caractères. Chatons écaillés, corolle nulle, trois étamines.

Arbrisseau dont il y a une espèce qu'on cultive dans les jardins; elle ne porte pas de fruit et n'est d'aucun usage en médecine. La véritable sabine croît sur les montagnes, dans les bois et lieux incultes; elle est plus grosse que la sabine des jardins; son bois est rougeâtre intérieurement, son écorce roussâtre. Ses feuilles, semblables à celles du cyprès, ont une saveur amère, fort aromatique, résineuse, qui n'est pas agréable; ses fruits sont des baies rondes, noires après leur maturité, assez semblables à celles du genévrier; les fleurs ont la forme des chatons.

Parties employées : les feuilles.

Propriétés. Prises intérieurement et à petite dose, les feuilles de sabine sont stimulantes, emménagogues, diurétiques, vermifuges et appétissantes; à forte dose elles deviennent dangereuses et peuvent provoquer l'avortement. On s'en sert extérieurement pour consumer les chairs et nettoyer certaines plaies; elles font partie de la poudre vermifuge composée et de la poudre contre l'inappétence; on en retire, par distillation, une huile essentielle, qui est quelquefois employée à la dose d'un 1/2 gros jusqu'à 1 gros.

SAFRAN CULTIVÉ (*Crocus sativus*). Plante à

racine tubéreuse et tuniquée, de la triandrie monogynie de Linné, famille des iridées.

Le safran employé dans la médecine et dans les
arts nous venait autrefois des pays orientaux ; on le
cultive aujourd'hui en France, et on ne connaît plus
d'autre safran dans le commerce que le safran indigène ; la ci-devant province du Gatinais et le comtat
d'Avignon s'occupent particulièrement de cette culture. La plante se multiplie par caïeux ; elle fleurit
en automne. Du milieu de cinq ou huit feuilles très-
étroites, d'un vert foncé, longues d'environ un demi-
pied, s'élève une tige très-courte, surmontée d'une
fleur en lis, de couleur bleue mêlée de rouge, dont
le pistil se divise en trois filets ou stigmates. Ces trois
filets constituent ce qu'on appelle *la fleur de safran* ;
ils sont d'une belle couleur rouge, l'odeur est forte et
agréable ; il faut les choisir sans mélange de filets
jaunes et de safranum, dit *safran bâtard*, ni humides,
ni trop secs.

Propriétés. Le safran contient une grande quantité
de matière colorante, de nature extracto-savonneuse,
soluble dans l'eau et dans l'alcool : administré intérieurement, il est cordial et anodin ; il entre dans la
composition de l'eau styptique (eau d'Alibourg), de
la thériaque, du laudanum liquide (teinture anodine);
on en fait une teinture alcoolique. Son prix, toujours
élevé, ne permet pas de l'admettre dans beaucoup de
médicamens vétérinaires.

Safran de mars apéritif. *V.* Oxide brun de Fer.

SAGAPENUM (*Ferula*). . . . . Gomme résine,
suc épaissi et durci au soleil, qui découle d'une plante
inconnue; il nous est apporté de l'Orient. Cette sub-

stance larmeleuse, sèche et friable, est jaune au-dehors, blanchâtre en dedans ; sa saveur est âcre et amère ; son odeur alliacée a beaucoup d'analogie avec celle de l'assa-fœtida.

Le sagapenum est un purgatif ; il entre dans la composition de la thériaque : appliqué à l'extérieur, il est nerval, maturatif et résolutif. On l'emploie rarement.

SANG DRAGON (*Sanguis draconis*). Résine sèche, dure, lisse, luisante dans sa cassure, de couleur rouge-brun, facile à réduire en poudre, et prenant en cet état une belle couleur rouge, sans goût et sans odeur, excepté lorsqu'on la brûle. Il y en a de plusieurs sortes, celui en larmes détachées est très-rare ; le plus estimé et le plus en usage nous est fourni par le commerce, en petites masses ovales, de la grosseur d'un œuf de pigeon, souvent moindres, enveloppées dans des feuilles de roseau ; on en trouve en forme de galettes rondes, de deux à trois pouces de diamètre, et encore en masses confuses ; ces deux derniers sont moins estimés, la couleur en est moins vive, et l'odeur qu'ils répandent par la combustion est moins agréable. On distingue quatre sortes d'arbres d'où découle le sang-dragon ; ils croissent dans différens pays, aux îles Canaries, à la côte de Coromandel, à Java, etc., on les nomme *Calamus draco, L.* : *Calamus rotang, L.* : *Pterocarpus draco*, et le Dracon *arbor sanguifera.*

Propriétés et usages. Le sang-dragon administré intérieurement est astringent, on en fait usage dans les hémorrhagies. On l'emploie à l'extérieur comme styptique, astringent et dessiccatif ; il entre dans la poudre anticarcinomateuse. Il contient beaucoup de tanin.

SANGSUES (*Hirudo officinalis*). Annelite ou ver aquatique, hermaphrodite et vivipare, de la famille des endobranches, sans yeux ni autre organe extérieur apparent, habitant les mares, les ruisseaux, les étangs et les petites rivières. Le corps de la sangsue est long de deux à trois pouces, cylindrique, un peu tronqué aux deux extrémités, composé d'un grand nombre d'anneaux dilatables et susceptibles de se prolonger volontairement; la bouche, de forme triangulaire, est armée de trois petites lances ou dents assez aiguës et assez fortes pour pénétrer la peau du mouton, du cheval et même celle du bœuf, et atteindre quelque vaisseau sanguin. Ce même organe agit en même temps comme un corps de pompe dont la langue ou mamelon charnu est le piston. Le sang aspiré dans l'estomac, poche membraneuse, qui est divisée en un grand nombre de petites cellules, le remplit, et c'est alors que la sangsue se détache et tombe. Dans cet état on applique communément sur les piqûres un cataplasme formé de farine de lin; ce topique facilite le dégorgement du sang qui continue à couler. Lorsque l'on veut au contraire arrêter l'écoulement, on applique sur chaque piqûre une pincée d'alun ou de résine en poudre, qu'il est quelquefois nécessaire de seconder par une compresse et un bandage.

On parvient à faire tomber les sangsues avant qu'elles soient gorgées de sang, en leur mettant sur le dos une petite quantité de sel marin en poudre.

Les sangsues servent à pratiquer des saignées locales, souvent très-utiles, par l'avantage qu'elles offrent de pouvoir être appliquées sur toutes les parties du corps. Comme il y a plusieurs espèces de sangsues, il convient de savoir choisir celles qui sont les plus propres à cet usage. Les meilleures sont celles qui ont la tête petite et alongée, d'une grosseur moyenne, un peu plus forte que le tuyau d'une grosse plume; celles qui ont le dos rayé de jaune et de vert et le dessous du ventre rougeâtre ou verdâtre; celles enfin qui s'arrondissent ou se pelotent en les pressant dans la main.

Avant d'appliquer les sangsues sur les animaux, il convient de raser ou plutôt d'épiler par petites mèches le poil qui recouvre la partie, on la lave ensuite et on l'essuie fortement pour la priver de toute humidité; les sangsues demandent également à être essuyées et réchauffées dans un linge fin; on les place dans un verre qu'on applique sur la partie, et qu'on maintient jusqu'à ce qu'elles soient attachées sur la peau.

Les sangsues destinées aux animaux peuvent dans beaucoup de cas, et sans inconvénient, être employées plusieurs fois au même usage; mais il convient de les faire dégorger promptement pour les conserver. Il faut, pour y parvenir, les jeter, à mesure qu'elles se détachent, dans une eau très-chargée de muriate de soude (sel marin), au même instant elles rendent tout le sang contenu dans leur estomac; après deux ou trois minutes on les tire pour les mettre dans de l'eau claire et pure, que l'on doit changer tous les deux ou trois jours.

La pêche des sangsues se pratique de diverses manières plus ou moins avantageuses; beaucoup de pêcheurs battent l'eau pour les attirer, ce qui est en effet un bon moyen; mais ils prennent ensuite les sangsues à la main, ce qui rend l'opération fort longue; il vaut mieux jeter dans l'eau une couverture de

laine ou une peau de mouton; les sangsues s'y attachent, et on en prend beaucoup plus avec bien moins
de peine.

SAUGE OFFICINALE ou PETITE SAUGE,

Salvia officinalis, Linn., classe 2 de la diandrie monogynie; Juss., famille des labiées.

Caractères génériques. Deux étamines portées et
articulées latéralement sur un pédicule.

Caractères spécifiques. Tige ligneuse, ferme, blanchâtre, un peu velue, haute d'un pied ou environ,
feuilles oblongues, crénelées, elliptiques, finement
ridées, rudes, épaisses, cotonneuses, de couleur
grise cendrée; calice souvent coloré à 5 dents aiguës;
les fleurs en forme d'épis naissent au sommet des rameaux. Cette espèce croît naturellement sur les montagnes sèches et arides du midi de la France, dans la
ci-devant Provence. On la cultive aussi dans les jardins; mais il faut préférer celles des montagnes. Les
chèvres et les moutons mangent cette plante, les vaches et les chevaux la refusent.

Parties employées. Feuilles et sommités fleuries.

Propriétés. C'est un puissant tonique, stomachique,
cordial et vulnéraire; elle convient dans les atonies
locales, l'incontinence des urines, lorsque l'animal se
vide; elle est aromatique, contient de l'extractif
amer et une huile volatile un peu citrine.

Mode d'administration. Quelquefois en poudre
mêlée dans le son ou en forme d'opiat; en infusion
dans l'eau, dans le vin ou dans l'alcool aqueux, pour
lotion, fomentation et breuvage. Elle fait partie des
espèces aromatico-vulnéraires et des espèces cordiales.

SAVON, *Sapo*. Les bases alcalines salifiables ont beaucoup de tendance à s'unir avec les huiles fixes animales et végétales : on appelle *savon*, le produit résultant de ces sortes de combinaisons. On distingue plusieurs espèces de savons; leur différence provient de la nature de l'alcali et de la qualité des huiles ou corps gras qui entrent dans leur composition; le mode de préparation donne également lieu à diverses modifications. On divise généralement les savons en savons mous et en savons solides : les premiers sont verts, ils se composent avec du sous-carbonate de potasse, et des huiles de noix, de navet, de lin, de colzat, de poisson, de graisse commune, etc. Le savon solide est blanc ou marbré; on lui donne le nom de *savon de Marseille*, parce que c'est dans cette ville qu'on le fabrique presque exclusivement : l'huile d'olive est la seule qui entre dans sa préparation. On mêle ensemble quatre parties de soude en poudre et une de chaux vive; on verse sur ce mélange une quantité d'eau double en poids; on laisse filtrer, on renouvelle une seconde et une troisième fois cette opération; on met dans une très-grande chaudière de cuivre le produit de la troisième lessive avec de l'huile d'olive dans une proportion déterminée, on fait évaporer l'eau sur un feu modéré, on ajoute successivement pendant l'ébullition les produits de la deuxième et de la première lessive, et on continue l'évaporation jusqu'à ce que la matière soit parvenue à un certain degré de combinaison que la pratique seule apprend à connaître; on la coule alors dans des moules, et elle devient solide en se refroidissant.

Le bon savon a une saveur douce, une odeur agréable, il se dissout parfaitement dans l'eau pure, et n'attire point l'humidité de l'air. Tous les éthers dissolvent le savon, l'alcool le dissout également, mais en plus grande quantité à chaud qu'à froid. Cette dissolution étant concentrée, se prend en forme de gelée, c'est par ce moyen qu'on prépare le savon pour la toilette.

On n'employait autrefois pour la fabrication du savon que des soudes naturelles, qu'on retirait des cendres du *salsala soda et kali*, plantes qui croissent abondamment sur les bords de la mer; aujourd'hui on n'emploie presque plus que des soudes factices.

C'est aux travaux de M. Chevreul sur la nature des corps gras, que l'on doit la connaissance de la composition des savons. On les croyait formés d'alcali, d'eau et d'un corps gras plus ou moins altéré; maintenant on sait que le savon blanc de soude est formé, de soude 4,06, d'acides gras 50,02, et d'eau 45,02.

On compose aussi dans la pharmacie un savon très-blanc qui acquiert beaucoup de solidité en vieillissant; le procédé est à peu près le même : on fait rapprocher la lessive avant de la combiner avec l'huile; cette combinaison s'opère à froid. On emploie l'huile d'amandes douces au lieu de l'huile d'olive. Il s'appelle *savon médicinal*.

L'ammoniac ou alcali volatil forme avec les huiles simples ou composées, des savons liquides, nommés *savon ammoniacal. Voy*. Liniment.

Propriétés et usages. On fait un usage assez fréquent des savons dans la médecine. Le savon blanc est un remède souverain contre les poisons acides et minéraux; il convient dans les concrétions bilieuses des reins et de la vessie, il neutralise les acides qui se rencontrent dans les premières voies. Il fait partie de quelques pilules ou bols ; il *se* dissout dans l'alcool et constitue ce qu'on nomme *alcool* ou *essence de savon.* On emploie les savons mous à l'extérieur ; ils servent à préparer les bains, les linimens, les lotions, les fomentations, les injections, etc. ; les savons sont fondans, résolutifs, diurétiques et for-tifians.

SAVONULE DE POTASSE *(Savon de starkey).*

24 Alcali caustique sec. . . . . 20 parties.

Térébenthine fine. 8

Huile volatile de térébenthine an-cienne. 24

————de lavande. 8

Après avoir mêlé ensemble les trois dernières sub-stances, on réduit l'alcali caustique en poudre fine, en le triturant dans un mortier de fonte ou de marbre qu'on a chauffé modérément ; on verse le mélange par petites portions, en continuant à triturer sans interruption, jusqu'à ce que le savon ait acquis la consistance d'une pommade et que les essences ne s'en séparent plus ; on le renferme dans un pot pour l'usage. Il durcit en vieillissant.

Propriétés et usages. Le savon de starkey, appliqué extérieurement, est un puissant stimulant, résolutif, fondant ; il convient dans les tumeurs froides et en-gorgemens glanduleux ; il fait partie de l'onguent chaud. On l'administre aussi intérieurement comme balsamique, résolutif et diurétique ; c'est un bon cor-rectif contre l'effet des purgatifs violens, de l'opium et des plantes vénéneuses : il faut le donner dans ce cas à petite dose et dans un breuvage adoucissant ou mucilagineux.

SAVON EMPYREUMATIQUE. *Voyez* Huile
empyreumatique.

SCARABÉE , PRO-SCARABÉE , ESCARBOT
ONCTUEUX , *Meloë pro-scarabœus , Meloë maja-
lis ,* Linn. Cet insecte, de la famille des méloës, long
d'un pouce et quelquefois d'un pouce et demi , gros
comme le doigt, diffère du genre des escarbots ; sa
couleur noire-bleuâtre est nuancée par des segmens
cuivrés, verts et jaunes; la tête et le col sont d'un
pourpre foncé ou violet; il n'a point d'ailes; des
étuis couvrent la moitié de son corps , ses antennes
sont inégales ; il est mollasse ; lorsqu'on le touche, il
produit une impression froide , et laisse échapper de
ses articulations, particulièrement des jambes , une
huile grasse, onctueuse, de couleur jaune, d'un goût
âcre, d'une odeur fétide. Il a six pattes et marche
très-lentement , il ne se montre que dans le mois de
mai , rarement en avril; on le trouve le matin après
le lever du soleil, le long des chemins , dans les prés
humides, dans les bois et les terres labourées. Les
vers, les herbes tendres et principalement les feuilles
de violier forment sa nourriture.

Il ne faut point confondre ce pro-scarabée avec le
scarabée stercoraire , dit *escarbot commun ,* grand
bousier, grand pilulaire , fouille-merde , *scarabœus
stercorarius ,* insecte volant qui vit sur le fumier, dont
il fait des boules dans lesquelles il dépose ses œufs;
celui-ci n'a aucune propriété médicinale. Toute la famille des vésicans, insectes coléoptères , sont rubéfians , acides, mais ils sont moins actifs que les cantharides.

C'est avec le pro-scarabée , l'escarbot onctueux , le

véritable *Meloë pro-scarabœus*, qu'on prépare l'onguent de scarabée, si justement recommandé par Sol-
leysel. *Voyez* Onguent de scarabée.

SCILLE MARITIME, *Scilla maritima*, Linné ,
classe 6 de l'hexandrie monogynie ; Juss. , famille
des asphodèles.

Caractères. Calice coloré à six divisions très-profondes, six étamines, toutes à filets également aplatis ; style, capsules à trois loges.

La scille est une plante dont les feuilles sont de la
longueur d'un pied environ , larges presque comme
la main, radicales, simples, très-entières, vertes,
charnues et visqueuses. La tige sortant du milieu
des feuilles , s'élève à la hauteur de deux à trois pieds ;
elle est droite , porte plusieurs fleurs à six pétales ,
blanches, disposées en lys : elle croît dans les lieux
sablonneux, sur les bords de la mer, en Espagne, en
Portugal et dans la ci-devant Normandie.

L'oignon que fournit cette plante est une bulbe très-
grosse , rougeâtre, formée de tuniques épaisses, charnues, appliquées les unes contre les autres. Il y en
a une deuxième espèce, qui est blanche et plus petite ;
on n'en fait point usage. On nous apporte les oignons
de scille fraîchement arrachés de terre ; leur dessiccation est lente, l'eau de végétation s'échappe avec
peine ; pour la faciliter , on les coupe transversale-
ment , et on les expose à une température de vingt-
cinq à trente degrés. On les conserve dans un lieu sec.

Propriétés et usages. L'oignon de scille est un puissant diurétique , fondant, très-incisif ; il fait partie
des poudres béchiques et incisives ; il sert à composer le vinaigre scillitique ; il entre dans la thériaque.

Il faut qu'il soit bien sec, sans taches noires, d'un brun rouge et léger : il contient de l'extractif amer et de l'amidon.

SEL. Nom générique d'un ordre de composés formés par la combinaison des acides avec certaines substances terreuses, alcalines ou métalliques. Dans ces combinaisons, l'acide est considéré comme principe salifiant, et on appelle *base salifiable* la substance combinée.

Les métaux n'entrent en combinaison avec les acides qu'après avoir été oxidés ; ainsi les bases salifiables métalliques sont toutes des oxides au premier, deuxième ou troisième degrés, c'est-à-dire des protoxides, des deut-oxides ou des trit-oxides ; quelques-unes s'unissent aux acides sous ces trois états, d'autres sous deux, le plus grand nombre sous un seul.

La quantité respective des principes constitutifs n'est point la même dans tous les sels ; ils contiennent plus ou moins de l'un ou de l'autre. C'est sur cette différence dans les proportions qu'est fondée leur division en *sels neutres*, *sels avec excès d'acide*, *sels avec excès de base* ; division qu'on pourrait réduire à deux classes, *sels parfaits*, *sels imparfaits*.

Tous les sels, excepté quelques borates, fluates et muriates, sont à l'état solide ; la sapidité, l'incombustibilité, la solubilité dans l'eau, l'odeur, la saveur, la couleur, la pesanteur spécifique, la forme des cristaux, etc., sont les principaux caractères qui servent à les distinguer ; il en existe un grand nombre de tout formés dans la nature ; il n'en est point que l'art ne puisse composer.

Quelques chimistes divisent les sels en genres et en

espèces, en prenant pour base la nature des acides ;
d'autres, au contraire, établissent des divisions semblables sur la nature des bases ; mais le nombre des
sels est si considérable et le rapport des attractions
est encore si vaguement déterminé , que ces divisions
ne peuvent être considérées que comme des essais de
classification utiles seulement pour ceux qui s'occupent d'approfondir la science ; chaque jour des découvertes nouvelles nécessitent des changemens que
le simple praticien ne saurait suivre, et dont il ne
retirerait d'ailleurs aucun avantage pour l'exercice de
son art.

Sel ammoniac. *V*. Muriate d'ammoniaque.

Sel d'epsom. *V*. Sulfate de magnésie.

Sel de glauber. *V*. Sulfate de soude.

Sel de nitre. *V*. Nitrate de potasse.

Sel de saturne. *V*. Acétate de plomb cristallisé.

Sel de sedlitz. *V*. Sulfate de magnésie.

Sel de soude. *V*. Carbonate de soude.

Sel de tartre. *V*. Carbonate de potasse.

Sel marin. *V*. Muriate de soude.

SÉNÉ, *Cassia senna*, Linn., classe 10 de la décandrie monogynie ; Juss., famille des légumineuses.

Le séné, généralement employé par la médecine
comme purgatif , est la feuille d'un arbuste. Le fruit
porte le nom de *follicule*; dans la pratique vétérinaire on ne connaît que la feuille. On en distingue
plusieurs sortes : celui dit du Levant ou de la Palthe,

cassia senna, est préférable. Ses feuilles ovales, obtuses, larges, assez minces, inégales, sont terminées
par une pointe. Leur couleur est d'un vert jaunâtre,
leur saveur amère, nauséabonde, leur odeur faible et
un peu vireuse On les choisit ordinairement entières,
mêlées le moins possible de bûchettes ou pétioles,
exemptes de moisissure. Les pétioles ou bûchettes,
et plus particulièrement encore les grabeaux de séné,
jouissent également de la propriété purgative; on
peut, pour l'usage vétérinaire, les substituer aux
feuilles; le prix en est moins élevé. Le séné donne à
l'eau une teinture chargée; on le fait bouillir pendant
un très-court espace de temps; l'ébullition prolongée
développe un principe qui se rapproche des résines,
et qui nuit à son action purgative.

Employé en décoction ou infusion pour breuvages
purgatifs, la dose est d'une à deux onces, combiné
avec d'autres purgatifs; elle est double pour lavemens. On l'administre aussi en poudre, dans les opiats
ou pilules purgatives, à la même dose. Il entre dans
différentes préparations officinales vétérinaires. Le séné
dit de Tripoli et celui de Moka sont moins estimés
que le séné de la Palthe; les feuilles du premier, plus
pâles, plus allongées, donnent une faible teinture à
l'eau, et leur vertu purgative est moindre; la qualité du second est encore inférieure, les feuilles sont
presque doubles en longueur.

Le séné, administré seul, purge très-difficilement;
mais il active beaucoup l'aloès lorsqu'il est combiné
avec ce purgatif.

SIROP. Dissolution de sucre ou de miel dans l'eau,
destinée à conserver certains principes médicamen-

teux retirés des substances animales, végétales, même minérales, par décoction, infusion, distillation, fermentation, expression ou percussion. C'est un véritable excipient; il doit généralement marquer 31 degrés au pèse-sirop lorsqu'il est chaud, et 33 ou 34 étant froid; mais le moyen le plus exact est la pesanteur spécifique : une bouteille qui contient une once d'eau, doit peser dix gros et demi, lorsqu'elle est remplie de sirop froid; on fait rapprocher le sirop à l'aide du calorique, jusqu'à ce qu'il ait acquis cette consistance. Ses propriétés sont analogues à la nature des substances qu'on y admet; on le clarifie avec les blancs d'œufs.

Les sirops sont peu en usage dans la médecine vétérinaire : les seuls qu'elle emploie sont les sirops de quinquina, de nerprun, et les oximels.

SIROP DE NERPRUN.

℞ Suc de baies de nerprun fermenté. . . . .   de ch. part. égal.
Sucre brut. . . . .

On fait dissoudre le sucre dans le suc de nerprun; on clarifie, et on fait évaporer jusqu'à consistance de sirop bien cuit.

Le suc de nerprun doit être extrait des baies bien mûres, et avoir fermenté à la manière des sucs vineux. Ces deux dispositions sont également indispensables; elles influent sensiblement sur les qualités physiques et les propriétés médicinales du sirop; sa couleur est d'un brun noir; il est amer; c'est un très-bon purgatif hydragogue : on l'administre rarement aux chevaux, mais communément aux chiens, quelquefois aux chats. La dose varie proportionnellement à leur grosseur et à leur force ; elle peut être depuis 4 jusqu'à 6 onces pour le cheval ; on le mêle avec d'autres purgatifs ; elle est de 4 gros à 2 onces pour le chien , on le lui fait avaler tout pur , ou mieux encore mêlé avec une partie d'eau ou de lait.

SIROP, DE QUINQUINA. Ce sirop se prépare avec une forte décoction aqueuse de deux parties de quinquina concassé , et de seize parties de sucre ; on le clarifie avec des blancs d'œufs , et on le fait cuire à consis-tance requise.

Le sirop de quinquina n'est employé que pour les chiens ; c'est un remède contre la maladie qui les at-taque pendant leur jeunesse ; des expériences faites à l'école d'Alfort par M. le professeur Dupuy, confir-ment l'efficacité de ce remède. La dose est d'une à deux cuillerées à bouche qu'on fait avaler chaque jour à l'animal ; on continue ce traitement plus ou moins long-temps, selon l'état de la maladie.

SOLUTION. Opération par laquelle , à l'aide d'un liquide , on divise , on écarte les molécules d'un corps solide qui passe à l'état de fluidité , sans que sa nature ni celle du liquide soient altérées. On confond quelque-fois dans la pratique la solution avec la dissolution : la différence est cependant bien grande : par la disso-lution , le fluide et le solide éprouvent diverses alté-rations , absorbent et perdent réciproquement quel-ques principes , il y a décomposition et combinaison nouvelles. Les métaux dissous dans les acides forment une dissolution , en se chargeant d'une partie de l'oxi-gène que contient le dissolvant , ils cessent d'être à l'état métallique ; dans la solution , au contraire, le fluide n'est qu'interposé , il n'y a pas de changement

entre les parties constituantes, on peut rétablir à volonté les deux corps tels qu'ils étaient auparavant. Les
sucres et les sels dissous dans l'eau, dans le vin ou dans
l'alcool, les résines dans l'alcool, ne sont que des solutions, il ne s'exerce aucune action intime, chaque
substance conserve ses principes et ses propriétés.

SOLUTION DE MURIATE DE MERCURE OXIGÉNÉ (*Sublimé
corrosif.*)

℞ Muriate de mercure oxigéné. . . . . . 1 gros 1/2.
   Muriate d'ammoniaque. . . . . 2 gros.
   Alcool. . . . . 4 onces.

Triturez le muriate dans un mortier de verre avec
un pilon de même matière, ajoutez environ une once
d'alcool, ensuite quantité suffisante d'eau pour opérer
la dissolution parfaite; mêlez cette dissolution avec
le reste de l'eau, remuez bien le tout ensemble, et
conservez pour l'usage.

Ce médicament, administré dans un breuvage simple, dans une décoction mucilagineuse, ou mêlé dans
le son, à la dose de 4 onces par jour, et continué pendant 6 à 8 jours, a été recommandé dans les maladies cutanées, du farcin, et même de la morve; mais
l'expérience n'a pas toujours justifié ces indications.
Il réunit les propriétés tonique, excitante et appétissante, il stimule fortement l'estomac, procure de
l'appétit, ranime les forces du cheval dans le marasme
et la consomption. Nous donnons quelques autres
observations sur l'effet de ce médicament, ainsi que
sur le moyen le plus avantageux de l'administrer, dans
l'article Muriate de Mercure oxigéné.

SOUFRE (*Sulphur*). Dans l'état actuel des connaissances chimiques, le soufre n'ayant pu encore être

décomposé, on doit le considérer comme un corps
simple. Cette substance, non métallique, volatile au
feu, très-répandue dans la nature, est solide, sèche,
fragile, très-combustible, électrique par frottement,
soluble dans les corps gras, insoluble dans l'eau, fusible à différens degrés de température, prennant la
forme cristalline en se refroidissant; elle a une saveur
particulière, extrêmement faible, mais sensible, surtout lorsqu'il n'a pas été lavé; sa couleur est d'un
beau jaune citron; l'action de la lumière l'altère et la
rend pâle; elle devient gris-blanc si on la lave. Pendant sa combustion, le soufre exhale une vapeur suffocante, qui est du gaz acide sulfureux volatil; la
flamme, bleue d'abord, blanchit progressivement à
mesure qu'elle se sature d'oxigène.

Beaucoup de plantes, notamment la patience et le
cochléaria, contiennent du soufre; on en trouve dans
le sang, les œufs, l'urine, etc., et dans tous les corps
animaux et végétaux en putréfaction; plusieurs cou-
rans d'eau en charrient, soit en poudre, soit cristallisé, soit combiné avec l'hydrogène; on le rencontre
à l'état de sublimation aux environs des volcans, et
à l'état de sulfure, natif ou combiné avec les métaux,
dans l'intérieur de la terre.

La Saxe, la Bohême et la Solfatare fournissent la
plus grande partie du soufre qui se consomme en
France. Après avoir écrasé le minerai, on en remplit
des tuyaux de terre qui sont placés dans un fourneau;
la chaleur fait fondre le soufre, et il coule dans des
récipiens. Ce premier produit entraîne beaucoup de
matières hétérogènes : on le fait liquéfier de nouveau
dans des chaudières de fer ; on les maintient pendant
quelques instans en cet état; les matières hétérogènes

se précipitent, et la substance, versée dans des moules, prend, en se refroidissant, la forme cylindrique. C'est ce qu'on appelle *soufre en canon*.

Pour l'usage pharmaceutique on le purifie une seconde fois; l'opération se pratique en grand dans des chambres disposées à cet effet. Dans les laboratoires, on se sert d'un appareil nommé *alludel*, qui se compose de plusieurs pots de terre réunis ensemble : le soufre, volatilisé par la chaleur, s'attache aux corps froids qui l'environnent; dans cet état, il est en poudre très-fine, légère, d'une belle couleur jaune, quelquefois imprégné d'un peu d'acide sulfurique formé par l'oxigène de l'air contenu dans les vaisseaux. C'est la fleur de soufre, ou soufre sublimé, qu'il faut avoir soin de laver dans l'eau pour l'administrer intérieurement.

Propriétés et usages. Le soufre est très-employé dans les arts : c'est par sa combustion et sa combinaison avec l'oxigène qu'on obtient l'acide sulfurique; combiné avec la potasse, il donne le sulfure de potasse ou foie de soufre; il fait partie de plusieurs préparations chimiques et pharmaceutiques; il entre dans la poudre béchique incisive. La médecine vétérinaire l'administre en nature, dans un grand nombre de cas, comme béchique, incisif, diaphorétique, dépuratif et vermifuge, mêlé avec les poudres de guimauve et de réglisse, le son, et en opiats. La dose pour le cheval est d'une à quatre onces. Extérieurement on le fait entrer dans les onguens et pommades antipsoriques.

STAPHYSAIGRE (*Delphinium Staphysagria*). Plante de la polyandrie trigynie de Linné, famille des renonculacées. On l'appelle dans quelques endroits *herbe aux poux*, *herbe à la pituite*; elle croît dans les pays chauds, la Dalmatie, la Provence et le Languedoc; on nous apporte sèche sa semence, la seule partie dont la médecine fasse usage. Cette semence, grosse comme un petit pois, est de forme triangulaire, ridée, rude, noirâtre en dehors, jaunâtre en dedans, d'un goût âcre, amer, désagréable; les semences, renfermées dans le même fruit, sont étroitement unies ensemble. La tige de la plante, droite, ronde, velue, rameuse, s'élève à la hauteur d'environ quinze pouces; les feuilles, portées sur de longs pétioles, ressemblent aux feuilles du platane; elles sont grandes, larges, profondément découpées; les fleurs naissent aux sommités et aux aisselles des feuilles, leur couleur est bleue.

On doit choisir la semence de staphysaigre nouvelle, entière et nette; elle est très-irritante, purgative, anthelmintique et pédiculaire. On ne l'emploie qu'extérieurement : ses propriétés pourraient être utiles à la médecine vétérinaire; mais il serait nécessaire d'en constater les effets par des expériences sûres et variées.

STIMULANT. Les médicamens auxquels on donne ce nom ne diffèrent point des cordiaux de la première espèce : leur action vive et prompte excite et ranime les facultés engourdies ou comprimées par une force accidentelle supérieure aux forces naturelles; ils n'augmentent point la masse des moyens, ils en sollicitent l'emploi, ils provoquent un effort pour surmonter l'obstacle et rétablir le mouvement. Ce sont les mêmes indications que remplissent les cordiaux,

ou plutôt les mêmes substances, les mêmes médicamens, qui constituent l'une et l'autre classe, et qu'on
ne distingue point dans l'application. *V.* Cordial.

Les stimulans ou excitans, appliqués à l'extérieur,
stimulent les fibres et développent les propriétés vitales, accélèrent le mouvement des petits vaisseaux,
augmentent la circulation capillaire. Ils sont, comme
les émolliens, tantôt maturatifs et résolutifs, en pro-
duisant le même effet immédiat.

On appelle aussi *stimulans* ou *adjuvans,* certaines
substances énergiques qu'on unit à d'autres pour
donner plus de force à leurs propriétés et en rendre
l'action plus intense ou plus générale.

STYRAX LIQUIDE (*Styrax liquidus*). On ne
s'accorde point sur l'origne de cette espèce de baume :
quelques naturalistes prétendent qu'on l'obtient par
la décoction des jeunes rameaux d'un arbre assez
semblable au platane, qui se nomme *copalme* et qui
croît dans l'île de Cobras. On a cru fort long-temps
que c'était un composé de storax, d'huile, de vin, etc.
D'autres, enfin, assurent avec plus de raison qu'il est
fourni par le liquidambar styraciflua : c'est une résine
molle, visqueuse, de couleur gris-verdâtre, d'une
odeur forte, peu agréable, d'une saveur aromatique
sans âcreté : on nous l'apporte de Smyrne. Il faut
choisir le styrax liquide, bien net, exempt de tout
mélange.

Propriétés et usages. Le styrax liquide ne s'emploie pas intérieurement. Il entre dans la composition de plusieurs onguens ; on l'admet dans les charges.
C'est un puissant résolutif, fortifiant et nerval. Il est
particulièrement utile dans les engorgemens des arti-

culations, les nerf-férures, les efforts récens, les entorses et distensions des parties; il agit en même-temps comme moyen contentif, avec les bandages qu'on applique dans ces divers cas et dans les fractures et luxations.

STYPTIQUE. *V.* **Astringent.**

SUBLIMATION. Opération par laquelle, à l'aide du calorique, on réduit en vapeurs certains corps solides; les molécules, divisées et en quelque sorte dissoutes dans le calorique, s'élèvent sous forme sèche, se condensent, et reprennent leur état d'agrégation, lorsqu'elles sont arrivées à une température plus froide. On appelait autrefois cette opération une distillation sèche, et l'on donnait aux matières ainsi sublimées le nom de *fleurs*. Elle se pratique dans des vases de verre ou de terre, d'une capacité au moins double du volume de la matière qu'on veut faire sublimer. La sublimation a pour objet de purifier certaines substances, ou de combiner certains corps qui ne peuvent l'être que dans l'état d'une extrême division. On obtient, par la sublimation, le muriate de mercure oxigéné, le sulfure de mercure, le muriate et le carbonate d'ammoniaque, le muriate de mercure doux, l'acide benzoïque, le soufre sublimé, le camphre, etc.

SUBLIMÉ CORROSIF. *V.* Muriate de mercure oxigéné.

SUDORIFIQUE. On appelle *sudorifiques* les médicamens qui jouissent de la propriété de provoquer et d'augmenter l'évacuation des fluides par les vaisseaux sécrétoires de la peau. Les principaux sudorifiques employés dans la médecine vétérinaire sont le carbonate d'ammoniaque, l'ammoniaque liquide, la poudre sudorifique, les racines d'ellébore et d'angélique, les fleurs de sureau, les bois de gayac et de sassafras, la thériaque dans le vin, etc.

SULFATE. L'acide sulfurique, combiné avec les différentes bases salifiables, terreuses, alcalines et métalliques, produit des sels qui, d'après les principes de la nomenclature chimique, portent le nom de sulfates. Quelques-uns de ces sels sont naturels, les autres sont le produit de l'art; ils sont concentrés avec excès de base ou avec excès d'acide, suivant le degré de saturation. Les uns sont décomposables et les autres indécomposables par la chaleur. Les premiers donnent, étant chauffés, de l'acide sulfurique. ou de l'acide sulfureux, plus de l'oxigène. Les derniers, traités par le charbon, forment des sulfures. Les sulfates neutres, en général, contiennent trois fois autant d'oxigène que de base. Il en est de solubles et d'insolubles.

La médecine vétérinaire fait usage des sulfates d'alumine, de cuivre, de fer, de magnésie, de mercure jaune, de potasse, de soude et de zinc. *Voy.* ces mots.

Sulfate acide d'alumine (*Alun.*) On connaît plusieurs espèces de sulfate acide d'alumine; celui qu'on emploie dans les arts et dans la médecine est un sulfate d'aluminium et de potassium avec excès d'acide sulfurique, formé par la combinaison de cet acide avec l'alumine et un peu de potasse, remplacé quelquefois par de l'ammoniaque; ce qui constitue dans ce cas un sel triple.

On trouve rarement l'alun tout formé dans la nature ; mais il y a beaucoup de sous-sulfate d'alumine et de potasse aux environs des volcans ; il constitue des collines entières à Piombino, à la Solfatare, à la Tolfa et à Civita-Vecchia.

On prépare aujourd'hui beaucoup d'alun dans les laboratoires en grand ; on l'extrait aussi par lixiviation du minéral qui a été décomposé, soit par l'action naturelle de l'air, soit à l'aide de la chaleur artificielle ; les produits de la lessive, rapprochés convenablement, se cristallisent par l'effet du refroidissement. On le trouve dans le commerce en grosse masse confuse.

Le sulfate acide d'alumine a une saveur douceâtre et astringente, rougissant les couleurs bleues végétales ; il est solide, incolore, transparent, s'effleurit légèrement à l'air ; sa couleur blanche, brillante dans la cassure, devient terne à l'extérieur. L'eau bouillante en dissout une quantité supérieure à son poids. Voici, d'après M. Berzélius, la composition des aluns.

1.

Ammoniaque. 7,50
Alumine. 22,45
Acide. 70,05

2.

Potasse. 18,23
Alumine. 29,84
Acide. 61,93

Propriétés et usages. L'alun est une matière extrêmement utile dans les arts ; la médecine l'emploie rarement pour l'intérieur, à cause de son action styptique, qui se porte sur les membranes muqueuses; il est cependant indiqué contre les hémorrhagies passives, les catarrhes utérins, chroniques, et les diarrhées chroniques. Extérieurement, il arrête les hémorrhagies des vaisseaux capillaires; on trempe de la charpie ou des linges dans de l'eau alumineuse, qu'on applique dessus. L'alun entre dans la poudre et l'eau styptique, dans la pierre divine ou ophthalmique, dans les lotions, les collyres, etc.; on en prépare l'alun calciné. *Voy.* ces mots.

Depuis quelque temps on a reconnu que les pièces d'anatomie se conservaient parfaitement dans une dissolution saturée à froid de sulfate acide d'alumine. Ce moyen réunit en outre l'avantage d'être très-économique.

SULFATE ACIDE D'ALUMINE CALCINÉ. Le sulfate d'alumine perd facilement son eau de cristallisation par l'effet de la chaleur; il se gonfle, se raréfie, et se réduit en une matière blanche, légère et friable, qu'on nomme *alun calciné* : pour l'amener à cet état, on le met en petite quantité dans un vase de terre, et on le chauffe jusqu'à ce qu'il ait acquis les caractères indiqués. Cette opération lui fait perdre à-peu-près la moitié de son poids; il doit être très-blanc, très-léger, et friable sous les doigts.

On se sert de l'alun calciné pour cicatriser les vieilles plaies et consumer les chairs fongueuses; il est escarrotique et astringent. La chirurgie vétérinaire l'emploie très-fréquemment.

SULFATE ACIDE DE MERCURE (*Deuto-sulfate acide de mercure*). On le prépare avec cinq parties d'acide sulfurique à 66 degrés et 4 parties de mercure, dans

une cornue ou un matras de verre, jusqu'à ce qu'il
ne reste plus d'acide; il se dégage pendant l'opération beaucoup d'acide sulfureux volatil : on trouve
au fond du vase une masse blanche pulvérulente qui
est du sulfate acide de mercure. Ce sel sert à préparer le sublimé corrosif et l'oxide de mercure jaune
sulfaté.

SULFATE DE CUIVRE. C'est un deuto-sulfate acide,
sel à base métallique, produit de la combinaison de
l'acide sulfurique avec l'oxide de cuivre : on l'appelle
dans le commerce, *vitriol bleu* ou *vitriol de Chypre,
coupe-rose bleue*, etc.

Il existe des manufactures où on le fabrique en
grand, par deux procédés également usités : on calcine les pyrites naturelles de cuivre, et on les expose
à l'air pour les faire effleurir. Le sel se développe, on
lessive, on fait évaporer et cristalliser. Le deuxième
procédé diffère peu du précédent: on forme artificiellement la pyrite de cuivre, en combinant immédiatement ce métal avec le soufre; on la traite ensuite
pour en retirer le sel de la même manière que la pyrite naturelle.

On peut aussi composer le sulfate de cuivre dans les
laboratoires, en combinant, à l'aide de la chaleur, le
cuivre avec l'acide sulfurique; mais le moyen n'est pas
économique.

Le sulfate de cuivre est composé d'acide 32, d'oxide
32, eau, 36 (THOMPSON). Il perd facilement à un
faible degré de calorique, même par le simple contact de l'air, son eau de cristallisation ; sa couleur est
bleue, sa saveur acide et styptique; il est décomposable par beaucoup de substances ; l'ammoniaque le

précipite ; ce précipité blanchâtre , dissous par une nouvelle addition d'ammoniaque, produit une liqueur claire , transparente , d'un beau bleu : c'est *l'eau céleste*.

Le sulfate de cuivre est employé à l'extérieur comme cathérétique, caustique, pour consumer les chairs baveuses , pour déterger les ulcères et les chancres ; on l'emploie aussi contre le piétain des moutons ; il est très-styptique ; il entre dans plusieurs préparations pharmaceutiques ; on s'en sert dans les arts.

Sulfate de fer (*Proto-sulfate*). L'acide sulfurique a beaucoup de tendance à s'unir avec le fer ; de cette réunion résulte une cristallisation en forme de rhombe , de couleur verte transparente.

Ce sel portait autrefois le nom de *couperose verte, vitriol vert , de fer , de mars ,* etc. L'eau de cristallisation qu'il contient forme plus de la moitié de son poids ; il la perd à une faible chaleur, même par le simple contact de l'air atmosphérique ; dans cet état les cristaux se couvrent de taches jaunes en absorbant une petite quantité d'oxigène. Soumis à un plus haut degré de calorique , il se convertit en sulfate de fer calciné, de couleur grisâtre : si on le chauffe plus long-temps, il se combine avec une plus grande quantité d'oxigène, et forme un trit-oxide ou oxide de fer rouge : dans cette décomposition il y a dégagement de gaz acide sulfureux , et le produit est une liqueur très-acide. Ce sel est composé d'acide 100 , de fer 87,836.

Le sulfate de fer est décomposable par le carbonate de potasse, par l'ammoniaque, par l'eau de chaux, etc. La première de ces substances produit un précipité

brunâtre ; la deuxième un précipité bleu : le précipité
par l'eau de chaux est jaunâtre. La noix de galle, le
sumac, le quinquina, et beaucoup d'autres substances
végétales qui contiennent le principe tanin, précipitent le sulfate de fer en noir : c'est le moyen dont on
se sert pour faire de l'encre.

On extrait le sulfate de fer des pyrites martiales
qu'on trouve en abondance dans les mines de fer. Le
procédé est à-peu-près le même que pour le sulfate
de cuivre : on peut aussi le composer dans les laboratoires ; mais il revient plus cher que celui du commerce, qu'on purifie pour l'usage médicinal, parce
qu'il contient quelquefois du cuivre.

Propriétés et usages. Le sulfate de fer est un très-
bon médicament ; on l'emploie intérieurement et extérieurement comme apéritif, tonique, fortifiant et
astringent ; on l'administre au cheval depuis deux jusqu'à quatre gros. Extérieurement, il est styptique et
restrinctif. On l'associe avec les amers et les aromatiques, tels que l'aunée, la gentiane, le genièvre, le
quinquina, etc. ; il entre dans la composition de la
thériaque, des poudres cordiales, styptiques, et contre
la pourriture des moutons ; on l'administre souvent
à ces derniers animaux, mêlé dans le fourrage, après
avoir été dissous dans l'eau, à la dose de deux à trois
onces de sulfate par seau de ce liquide.

SULFATE DE MAGNÉSIE (*Sulfate de magnesium*). Ce
sel est très-abondant ; on le retire de plusieurs fontaines d'eaux minérales, qui lui ont donné successivement leurs noms : ainsi on l'a appelé *sel d'epsom,
sel d'epsom d'Angleterre, sel de Sedlitz, sel d'Egra,
sel cathartique amer,* etc.

Pendant long-temps ce sel nous a été fourni par l'Angleterre ; mais aujourd'hui presque tout le sulfate de magnésie qui se trouve dans le commerce est le produit de l'art ; on exploite des mines qui contiennent des principes constituans de ce sel, et on l'obtient par les procédés ordinaires.

Le sulfate de magnésie est cristallisé en petites écailles blanches qui ne s'effleurisent point à l'air ; sa saveur est très-amère, surtout lorsqu'il contient du muriate de chaux qui le rend déliquescent ; il est soluble dans les deux tiers de son poids d'eau bouillante, et, à la température ordinaire, dans une quantité d'eau égale à son poids ; il cristallise en prismes à quatre pans, terminés par des pyramides à quatre faces. Celui qu'on trouve dans le commerce n'est souvent que du sulfate de soude dont la cristallisation a été dérangée, et qu'on retire des eaux des fontaines salées situées en Lorraine et dans le Languedoc : celui-ci, étant exposé au contact de l'air, s'effleurit, propriété que n'a pas le sulfate de magnésie. Il est composé d'oxide 34,02 ; d'acide 63,98.

Propriétés et usages. Le sulfate de magnésie est décomposé par la potasse et la soude, qui en précipitent la magnésie ; ses propriétés pour l'usage vétérinaire sont les mêmes que celles du sulfate de soude. C'est un excellent purgatif minoratif qu'on peut administrer au cheval à la dose de quatre à six onces, combiné avec d'autres substances, telles que l'aloès, etc. *Voyez* Breuvages purgatifs.

SULFATE JAUNE DE MERCURE. *V.* Turbith minéral.

SULFATE DE POTASSE (*Deuto-sulfate de potassium*). L'acide sulfurique étendu d'eau s'unit avec le sous-

carbonate de potasse et produit le sel appelé communément *sel de duobus, tartre vitriolé, arcanum duplicatum.* Pour préparer ce sel, on verse de l'acide sulfurique affaibli dans une dissolution aqueuse de carbonate de potasse : il s'opère un grand dégagement
d'acide carbonique, et beaucoup de mouvement dans
le fluide; on continue à verser de l'acide sulfurique
jusqu'à parfaite neutralisation, c'est-à-dire jusqu'à ce
que la liqueur ne change plus les couleurs bleues végétales en rouge ni en vert; on en fait l'essai sur quelques gouttes de sirop de violette, de teinture de tournesol, ou sur un morceau de papier bleu; alors on
évapore jusqu'à pellicule, on filtre et on laisse cristalliser. Il est nécessaire d'employer une grande quantité
d'eau dans cette opération, parce que le sulfate de
potasse étant peu soluble, il se précipiterait en se formant et ne pourrait cristalliser; pour obtenir de beaux
cristaux il faut faire l'évaporation à l'air libre ou à une
très-douce chaleur.

Ce procédé est le plus usité, on pourrait en employer un grand nombre d'autres; l'acide sulfurique,
ayant beaucoup d'affinité avec la potasse, se combine
avec elle, de quelque manière qu'ils se rencontrent.
Ce sel se trouve tout formé dans les végétaux ligneux.
Il est composé de 54,07 potasse, et de 45,93 d'acide.

Propriétés et usages. Le sulfate de potasse est un
sel blanc, amer, soluble dans seize fois son poids d'eau
froide et dans cinq d'eau bouillante; il cristallise en
prismes à six ou à quatre pans très-courts; il n'est
point altérable par le contact de l'air. L'usage en est
assez fréquent dans la médecine vétérinaire; c'est un
très-bon fondant, incisif, diurétique, apéritif et légèrement purgatif. On l'administre au cheval à la

dose de quatre gros à deux onces, dans les opiats ou mêlé dans les poudres béchique et incisive, le miel, la gomme ammoniaque, le kermès, etc.

SULFATE DE SOUDE (*Deuto-sulfate de sodium*). Ce sel est très-répandu dans la nature ; on le retire de plusieurs fontaines d'eau salée, principalement de celles de la Lorraine et du Languedoc ; il se trouve combiné avec une petite quantité de sulfate de magnésie, de muriate calcaire et de muriate de soude. On l'appelait autrefois *sel de Glauber*, il porte encore le même nom dans le commerce ; c'est une combinaison de l'acide sulfurique avec la soude : on fabrique beaucoup de sulfate de soude par l'intermède de l'acide sulfurique et du sel marin pour l'usage des manufactures de soude artificielle ; on recueille l'acide hydrochlorique qui se dégage. Le sulfate de soude est très-efflorescent, il laisse échapper, même à l'air libre, son eau de cristallisation, qui orme plus de la moitié de son poids ; il se dissout dans trois fois son poids d'eau à la température ordinaire, et dans un peu moins que son poids d'eau bouillante. Sa saveur est amère et fraîche ; ses cristaux sont de longs prismes à six pans, cannelés, de forme pyramidale ; leur couleur est blanche et transparente. Les fabricans, pour lui donner l'apparence du sulfate de magnésie, dérangent cet ordre de cristallisation en interrompant la marche de la nature pendant l'opération. Le sulfate de soude cristallisé est formé de 19,39 de soude, 24,85 d'acide, 55,76 d'eau.

Le sulfate de soude est un excellent fondant, purgatif minoratif ; on pourrait en faire un plus grand usage dans la médecine vétérinaire : mêlé avec les purgatifs irritans, il produit de très-bons effets , et il est d'un prix médiocre. On l'administre seul au cheval , à la dose de quatre à six onces. Il fait partie de plusieurs préparations. *Voy.* Breuvages purgatifs.

SULFATE DE ZINC. L'acide sulfurique dissout le zinc, même à froid; la combinaison s'opère avec effervescence, et il y a dégagement de gaz hydrogène ; en faisant évaporer la dissolution , on obtient du sulfate de zinc, appelé autrefois *vitriol blanc, couperose blanche*. Celui qu'on trouve dans le commerce se fabrique en grand dans quelques provinces de l'Allemagne, avec la mine de zinc qu'on nomme *blende ;* on la calcine à l'air libre , on la grille, on lessive et on fait évaporer pour concentrer la matière saline , qui , par le refroidissement, cristallise en grosses masses blanches.

Propriétés et usages. Le sulfate de zinc est très-soluble dans l'eau , sa saveur est âpre et styptique ; on ne l'emploie jamais pour l'usage intérieur. A faible dose il provoque le vomissement. Extérieurement , il est siccatif, astringent et escarrotique ; il est particulièrement employé dans les collyres , il fait partie de l'onguent dessiccatif astringent, de la poudre et de l'eau styptique. *Voy.* ces mots. Le sulfate de zinc cristallisé est formé de 32,12 d'oxide , 52,99 d'acide, 35,89 d'eau. (BERZELIUS.)

SULFURE. Combinaison naturelle ou artificielle du soufre avec une substance terreuse, alcaline ou minérale. Les produits de ces combinaisons sont solides, cassans, inodores, et, à l'exception de ceux de soude et de potasse, insipides. Quelques-uns , tels que ceux d'arsenic et de mercure , se volatilisent à un certain degré de chaleur ; et parmi les fixes , il en est qu'on peut décomposer , du moins en partie, à l'aide du calorique.

Le sulfure d'antimoine , ceux jaune et rouge d'arsenic, sont les résultats d'une combinaison naturelle : on prépare dans les laboratoires les sulfures alcalins ou hydrogénés de potasse et de soude, et les sulfures noir et rouge de mercure. Les autres sulfures ne sont point employés dans la pharmacie vétérinaire.

SULFURE D'ANTIMOINE, ANTIMOINE CRU. C'est l'antimoine minéralisé par le soufre : demi-métal lourd, cassant, facilement oxidable, de couleur gris-noirâtre, présentant dans sa cassure une cristallisation très-brillante et assez régulière, en prismes allongés. Il existe des mines de sulfure d'antimoine dans différentes parties de l'Europe; le plus beau est celui qu'on retire de la ci-devant province d'Auvergne.

Pour dégager le sulfure d'antimoine de sa gangue , on fait fondre le minerai dans des pots de terre disposés de manière que la substance mise en fusion coule dans d'autres pots placés au-dessous , et s'y cristallise en refroidissant , tandis que la gangue reste au fond des pots supérieurs : il se trouve dans le commerce ainsi purifié; les morceaux plus ou moins considérables conservent la forme des pots dans lesquels ils ont été coulés. Le sulfure d'antimoine est composé de 72,77 d'antimoine et 27,23 de soufre.

Propriétés et usages. Le sulfure d'antimoine est fondant , dépuratif et diaphorétique ; la médecine vétérinaire l'administre en nature, mêlé dans le son frisé : la dose pour le cheval est d'une once , que l'on continue plus ou moins long-temps. Il convient dans

les maladies de la peau, tels que dartres, gale, farcin, etc.; mais son action est faible, elle a besoin
d'être secondée par des médicamens plus énergiques.

Le sulfure d'antimoine est très-utile dans la médecine et en chimie; il fournit un grand nombre de produits, et entre dans plusieurs préparations : celles
dont la médecine vétérinaire fait usage, sont l'antimoniate de potasse, l'oxide d'antimoine demi-vitreux,
le chlorure d'antimoine, le kermès minéral, le tartrate de potasse et d'antimoine.

SULFURE JAUNE D'ARSENIC. *V.* Arsenic.

SULFURE ROUGE D'ARSENIC. *V.* Arsenic.

SULFURE NOIR DE MERCURE. Ce proto-sulfure s'appelle communément *éthiops minéral* ou *de mercure.*
On le prépare en triturant dans un mortier de marbre
ou dans une marmite de fer, avec un pilon de bois,
une partie de mercure très-pur et deux parties de
soufre sublimé qu'on humecte légèrement avec quelques gouttes d'eau. L'opération est longue, il faut que
le mercure soit parfaitement éteint, et que le mélange ait acquis une couleur noire. En vieillissant, la
combinaison devient plus intime, la couleur passe au
noir foncé.

Pour abréger l'opération, M. Destouches recom-
mande d'humecter le mélange avec un dixième de
sulfure de potasse, dissous dans une quantité d'eau
égale en poids; il faut dans ce cas laver le sulfure
après qu'il a été préparé dans une quantité d'eau distillée, ensuite le faire sécher avant de le renfermer.

On prépare également le proto-sulfure en ajoutant
dans du soufre fondu quatre fois son poids de mer-

cure qu'on y fait tomber en forme de pluie. Il faut à
fur et à mesure remuer le mélange.

Il est composé de 92,64 de mercure, et 7,36 de
soufre.

Propriétés et usages. Le sulfure noir de mercure
s'administre intérieurement : il est antipsorique, diaphorétique, fondant ; il convient dans les maladies
vermineuses, dans le farcin, la gale et les engorgemens glanduleux. On l'administre au cheval à la dose
de quatre gros à une once. Il fait partie de la poudre
vermifuge composée.

SULFURE ROUGE DE MERCURE, CINNABRE. Combinaison immédiate d'une partie de soufre sublimé
avec quatre parties de mercure coulant. Cette combinaison s'opère à l'aide du calorique ; le produit porte,
dans le commerce, le nom de *cinnabre*, et lorsqu'il
est pulvérisé et lavé, celui de *vermillon*. Pour l'obtenir, on fait liquéfier le soufre dans un creuset, on
ajoute le mercure, en le passant à travers une peau
de mouton blanche ou une toile serrée, il tombe en
forme de pluie. Il faut agiter le mélange, sans discontinuer, avec une baguette de verre ; on le maintient sur le feu, toujours en l'agitant, jusqu'à ce qu'il
s'en élève une flamme violette ; alors, pour empêcher
la combustion du soufre, on couvre et on retire le
creuset. Lorsque la matière est refroidie, on la réduit en poudre dans un mortier de marbre ; la trituration doit être continue jusqu'à ce que les globules
de mercure aient entièrement disparu. On la fait ensuite sublimer dans des matras ; il faut un feu très-
vif et soutenu au même degré pendant tout le temps
de l'opération. Le sulfure de mercure se sublime en

aiguilles d'un rouge violet, brillant; leur direction est verticale. Il est inaltérable à l'air. On le pulvérise, on le broie sur le porphyre avec une petite quantité d'eau ; il en résulte une pâte liquide ; on délaie cette pâte dans une plus grande masse de fluide, et on décante : la poudre la plus subtile est entraînée ; on la laisse précipiter, on retire l'eau et on fait sécher. Le sulfure, en cet état, est d'une belle couleur rouge, et prend le nom de *vermillon*. Celui qu'on trouve dans le commerce est quelquefois falsifié ; on y mêle souvent de l'oxide de plomb rouge ou minium. Pour reconnaître cette altération très-dangereuse, il faut en faire bouillir une petite quantité dans du vinaigre : l'oxide de plomb se combine avec cet acide, et forme un acétate de plomb qui peut être précipité par un réactif. On trouve le sulfure de mercure naturel dans les mines d'Idria et d'Almaden en Espagne, ainsi qu'à la Chine et au Pérou. Mais on en prépare pour le besoin du commerce une très-grande quantité, qui est supérieur en beauté ; il est formé de 86,29 de mercure, 13,71 de soufre.

Propriétés et usages. Le sulfure rouge de mercure préparé s'administre, comme fondant et désobstruant, dans les maladies cutanées, le farcin, la gale, etc. ; il fait partie de la poudre anticarcinomateuse, et entre dans la composition des pilules antifarcineuses. On peut l'administrer au cheval, intérieurement, jusqu'à la dose d'une once. C'est un médicament actif, qui est souvent employé par les praticiens.

SULFURE DE POTASSE (*Foie de soufre*). C'est un sulfure de potassium, produit par la réaction du soufre sur le carbonate de potasse. On peut également employer la soude pour cette préparation. On prend deux parties de sous-carbonate de potasse très-sec et une partie de soufre en canon, réduit en poudre, qu'on mêle ensemble ; on introduit ce mélange dans un vaisseau de verre à fond plat, on chauffe jusqu'à ce qu'il soit liquéfié.

On le coule sur un marbre, ou sur une plaque de fonte chauffée ; lorsqu'il a acquis de la consistance, on le coupe par morceaux et on l'enferme dans un flacon bien sec et exactement bouché.

Le sulfure de potasse est solide, très-dur et fragile, de couleur brune, rougeâtre, d'une saveur âcre, caustique et amère ; il attire l'humidité de l'air et se dissout facilement dans l'eau ; il prend alors une couleur verte, et répand une odeur très-fétide, assez semblable à celle des œufs pourris ; une portion de l'eau se décompose, cède de son oxigène au soufre, tandis que l'hydrogène se dégage, et emportant avec lui du soufre, forme de l'hydrosulfate sulfuré de potasse.

Si, au lieu de potasse ou de soude, on prend de la chaux vive, on forme du sulfure de chaux ; dans ce cas, il faut employer un tiers de moins de soufre que de chaux. On peut également former ces sulfures par la voie humide, en faisant bouillir les substances constituantes dans l'eau pure.

Ces différens foies de soufre, alcalins ou terreux, sont employés comme réactifs pour reconnaître la présence des oxides métalliques. Ils servent également pour obtenir du gaz hydrogène sulfuré, qui se dégage en très-grande quantité par leur combinaison avec un acide. On nomme *magistère* ou *hydrate de soufre*, le soufre qui se précipite. Le sulfure de potassium est formé de 70,89 de potassium et de 29,11 de soufre.

Propriétés et usages. Le sulfure de potasse ou de soude est employé avec succès à l'extérieur comme fondant, antipsorique et antidartreux. C'est un remède souverain contre la gale des chiens. *Voy.* Bains, Lotions, Pommades et Injections. Administré intérieurement, c'est un puissant excitant qui agit spécialement sur la peau ; mais à une dose trop forte c'est un poison des plus violens.

SUPPURATIF. Les médicamens suppuratifs et maturatifs sont employés pour seconder et hâter l'opération par laquelle la nature convertit en pus et rejette au dehors des principes viciés, des humeurs morbifiques, dont le séjour prolongé altérerait l'organe sur lequel ils reposent. Il existe cependant entre eux une différence, non pas peut-être dans le mode d'action, mais dans l'effet immédiat qu'ils produisent. Les maturatifs disposent, préparent et réunissent ; les suppuratifs attirent, dégorgent et nettoyent. Leur application est par conséquent successive ; l'action des maturatifs précède celle des suppuratifs. Quelques substances produisent l'un et l'autre effet. Les émolliens sont des véritables maturatifs. *Voyez* ce mot. On applique comme suppuratif l'onguent basilicum, l'onguent digestif simple et composé, l'onguent de styrax et d'althéa, les jaunes d'œufs, la térébenthine, etc.

SUREAU, *Sambucus nigra,* Linn., classe 5 de la pentandrie trigynie ; Juss., famille des chèvre-feuilles.

Caractères. Calice à 5 dents, corolle en roue ; 4 di-

visions très-profondes, 4 étamines, 1 style, 1 stigmate; baie monosperme.

Le sureau est un arbrisseau qui croît le long des
haies, sur les bords des ruisseaux; ses branches sont
longues et flexibles; le bois en est peu épais, l'intérieur est rempli d'une moelle blanche; l'écorce est
verte, celle du tronc est grisâtre, rude et crevassée.
Les feuilles vertes, avec une impaire, unies, dentelées, attachées par cinq ou six le long d'un côté, ont
une odeur assez forte, peu agréable. Les fleurs, disposées en ombelles amples et larges, naissent au sommet des branches; elles sont très-odorantes, de couleur blanche. Le fruit est une baie de la grosseur de
celle du genévrier, qui, d'abord verte, devient noire
en mûrissant. Les bestiaux, excepté le mouton, ne
touchent point au sureau : les baies sont un poison
pour les poules; mais les autres oiseaux les mangent.
Quelques personnes assurent que l'odeur du sureau
fait fuir les charançons des greniers à bled où cet insecte produit de grands dommages.

Propriétés et usages. La médecine vétérinaire fait
usage des fleurs de sureau; elles sont employées intérieurement en infusion dans l'eau ou dans le vin,
comme carminatives et diaphorétiques; à l'extérieur
comme émollientes et résolutives, dans les collyres
et lotions composées; elles font partie de la poudre
sudorifique composée et de quelques préparations
officinales.

SYNTHÈSE. Second moyen général de la chimie,
opération inverse de l'analyse, dont elle est la contre-
épreuve. Cette dernière a pour objet, en détruisant

les corps, en les divisant dans leurs parties les plus simples, de connaître les principes qui les constituent, et les procédés que suit la nature pour les réunir, pour en former des masses plus ou moins considérables. Par la synthèse, au contraire, on se propose de rétablir les corps dans leur état primitif en combinant les mêmes principes que l'analyse a fournis; mais quoique non moins fréquemment pratiquée que l'analyse, ses résultats ne présentent pas un aussi grand nombre de variétés; les chimistes ne réussissent pas toujours à reproduire les corps détruits; ils ne peuvent que favoriser l'action de la force attractive, qui tend à combiner entre eux les principes élémentaires; mais leurs efforts sont souvent infructueux pour amener cette combinaison.

Tous les corps de la nature sont des composés formés par la combinaison, en diverses proportions, de plusieurs corps simples, ou plus exactement de plusieurs corps indécomposés. Ainsi, les matières végétales sont le résultat d'une combinaison d'oxigène, d'hydrogène et de carbone; les mêmes principes combinés avec l'azote, et quelquefois le phosphore et le soufre, constituent les matières animales. Les sels, les acides sont également des produits de semblables combinaisons.

T.

TABAC. *V*. Nicotiane.

TAMISATION. Moyen mécanique, suite et complément de la pulvérisation. De quelque manière qu'on procède pour réduire un corps en poudre, on n'obtient jamais que des particules de différentes grosseurs, on les rend plus uniformes possible, en les faisant passer à travers un tissu de soie, de crin ou de laiton dont les mailles, égales entre elles, sont plus ou moins serrées. Les parties dont le volume excède la dimension des mailles restent au-dessus, et on les remet sous le pilon. Il y a deux espèces de tamis, l'un simple, qu'on emploie pour les poudres peu volatiles et peu précieuses; c'est un tissu attaché à un cerceau de bois de cinq à six pouces de hauteur. Le tamis composé est formé d'un tamis simple auquel on adapte un couvercle et un fond, pour recevoir les matières et en empêcher la dispersion. Ce tamis s'appelle *tambour*.

TANAISIE ORDINAIRE (*Tanacetum vulgare*), Linné, classe 19 de la syngénésie polygamie superflue; famille des composées.

Caractères génériques. Calice évasé, hémisphérique, embriqué; fleurs à cinq tubes; celles de la circonférence femelles; feuilles à trois lobes, réceptacle nu; semences couronnées par un rebord membraneux.

Caractères spécifiques. Tiges droites, hautes de plus de trois pieds, rondes, rayées, légèrement velues; feuilles alternes, longues, grandes, d'un vert foncé, deux fois ailées et très-découpées; fleurs terminales en gros bouquets arrondis, composés de plusieurs fleurons évasés, soutenus par un calice écailleux. Leur couleur est d'un beau jaune doré.

Cette plante croît communément dans les terrains pierreux, le long des prés et des rivières.

Parties employées : feuilles et sommités fleuries.

Propriétés. Cette plante est considérée comme tonique, vulnéraire, stomachique, et principalement vermifuge. Elle fournit de l'extractif amer et de l'huile volatile.

Mode d'administration. Infusion, décoction, poudre et breuvage. La dose en poudre est depuis deux à quatre onces.

La fleur de tanaisie fait partie de la poudre vermifuge composée, qui est très en usage, et les sommités, des espèces aromatico-vulnéraires.

TARTRATE. Combinaison de l'acide tartrique avec une base salifiable. Nous ne parlerons que des tartrates employés dans la médecine vétérinaire, savoir : le tartrate acide de potasse, le tartrate de potasse antimonié, et le tartrate de fer.

TARTRATE ACIDULE DE POTASSE (*Crême de tartre*). Ce sel existe tout formé dans le raisin ; il cristallise naturellement dans le vin en forme de petits prismes tétraèdres un peu aplatis; ces cristaux, mêlés avec une petite quantité de tartrate de chaux, d'alumine, de silice, d'oxide de fer, de magnésie, se réunissent sur les parois des tonneaux, où ils forment des incrustations salines qui ont quelquefois un pouce d'épaisseur. Les vins du midi de la France, très-chargés de parties extractives et salines, en fournissent abondamment. Dans l'état où on le retire des tonneaux, on l'appelle tartre *cru;* il est blanc ou rouge : cette différence de couleur provient du vin qui l'a produit. Le tartre rouge ne diffère du blanc que par une petite quantité de matière colorante que les molécules salines ont entraînée avec elles dans leur réunion.

La crême de tartre, ou tartrate acidule de potasse,

n'est autre chose que du tartre purifié ; l'opération se pratique en grand : on réduit la matière en poudre, on la fait dissoudre dans l'eau bouillante jusqu'à saturation , et on la laisse cristalliser. Comme cette première purification n'est pas suffisante pour donner à ce sel le degré de blancheur convenable, on dissout une seconde fois ces mêmes cristaux dans une nouvelle quantité d'eau, on ajoute une petite quantité de terre argileuse, qui s'empare de la partie colorante : on évapore la dissolution jusqu'à pellicule, et en se refroidissant elle forme des cristaux qui, étant exposés à l'air pour être séchés, acquièrent un nouveau degré de blancheur.

Le tartrate acidule de potasse est soluble dans soixante parties d'eau à la température ordinaire, et dans quinze parties d'eau bouillante ; il acquiert une plus grande solubilité par son union avec un cinquième de son poids de borax, ou un huitième d'acide boracique. Ce sel est composé de 70,38 acide, 24,88 potasse, 4,74 eau.

Propriétés et usages. La crême de tartre est employée dans la médecine vétérinaire comme diurétique, tempérante et purgative. Elle s'administre au cheval, à la dose d'une jusqu'à quatre onces, dans les breuvages, les opiats, les pilules et poudres composées.

TARTRATE DE POTASSE ET D'ANTIMOINE, ÉMÉTIQUE, TARTRE STIBIÉ, etc.

L'émétique fut découvert en 1631 , par Adrien Mynsicht, qui publia le résultat de ses recherches dans un ouvrage intitulé *Thesaurus chimico-medicus.* Bergmann décrivit sa préparation et ses propriétés.

Un grand nombre de procédés ont été employés

pour obtenir ce sel; nous ne parlerons que des deux qui, sauf quelques modifications particulières, sont les seuls aujourd'hui en usage.

On prend partie égale d'oxide d'antimoine sulfuré vitreux, verre d'antimoine en poudre très-subtile, et de crême de tartre; on mêle ces deux poudres, on y ajoute peu-à-peu, et en agitant toujours, 250 parties d'eau pure, on fait bouillir pendant trois-quarts d'heure, en remplaçant l'eau qui s'évapore; on filtre la liqueur encore tiède; on fait évaporer à 20° de l'aréomètre à sel, et on laisse cristalliser.

Il faut purifier l'émétique par plusieurs cristallisations successives; et s'il s'implantait des cristaux de tartrate de chaux sur les cristaux d'émétique, on les enlèverait avec soin par un moyen mécanique.

MM. Vauquelin et Serullas ont prouvé que les eaux-mères contiennent une quantité très-appréciable d'arsenic.

Dans cette opération l'excès d'acide tartrique contenu dans le tartrate acide de potasse, est saturé par l'oxide que contient le verre d'antimoine.

La formation de kermès et d'hydrogène sulfuré qu'on observe pendant la combinaison n'est due qu'à l'action du sulfure d'antimoine sur une petite portion du tartrate acide de potasse.

Plusieurs substances altèrent le produit : du tartrate de chaux séparé par l'action de la nouvelle combinaison du tartrate acide de potasse qui en contient toujours, de la silice et du fer mêlés au verre d'antimoine.

Le deuxième procédé est dû à M. Philips, et a été publié en France par MM. Henri et Pitay.

On prend une partie de tartrate acide de potasse et une partie de sous-sulfate d'antimoine, qu'on mélange bien.

On prépare ce sous-sulfate d'antimoine en traitant 5 parties d'antimoine par 8 parties d'acide sulfurique à l'aide de la chaleur. On lave le produit et on fait sécher.

On projette peu-à-peu le mélange dans dix parties d'eau pure bouillante; on continue à faire bouillir jusqu'à ce que la liqueur ne soit plus que faiblement troublée par un dépôt grisâtre; on filtre; on fait rapprocher à 22, et on laisse cristalliser.

On purifie par plusieurs cristallisations. Il est bon de laver les cristaux à l'eau froide, et de les faire sécher avec soin.

Voici ce qui se passe dans cette opération :

La force qui unit l'oxide d'antimoine à l'acide sulfurique étant très-faible, cet oxide est sollicité par l'acide tartrique en excès dans le tartrate. L'acide sulfurique libre agit sur une petite portion de la potasse du tartrate, et il se forme du sulfate de potasse et de l'émétique.

L'émétique est, comme on sait, un violent vomitif qui peut empoisonner à faible dose; on combat les accidens qu'il occasione en favorisant le vomissement et en administrant des décoctions d'écorces astringentes, comme le chêne, le quinquina ou de noix de galle.

L'hydrogène sulfuré ou les hydro-sulfates forment du kermès dans les solutions de ce sel; c'est un moyen de le reconnaître. Chauffé au chalumeau, il brûle d'abord à la manière des végétaux, puis laisse un petit culot métallique; il est composé, d'après Thompson, de 46,63 acide tartrique, 34,81 d'oxide d'antimoine; 16,66 de potasse.

Propriétés et usages. La médecine vétérinaire emploie l'émétique comme fondant, diurétique et purgatif; il entre dans plusieurs compositions officinales;

on l'administre au cheval à la dose de 24 à 72 grains ;
il convient particulièrement à la suite des indigestions.

Tartrate de potasse et de fer (*Boule de mars*).

℞ Limaille de fer en poudre. . . . . 1 partie.

   Tartre rouge en poudre. 2

On mêle ces deux substances et on forme une pâte
de consistance molle avec suffisante quantité d'eau-
de-vie à 18 ou 20 degrés ; on l'abandonne à l'air libre
pendant environ huit jours dans un lieu chaud, en
ayant soin de remuer le mélange plusieurs fois dans
la journée.

Lorsque l'eau-de-vie est absorbée, on en ajoute une
nouvelle quantité, qu'on renouvelle ainsi jusqu'à trois
fois ; après on en forme des boules du poids d'une à
deux onces, qu'on fait sécher à l'air libre.

Propriétés et usages. Le tartrate de fer (boule de
mars) est particulièrement destiné pour l'usage extérieur ; on en dissout dans l'eau, ou mieux encore
dans l'alcool faible, une suffisante quantité pour co-
lorer cette liqueur. C'est un excellent vulnéraire, un
très-bon résolutif, qui convient parfaitement dans
les meurtrissures, les plaies simples, les luxations et
les hémorrhagies. On le fait prendre aussi intérieurement comme toutes les préparations de fer.

Teinture anodine ou vin d'opium composé (*Laudanum liquide*).

℞ Opium brut. . . . . 4 onces.

   Safran gatinois. 2

   Cannelle. . . . . ⎫

   Gérofles. . . . . ⎬ de chaq. 2 gros.

   Vin d'Espagne. . . . . 2 livres.

Ecrasez bien l'opium, concassez le safran, le gérofle et la cannelle; mêlez le tout ensemble dans un vaisseau convenable ; ajoutez le vin, couvrez le vase, et laissez en macération, soit au soleil, soit dans une étuve modérément chauffée, pendant plusieurs jours, ayant soin d'agiter le mélange par intervalle. Après cette époque, passez avec expression, et filtrez la liqueur à travers le papier gris.

Cette formule est conforme à celles décrites dans les dispensaires pour la médecine humaine.

La teinture anodine, qu'on nomme aussi *vin d'opium*, inventée par le célèbre Sydenham, est un excellent calmant employé dans les douleurs, les coliques, les dévoiemens, dysenteries, superpurgations, et comme adoucissant dans les breuvages, les lavemens, les cataplasmes, les linimens, etc. La dose pour le cheval et le bœuf, d'après la nature de la maladie et l'état du malade, est de 4 gros à 2 onces : les praticiens la remplacent souvent par la teinture d'opium indigène dont le prix est moins élevé. *Voy.* ce mot et Opium.

Teinture d'aloès.

℞ Aloès succotrin en poudre. . . . . . .   6 parties.
Alcool à 20 degrés. 32

On introduit les deux substances dans un vase dont la capacité surpasse d'environ un tiers la masse du mélange; on l'agite par intervalle, et lorsque la dissolution est achevée, on la filtre à travers un papier non collé.

Propriétés et usages. La teinture d'aloès est d'un usage commun dans la chirurgie vétérinaire : elle cicatrise et consolide les plaies récentes; elle est antiputride, déterge, nettoie et fortifie les chairs dans les ulcères baveux, favorise l'exfoliation des parties osseuses et tendineuses. On la mêle aussi dans les digestifs pour les animer. Administrée à l'intérieur, elle a les mêmes propriétés que l'aloès; elle est amère, stomachique, vermifuge, fondante et purgative, suivant la dose à laquelle on la donne à l'animal.

TEINTURE D'ALOÈS CAMPHRÉE.

♃ Teinture d'aloès. . . . . 1 kilogramme.
    Camphre. . . . . 16 grammes.

On fait dissoudre le camphre dans la teinture d'aloès à l'aide d'un mortier; elle est employée au même usage que l'alcool d'aloès ordinaire; elle a plus d'activité.

TEINTURE DE CANTHARIDES.

On la nomme aussi *eau-de-vie vésicante*.

♃ Cantharides en poudre fine. . . . . . 4 part.
    Euphorbe en poudre. 1
    Alcool à 22 degrés. 24

On mêle ces trois substances dans un vaisseau de grandeur convenable : il doit rester environ un tiers de vide; on le bouche légèrement; on l'expose pendant plusieurs jours à une température de vingt à vingt-un degrés; on l'agite par intervalle.

Propriétés et usages. Quelques praticiens emploient cette teinture sans être filtrée. C'est un médicament très-irritant; il ne doit être administré qu'à l'extérieur; à petite dose, il est résolutif, très-pénétrant, fondant et fortifiant; à une dose supérieure, il devient rubéfiant et épispastique. On en frictionne les parties malades avec des étoupes; il convient dans les écarts et foulures, les douleurs sciatiques et rhumatismales, les affections chroniques, les tuméfactions , et les engorgemens froids , durs et insensibles.

TEINTURE D'IODE.

♃ Alcool à 35 degrés. . . . . : . . . 4 onces.
 Iode. . . . . 3 gros.

Triturez l'iode dans un mortier de verre ou de porcelaine pour le dissoudre dans l'alcool.

Il est bon de ne pas préparer cette teinture trop long-temps à l'avance, parce que l'iode se précipite et cristallise au fond du flacon.

Propriétés et usages. La médecine humaine emploie très-avantageusement cette teinture contre les goîtres et les maladies scrophuleuses. L'art vétérinaire a reconnu dans ce médicament un bon résolutif fondant contre les tumeurs blanches, les engorgemens lymphatiques et glanduleux. Nous invitons les praticiens à faire de nouvelles expériences pour constater ces effets. On peut employer la teinture d'iode comme la pommade d'idriodate de potasse extérieurement en frictions sur la partie malade, et l'administrer en même temps ou isolément à l'intérieur. La dose pour le cheval, dans un breuvage miellé ou mucilagineux, doit être de deux à quatre gros; pour le chien, de huit à quinze gouttes , et continuée plus ou moins long-temps. *Voy*. Iode et Pommade d'hydriodate de potasse.

On peut remplacer la teinture d'iode pour l'usage interne, par une solution d'hydriodate de potasse dans l'eau , dans les proportions de deux gros sur trois onces d'eau. Cette solution s'emploie à la même dose que la teinture, et leurs propriétés sont analogues.

24 Extrait de pavot blanc. . . . . 12 parties.

Cannelle. . . . . }
Gérofle. . . . . } de chaq. 6 part.

Vin généreux. . . . . 36 parties.

Alcool ordinaire. 4

Il faut réduire la cannelle et les gérofles en poudre, les faire infuser plusieurs jours dans le vin, ajouter ensuite l'extrait et filtrer. La dose de cette teinture est d'une à trois onces pour remplacer la teinture d'opium exotique ou laudanum liquide.

TÉRÉBENTHINE (*terebenthina*), Poix ou résine liquide; principe immédiat ou suc propre des végétaux, qui découle naturellement, mais qu'on retire plus abondamment par des incisions pratiquées sur le tronc des pins ou sapins et mélèzes : arbre de la famille des conifères et des térébinthacés.

On désignait autrefois par le nom de *baume* presque toutes les substances résineuses analogues, soit solides ou liquides, d'une odeur suave, contenant de l'huile volatile, et auxquelles on attribuait des propriétés éminentes, souvent à cause de leur rareté. Présentement ce nom est consacré aux résines qui sont naturellement combinées avec l'acide benzoïque, telles que le styrax liquide, etc. Pour ne pas nous trop éloigner de l'objet de notre travail, nous ne parlerons que de quatre espèces de térébenthine, dont deux seulement sont du domaine de la pharmacie vétérinaire.

C'est dans les pays méridionaux de la France, et principalement dans les Landes, aux environs de Bordeaux et de Bayonne, qu'on récolte la térébenthine. Au pied de l'arbre incisé, les cultivateurs font un trou dans lequel le suc coule et se réunit en masse ; ils l'enlèvent et le transportent dans de grands réservoirs disposés convenablement. En cet état la térébenthine est épaisse, de couleur blanche, laiteuse, mêlée avec différens corps étrangers. On la fait liquéfier dans des chaudières, et on la passe à travers des filtres de paille posés sur un récipient. Pendant les fortes chaleurs d'été la térébenthine brute, exposée aux rayons du soleil, acquiert le degré de fluidité nécessaire pour être filtrée.

La térébenthine de Chio, la plus anciennement connue, est la plus estimée, tant à cause de sa pureté que de son odeur douce et agréable de fenouil et de citron ; elle a peu d'âcreté et peu d'amertume. Elle est fournie par le *pistachia terebinthus* de Linné.

La térébenthine de Venise et de Briançon découle du tronc du mélèze (*pinus larix*). Elle est aussi fort belle, mais moins fine que la précédente.

La térébenthine de Strasbourg ou térébenthine de sapin, se récolte sur le *pinus picea*. Très-commune dans les Vosges, l'Alsace, la Suisse et l'Allemagne.

Les térébenthines de Chio, de Venise et même celle de Strasbourg, sont plus belles que la térébenthine de nos départemens méridionaux ; mais ses propriétés médicinales sont absolument les mêmes. Ainsi il n'y a pas de motif qui doive les faire employer de préférence dans la pratique vétérinaire. La térébenthine indigène est d'un prix moins élevé et produit autant d'effet. Il faut la choisir pure, bien purgée de corps étrangers, fluide, mais d'une consistance épaisse, transparente, d'un jaune clair, d'une odeur douce et suave ; sa saveur est âcre et amère ; elle contient environ un cinquième d'essence ou huile essentielle.

Propriétés et usages. La térébenthine est un médicament utile dont on fait fréquemment usage. Elle est employée extérieurement comme balsamique, vulnéraire, résolutive et fortifiante; intérieurement, elle est diurétique, vulnéraire, béchique et balsamique. On l'administre aussi en lavement.

La térébenthine entre dans la composition de plusieurs emplâtres et onguens, dans la thériaque et les charges; on en forme aussi des digestifs.

TEMPÉRANT. *V*. Rafraîchissant.

THÉRIAQUE. La thériaque est l'un des plus anciens médicamens officinaux. Le grand nombre de substances qui entrent dans sa composition facilite singulièrement sa falsification : aussi aucun remède n'a autant excité la cupidité des empiriques, des marchands de drogues, colporteurs forains et charlatans. C'est principalement sur la thériaque destinée aux animaux qu'ils ont exercé leur art. Dans des pharmacopées, d'ailleurs très-estimables, on trouve des recettes de thériaques dans lesquelles on ne fait entrer que cinq à six substances : ce n'est point là de la thériaque; en disant c'est assez bon pour des chevaux, on trompe le propriétaire, et l'on rend inefficaces les soins et les connaissances de l'artiste.

Voici la formule de la thériaque que je prépare dans ma pharmacie pour l'usage vétérinaire.

℞ Baies de laurier. . . . . . . ⎫
—— de genièvre. . . . . . ⎪
Écorces de citrons. . . . . ⎬ de chaq. 4 part.
—— d'oranges. . . . . . ⎪
—— de cannelle. . . . . ⎪
Gomme arabique. . . . . ⎭

Racines d'aunée. . . . . . . ⎫

—— d'angélique. . . . . . ⎪

—— d'acorus vrai. . . . ⎪

—— de gentiane. . . . . ⎪

—— de galanga mineur. ⎪

—— d'iris de Florence. . ⎬ de chaq. 3 part.

—— de rhubarbe indigène. ⎪

—— de gingembre. . . . ⎪

—— de valériane. . . . ⎭

Oignons de scille. . . . . .

Semences d'amome ou maniguette. . . . 3 part.

—— de fenouil. . . . . ⎫

—— d'anis. . . . . ⎬ de chaq. 4 part.

—— de coriandre. . . . ⎭

Feuilles et sommités fleuries ⎫

   d'absinthe. . . . . ⎪

—— de menthe poivrée. . ⎬ de chaq. 3 part.

—— de romarin. . . . . ⎪

—— de scordium. . . . ⎪

Fleurs de roses rouges. . . ⎭

Sulfate de fer. . . . . 4 part.

Galbanum. . . . . ⎫

Myrrhe. . . . . ⎪

Oliban ou encens en larmes. ⎪

Suc de réglisse. . . . . . . ⎬ de chaq. 1 part.

Gérofles. . . . . ⎪

Camphre réduit en poudre ⎪

   séparément. . . . . . . ⎭

Térébenthine fine. . . . . 8 part.

Extrait de genièvre. 12

—— de pavot ou opium indigène. . . 8

Miel blanc, deux fois le total de la poudre.

Vin rouge de bonne qualité, suffis. quantité pour

   donner à l'électuaire la consistance requise.

Toutes ces substances doivent être choisies d'une très-bonne qualité : on les nettoie, on les monde de tous corps étrangers, on les réunit, on les mêle et on les pile ensemble, non compris la térébenthine, l'extrait de genièvre, l'opium et le miel. La poudre étant passée au tamis de soie, on fait liquéfier le miel dans une bassine; on ajoute successivement l'extrait de genièvre, l'extrait d'opium, le camphre et la térébenthine, ensuite la poudre par petites portions; on remue fortement le mélange avec un pilon de bois, jusqu'à ce que toute la poudre soit exactement combinée avec le miel; alors on verse du vin en suffisante quantité pour donner à l'électuaire la consistance convenable. On doit renfermer la thériaque dans un vase de faïence ou de terre, pour la laisser fermenter; la combinaison se perfectionne, et elle acquiert, en vieillissant, des qualités supérieures.

La thériaque préparée d'après cette formule convient parfaitement au tempérament du cheval : c'est un excellent cordial, stomachique, chaud, fortifiant, excitant, légèrement sudorifique, incisif et calmant. On l'emploie aussi contre les épizooties, les piqûres des animaux venimeux, pour faciliter l'évacuation de la gourme, pour arrêter le flux de ventre, calmer la toux violente et tuer les vers ; elle échauffe et fortifie.

La dose pour le cheval est d'une à deux onces, et de quatre pour le bœuf. On l'administre en bol ou opiat, mais particulièrement en breuvage, délayée dans une infusion ou dans le vin. On l'applique également en topique confortatif.

Quoique l'un des plus anciens médicamens connus, la thériaque n'a point perdu sa célébrité; il est peu de compositions dont les propriétés soient moins contestées, et nombre de praticiens ont soin d'en conserver toujours une petite provision dans leurs pharmacies.

THYM ORDINAIRE (*Thymus vulgaris*). Plante de la didynamie gymnospermie, de Linné : famille des labiées, de Jussieu.

Le thym est un très-petit arbrisseau vivace, qu'on cultive communément dans les jardins pour former des bordures; il croît naturellement et en abondance dans les départemens méridionaux de la France, où il acquiert à un bien plus haut degré les propriétés essentielles qu'il fournit à la médecine.

Cet arbrisseau s'élève à la hauteur d'environ un pied; il est garni de nombreux rameaux grêles, et dont la tige est ligneuse et relevée; les feuilles, opposées, sont entières, ovales, très-menues, étroites et blanchâtres. Les fleurs, labiées, purpurines, naissent en forme d'épis à la partie moyenne et supérieure des tiges; la racine est ligneuse; toute la plante jouit d'une odeur fort aromatique, très-agréable. Par la distillation elle fournit une assez grande quantité d'huile volatile.

Propriétés et usages. Le thym, ou plutôt les sommités fleuries font partie des espèces aromatico-vulnéraires, elles entrent dans plusieurs préparations pharmaceutiques; son huile volatile est estimée par beaucoup de praticiens qui en font un grand usage. Elle contient du camphre.

TONIQUE. Propriété reconnue à certains médicamens, de produire sur le système organique de l'économie animale un principe d'excitation qui augmente le ton général des parties solides; plusieurs substances astringentes, cordiales et excitantes, administrées séparément ou combinées ensemble, jouissent de cette propriété. *Voy.* Poudre tonique.

TOPIQUE. *V.* Cataplasme.

TURBITH MINÉRAL ou PRÉCIPITÉ JAUNE.
C'est un sous-deuto-sulfate de mercure jaune.

L'acide sulfurique concentré se combine, à l'aide de la chaleur, avec le mercure; il en résulte une masse blanche, inaltérable à l'air et décomposable par l'eau chaude, qui lui enlève son acide et laisse précipiter une poudre d'une belle couleur jaune. C'est le sous-deuto-sulfate de mercure, connu autrefois sous le nom de turbith minéral ou précipité jaune. On filtre la liqueur pour recueillir le précipité, qu'on fait sécher; il est soluble dans 2000 parties d'eau froide et dans 600 d'eau bouillante.

Propriétés et usages. Le précipité jaune de mercure ou turbith minéral s'administre aux chiens dans la maladie qui les attaque pendant leur jeunesse. C'est un médicament très-énergique; il provoque un prompt vomissement, très-salutaire à ces animaux. La dose est de deux à dix grains, suivant l'espèce et la force de l'animal. On le lui administre enveloppé dans un morceau de beurre ou de viande; si la maladie persiste, on continue le traitement par l'usage des pilules canines. *Voyez* cet article.

V.

VAISSEAU. On comprend sous le nom de *vaisseau* tout ustensile propre à contenir des matières soit solides, soit fluides : il y en a de plusieurs espèces dans les laboratoires; on les distingue en vaisseaux opératoires, en vaisseaux de communication, et en récipiens.

C'est dans les vaisseaux opératoires que se font les opérations. Les anciens chimistes, ou plutôt les alchimistes, les avaient multipliés à l'infini ; ils leur donnaient des formes plus ou moins singulières. Ceux dont on fait usage aujourd'hui sont simples et en petit nombre ; on a parlé des principaux dans les articles particuliers à chacun d'eux. *Voy.* Alambic, Cornue, Creusets, etc. , etc.

Les vaisseaux de communication sont les allonges et les ballons : on les adapte d'un côté aux vaisseaux opératoires, leur extrémité opposée aboutit dans le récipient; ils servent de canal pour conduire les produits de l'opération, qui, pendant leur passage acquièrent la température convenable, et, suivant leur nature, se purifient ou se condensent.

On emploie aussi des ballons pour mettre en contact deux substances qu'on y fait arriver de deux points différens ; on leur donne alors le nom de *vaisseaux de rencontre* ou *à double tubulure.*

On appelle *récipient* tous les vaisseaux destinés à recevoir ou à conserver, soit les produits des opérations, soit les substances naturelles fluides ou solides; les ballons, les bocaux de verre, les flacons, les bou-

teilles, les pots de faïence, de grès, les boîtes, etc.,
sont des récipiens.

VALÉRIANE OFFICINALE, *Valeriana offici-*
nalis, Linn., classe 3 de la triandrie monogynie; Juss.,
famille des dipsacées.

Caractères. Calice très-petit, corolle infundibuliforme à cinq divisions, tube terminé inférieurement
par un éperon ou une bosse. On en distingue trois
espèces.

La racine est la partie de cette plante dont la médecine fait usage ; on préfère celle de la grande valériane ou valériane franche, qu'on cultive dans les
jardins et qui croît naturellement dans les Alpes et
sur les hautes montagnes. Ses tiges, d'environ trois
pieds de hauteur, sont rondes, creuses, cannelées,
rameuses et simples jusqu'au sommet, d'où partent
des branches trois par trois. Les feuilles, opposées,
longues, ailées et obtuses, garnissent la tige d'espace
en espace ; les unes sont entières, les autres découpées profondément ; les fleurs, disposées en ombelle,
naissent aux sommités des tiges et des rameaux, leur
couleur est blanchâtre, tirant sur le purpurin ; elles
ont une odeur suave, analogue à celle du jasmin.

Sa racine est grosse comme le pouce, formée par
un collet très-court, attachée à la terre par quantité de
radicules cylindriques et assez longs, de couleur jaune
ou brune ; l'odeur de cette racine est forte et très-
désagréable, elle plaît cependant beaucoup aux chats
qui mangent la valériane avec délice ; sa saveur, d'a-
bord légèrement sucrée, est amère et aromatique. Elle
fournit par la distillation une huile volatile verte et
d'une odeur très-forte.

Propriétés et usages. Cette racine est anti-spasmodique vermifuge et diaphorétique.

On l'administre en poudre, dans les opiats, à la dose d'une once ; elle entre aussi dans plusieurs formules magistrales.

VAPORISATION. C'est l'évaporation opérée par le seul contact de l'air atmosphérique. *V.* Evaporation.

VERMIFUGE. Les animaux éprouvent fréquemment, ainsi que les hommes, des maladies occasionées par les vers : les médicamens dont la médecine fait usage, soit pour les faire périr, soit pour les entraîner hors du corps, sont appelés *vermifuges* ou *anthelmintiques* ; on ne met aucune différence entre ces deux expressions. Cette classe de médicamens est très-nombreuse ; on les administre en poudre, en bols, en breuvages, en lavemens, tantôt simples, tantôt composés ; la poudre vermifuge composée, le sulfure noir et rouge de mercure, le mercure doux, l'huile et le savon empyreumatique, l'absinthe, la tanaisie, les racines de fougère et de gentiane, l'aloès, etc., combinés de diverses manières, suivant les circonstances maladives, dans des véhicules analogues aux indications qu'on se propose de remplir, sont les principales substances qu'emploie la pratique vétérinaire dans les maladies attribuées à la présence des vers. Il est utile et très-utile de faire précéder leur administration par l'usage du miel, du sucre ou de la mélasse, donnés une demi-heure à l'avance en breuvages ou en lavemens. Ce moyen préparatoire, que nous ne saurions trop recommander, rend l'action des vermifuges plus certaine et en assure l'effet.

VERRE D'ANTIMOINE, *V*. Oxide d'antimoine vitreux.

VERT-DE-GRIS. *V*. Oxide de cuivre brut.

VIN. Suc végétal liquide qui a subi la fermentation spiritueuse. Tous les végétaux qui contiennent des principes mucoso-sucrés sont susceptibles de fermenter et de fournir une liqueur sapide, piquante, alcoolique, d'un goût plus ou moins agréable, d'un arome plus ou moins sensible. Cette liqueur, quel que soit le végétal dont elle a été extraite, peut être comprise sous le nom de *vin;* mais on est convenu de donner particulièrement, et même exclusivement, ce nom, à celle qui provient du suc des raisins, fruit qui croît abondamment en France et dans toute la partie méridionale de l'Europe.

On distingue les vins par la couleur, la saveur, le parfum et la force du principe alcoolique; il y en a de blancs, de rouges, de mousseux, de sucrés, etc. Celui qu'on appelle *vin doux* n'est pas du vin, mais simplement du suc de raisins non fermenté.

On trouve dans le vin de l'alcool qu'on en retire par la distillation, des substances extractives, du sucre non décomposé, une matière colorante extracto-résineuse, un arome particulier à chaque espèce de vin, du tartrate ou sous-tartrate de potasse, de l'acide carbonique, de l'acide malique et de l'acide acétique. C'est de la différence dans la proportion de ces élémens que résulte la qualité du vin.

La médecine vétérinaire fait fréquemment usage du vin comme cordial, fortifiant et excitant. Il entretient les forces vitales, les ranime lorsqu'elles

34

sont abattues par la fatigue ou par un travail forcé; facilite la transpiration insensible; on l'associe avec les amers et autres cordiaux ; il constitue les vins médicinaux , et sert de base à plusieurs médicamens magistraux , notamment aux breuvages ; il entre dans la thériaque , dans l'électuaire contre la toux, etc.

Vin médicinal. On appelle vin médicinal , le vin ordinaire dans lequel on a ajouté des principes médicamenteux quelconques, tirés de substances qui ont été soumises à son action. Les vins médicinaux sont de véritables teintures , puisque ce véhicule sert en même-temps d'agent pour l'extraction des principes, et de récipient pour les conserver. On composait autrefois les vins médicinaux par la fermentation : on a reconnu la défectuosité de cette pratique ; l'arome des substances se dissipait pendant l'opération , et ce produit est souvent très-essentiel à retenir. On prépare aujourd'hui les vins médicinaux par macération : ce procédé les assimile plus particulièrement encore aux teintures. La pratique vétérinaire fait usage du vin aromatique , du vin émétique et de quelques autres qu'on prépare au besoin.

Vin aromatique.

♃ Espèces aromatico-vulnéraires. . .   4 poignées.
   Vin rouge , bonne qualité. . . . .   2 litres.
   Alcool vulnéraire. . . . . 120 gramm.

Mêlez l'alcool avec le vin ; faites macérer , quatre ou cinq jours, dans un vaisseau fermé; agitez le mélange par intervalles; passez à travers un linge , ou mieux encore à travers un papier gris.

Ce vin est employé pour faire des fomentations ;
il fortifie les parties faibles. On le donne aussi en
breuvage. C'est un bon diaphorétique, cordial et
excitant.

Vin émétique.

℞ Oxide d'antimoine demi-vitreux. . . . . 1 once.
  Vin blanc de bonne qualité. . . . . . . 1 litre.

On réduit l'oxide en poudre très-fine sur le porphyre ; on le mêle avec le vin, dans un vaisseau
fermé qu'on agite par intervalles.

On ne doit faire usage de ce vin que quinze jours
après qu'il a été préparé ; on peut l'administrer au
cheval intérieurement à la dose de quatre onces, en
continuant tous les deux jours pendant quelque
temps. C'est un purgatif diaphorétique, fondant ,
qu'on peut employer dans la maladie du farcin. On
l'administre aussi en lavement. Il est stimulant , il
convient dans la paralysie et autres affections où il
faut ranimer par de fortes secousses. La dose est de
huit onces.

VINAIGRE. *V*. Acide acétique.

VITRIFICATION. Résultat d'une combinaison
opérée par la fusion ; le produit est un corps transparent ou demi-transparent ; il faut un très-grand
feu pour obtenir la vitrification : toutes les substances
ne sont point vitrifiables.

VITRIOL BLANC. *V*. Sulfate de zinc.

Vitriol bleu. *V*. Sulfate de cuivre.

Vitriol vert. *V*. Sulfate de fer.

34*

VULNÉRAIRE. On donne le nom de *vulné-raires* aux différens médicamens employés pour guérir les contusions, certaines plaies et ulcères : on les appelle aussi *traumatiques;* quelques-uns sont administrés intérieurement, mais le plus grand nombre s'applique exclusivement à l'extérieur. La pratique vétérinaire fait particulièrement usage des espèces aromatico-vulnéraires, de l'alcool vulnéraire, de l'eau de boule de mars, de l'eau rouge vulnéraire et de plusieurs autres substances presque toutes fournies par le règne végétal.

Z.

ZINC, *Zincum,* métal brillant, lamelleux, très-malléable, peu ductile, volatil, de couleur blanche bleuâtre, difficile à réduire en poudre. On ne le trouve jamais pur dans les mines : il est tantôt sous forme d'oxide, tantôt à l'état salin, et constitue, dans ces diverses combinaisons, la marcassite, la calamine, le carbonate de zinc spathique, la mine de zinc vitreuse et le sulfate de zinc : on l'appelle blende, lorsqu'il est à l'état de sulfure. La mine de plomb qui contient de la blende est exploitée de préférence pour en extraire le métal, l'opération est plus facile et plus lucrative : on fait griller le minerai, le plomb se fond et le zinc se sublime en oxide; cet oxide mêlé avec du charbon est mis en fusion et on le coule en saumon.

Le zinc fournit à la médecine un oxide gris connu sous le nom de *tuthie;* il se sublime et s'attache aux fourneaux, lorsqu'on fait fondre les blendes. La préparation la plus employée est le sulfate de zinc (vitriol blanc); il fait partie de l'eau styptique (eau d'Alibourg) , de l'onguent dessiccatif astringent : il entre dans les collyres, les lotions astringentes, et dans plusieurs autres médicamens vétérinaires.

En général, les produits qu'on retire du zinc sont astringens, dessiccatifs et résolutifs : on ne les administre point intérieurement.

FIN.

TABLEAU

DES

PRINCIPALES MALADIES

INTERNES ET EXTERNES

QUI AFFECTENT LES ANIMAUX DOMESTIQUES,

AVEC L'INDICATION DES MÉDICAMENS LES PLUS EMPLOYÉS DANS LE TRAITEMENT DE CES MALADIES.

(Le motif et l'objet de ce Tableau sont indiqués dans la Préface.)

ABCÈS en général. Collection de pus, naturelle ou accidentelle, dans une cavité plus ou moins profonde, avec ou sans tumeur. Ils sont chauds, froids, aigus ou chroniques : on les distingue encore d'après leur siége, leur cause et leur marche.

Moyens curatifs. Cataplasme émollient, émollient résolutif, résolutif, anodin, maturatif; opération, pansement.

Lotion ou injection émolliente, résolutive, détersive, avec le chlorure de chaux liquide ;

Onguent basilicum, digestif simple, digestif animé ;

Abcès froid ou indolent : liniment volatil ammoniacal, bouton de feu immédiat ;

Régime antiphlogistique ou tempérant.

AMAUROSE. Goutte sereine, cataracte noire. Maladie qui affecte le nerf optique et la rétine de l'œil. Cette altération entraîne la diminution, et quelquefois la perte totale de la vue, sans que l'organisation de l'œil en paraisse souffrir.

Moyens curatifs. Vapeurs stimulantes, alcooliques, sulfureuses, ammoniacales, dirigées sur le globe de l'œil.

Fomentation aromatique, alcoolique ;

Sangsues, vésicatoire, séton, cautère immédiat.

ANASARQUE. Hydropisie ou épanchement séreux qui se manifeste dans le tissu cellulaire et particulièrement le tissu sous-cutané. On distingue deux sortes d'anasarque : l'une active, et l'autre passive, c'est-à-dire qui provient, la première d'un excès de ton, et l'autre d'atonie dans toute l'organisation vitale.

ANASARQUE ACTIVE. *Moyens curatifs.* Saignée générale ou locale ;

Liniment volatil, alcool aromatique, vulnéraire, camphré, teinture de cantharides ;

Vésicatoire ;

Régime adoucissant, tempérant, débilitant ;

Diurétique, purgatif minoratif.

ANASARQUE PASSIVE. *Moyens curatifs*. Frictions sèches ou irritantes ;

Cataplasme ou topique avec décoction et poudre de tan, astringent tonique ;

Régime fortifiant ;

Poudre amère, tonique, cordiale.

ANGINE, *esquinancie*. Inflammation de la membrane muqueuse ; on la distingue en pharyngée, laryngée, trachéale et œsophagiène ; elle est simple, composée ou gangréneuse.

Moyens curatifs. Boisson mucilagineuse, miellée, gommée, nitrée, acidulée ;

Cataplasme émollient, anodin, résolutif, maturatif ;

Fumigation aqueuse, émolliente, aromatique ;

Lavement émollient, tempérant, laxatif ;

Onguent populeum, anodin ;

Régime nutritif, adoucissant, tempérant ;

Saignée générale ou locale.

ANKYLOSE. Maladie articulaire ; on la nomme complète ou vraie, lorsqu'il y a soudure des extrémités articulaires des os, adhérence des surfaces synoviales ; elle est incurable, incomplète ou fausse, sans adhérence, mais avec épaississement et roideur dans les parties de l'articulation.

Moyens curatifs. Cataplasme émollient ;

Bain ou lotion sulfureuse ;

Liniment fortifiant, résolutif, savoneux ;

Exercice modéré, réitéré.

ANTHRAX, *Charbon*. Inflammation gangréneuse du tissu cellulaire sous-cutané et de la peau, due à une cause interne ou externe : dans le premier cas, on l'appelle pustule maligne ; dans le second, c'est le charbon proprement dit : il est contagieux ou épizootique.

Moyens curatifs. Application des caustiques, topiques irritans pour exciter l'action vitale, déterminer une inflammation de bonne nature et faciliter la séparation de l'escarre.

Régime diététique, boisson antiphlogistique ou tempérante.

APHTE. *V*. Chancre du mouton.

ATONIE. Débilité, faiblesse, flaccidité ou défaut de ton de tous les organes de la vie, et particulièrement de tous les organes contractiles.

Moyens curatifs. Poudre tonique, cordiale, amère, excitante, de quinquina ;

Vin amer ;

Alimentation nutritive, boisson gélatineuse.

ATTEINTE. Contusion ou meurtrissure avec ou sans plaie, qui a lieu au tendon, au boulet, au paturon, au talon et au sabot; cette dernière s'appelle encornée.

Moyens curatifs. Cataplasme émollient, résolutif;
Alcool camphré, de boule de mars;
Eau styptique, végéto-minérale;
Lotion résolutive, vulnéraire;
Onguent dessiccatif, égyptiac, populeum, de saturne.

AVANT-CŒUR, ANTI-CŒUR. Tumeur charbonneuse, située au poitrail du cheval et au fanon du bœuf: confondue quelquefois avec une forte contusion.

Moyens curatifs. Cataplasme émollient, maturatif, résolutif, antiseptique;
Liniment ammoniacal;
Onguent résolutif fondant;
Alcool camphré, teinture d'aloès, d'aloès camphrée;
Cautérisation par le sublimé, la potasse caustique, le chlorure d'antimoine, le feu immédiat.

AVIVES. Tuméfaction ou engorgement des glandes parotides, avec ou sans inflammation; elles se terminent souvent par abcès.

Moyens curatifs. Saignée générale ou locale;
Cataplasme émollient, résolutif, anodin;
Teinture d'aloès, d'aloès camphré;
Boisson blanche, nitrée.

BOURGEON CHARNU. Excroissances granulées de forme conique, rougeâtres, charnues, qui s'élèvent à la surface des plaies en suppuration et des ulcères.

Moyens curatifs. Excision, poudre de résine;
Onguent égyptiac, dessiccatif, détersif;
Sulfate de cuivre, nitrate d'argent fondu, alun calciné, poudre de sabine;
Eau phagédénique.

CACHEXIE. Marasme, dépérissement général par l'altération des principaux viscères de l'économie animale, qui s'observe dans un certain nombre de maladies chroniques, et en marque le degré le plus avancé.

Moyens curatifs. Œuf cru, gélatine, gélatine avec extrait de gentiane;
Poudre tonique, cordiale, excitante;
Quinquina, thériaque, vin amer;
Régime analeptique, fortifiant.

CALLOSITÉ, DURILLON, COR. Engorgement, épaississement et endurcissement de la peau, qui prend quelquefois une consistance analogue à celle de la corne, causé par des compressions ou des frottemens plus ou moins long-temps continués.

Moyens curatifs. Cataplasme émollient ;
Onguent résolutif, fondant, d'althea, mercuriel double, populeum.
Feu immédiat, opération, pansement.

CAPELET. Tumeur mobile ou espèce de loupe, souvent indolente, peu sensible, qui prend naissance dans l'épaisseur des tégumens situés vers la pointe du jarret.

Moyens curatifs. Lotion et douche avec l'eau froide salée ;
Onguent résolutif fondant, fondant, vésicatoire ;
Liniment résolutif, volatil ammoniacal ;
Sublimé corrosif, feu médiat.

CATARRHE. Il est aigu ou chronique. Phlegmasie des membranes muqueuses des voies aériennes, caractérisée le plus souvent par la douleur, la chaleur, le gonflement et la rougeur des parties affectées, accompagnée d'écoulement de mucosité plus ou moins abondante et particulière dans sa nature.

Moyens curatifs. CATARRHE AIGU : Boisson chaude, adoucissante, gommeuse, mucilagineuse et miellée ;
Saignée ;
Fumigation émolliente ;

CATARRHE CHRONIQUE : Fumigation émolliente ;
Poudre béchique, adoucissante, béchique incisive ;
Electuaire contre la toux, opiat avec miel et kermès ;
Breuvage adoucissant, adoucissant calmant, béchique incisif, incisif fondant ;
Gomme ammoniaque, kermès minéral ;
Oxymel ;
Vésicatoire ;
Purgatif minoratif ou laxatif.

CATARRHE NASAL. Coryza, morfondure. Inflammation de la membrane muqueuse des fosses nasales et des sinus. Elle est caractérisée par la toux et par l'expulsion de mucosité par le nez.

Moyens curatifs. Fumigation et lotion émolliente, aqueuse ;
Lavement émollient, émollient laxatif ;
Vésicatoire, séton.

CHANCRE. Aphte des moutons. Tubercules blanchâtres ou ulcères superficiels, arrondis, discrets ou confluens, sporadiques ou épizootiques, qui affectent les membranes muqueuses de la bouche, des lèvres et du nez des moutons, des brebis, des agneaux et des veaux.

Moyens curatifs. Lotion émolliente autour du nez et de la bouche, avec acide muriatique ou nitrique à la dose de deux onces par litre d'eau commune;

Boisson blanche avec la farine d'orge, avec addition de sel marin, de sel ammoniac, de nitrate de potasse;

Poudre tonique pour les moutons, de quinquina, de gentiane dans le son.

CLAVEAU, CLAVELÉE. Maladie éruptive et contagieuse particulière aux bêtes à laine. Elle a beaucoup d'analogie avec la petite vérole de l'homme.

Moyens curatifs. Boisson blanche avec la farine de froment, addition de sel ammoniac;

Poudre tonique dans le son frisé;

Liniment volatil sur les éruptions;

Cautérisation avec le nitrate d'argent;

Inoculation générale.

CLOU DE RUE. Corps étranger qui pénètre plus ou moins profondément dans la sole ou la fourchette. On le distingue en simple, lorsqu'il ne traverse que la corne; grave, celui qui pénètre jusqu'à l'aponévrose des muscles fléchisseurs ou jusqu'aux ligamens de l'os articulaire; et incurable ou très-difficile à guérir, celui qui pénètre dans l'articulation et atteint les parties cartilagineuses.

Moyens curatifs. Cataplasmes et bains émolliens;

Baume vulnéraire, teinture d'aloès, d'aloès camphrée;

Opération, pansement.

COLIQUE, TRANCHÉES. Affection ou douleur aiguë et exacerbante, qui a son siége dans l'abdomen, l'estomac, le tube digestif, et plus ordinairement dans le colon.

Moyens curatifs. Boisson mucilagineuse, gommée, miellée, nitrée, acidulée;

Breuvage avec l'élixir calmant, adoucissant, adoucissant et calmant, digestif;

Ether sulfurique, huile d'olive opiacée;

Lavement adoucissant, adoucissant, calmant, émollient, émollient adoucissant, émollient calmant, sédatif.

COLIQUE FLATUEUSE. Irritation de la membrane muqueuse, accompagnée de dégagement de gaz qui distendent outre mesure le canal intestinal.

Moyens curatifs. Boisson miellée, mucilagineuse;

Breuvage carminatif, digestif, avec éther sulfurique, avec l'élixir calmant;

Purgatif minoratif;

Lavement carminatif, émollient calmant, émollient sédatif.

COLIQUE NÉPHRÉTIQUE. Phlegmasie des reins occasionn

par l'arrêt de transpiration, la présence de quelques fluides ou calculs urinaires.

Moyens curatifs. Saignée générale ;
Boisson mucilagineuse avec la graine de lin, nitrée, acidulée avec l'acide nitrique ;
Breuvage néphrétique, tempérant, diurétique, diurétique avec l'alcool nitrique, adoucissant ;
Lavement émollient adoucissant, émollient calmant, tempérant miellé, tempérant nitré.

COLIQUE NERVEUSE OU INFLAMMATOIRE.

Saignée ;
Boisson blanche, mucilagineuse, miellée, nitrée, acidulée ;
Lavement émollient, tempérant, adoucissant, calmant.

COLIQUE PAR ARRÊT DE TRANSPIRATION.

Boisson tiède, mucilagineuse, adoucissante, miellée ;
Friction sèche ;
Breuvage cordial au vin, cordial thériacal, diaphorétique ;
Ether sulfurique, thériaque ;
Lavement émollient, émollient calmant, émollient sédatif.

COLIQUE STERCORALE. Défécation difficile ou irritation causée par des matières excrémentitielles, accumulées et durcies dans le colon, le repli pelvien ou du bassin.

Moyens curatifs. Boisson miellée, miellée et acidulée avec tartrate acidule de potasse ;
Breuvage purgatif, minoratif, avec l'élixir calmant ;
Lavement émollient, émollient adoucissant, sédatif, purgatif émollient.

COLIQUE VERMINEUSE. Douleur abdominale ou intestinale, produite par la présence des vers dans les intestins.

Moyens curatifs. Breuvage vermifuge, vermifuge empyreumatique ;
Poudre vermifuge composée ;
Pilules vermifuges, vermifuges empyreumatiques, vermifuges avec le savon, purgatives vermifuges, purgatives mercurielles.
Lavement vermifuge, purgatif émollient.

CONSTIPATION. Resserrement, retard ou suspension des évacuations alvines.

Moyens curatifs. Boisson miellée, miellée et acidulée avec la crème de tartre, miellée avec addition de sulfate de magnésie ;
Breuvage purgatif acidulé, purgatif minoratif, purgatif ordinaire ;
Lavement émollient, purgatif émollient, purgatif irritant ;
Saignée générale, bains.

CONTUSION, COUP, MEURTRISSURE. Lésion sans déchirement, sans perte de substance et sans solution de continuité apparente.

Moyens curatifs. Lotion résolutive avec le muriate de soude et

cool, résolutive vulnéraire, avec l'alcool camphré, l'eau de boule
de mars, l'eau végéto-minérale, l'eau styptique ;
  Cataplasme émollient résolutif ;
  Saignée, sangsues.

COR. *V*. Callosité.

COURBE. Tumeur plus ou moins grosse, qui se durcit et
  prend le caractère osseux. Elle survient sur la partie
  postérieure en dedans du jarret : elle appartient aux
  engorgemens chroniques. *Voy*. Exostose.

CRAPAUD. Excroissance spongieuse qui exhale une humeur âcre et fétide : elle se forme sous le talon et la
  fourchette du pied du cheval, du bœuf et du mouton.

  Moyens curatifs. Soufre sublimé ou sulfure d'antimoine administré
intérieurement ;
  Onguent égyptiac, caustique, dessiccatif astringent ;
  Teinture d'aloès, d'aloès camphrée ;
  Eau phagédénique, chlorure de chaux liquide ;
  Opération, pansement méthodique.

CREVASSE. Gersure ou fente d'où suinte une humeur
  liquide, souvent forte, âcre et fétide, qui se manifeste
  dans les plis des paturons des chevaux, ânes et mulets.

  Moyens curatifs. CREVASSES AVEC IRRITATION : Cataplasmes, lotion
ou bain émollient ;
  Onguent dessiccatif astringent, de saturne ;
  Lotion avec eau styptique, chlorure de chaux liquide, eau
végéto-minérale ;
  Diurétique fondant, purgatif laxatif.

DÉMANGEAISON. Irritation ou sensation incommode,
  qui a particulièrement son siége dans la peau et qui fatigue l'animal.

  Moyens curatifs. Saignée générale ;
  Lotion mucilagineuse, émolliente, savonneuse, avec sulfure de
potasse, eau végéto-minérale ;
  Boisson blanche nitrée, acidulée ;
  Diurétique fondant.

DIARRHÉE, DÉVOIEMENT. Phlegmasie de la membrane muqueuse du canal intestinal, caractérisée par
  des évacuations alvines immodérées et plus ou moins
  liquides, quelquefois suivies de tenesmes, avec des dé-
  jections plus ou moins fréquentes de mucosités fétides
  et sanguinolentes, souvent accompagnées de fièvre,
  causée par la trop grande irritation : c'est la dysenterie ;
  elle est sporadique lorsqu'elle a pour cause le changement de climat, l'influence de la saison ou le changement de nourriture ; épizootique, lorsque les animaux
  font usage de fourrages altérés ou d'eau de mauvaise
  qualité.

Moyens curatifs. Boisson blanche, mucilagineuse, gélatineuse, gommeuse, miellée ;

Lavement adoucissant, nutritif, gélatineux, émollient sédatif, avec quinquina, opiacé ;

Breuvage adoucissant, adoucissant calmant, béchique adoucissant, opiacé ;

Fumigation, fomentation et cataplasme émollient sous le ventre.

Saignée ;

Opiat tonique avec rhubarbe, électuaire fortifiant, thériaque.

EAUX AUX JAMBES. C'est encore une dénomination vulgaire conservée pour désigner une collection de maladies de la peau, comme dartre, crevasse, ulcération, etc. Elles se manifestent par un suintement de sérosité sur les jambes et les pieds des chevaux, des ânes et des mulets. Elles paraissent avoir pour cause le défaut de pansement et la malpropreté ; mais une disposition intérieure favorise presque toujours cette maladie et suffit même pour la produire.

Moyens curatifs. Cataplasme émollient, résolutif ;

Bain, lotion ou fomentation émolliente, aromatique, résolutive vulnéraire, savonneuse, styptique, avec sulfure de potasse, avec chlorure de chaux liquide ;

Onguent dessiccatif astringent, de saturne ;

Diurétique fondant, purgatif laxatif pendant le traitement.

ECART. Distension violente des muscles et des ligamens, exercée sur le bras, et qui tend à l'éloigner de la poitrine, suivie de douleur et d'une claudication particulière, dont le plus haut degré est nommé entre-ouverture.

Moyens curatifs. Saignée ordinaire ou locale ;

Cataplasme, fomentation, lotion émolliente ;

Charge résolutive fondante ;

Liniment résolutif, fortifiant, irritant, fortifiant résolutif ;

Alcool de savon et essence de thym, de lavande ou de térébenthine ;

Séton, feu immédiat.

EFFORT. Distension ou contraction des ligamens qui affermissent les différentes articulations des membres, particulièrement au boulet, au jarret, aux reins, etc.

Moyens curatifs. Onguent nerval ;

Liniment fortifiant, fortifiant résolutif, irritant, savonneux, camphré ;

Alcool camphré, styrax liquide avec alcool, alcool de lavande.

ENTORSE. *V.* Écart, Effort.

ÉPARVIN. Tumeur osseuse, molle dans son principe, qui se forme à la surface supérieure interne de l'os du canon de derrière, et qui fait communément boîter l'animal; on le distingue en sec et calleux.

Moyens curatifs. Bain, lotion, fomentation émolliente, de géla-tine. *Voy.* Exostose.

EPISTAXIS. Hémorrhagie de la membrane pituitaire des fosses nasales. *Voy.* Hémorrhagie.

EXOSTOSE. Tumeur dure, de nature osseuse, qui se dé-veloppe à la surface des os ou dans leur cavité articu-laire. Le suros, le jardon, l'éparvin, la courbe, etc., sont des tumeurs de même nature et réclament le même traitement.

Moyens curatifs. Onguent fondant, chaud résolutif fondant, vé-sicatoire, mercuriel double ;
Teinture de cantharides, essence de thym ;
Pointe de feu immédiate.

FARCIN. Maladie considérée comme éruptive, caracté-risée par des boutons pédonculés ou des tumeurs dures, presque sphériques, plus ou moins volumineuses, quelquefois squirrheuses, placées le long des trajets des vaisseaux veineux en forme de chapelets ou de nœuds, donnant lieu à des ulcères fétides comme squirrheux et d'une suppuration difficile.

Moyens curatifs. Sulfure d'antimoine, soufre sublimé, inté-rieurement ;
Onguent ou pommade soufrée, résolutif fondant, fondant, mer-curiel, vésicatoire, scarabée ;
Pilules antifarcineuses ;
Diurétique fondant, muriate de mercure doux, sulfure rouge de mercure, mercure sublimé ;
Liniment résolutif ;
Cautérisation par le feu, par les caustiques.

FIÈVRE. Série de phénomènes morbides, sans lésion lo-cale apparente, et qui varie par beaucoup de causes : les auteurs divisent les fièvres par leurs types ou dispo-sitions générales essentielles ou symptomatiques.

Moyens curatifs. Saignée ;
Boisson miellée, nitrée, acidulée ;
Breuvage amer, purgatif amer, fébrifuge ;
Lavement émollient, tempérant, purgatif ;
Poudre de quinquina, amère.

FLUXION PÉRIODIQUE, CHEVAL LUNATIQUE. Ma-ladie qui se manifeste par accès plus ou moins éloignés, accompagnés de tous les phénomènes de l'ophthalmie, avec trouble de l'humeur aqueuse : elle attaque les che-vaux élevés dans les lieux bas, humides et peu éclairés, ceux à qui l'on donne des alimens de mauvaise qualité ou qui sont exposés aux mauvais traitemens, etc.

Moyens curatifs. Saignée générale, locale, sangsues ;
Diurétique fondant, purgatif laxatif avec sulfate de soude, de magnésie ;
Collyre émollient, résolutif, narcotique, anti-ophthalmique de Desault, de Régent, astringent.

FORME. Tumeur osseuse, dure, sensible, située à la partie inférieure du paturon, près de la couronne. *Voy.* Exostose.

FOURBURE. Maladie inflammatoire et générale qui porte ses effets sur les extrémités, et particulièrement sur le pied du cheval et du bœuf, caractérisée par une attitude et une marche facile à reconnaître. L'animal avance difficilement, se rassemble et s'appuie fortement sur le talon.

Moyens curatifs. Régime antiphlogistique ;
Saignée générale réitérée ;
Bains généraux de rivière ;
Cataplasme émollient avec eau végéto-minérale ;
Bain de pied aromatique, avec muriate de soude ;
Lavement émollient réitéré.

FRACTURE. Solution de continuité d'un ou de plusieurs os : on la nomme complète ou comminutive lorsque les pièces fracturées sont isolées, détachées ou déplacées ; incomplètes, lorsqu'elles se trouvent maintenues dans leurs positions naturelles.

Moyens curatifs. Saignée, régime et boisson tempérante ;
Réduction et bandage contentif avec topique ou ciroëne charge de styrax liquide.

FUNGUS, FONGOSITÉ. Excroissances molles et spongieuses, disposées en forme de champignons, qui s'élèvent sur la peau et à la surface des anciennes plaies ou ulcères de mauvais caractère.

Moyens curatifs. Excision ;
Onguent égyptiac, brun, dessiccatif astringent, caustique.
Poudre anticarcinomateuse, alun calciné, nitrate d'argent fondu, eau phagédénique.

FURONCLE. *V.* Javart.

GALE. Affection cutanée et contagieuse qu'on croit encore produite par un insecte du genre des *mites*, nommé *acarus*, sarcopte ; les animaux domestiques sont très-sujets à la gale. Elle est commune aux chevaux, aux chiens et aux moutons. On la distingue en sèche et humide.

Moyens curatifs. GALE DU CHEVAL : Boisson blanche nitrée ;

Diurétique fondant, crocus, sulfure d'antimoine dans le son frisé ;

Lotion émolliente, mucilagineuse, antipsorique, savonneuse, avec le sulfure de potasse ;

Onguent antipsorique.

Gale du chien : Bain ou lotion émolliente, savonneuse, avec le sulfure de potasse ;

Onguent antipsorique pour les chiens ;

Bols ou pilules avec soufre sublimé, kermès minéral dans le beurre ;

Sirop de nerprun pendant le traitement.

Gale du mouton : Pommade antipsorique pour les moutons, savon empyreumatique ;

Poudre tonique pour les moutons, muriate de soude dans le son frisé.

GANGRÈNE. Mort partielle ou privation de la vie d'un tissu ou d'un organe ; elle peut avoir son siége sur toutes les parties vivantes, qu'elle tend à détruire sans distinction.

Moyens curatifs. Poudre anticarcinomateuse ;
Cataplasme antiseptique, cru, anodin ;
Lotion avec chlorure de chaux liquide, décoction de quinquina, camphrée, vineuse, alcoolique ;
Vinaigre camphré ;
Topique avec styrax liquide ;
Opération, cautérisation, pansement ;
Boisson acidulée avec les acides minéraux.

GAROT, MAL DE GAROT. Tumeur douloureuse, susceptible de dégénérer en abcès froid ou ulcère sordide ; ayant pour cause la plus générale la contusion ou percussion causée par un corps dur sur la partie affectée.

Moyens curatifs. Cataplasme et fomentation émolliente, cru, antiseptique ;
Liniment volatil ammoniacal ;
Lotion, injection de chlorure de chaux liquide ;
Vésicatoire.

GLANDE, CHEVAL GLANDÉ. Tuméfaction ou engorgement lymphatique des glandes de la ganache.

Moyens curatifs. Saignée ;
Cataplasme, lotion, fomentation ou fumigation émolliente ;
Onguent populeum, résolutif fondant ;
Diurétique fondant, purgatif minoratif.

GOURME. Maladie catharrale avec toux, écoulement de mucosité par le nez et engorgement des glandes de la ganache ; elle attaque particulièrement les poulains ou jeunes chevaux des pays tempérés.

Moyens curatifs. Boisson mucilagineuse miellée ;
Lotion, fumigation émolliente :

Poudre adoucissante, béchique adoucissante, incisive, béchique incisive, de guimauve, de réglisse;
Electuaire contre la toux, miel, kermès minéral.

GRAPPE ou **ARRÊTE**. *V*. Eau aux jambes.

HÉMORRHAGIE. Exhalation sanguine, active ou passive, perte ou écoulement de sang hors des vaisseaux destinés à le contenir, avec ou sans rupture.

Moyens curatifs. Boisson blanche, gommeuse, nitrée, acidulée;
Lotion styptique, astringente, alcool de boule de mars, de rabel;
Solution alumineuse;
Poudre de mastic, d'oliban, de résine, d'oxide rouge de fer; agaric de chêne, appliqué sur le vaisseau ouvert avec compression;
Saignée générale.

HYDROPHOBIE. Horreur, aversion pour l'eau et pour tous les liquides en général. Symptôme qui se manifeste dans quelques maladies nerveuses, mais particulièrement dans la rage canine. *Voy*. Rage.

INDIGESTION. Mauvaise digestion des alimens, entraînés ou expulsés de l'estomac sans avoir subi l'élaboration convenable.

Moyens curatifs. Boisson blanche nitrée;
Breuvage avec l'élixir calmant, digestif, aromatique;
Lavement émollient, adoucissant, émollient calmant, carminatif;
Lotion froide sur le dos;
Purgatif laxatif;
Exercice modéré.

JARDON. Ossification située à la partie latérale externe et supérieure de l'os du canon sur le tendon fléchisseur du pied. *Voy*. Exostose.

JAVART. Abcès ou tumeur phlegmoneuse. On en distingue trois espèces qui ont un siège différent : le simple, ou furoncle cutané; le tendineux, qui affecte le tendon ou les gaines; le cartilagineux ou javart encorné.

Moyens curatifs. Bain, lotion ou cataplasme émollient;
Muriate de mercure sublimé, potasse caustique, sulfate de cuivre, alun calciné;
Onguent caustique, égyptiac, populeum;
Opération, pansement.

LUXATION. Déplacement des os de leurs articulations, dans laquelle les surfaces articulaires ont perdu, en tout ou en partie, leurs rapports mutuels et ont cessé de correspondre.

35

Moyens curatifs. Réduction de la partie ; bandage contentif avec styrax liquide ;
Cataplasme émollient, résolutif ;
Lotion camphrée, de boule de mars.

MALADIE DES CHIENS. Affection considérée comme catarrhale, qui est particulière à ces animaux, comme la gourme aux jeunes chevaux ; elle est peu connue dans sa nature, son principal siége est dans la tête ; elle se manifeste par un écoulement de mucosité par le nez et par les yeux, suivie souvent de mouvemens convulsifs et de paralysie.

Moyens curatifs. Fumigation émolliente dirigée sur les yeux et dans le nez ;
Pilules canines anticatarrhales, vomitives, purgatives ;
Sulfure jaune de mercure ;
Sirop de nerprun, de quinquina avec éther sulfurique, d'éther.
Séton.

MALADIE VERMINEUSE, très-commune dans les animaux ; elle est due au développement de vers dans le canal alimentaire, dans les bronches, les intestins et les divers tissus du poumon, du foie, des reins, etc.

Moyens curatifs. Poudre, pilule, breuvage et lavement vermifuge ;
Huile et savon empyreumatique ;
Muriate de mercure doux, sulfure de mercure ;
Poudre purgative vermifuge ;
Poudre d'absinthe, de sabine, de fougère, de tanaisie, d'écorce de racine de grenadier ou de grenade.

MALADIE VERMINEUSE DES CHIENS.

Moyens curatifs. Pilules canines vermifuges, canines avec savon empyreumatique, purgatives ;
Mercure doux ;
Huile de ricin, sirop de nerprun ;
Extrait d'écorce de grenade, pour le tœnia ou ver solitaire.

MALANDRE. C'est le nom que l'on donne à une ulcération longitudinale qui survient au pli du genou du cheval, et d'où découle une humeur âcre qui corrode la peau ; on la nomme solandre lorsqu'elle affecte le pli du jarret.

Moyens curatifs. Fomentation, cataplasme émollient ;
Onguent dessiccatif astringent, de scarabée, de saturne ;
Lotion styptique, eau végéto-minérale.

MAL DE GARROT. *V*. Garrot.

MOLETTE. Tumeur synoviale qui se manifeste dans la gaine des tendons fléchisseurs du pied, ou dans la capsule articulaire.

Moyens curatifs. Onguent résolutif fondant, dessiccatif, astringent ;
   Liniment volatil ammoniacal, résolutif ;
   Eau styptique, végéto-minérale ;
   Bouton de feu immédiat, cautérisation ;
   Diurétique fondant, purgatif laxatif.

MORFONDURE, Toux, Rhume, Catarrhe nasal et bronchique. *Voy.* Catarrhe.

MORVE, *morbus*, **LA MALADIE**. Nom donné à une affection aiguë ou chronique, considérée tour à tour comme une phthisie ulcéreuse, tuberculeuse, carcinomateuse des voies aériennes, mais particulièrement de la membrane muqueuse du nez et des sinus, accompagnée d'écoulement ou flux par une ou par les deux narines (qu'on appelle aussi jetage), de tuméfaction avec production de tubercules qui dégénèrent en ulcères ou chancres, et engorgement des ganglions lymphatiques sous-linguaux ou glande de la ganache. On la confond souvent à son premier degré avec les catarrhes, la morfondure, la gourme et la fausse gourme. Elle est regardée par les uns comme contagieuse et comme épidémique par le plus grand nombre.

Moyens curatifs. Régime adoucissant, tempérant ;
   Saignée réitérée ;
   Lotion ;
   Fumigation émolliente ;
   Injection adoucissante, résolutive, détersive, de chlorure de chaux liquide ;
   Onguent populeum, résolutif fondant, mercuriel, vésicatoire ;
   Poudre béchique, adoucissante, incisive ;
   Opiat avec miel et kermès.

MULE TRAVERSIÈRE. Crevasse ou fente qui se forme en arrière sur le boulet des chevaux. *Voy.* Crevasse.

NÉPHRITE. Inflammation des reins. Elle est aiguë ou chronique, et le plus souvent produite par la présence de calculs.

Moyens curatifs. Saignée générale ;
   Boisson blanche, mucilagineuse, nitrée, acidulée ;
   Fomentation, lotion, cataplasme émollient ;
   Lavement émollient, adoucissant, tempérant ;
   Breuvage diurétique, adoucissant, tempérant, néphrétique.

ŒDÈME. Infiltration ou hydropisie générale du tissu cellulaire sous-cutané. *V.* Anasarque.

OPHTHALMIE. Maladie des yeux, inflammation de la membrane muqueuse de l'œil, et autres affections des parties qui composent cet organe : elle est chronique ou aiguë.

35*

Moyens curatifs. Saignée générale ou locale ;
Sangsues ;
Fomentation , injection adoucissante, émolliente, mucilagineuse.
Voy. Collyre et les formules.

OSSELET. *V.* Suros.

PARALYSIE. Diminution partielle ou privation totale de mouvement volontaire, avec relâchement ou tremblement des parties affectées. Les jeunes chiens sont très-sujets à cette affection à la suite du catarrhe qu'on désigne sous le nom de maladie des chiens.

Moyens curatifs. Friction sèche irritante ;
Liniment fortifiant , irritant ou excitant, fortifiant résolutif , résolutif ;
Cataplasme irritant ;
Vésicatoire, sinapisme ;
Lavement purgatif, purgatif irritant ;
Breuvage éthéré , purgatif, purgatif sudorifique , sudorifique ;
Noix vomique ou son extrait alcoolique ;
Dans l'état pléthorique, saignée.

PEIGNE. Horripilation des poils situés sur la couronne , le paturon, et même sur le boulet, occasionée par une humeur fétide qui les agglutine et forme une croûte jaune , comme farineuse.

Moyens curatifs. Lotion styptique, résolutive ;
Sulfure de potasse liquide , chlorure de chaux ;
Onguent dessiccatif astringent , de saturne ;
Diurétique fondant.

PÉRIPNEUMONIE, *Pneumonie, Fluxion de poitrine.* On désigne ainsi les inflammations du tissu pulmonaire, caractérisées par une douleur fixe et profonde, la toux et une gêne souvent extrême dans la respiration.

Moyens curatifs. Saignée générale , locale ;
Boisson mucilagineuse, adoucissante , émolliente avec miel, avec oxymel ;
Lavement émollient , adoucissant, calmant ;
Breuvage adoucissant , adoucissant calmant, béchique adoucissant , incisif avec oxymel, avec kermès ;
Opiat béchique adoucissant , béchique incisif, avec kermès ;
Vésicatoire, sinapisme , séton.

PHLEGMON. Inflammation ou tumeur inflammatoire du tissu cellulaire avec chaleur et douleur, pouvant affecter tous les organes revêtus de ce tissu ; les phlegmons sont profonds, sous-aponévrotiques ou sous-cutanés ; ils se manifestent spontanément, et sont produits par toutes les causes qui peuvent déterminer une inflammation , comme coups, chutes, piqûres, contusions, et un corps quelconque introduit dans cet organe.

Moyens curatifs. Boisson adoucissante , nitrée ;
Cataplasme émollient, anodin , résolutif , maturatif ;
Saignée, opération , pansement.

PIÉTAIN DU MOUTON. Affection locale qui attaque le sabot de l'animal, souvent avec inflammation , tuméfaction , chaleur, rougeur et claudication ; suivie d'ulcération avec écoulement de sérosité âcre et fétide.

Moyens curatifs. Opération pour nettoyer la plaie ;
Lotion avec le chlorure de chaux liquide ;
Onguent contre le piétain , dessiccatif astringent ;
Sulfate, acétate de cuivre brut en poudre, nitrate d'argent fondu.

PLAIE. Solution de continuité simple , récente , superficielle , faite aux parties molles par des corps tranchans, piquans, ou contondans.

Moyens curatifs. Lotion avec eau végéto-minérale , alcool camphré, eau styptique , résolutive vulnéraire , avec alcool de boule de mars , vulnéraire.
Emplâtre agglutinatif, onguent de saturne, populeum.

PLAIE CONTUSE. *Moyens curatifs.* Cataplasme émollient , résolutif ;
Lotion résolutive vulnéraire , fondante ;
Alcool camphré , de boule de mars ;
Teinture d'aloès , d'aloès camphré ;
Onguent basilicum , digestif simple , digestif animé , dessiccatif , de saturne.

PLAIE PROFONDE OU COMPLIQUÉE. *Moyens curatifs.* Teinture d'aloès , *id.* camphré ;
Alcool camphré ;
Lotion styptique , résolutive , vulnéraire ;
Onguent basilicum , digestif, de saturne , dessiccatif.

PLEURÉSIE. Inflammation de la plèvre avec douleur superficielle de la poitrine , augmentation dans l'inspiration et toux.

Moyens curatifs. Saignée réitérée ;
Boisson blanche, mucilagineuse, gommeuse miellée , acidulée , nitrée ;
Fomentation où cataplasme émollient , résolutif ;
Topique de farine de moutarde ;
Vésicatoire, séton ;
Opiat béchique adoucissant , avec kermès.

POIREAUX. Excroissances verruqueuses qui se développent aux différentes parties du tissu cutané, principalement aux jambes et près des ouvertures naturelles.

Moyens curatifs. Excision ;
Onguent caustique , égyptiac , dessiccatif ;
Chlorure d'antimoine ;
Acide nitrique.

POURRITURE DU MOUTON. Affection cachectique, maladie grave, très-commune et mortelle, qui est particulière aux bêtes à laine. Elle se caractérise par la pâleur des membranes apparentes, l'aspect terne des yeux, un épanchement de sérosité dans le ventre avec fluctuation, la désorganisation du foie, avec développement de vers, nommés douves ou fascioles, dans les canaux biliaires.

Moyens curatifs. Poudre tonique contre la pourriture, vermifuge, de quinquina, de gentiane;

Sel marin, sulfate de fer dans l'eau blanche, dans le son ou aspergé sur le fourrage;

Boisson gélatineuse.

POUSSE. Maladie reconnue incurable, caractérisée par la gêne de la respiration, le battement des flancs et un haletement continuel qui augmente par l'exercice plus ou moins modéré. On la considère comme une espèce d'asthme, mais elle offre une grande différence par un contre-temps dans l'expiration et l'inspiration.

Moyens curatifs. Saignée;

Régime adoucissant, humectant;

Opiat béchique, béchique incisif;

Miel, soufre sublimé, kermès;

Poudre d'aunée, d'iris, de réglisse, de guimauve.

POU, VERMINE. Genre d'insectes aptères de la famille des parasites. Ces animaux dégoûtans, dont on connait trois ou quatre espèces, doivent souvent leur existence à une maladie particulière; ils vivent aux dépens des autres animaux, les fatiguent et les font souvent maigrir.

Moyens curatifs. Onguent mercuriel simple;

Pommade avec une once de sulfate de cuivre en poudre dans une livre d'axonge;

Lotion avec décoction de staphisaigre, de tabac;

Purgatif ordinaire.

PUSTULE. C'est le terme générique qu'on donne à toutes les tumeurs cutanées qui contiennent du pus. *Voy.* Tumeurs.

RAGE. Maladie très-fréquente et peu connue, quelquefois spontanée, plus souvent communiquée par la morsure ou la bave d'un animal enragé, d'un chien, d'un loup, d'un chat, et rarement d'un herbivore; distinguée en rage mue et en rage canine. Elle se manifeste par accès, souvent par aversion de l'eau et de tous les liquides, ou plutôt par impossibilité de les avaler; furie, envie de mordre, convulsions suivies de la mort.

Moyens curatifs. Ablation prompte de la partie mordue, cautérisation profonde de la plaie avec feu immédiat, chlorure d'antimoine, sublimé corrosif, potasse caustique, acide nitrique, muriatique, vésicatoire sur la plaie ;

Breuvage sudorifique, acétate d'ammoniaque liquide.

RÉTENTION D'URINE, DYSURIE, ISCHURIE. Difficulté d'uriner ; souvent avec sentiment de chaleur et de douleur plus ou moins aiguë dans la région hypogastrique.

Moyens curatifs. Boisson mucilagineuse, émolliente, gommeuse, nitrée, miellée ;

Breuvage adoucissant, calmant, diurétique, diurétique adoucissant, fondant, tempérant, avec acide nitrique, émétisé ;

Lavement émollient, calmant, tempérant.

RHUME. *Voyez* Catarrhe.

ROUX-VIEUX, ROGNE. Sorte de gale rongeante et humide qui occupe particulièrement l'encolure et la queue des chevaux entiers ; elle se manifeste par des croûtes qui se détachent par écailles et mettent à découvert de petits ulcères.

Moyens curatifs. Fomentation, lotion émolliente antidartreuse, antipsorique, savonneuse, avec sulfure de potasse ;

Onguent antipsorique ;

Boisson nitrée ;

Diurétique fondant.

SEIME. Solution de continuité perpendiculaire à la muraille du pied du cheval, au-dessous de la couronne.

Moyens curatifs. Cautérisation, opération, pansement.

SOLE BATTUE OU FOULÉE. C'est ainsi qu'on nomme une contusion qui est occasionée par le fer ou par un corps étranger qui se place entre le fer et la sole.

Moyens curatifs. Cataplasme émollient, résolutif ;

Alcool de boule de mars, camphré, eau de saturne ;

Onguent populeum, de saturne.

Opération, pansement.

SOLE ÉCHAUFFÉE OU BRULÉE. Affection causée par le fer appliqué trop chaud, ou qui a séjourné trop long-temps sur la sole.

Moyens curatifs. Bain ou lotion émolliente, avec eau végéto-minérale ;

Cataplasme émollient, émollient résolutif ;

Onguent de saturne, populeum ;

Opération, pansement.

SQUIRRHE. Tumeur dure, indolente, insensible et sans chaleur, qui dégénère en cancer.

Moyens curatifs. Onguent résolutif fondant, fondant, vésicatoire ;
Poudre anticarcinomateuse ;
Agent caustique ;
Opération, pansement.

SUROS. Tumeur osseuse sur le canon. *Voy.* Exostose.

TAUPE. Contusion qui a son siége à la nuque, avec fistules dans différentes directions. *Voy.* Contusion, plaie contuse, abcès.

TÉTANOS. Spasme, convulsion, ou contraction permanente, générale ou partielle, de tous les muscles ou seulement de quelques-uns, sans alternative de relâchement.

Moyens curatifs. Saignée générale réitérée ;
Boisson et breuvage antispasmodique, sudorifique, diaphorétique ;
Lavement émollient, sédatif, tempérant, miellé, nitré, opiacé ;
Assa-fœtida, camphre, opium ou extrait indigène à forte dose.

TOUX. *Voy.* Catarrhe.

TRANCHÉES. Coliques très-aiguës. *V.* Coliques.

TUMEUR. Désignation comprenant un grand nombre d'affections locales, d'une nature très-différente, développées par une cause morbide dans une partie quelconque du corps de l'animal, comme abcès, phlegmon, molette, crapaud, glande, loupe, exostose, avives, mal de garrot, etc. *Voyez* Abcès.

VERS. Animaux invertébrés, sans cartilages ni vaisseaux sanguins, qui existent dans l'intérieur du corps. *Voy.* Maladies vermineuses.

VESSIGON. Tumeur synoviale située sur les faces latérales du jarret.

Moyens curatifs. Liniment volatil ou ammoniacal ;
Onguent fondant, résolutif fondant, scarabée, vésicatoire, de laurier ;
Teinture de cantharides, essence de thym ;
Feu immédiat, ponction.

FIN DU TABLEAU.

N° 24, Feuille de Singe à Gauche.

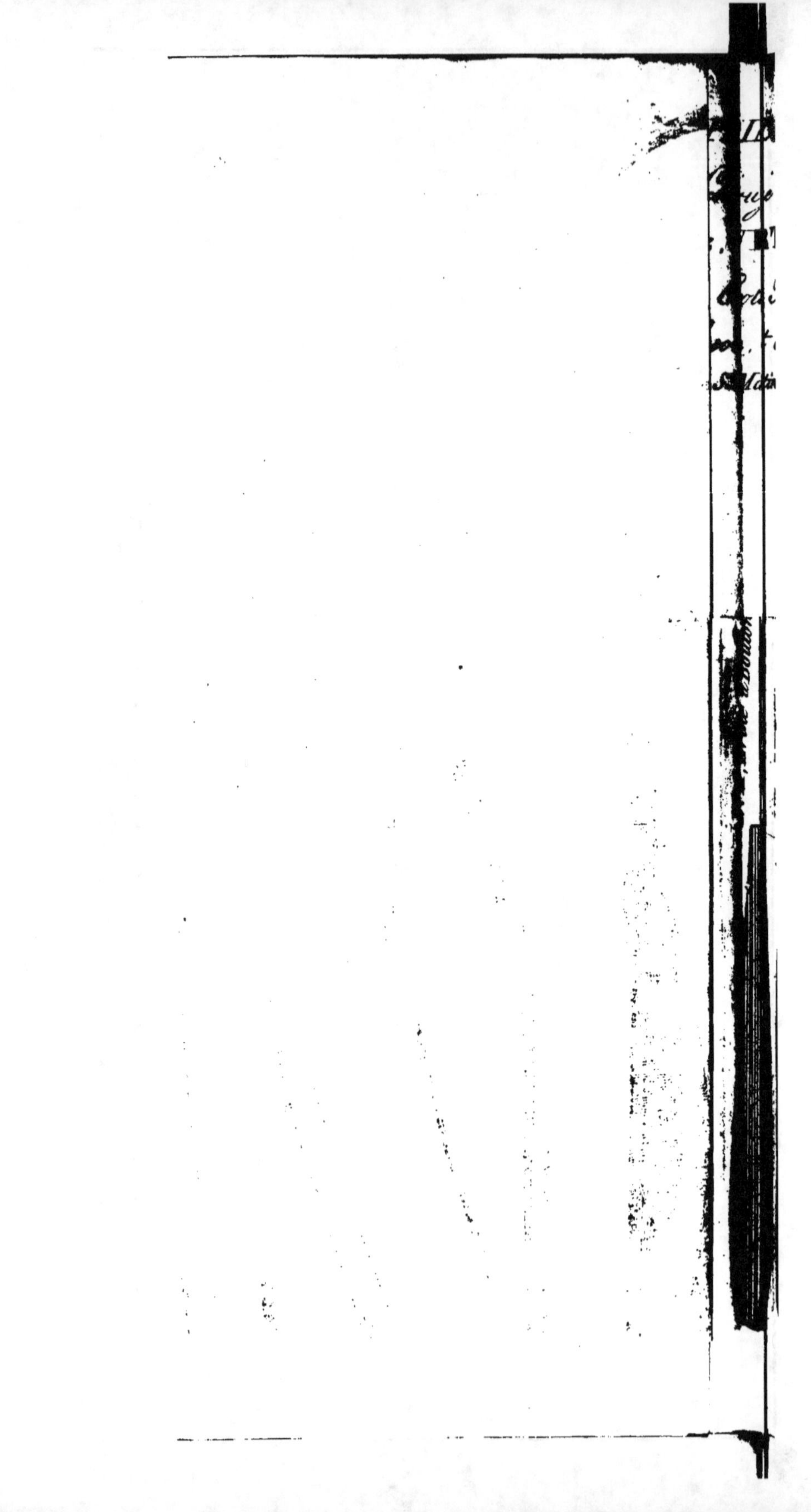

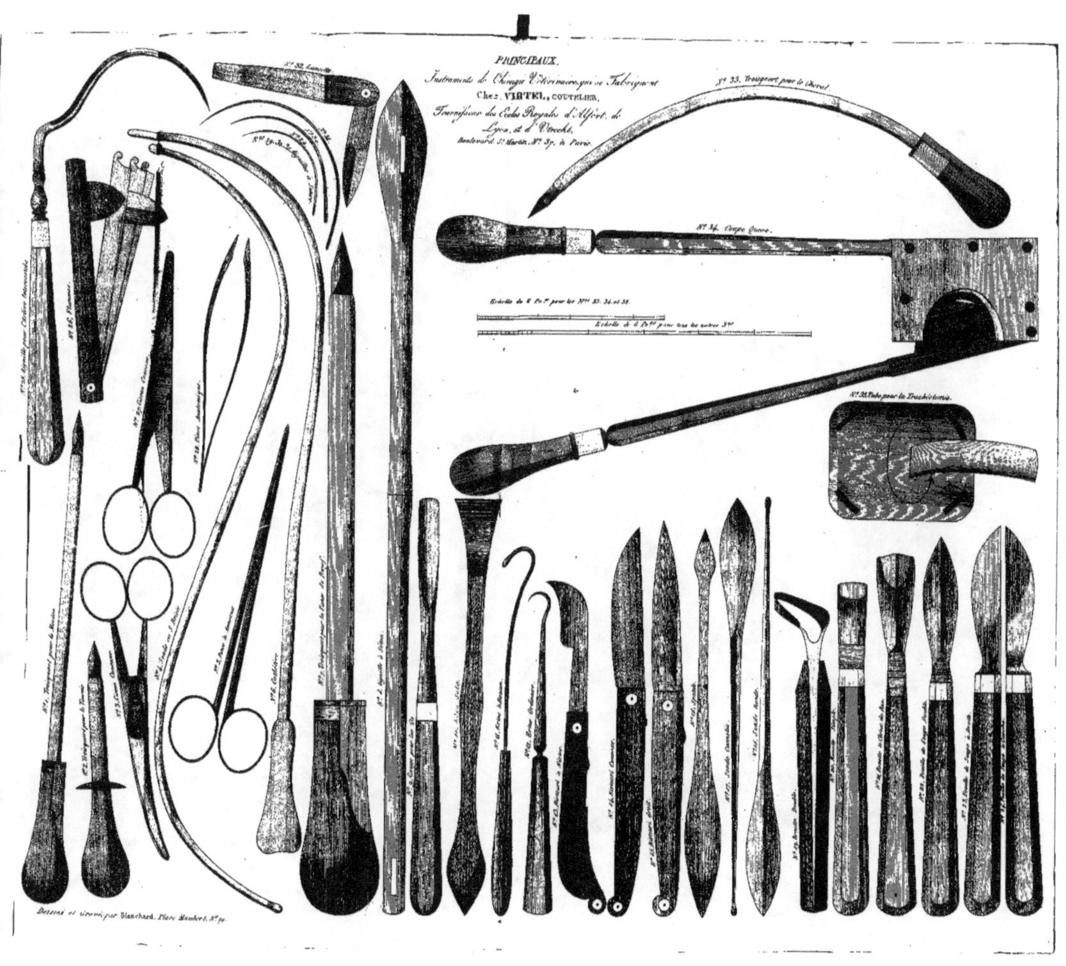

PRINCIPAUX.
Instruments de Chirurgie Vétérinaire qui se Fabriquent
Chez VERTEL, COUTELIER,
Fournisseur des Écoles Royales d'Alfort, de
Lyon, et d'Utrecht,
Boulevard St Martin, N° 37, à Paris.
N° 32. Lancette.
N° 33. Troisquart pour le Cheval.
N° 34. Coupe Queue.
N° 35. Tube pour la Trachéotomie.
Echelle de 6 Po.ces pour les Nos 33. 34. et 35.
Echelle de 6 Po.ces pour tous les autres Nos.
Dessiné et gravé par Blanchard.